刘东辉　韩莹　刘仕宽　等编著

建筑水暖电施工技术与实例

第3版

The Third Edition

化学工业出版社

·北京·

本书第一版、第二版自出版以来，受到广大读者朋友的欢迎。本书针对建筑给排水、暖通、空调和电气施工中的关键技术、措施和质量控制等重要环节常见问题，根据更新的行业标准、规范、法规，结合工程实践经验编写而成，反映了建筑水、暖、电施工中的新技术、新工艺、新材料、新方法，便于相关人员自学。本书可供广大建筑施工技术人员、工程技术人员参考使用，也可供大专院校建筑等专业作为实践教材使用，还可供相关技术人员作为培训教材或辅助用书。

本次修订主要背景就是基于采用更新的建筑施工水、暖、电规范的规定与要求，对涉及的内容进行了大量修订和完善，对建筑水暖电施工新技术进行了更加全面、系统的介绍，补充了更多内容，实例更丰富，技术更先进、更实用，可操作性更强！

图书在版编目（CIP）数据

建筑水暖电施工技术与实例/刘东辉等编著. —3版.
北京：化学工业出版社，2016.10（2023.9重印）
ISBN 978-7-122-28106-7

Ⅰ.①建… Ⅱ.①刘… Ⅲ.①给排水系统-建筑安装-工程施工②采暖设备-建筑安装-工程施工③电气设备-建筑安装-工程施工 Ⅳ.①TU821②TU83

中国版本图书馆CIP数据核字（2016）第227956号

责任编辑：朱　彤　　装帧设计：刘丽华
责任校对：王　静

出版发行：化学工业出版社（北京市东城区青年湖南街13号　邮政编码100011）
印　　装：北京七彩京通数码快印有限公司
787mm×1092mm　1/16　印张20½　字数557千字　2023年9月北京第3版第4次印刷

购书咨询：010-64518888　　售后服务：010-64518899
网　　址：http://www.cip.com.cn
凡购买本书，如有缺损质量问题，本社销售中心负责调换。

定　　价：68.00元

第三版前言

自本书第一版、第二版出版以来，受到广大读者朋友的欢迎。对此，我们表示衷心的感谢！

本书根据更新的行业标准、规范、法规，结合工程实践经验编写而成，反映了建筑水、暖、电施工中的新技术、新工艺、新材料、新方法。多年的应用实践充分表明本书是一本内容丰富、深入浅出、图文并茂、理论与实践并重的书籍，也是一本实用而简明的施工技术指导书籍。

但在本书第二版出版后的数年里，建筑行业水、暖、电施工技术发展十分迅速，在节能减排的形势下，新理论、新技术、新系统、新产品诸方面取得了更新、更多的成果。本次第三版修订的内容主要有以下几个方面。

• 根据2012年规范和2012年图集更新了施工方法和示意图。

• 由于新的采暖通风空调规范中增加了辐射供冷部分，因此，重新编写新的辐射供热供冷工程施工一章。

• 根据目前最新规范《20kV及以下变电所设计规范》（GB 50053）、12系列建筑标准图集等修订了相关内容，并按照目前最新规范《建筑物防雷设计规范》（GB 50057）、《综合布线系统工程设计规范》（GB 50311—2007）、《电力工程电缆设计规范》（GB 50217—2007）、12系列建筑标准图集等进行了全面修订。

• 根据目前最新规范《建筑设计防火规范》（GB 50016—2014）、12系列建筑标准图集等修订了相关内容。

• 在各章节后补充了思考题。

本书由刘东辉、韩莹、刘仕宽等编著。具体分工如下：韩莹（第1～2章），刘仕宽（第3～5章），刘东辉（第8～11章），陈宝全（第10章）、李如春（第11章部分内容），其余部分由韩莹、刘仕宽共同编写。本书在编写中还得到了唐山房屋建筑总公司王俊旭总工程师的热情帮助和指导。另外，研究生骆瑞江也参与了书稿的整理和校对工作，在此表示诚挚的感谢。

由于编写时间仓促，我们水平有限，书中疏漏在所难免，敬请广大读者批评、指正。

编著者

2017年5月

目　　录

第 1 章 室内外给排水施工

室内外给排水管道的施工安装，即按照施工图、施工验收规范和质量检验评定标准的要求，将室内外给排水系统中的设备与管道连接，以满足生产和生活用水的需求。其施工安装应按照《建筑给水排水及采暖工程施工质量验收规范》（GB 50242—2002）进行。

1.1 给排水工程常用材料

在给排水的施工安装工程中，管道的施工是其中不可缺少的组成部分，本节就管道施工中所使用的管材、附件、阀门及辅助材料进行简要论述。

1.2 管材及其附件的通用标准

（1）公称直径（公称通径）

公称直径是为了设计、制造、安装和维修方便而人为规定的管材、管件规格的标准直径，是一种名义直径（或称为直径），即各种管子与管道附件的通用口径，制定公称直径的目的，是使管道安装连接时，接口保持一致，具有通用性和互换性。公称直径用符号 DN 表示，其后注明尺寸，单位为 mm，也可以用英制单位 in 表示。例如 $DN20$，即公称直径为 20mm 的管材或是直通、三通、弯头、水阀、龙头等。公称直径在若干情况下与制造接合端的内径相似或者相等，但在一般情况下，大多数制品其公称直径既不等于实际外径也不等于实际内径，而是与内径相近的一个整数。按《管道元件的公称通径》（GB/T 1047—2005）规定，公称通径从 1～4000mm 共分 51 个级别，其中 15mm、20mm、25mm、32mm、40mm、50mm、65mm、80mm、100mm、125mm、150mm、200mm 等规格是工程上常用的公称通径规格。公称通径相同的管子外径相同，但因工作压力不同而选用不同的壁厚，所以其内径可能不同。

公称直径用于有缝钢管、铸铁管和混凝土管，而无缝钢管则采用管子外径乘以壁厚的表示方法，如 $\phi 73 \times 4.0$mm。

当管道工程中采用英制表示方法时，我国通常习惯称 1/8in 为一分，依此类推，1/16in 为半分，3/16in 为一分半，1/4in 为二分，1/2in 为四分，5/8in 为五分，7/8in 为七分，15/16in 为七分半。1in=25.4mm。

管子及管子附件的公称直径见表 1-1。

（2）公称压力、试验压力和工作压力

公称压力是管子和附件在强度方面的标准。同一种材料，随着温度的升高，它的强度会降低，因此，以管材在某一温度下所允许承受的压力作为耐压强度标准，该温度称为基准温度。管材在基准温度下的耐压强度即为公称压力，用符号 PN 表示。例如 $PN2.5$，表示公称压力为 2.5MPa。

试验压力是在常温下检验管子和附件机械强度及严密性能的压力标准，用符号 p_s 表示。

工作压力是指管内流动介质的工作压力，用符号 p_t 表示，t 为介质最高温度 1/10 的整数值。例如，p_{20}中的“20”表示介质最高温度为 200℃。

表 1-1　管子及管子附件的公称直径

公称直径 DN /mm	相当的管螺纹 /in	公称直径 DN/mm	相当的管螺纹/in	公称直径 DN /mm	相当的管螺纹 /in	公称直径 DN/mm	相当的管螺纹/in
8	1/4	32	1¼	80	3	200	8
10	3/8	40	1½	100	4	225	9
15	1/2	50	2	125	5	250	10
20	3/4	65	2½	150	6	300	12
25	1			175	7		

由于同一种材料在不同的工作温度下，最大允许承受压力不同，通常将 0～450℃的工作温度分为八级，其工作温度与最大工作压力的关系见表 1-2。

表 1-2　工作温度与最大工作压力的关系

工作温度	工作压力	工作温度	工作压力
Ⅰ级为 0～20℃	1.2×公称压力	Ⅴ级为 300～350℃	0.73×公称压力
Ⅱ级为 20～200℃	1.0×公称压力	Ⅵ级为 350～400℃	0.64×公称压力
Ⅲ级为 200～250℃	0.92×公称压力	Ⅶ级为 400～425℃	0.58×公称压力
Ⅳ级为 250～300℃	0.82×公称压力	Ⅷ级为 425～450℃	0.45×公称压力

所以，在常温下，公称压力大于或等于工作压力。

1.3　管材分类

根据管子的材质不同，管材可以分为金属管材和非金属管材两类：

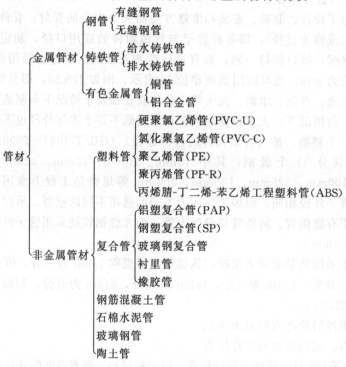

- 管材
  - 金属管材
    - 钢管
      - 有缝钢管
      - 无缝钢管
    - 铸铁管
      - 给水铸铁管
      - 排水铸铁管
    - 有色金属管
      - 铜管
      - 铝合金管
  - 非金属管材
    - 塑料管
      - 硬聚氯乙烯管(PVC-U)
      - 氯化聚氯乙烯管(PVC-C)
      - 聚乙烯管(PE)
      - 聚丙烯管(PP-R)
      - 丙烯腈-丁二烯-苯乙烯工程塑料管(ABS)
    - 复合管
      - 铝塑复合管(PAP)
      - 钢塑复合管(SP)
      - 玻璃钢复合管
      - 衬里管
      - 橡胶管
    - 钢筋混凝土管
    - 石棉水泥管
    - 玻璃钢管
    - 陶土管

1.3.1　各类常用管材

1.3.1.1　钢管和管件

钢管的机械强度最好，可以承受高的内外压力，管身的可焊性便于制造各种管件，特别能适应地形复杂及要求较高的管道。钢管常分为焊接钢管和无缝钢管；依防腐性能划分有保护层型、无保护层型与质地型；按壁厚划分有普通钢管和加厚钢管。

(1) 焊接钢管

焊接钢管分为直焊钢管和螺旋缝焊钢管。直焊钢管又分为普通直焊钢管和不锈焊接钢管；螺旋缝焊钢管分为自动埋弧焊接钢管和高频焊接钢管。

焊接钢管制造工艺简单，能承受一定的压力，一般用于给水、消防、采暖、燃气等管道系统，所以过去称其为水煤气管。根据是否镀锌，焊接钢管又分为不镀锌管（也称黑铁管）和镀锌管（也称白铁管）。根据镀锌钢管的镀锌工艺不同，分为热镀锌钢管和冷镀锌钢管，常用于生活饮用水系统、生活冷热水供应系统和消防喷淋系统。但是随着我国给水管材品种的多样化、卫生标准的提高，沿用了近三十多年的不镀锌钢管（黑铁管），包括曾经被视为提高建筑标准档次象征之一的镀锌钢管，由于其耐腐蚀性不好，自 2000 年 6 月 1 日起，已在城镇新住宅中，禁止将冷镀锌钢管用于室内给水管道，并根据当地实际情况逐步限时禁止使用热镀锌钢管，故现在镀锌钢管已经被多数省份部分淘汰。

低压流体输送用焊接钢管与镀锌焊接钢管有普通钢管和加厚钢管之分。对焊接钢管来讲，管壁加厚，其承压能力随之适当提高。

目前国外已普遍使用承插式焊接接口的钢管，是传统钢管的第二代产品，它把传统钢管的对接焊缝接口改为搭接焊缝接口，提高了接口焊缝的质量，使环向焊缝减少应力集中，大大减轻了管道发生爆漏的倾向。

(2) 无缝钢管

无缝钢管具有强度高、内表面光滑、水力条件好的特点，适用于高压供热系统和高层建筑的冷、热水管，即通常工作压力在 0.6MPa 以上的管道。其按制造方法分为热轧管和冷轧（拔）管，其精度分为普通和高级两种，订货和验收时应予注意。热轧无缝钢管外径一般大于 32mm，壁厚为 2.5～75mm；冷轧无缝钢管外径可到 6mm，壁厚可到 0.25mm；薄壁管外径可到 5mm，壁厚小于 0.25mm。冷轧无缝钢管比热轧无缝钢管尺寸精度高。冷轧（拔）管的最大公称直径为 200mm，热轧管最大公称直径为 600mm。在管道工程中，管径超过 57mm 时，常选用热轧管，管径小于 57mm 时常用冷轧（拔）管。无缝钢管还有不锈钢无缝钢管。不锈钢无缝钢管分为热轧、热挤压不锈钢无缝钢管和冷轧（拔）不锈钢无缝钢管两种。

无缝钢管通常长度：热轧钢管 3～12m；冷轧（拔）钢管 3～10.5m。无缝钢管弯曲度：壁厚小于或等于 15mm 的，不得大于 1.5mm/m；壁厚大于 15mm 的，不得大于 2.0mm/m。内外表面不得有裂缝、凹坑、折叠、结疤、发纹和壁厚不均等缺陷。

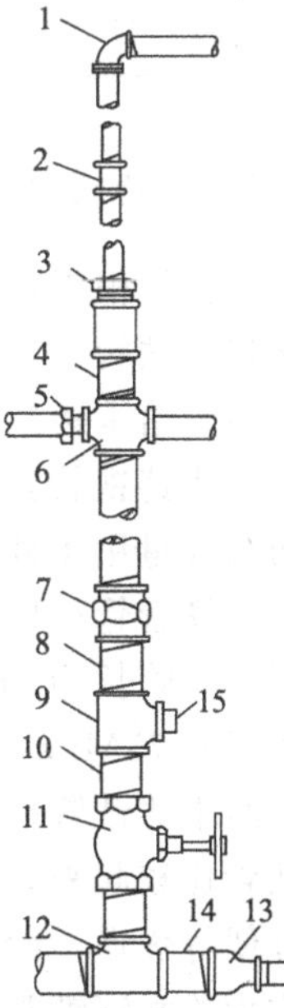

图 1-1 管螺纹连接管件

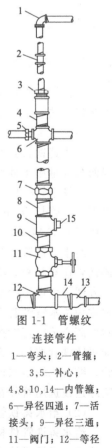

1—弯头；2—管箍；3,5—补心；4,8,10,14—内管箍；6—异径四通；7—活接头；9—异径三通；11—阀门；12—等径三通；13—异径管箍；15—丝堵

(3) 钢制管件

钢制及可锻铸铁管件、钢管以螺纹连接时，若工作压力较高（但在 1.6MPa 以内），可采用钢制管件。钢制管件用碳素钢制成，俗称熟铁管件。它的可焊性能好，可用于需要焊接的地方，如钢制管箍常用于锅炉或水箱等钢制设备。

普通钢制管件经过镀锌处理后成为镀锌管件，用于室内生活给水系统的管道中。由于管道系统除了直通部分外还有分支、转弯和变径的地方，因此需要使用不同的管件。管件按照用途可分为以下几种。

① 用于直管道连接处：管箍（又称管接头或内丝）、对丝。

② 用于管道分支连接处：三通、四通。

③ 用于改变管道方向处：90°弯头、45°弯头。

④ 用于节点碰头连接处：锁紧螺母（也称根母）、活接头（俗称由任）、带螺纹法兰盘。

⑤ 用于管子变径处：补心（也称内外丝）、异径管箍（俗称大小头）。

⑥ 用于管子堵口处：丝堵。

连接管件如图 1-1 所示。

管件的三通还分为等径和异径两种，用于管件分支和汇合处；四通也有等径和异径之分，用于管道十字形分支处。管件的规格均以公称直径标称。等径管件规格可以用一个数值表示，也可以用几个数值表示。例如，规格为 50mm 的等径三通可以写为"50"，也可写为"50×50×50"。异径管件的规格通常用两个管径数值表示，前面的数值表示大管径，后面的数值表示小管径。例如，异径三通"50×40"，异径管"65×32"。各种管件的组合规格见表 1-3。

表 1-3　各种管件的组合规格　　单位：mm

管箍	异径管箍	三通	异径三通	90°弯头	45°弯头
16	20×16	16	25×20 32×20 40×20	16	20
20	25×20 32×20 40×20	20	32×25 40×25 50×25	20	25
25	32×25 40×25 50×25	25	40×32 50×32 63×32	25	32
32	40×32 50×32 63×32	32	50×40 63×40 75×40	32	
40	50×40 63×40 75×40	40	63×50 75×50	40	
50	63×50 75×50	50	75×63	50	
63	75×63	63	90×75	63	
75	95×75	75	110×90	75	
90	110×90	90		90	

1.3.1.2　铸铁管和管件

铸铁管根据用途可以分为给水铸铁管和排水铸铁管，根据接口方式可分为承插铸铁管及柔性接口铸铁管。给水铸铁管又可根据承压不同分为高、中、低压铸铁管。

（1）给水铸铁管

给水铸铁管具有较高的承压能力、耐腐蚀性和价格便宜等特点，管内壁涂沥青后较光滑，因而被大量用于外部给水管上。但是它的缺点是质硬而脆、重量大、施工困难。

铸铁管管径以公称直径表示，公称直径从 $DN75 \sim DN1500$。给水铸铁管直径在 350mm 以下，其管长为 5m；直径为 400～1000mm，其管长为 6m。工作压力为：低压管 0.45MPa；中压管 0.75MPa；高压管 1.0MPa。

给水铸铁管按制造材质不同分为给水灰口铸铁管和给水球墨铸铁管两种。由于同给水灰口铸铁管比较起来，给水球墨铸铁管具有强度高、韧性大、密闭性能佳、耐腐蚀能力强、安装施工方便等优点，给水球墨铸铁管已经成为给水灰口铸铁管的替代产品。给水灰口铸铁管过去通常称为给水铸铁管，给水灰口铸铁管按铸造方式不同分为砂型离心铸铁直管和连续铸铁立管，砂型离心铸铁直管按壁厚分为 P 和 G 两级，连续铸铁立管按壁厚分为 LA、A 和 B 三级。给水球墨铸铁管按接口方式不同分为 K 型机械式柔性接口管和 T 形承插式柔性接口管。据已有经验，综合比较给水球墨铸铁管承压、耐腐等性能以及管材造价、开挖施工、维护等各种费用，实际建设选用管径在 $DN200 \sim DN800$ 其优势比较突出。

（2）给水铸铁管件

给水铸铁管件材质同铸铁管，分为灰口铸铁和球墨铸铁，连接方式分为承插式接口和法兰式接口。承插式接口又分为柔性接口和刚性接口。

常用的灰口铸铁管件有弯管、丁字管、渐缩管、乙字管和短管。

常用的球墨铸铁管件有90°双承弯管、45°双承弯管、双承渐缩管、全承三通和双承单盘丁字管。

(3) 排水铸铁管

排水铸铁管与给水铸铁管不同，它是用普通铸铁采用金属型浇铸而成，其内表面比较粗糙，因此承压能力差、质脆，但具有耐腐蚀性好、使用寿命长等优点，适用于室内的污水管道。通常直管长度（有效长度）为1.5m，采用承插式连接，其接口形式和规格见图1-2和表1-4。

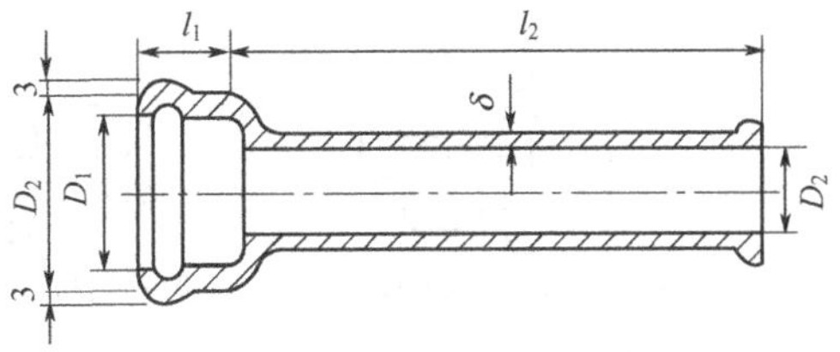

图1-2 排水铸铁管

表1-4 排水铸铁管承插口直管规格

公称直径/mm	承口内径/mm	承口深度/mm	壁厚/mm	管长/m	质量/(kg/根)
50	73	65	5	1.5	10.3
75	100	70	5	1.5	14.9
100	127	75	5	1.5	19.6
125	154	80	6	1.5	29.4
150	181	85	6	1.5	34.9
200	232	95	7	1.5	53.7

近年来高层建筑中采用柔性接口排水铸铁管，它主要由带特制法兰的直管、密封胶圈及法兰和连接螺栓组成，在内水压下具有良好的挠曲性、伸缩性。能适应较大的轴向位移和横向挠曲变形，适用于高层建筑室内排水管。柔性接口铸铁管根据密封胶圈的断面形状不同可分为A型和RK型，A型柔性接口如图1-3所示，RK型柔性接口如图1-4所示。

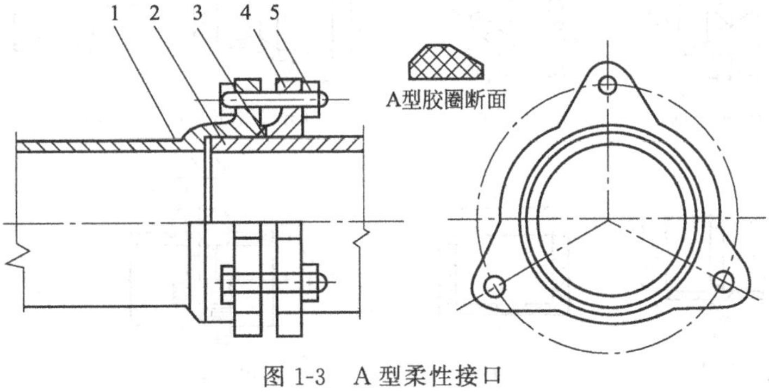

图1-3 A型柔性接口

1—承口；2—插口；3—密封胶圈；4—法兰压盖；5—螺栓

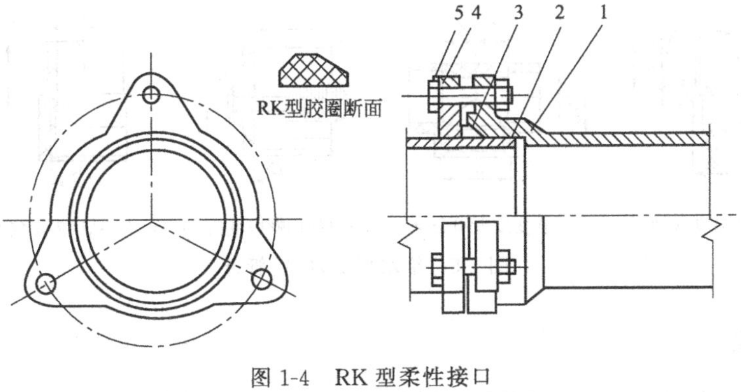

图1-4 RK型柔性接口

1—承口；2—插口；3—密封胶圈；4—法兰压盖；5—螺栓

(4) 排水铸铁管件

常用的排水管件有三通管件、四通管件、弯头管件和存水弯。

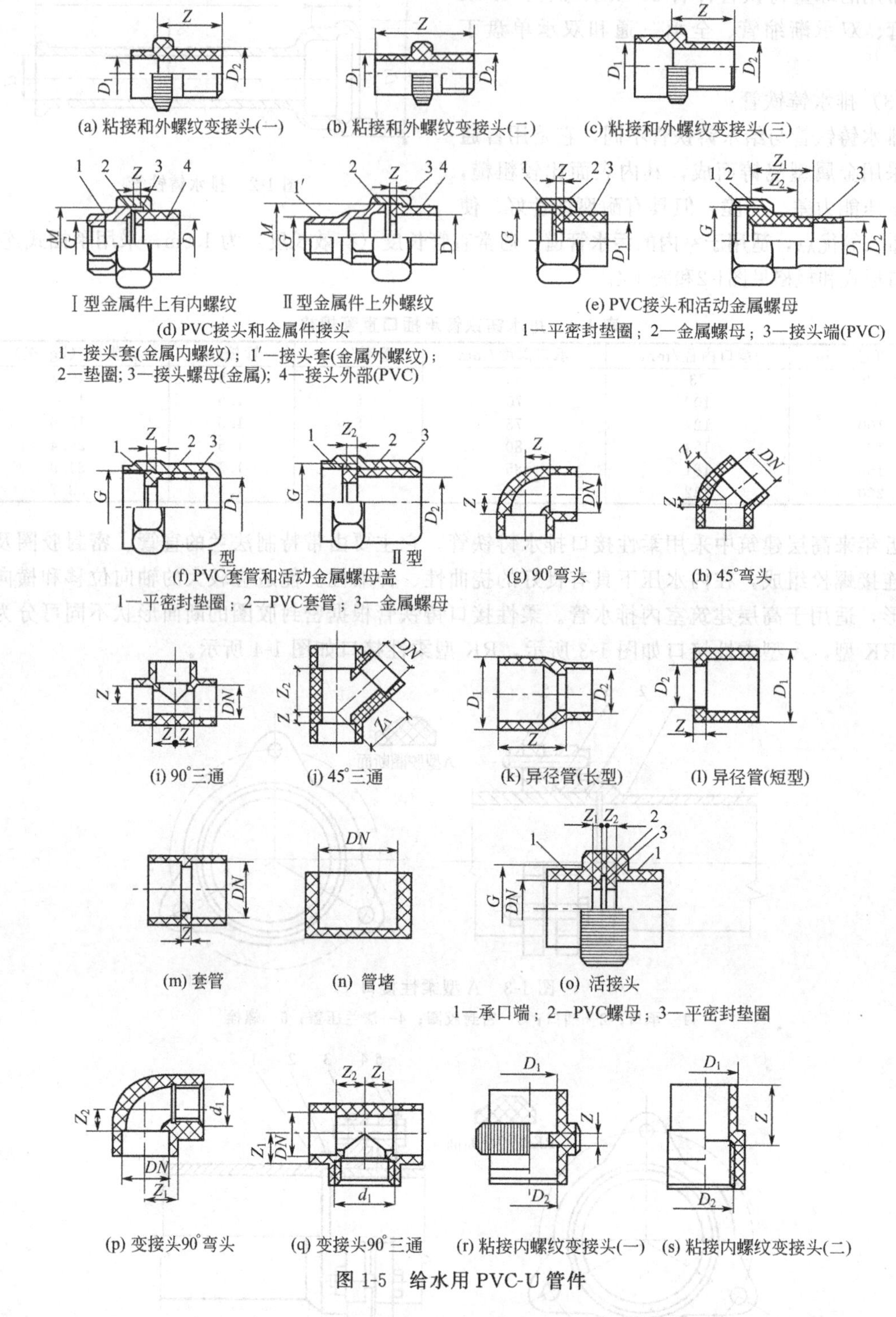

图 1-5 给水用 PVC-U 管件

1.3.1.3 塑料管

塑料管有聚乙烯管（PE）、硬聚氯乙烯管（PVC-U）、氯化聚氯乙烯管（PVC-C）、聚丙烯管（PP-R）、丙烯腈-丁二烯-苯乙烯管（ABS）、交联聚乙烯管（PEX 管，有的也称 PE-X 管）、PPPE 管（PP-R 或 PP-C 与 HDPE 合成材料）、纳米聚丙烯管（NPP-R）等。

(1) PVC-U管

PVC-U管又称UPVC管，是由硬聚氯乙烯塑料通过一定工艺制成的管道。PVC-U管材不导热，不导电，阻燃，适合输送含酸、碱的介质，具有一定的机械强度，质轻（密度仅为钢管的1/5），管内壁光滑，流动阻力小，易于加工；但其耐冲击力差，易老化，耐高温能力差。因此在室外露天安装时，应考虑外界温度及介质的温度，突出应用于高腐蚀性水质的输送管道，质量和经济效果达到最佳。

国内产品PVC-U给水管材主要规格有公称直径$DN15$～$DN700$十多种。管材最高许用压力为0.6MPa、0.9MPa和1.6MPa三种规格。

① 给水用PVC-U管　管材规格应符合《给水用硬聚氯乙烯管材》（GB/T 10002.1—2006）标准的要求。

如果水温升高，则应按表1-5所列温度下的下降系数f_t对工作压力进行修正，即用压力下降系数f_t乘以公称压力PN便得到了该水温下最大允许工作压力。

表1-5　不同温度下的下降系数

工作温度/℃	$0<t\leqslant25$	$25<t\leqslant35$	$35<t\leqslant45$
下降系数f_t	1	0.8	0.63

对PVC-U管弯曲度的要求如下。当公称外径小于或等于32mm时：对弯曲度不作规定；当公称外径大于或等于40mm且小于或等于200mm时，弯曲度不大于1.0%；当公称外径大于或等于225mm时，弯曲度不大于0.5%。

管道主要连接方法有承插连接、黏结剂粘接和弹性密封连接，也可利用螺纹和法兰连接。给水用PVC-U管件如图1-5所示。

② 排水用PVC-U管　PVC-U管道适用于建筑物排水，除了考虑到材料的耐化学腐蚀性和耐温性条件外，还可以作为工业排水管道。管材应符合《建筑排水用硬聚氯乙烯（PVC-U）管材》（GB/T 5836.1—2006）的规定。管材的规格用“公称外径×壁厚”表示，管长度一般为4m或6m，其管材规格见表1-6。

表1-6　排水用PVC-U管材规格

公称外径/mm	40	50	75	90	110	125	160
壁厚/mm	2.0	2.0	2.3	3.0	3.2	3.2	4.0

常用的PVC-U排水管件有弯头、三通、四通、存水弯等，如图1-6所示。

埋地排污、废水用PVC-U管应满足《无压埋地排污排水用硬聚氯乙烯（PVC-U）管材》（GB/T 20221—2006）的规定，其规格见表1-7。管材规格用“公称外径×公称壁厚”表示，壁厚按环刚度分为2、4、8三个等级，室外地埋排水管用环刚度2、4、8级管材，室内地埋排水管用环刚度4、8级管材。管材连接方式为弹性密封圈连接和黏结剂连接。

表1-7　埋地排污、废水用PVC-U管材规格

公称外径/mm	公称壁厚/mm			公称外径/mm	公称壁厚/mm		
	刚度等级/kPa				刚度等级/kPa		
	2	4	8		2	4	8
	管材系列				管材系列		
	S25	S20	S16.7		S25	S20	S16.7
110	—	3.2	3.2	315	6.2	7.7	9.2
125	—	3.2	3.7	400	7.9	9.8	11.7
160	3.2	4.0	4.7	500	9.8	12.3	14.6
200	3.9	4.9	5.9	630	12.3	15.4	18.4
250	4.9	6.2	7.3				

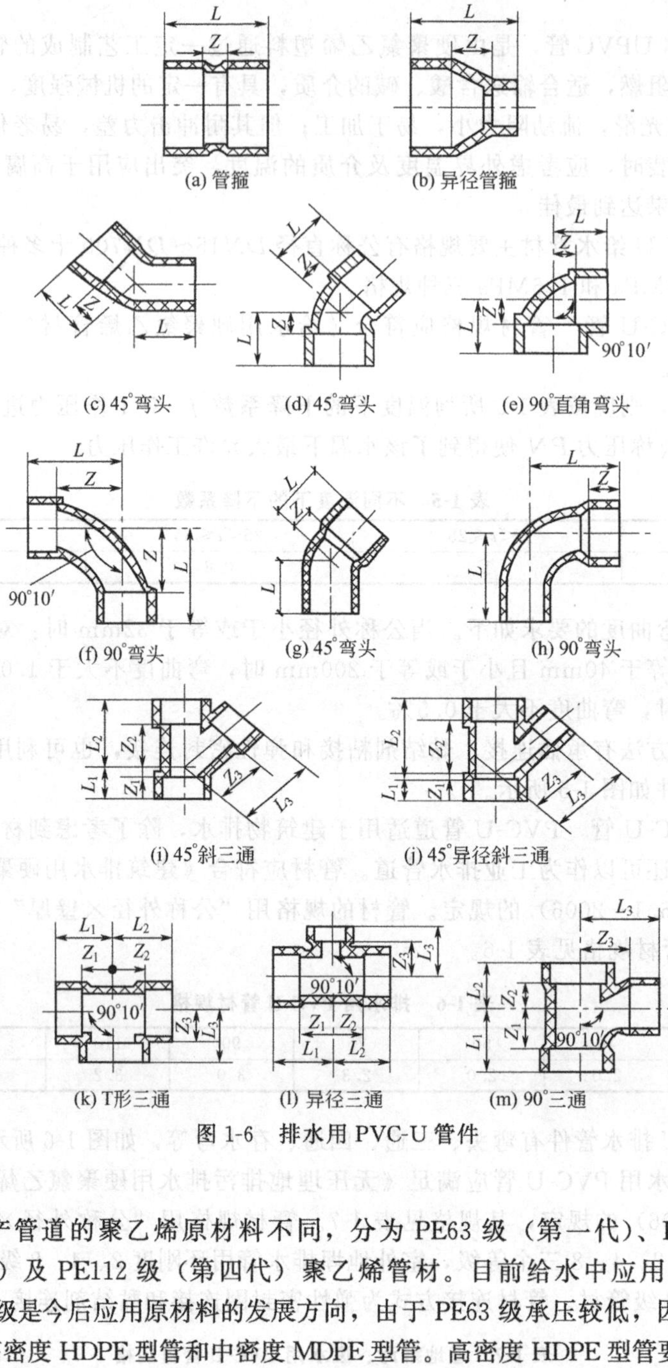

图 1-6　排水用 PVC-U 管件

(2) PE 管

PE 管根据生产管道的聚乙烯原材料不同，分为 PE63 级（第一代）、PE80 级（第二代）、PE100 级（第三代）及 PE112 级（第四代）聚乙烯管材。目前给水中应用的主要是 PE80 级、PE100 级，PE112 级是今后应用原材料的发展方向，由于 PE63 级承压较低，因此较少用于给水材料。PE 管也分为高密度 HDPE 型管和中密度 MDPE 型管。高密度 HDPE 型管要比中密度 MDPE 型管刚性增强、拉伸强度提高、剥离强度提高、软化温度提高，但脆性增加、柔韧性下降、抗应力开裂性下降。由于高密度 HDPE 型管应用较多，通常用高密度 HDPE 型管代表 PE 管。

其优异的性能特点：卫生条件好，PE 管无毒，不含重金属添加剂，不结垢，不滋生细菌；柔韧性好，抗冲击强度高，耐强振、扭曲；独特的电熔焊接和热熔对接技术使接口强度高于管材本体，保证了接口的安全可靠。

给水用聚乙烯管材的规格应符合《给水用聚乙烯（PE）管材》（GB/T 13663—2000）标准的要求。其按材料分为 PE63、PE80 及 PE100 三个等级，又各分为 SDR11、SDR13.6、SDR17.6、SDR26 和 SDR33 系列，工作压力有 0.32MPa、0.40MPa、0.60MPa、0.80MPa、

1.00MPa、1.25MPa、1.60MPa。公称外径范围16～1000mm。

连接方式主要有电热熔、热熔对接和热熔承插连接。管道敷设既可采用通常使用的直埋方式施工，也可采取插入管敷设（主要用于旧管道改造中插入新管，省去大开挖）。

（3）PP-R管

PP-R管也称Ⅲ型聚丙烯即无规共聚聚丙烯，其突出特点：卫生无毒；耐热、保温性能好，PP-R管的最高耐热温度可达131.3℃，最高使用温度为95℃，长期（50年）使用温度为70℃，完全可以满足常用的工业和民用生活热水和空调供回水系统，同时PP-R管的热导率只有钢管的1/200，具有良好的保温和节能性能，还可减小保温管材的厚度；安装方便且是永久性的连接；原料可回收，不会造成环境污染。

从PP-R管的特点可知，PP-R管不仅可用于建筑物内的冷热水系统，而且可用于建筑物内的采暖系统、直接饮用水供水系统、中央空调供回水系统、输送化学介质等。在进行设计时宜根据各产品的企业标准或技术规程选定合适的规格。

PP-R管道的连接方式主要有两种：热熔连接、电熔连接。也有专用丝扣连接或法兰连接。

PP-R管按安全系数 C 值不同，有 $C=1.25$ 和 $C=1.5$ 两大类，按管材尺寸分为S5、S4、S3.2、S2.5和S2五个管材系列，管材规格用“公称外径×公称壁厚”表示。公称外径一般为16～160mm，管长度一般为4m或6m。其规格见表1-8和表1-9。

表1-8　PP-R管规格（一）

管材系列	S5		S4		S3.2		S2.5		S2	
安全系数	1.25	1.5	1.25	1.5	1.25	1.5	1.25	1.5	1.25	1.5
公称压力 PN/MPa	1.25	1.0	1.6	1.25	2.0	1.6	2.5	2.0	3.2	2.5

表1-9　PP-R管规格（二）

公称外径/mm	管材系列					公称外径/mm	管材系列				
	S5	S4	S3.2	S2.5	S2		S5	S4	S3.2	S2.5	S2
	公称壁厚/mm						公称壁厚/mm				
16	—	2.0	2.2	2.7	3.3	75	6.8	8.4	10.3	12.5	15.1
20	2.0	2.3	2.8	3.4	4.1	90	8.2	10.1	12.3	15.0	18.1
25	2.3	2.8	3.5	4.2	5.1	110	10.0	12.3	15.1	18.3	22.1
32	2.9	3.6	4.4	5.4	6.5	125	11.4	14.0	17.1	20.8	25.1
40	3.7	4.5	5.5	6.7	8.1	140	12.7	15.7	19.2	23.3	28.1
50	4.6	5.6	6.9	8.3	10.1	160	14.6	17.9	21.9	26.6	32.1
63	5.8	7.1	8.6	10.5	12.7						

（4）ABS管

ABS工程塑料是丙烯腈、丁二烯、苯乙烯三种化学材料的聚合物。

其主要优点：耐腐蚀性极强；耐撞击性极好，ABS管道能在强大外力撞击下，材质不破裂；韧性强。

ABS管主要规格有公称直径 $DN15$～$DN400$ 十多种。管材最高许用压力为0.6MPa、0.9MPa和1.6MPa三种规格。其应用于高标准水质的管道输送，质量和经济效果达到最佳。ABS管连接方式主要为冷胶溶接法。

（5）PP-C管

PP-C管是一种共聚聚丙烯管材。PP-C管一般采用单螺杆挤出机挤成管材，连接方式为热熔连接。其主要特点：耐温性能好，长期高温和低温反复交替管材不变形，质量不降低；不含有害成分，化学性能稳定，无毒、无味，输送饮用水安全性评价符合卫生要求；拉伸强度和屈服应力大，延伸性能好，承受压力大，防渗漏，工作压力完全可以满足多层建筑供水的需要。

PP-C 管材的型号规格可达到 *DN*100，PP-C 管道采用热熔连接。

(6) PVC-C 管

PVC-C 管又称 CPVC 管，是一种氯化聚氯乙烯塑料管。其主要性能特点：防腐性能很强，PVC-C 管道无论是在酸、碱、盐、氯化、氧化的环境中，暴露在空气中，埋于腐蚀性土壤里，甚至在 95℃高温下，内外均不会被腐蚀；良好的阻燃性，PVC-C 的着火温度为 482℃，所以 PVC-C 管道不自燃且不助燃，还具有限制烟雾的特性，不会产生有毒气体；保温性能佳，热膨胀小，PVC-C 热导率低，所以 PVC-C 管道夏天不易结露，冬天可节省大部分保温材料及施工费用，也不易扭曲变形；抗振性好，PVC-C 管道具有较好的弹性模量，抗振并能大大降低水锤效应；具有优异的耐老化性和抗紫外线性能。

常用规格有公称直径 *DN*15～*DN*300。

连接方式有承插粘接、塑料焊接，还有专用配件法兰连接、螺纹连接。

PVC-C 管主要应用于饮用水管道系统、地下水排水管道、游泳池及温泉管道、食品加工处理管道、给水及污水处理厂管道系统和工业管道系统等领域，特别是在热水管道上应用较好，但因为材料价格较高，在给水方面推广应用受到较大限制。

1.3.1.4 复合管

复合管材是管径大于或等于 300mm 以上的给排水管道最理想的管材。它兼有金属管材强度大、刚性好和非金属管材耐腐蚀的优点。但它又是目前发展较缓慢的一种管材。主要原因是：两种管材组合在一起比单一管材价格偏高；两种材质线胀系数相差较大，如粘接不牢固而环境温度和介质温度变化又较剧烈，容易脱开，导致质量下降。

复合管的连接宜采用冷加工方式，热加工方式容易造成内衬塑料的伸缩、变形乃至熔化。一般有螺纹、卡套、卡箍等连接方式。

由于复合管尚属新型管材，我国还未有统一的设计、施工及验收规范，设计及施工人员往往套用镀锌管的工艺来进行设计与施工。

(1) 铝塑复合管 (PAP)

铝塑复合管 (PAP) 是一种集金属与塑料优点为一体的新型管材。由内向外由五层材料复合而成，分别为聚乙烯、黏结剂、薄铝板焊接管、黏结剂、聚乙烯。铝塑复合管的结构决定了这种管材兼有塑料管与金属管的特点。化学性能稳定的聚乙烯在与外界接触的内层与外层，避免了金属铝层与外界的接触；而塑料在外层及强度较好的金属层在中间位置，一方面防止外界的腐蚀，另一方面增强管材的强度和塑性。

常用铝塑复合管规格见表 1-10。

表 1-10 铝塑复合管规格

规格代号	公称直径/mm	外径/mm		内径/mm	壁厚/mm		质量/(kg/m)
		最小值	偏差		最小值	偏差	
1014	12	14	+0.3	10	1.60	+0.4	0.092
1216	15	16	+0.3	12	1.65	+0.4	0.121
1418	18	18	+0.3	14	1.90	+0.4	0.145
1620	20	20	+0.3	16	1.90	+0.4	0.154
2025	25	25	+0.3	20	2.25	+0.5	0.227
2632	32	32	+0.3	26	2.90	+0.5	0.394
3240	40	40	+0.4	32	4.00	+0.6	0.516
4150	50	50	+0.5	41	4.50	+0.7	0.806

(2) 钢塑复合管（SP）

金属与塑料的复合管是一种金属/高聚物的宏观复合体系，金属基体通过界面结合承受管材内外压力，塑料基体在防腐蚀方面发挥作用。它既有金属的坚硬、刚直不易变形、耐热、耐压、抗静电等特点，又具有塑料的耐腐蚀、不生锈、不易产生垢渍、管壁光滑、容易弯曲、保温性好、清洁无毒、质轻、施工简易，使用寿命长等特点。钢管与 UPVC 塑料管复合管材，使用温度的上限为 70℃，用聚乙烯粉末涂覆于钢管内壁的涂塑钢管可在－30～55℃下使用。环氧树脂涂塑钢管的使用温度高达 100℃，可用作热水管道。钢塑复合管除用于建筑冷热水、采暖及空调管道系统外，还广泛用于化工和石油工业等领域。

钢塑复合管主要有涂塑复合钢管与衬塑复合钢管两大类。

① 涂塑复合钢管　其优异性能：安全卫生，价格低廉；良好的防腐性能，且耐酸、耐碱、耐高温，强度高，使用寿命长，优越的耐冲击性能；介质流动阻力低于钢管 40%。

常用规格有公称直径 $DN15$～$DN150$ 十多种。涂塑复合钢管的连接方式有管螺纹、法兰和沟槽式三种。

② 衬塑复合钢管　其主要性能与涂塑复合钢管比较类似，对衬塑复合钢管来讲，热导率低，节省了保温与防结露的材料厚度。另外，同外管径条件下，过水断面小，水流损失与流速均增大。常用规格有公称直径 $DN15$～$DN150$ 十多种。

1.3.1.5　其他非金属管

(1) 钢筋混凝土管

钢筋混凝土管有普通的钢筋混凝土管（RCP）、自应力钢筋混凝土管（SPCP）、预应力钢筋混凝土管（PCP）和预应力钢筒钢筋混凝土管（PCCP）。它们均具有以下特点：节省钢材，价格低廉（和金属管材相比）；防腐性能好，不会减少水管的输水能力；能够承受比较高的压力（0.4～1.2MPa）；具有较好的抗渗性、耐久性，能就地取材。

目前大多钢筋混凝土管管径规格为 100～1500mm。我国自 20 世纪 80 年代后期开始对预应力钢筒钢筋混凝土管试制应用，最大管径可达 9m，承压达 4.0MPa，但钢筋混凝土管重量大且质地较脆，装卸和搬运困难，管配件缺乏，维修难度大，这些都制约了该类管道的应用。

(2) 石棉水泥管

石棉水泥管的优点：重量轻，内壁光滑，通水能力较铸铁管大，耐腐蚀性能好，容易锯断，加工方便，价格低廉等，但它质脆，抗冲击能力与抗动荷性能差，目前应用较少。

(3) 玻璃钢管

玻璃钢管按制造工艺不同分为离心浇铸型玻璃钢管和纤维缠绕型玻璃钢管。给水上常用的是属于纤维缠绕型的玻璃钢夹砂给水管。玻璃钢夹砂给水管具有管轻、强度好、耐腐蚀、水头损失小等优点，并且运输、吊装、连接方便，但其管价较其他管材高，以及由于其刚性较低，易损坏，管坑开挖回填要求高，专业性安装要求高，安装费用高，这些不利因素制约了该类管的普及使用。玻璃钢夹砂给水管规格有 $DN25$～$DN3000$ 三十多种，一般小于或等于 $DN400$ 的玻璃钢管道不夹砂。使用压力范围为 0.1～1MPa，而大于 0.6MPa 的产量较少。据已有的资料可知，综合比较给水玻璃钢管性能及各种费用，实际建设选用管径在 $DN500$ 以上的其优势更突出。

1.3.2　常用阀门

1.3.2.1　阀门标准型号的组成

水暖管道常用的阀门种类较多，起着不同的作用，且都有一个特定的型号。其型号是为了区分各种阀门的类别、驱动形式、连接形式、结构形式、密封圈或衬里材料、公称压力及阀体材料。以上阀门特性以7个单元符号按下列顺序排列：

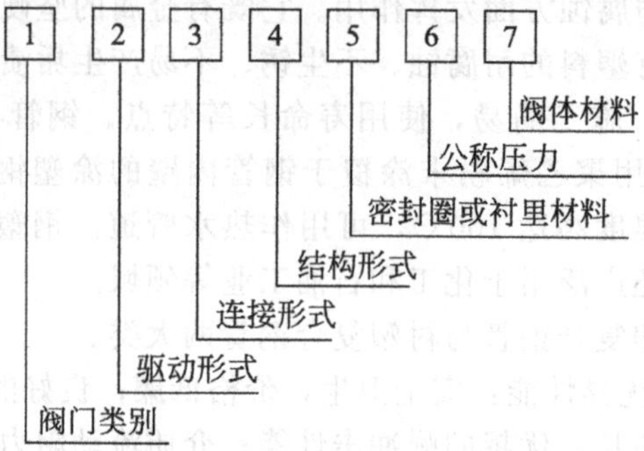

第一单元为阀门类别，用汉语拼音字母表示，见表1-11。

表1-11　阀门类别及代号

阀件类别	代号	阀件类别	代号
截止阀	J	蝶阀	D
闸阀	Z	节流阀	L
减压阀	Y	调节阀	T
止回阀	H	柱塞阀	U
安全阀	A	疏水器	S
旋塞阀	X	隔膜阀	G
球阀	Q	排污阀	P

第二单元为阀件的驱动形式，用阿拉伯数字表示，见表1-12。

表1-12　驱动形式代号

驱动形式	代号	驱动形式	代号
电磁动	0	锥齿轮	5
电磁-液动	1	气动	6
电-液动	2	液动	7
蜗轮	3	气-液动	8
正齿轮	4	电动	9

注：手轮、手柄和扳手直接驱动的阀门，省略本单元。

第三单元为连接形式，用阿拉伯数字表示，见表1-13。

表1-13　连接形式代号

连接形式	代号	连接形式	代号
内螺纹	1	杠杆式安全阀法兰	5
外螺纹	2	焊接	6
双弹簧安全阀法兰	3	对夹	7
法兰	4	卡箍	8

第四单元为阀件的结构形式，用阿拉伯数字表示，见表1-14。

表1-14　阀件结构形式代号

阀门类别	代号									
	1	2	3	4	5	6	7	8	9	0
闸阀	明杆楔式单闸板	明杆楔式双闸板	明杆平行式单闸板	明杆平行式双闸板	暗杆楔式单闸板	暗杆楔式双闸板		暗杆平行式双闸板		

续表

阀门类别	代号									
	1	2	3	4	5	6	7	8	9	0
截止阀	直通式	角式			直流式					
止回阀	直通升降式	立式升降式		单瓣旋启式	多瓣旋启式					
减压阀	薄膜式		活塞式	波纹管式	杠杆式					
蝶阀	垂直板式		斜板式							杠杆式
旋塞阀	直通式	调节式	直通填料式	三通填料式	保温式	润滑式				
安全阀	微启式	全启式								
疏水器	浮球式		浮桶式		钟形浮子式			脉冲式	热动力式	

第五单元为密封圈或衬里材料，用汉语拼音字母表示，见表 1-15。

表 1-15　密封圈或衬里材料代号

材　　料	代　　号	材　　料	代　　号
铜合金	T	硬橡胶	J
橡胶	X	衬胶	J
不锈钢、耐酸钢	H	衬铅	Q
渗氮钢	D	氟塑料	F
巴氏合金	B	尼龙塑料	N
硬质合金	Y	搪瓷	C
渗硼钢	P	石墨石棉	S

注：密封面由阀体直接加工的材料代号为 W。

第六单元用公称压力的数值直接表示，并用“-”与第五单元隔开。

第七单元为阀体材料，用汉语拼音字母表示，见表 1-16。对 $PN \leqslant 1.6\text{MPa}$ 的灰口铸铁阀门和 $PN \geqslant 2.5\text{MPa}$ 的碳钢阀门可省略本单元。

表 1-16　阀体材料代号

材料名称	代号	材料名称	代号
灰铸铁	Z	铬钼系钢	I
可锻铸铁	K	铬钼系不锈钢	P
球墨铸铁	Q	铬镍钼系不锈钢	R
铜及铜合金	T	铬钼钒钢	V
碳钢	C	塑料	S

例如，某阀门型号 Z942T-10，根据代号顺序：Z 表示闸阀；9 表示电动机驱动；4 表示法兰连接；2 表示明杆楔式双闸板；T 表示铜密封圈；10 表示公称压力 1MPa；阀体由灰铸铁制造。

又如，某阀门型号 J21W-16P，代表直通式外螺纹连接截止阀，密封面由阀体直接加工，公称压力 1.6MPa，手轮驱动，阀体材料为 1Cr18Ni9Ti。

1.3.2.2　各种阀门的性能和用途

阀门按照功能不同，可以分为制约型、调节型、安全型、特殊类型和消防专用阀门。常见阀门的具体分类如下：制约型阀门——截止阀，闸阀，蝶阀，止回阀，旋塞阀；调节型阀门——减压阀，调节阀，节流阀，流量控制阀；安全型阀门——安全阀，泄压阀，水锤消除阀，紧急关闭阀；特殊类型阀门——排水阀，注水阀，疏水阀；消防专用阀门——报警阀，信号阀。下面对常用的制约型阀门进行一些介绍。

(1) 截止阀

截止阀是给排水系统及采暖系统中采用最广泛的阀门。其结构简单，密封性好，维修方便，在管道系统中起调节或开启关闭流体的控制作用。安装有方向性，必须按阀体上的箭头指示方向安装。截止阀连接方式为螺纹和法兰两种。

(2) 闸阀

闸阀阻力小，开启、关闭力小，介质可以向任一方向流动，所以安装无方向性，但结构较为复杂，同口径的闸阀略大于截止阀阀体，明杆阀占据净空高度较大，密封面容易擦伤而造成关闭不严密，故密封性较差。它适合于给水、排水、供热和气体等管道系统作为切断和截流之用，室外给水管网大多采用闸阀。闸阀分为明杆式和暗杆式，驱动方式有手动、电动、液动和气动多种，大口径的多用电动机驱动。

(3) 蝶阀

蝶阀是一种体积小、结构紧凑、构造简单、开关迅速和安装方便的阀门。常用于给水管道上，有手柄式、蜗轮传动式、电动式、液动式和气动式。手动蝶阀可以安装在管道任何位置上，带传动机构的蝶阀应直立安装，使传动机构处于铅垂位置上。蝶阀使用时阀体不易漏水，但密封性较差，不易关闭严密，故适用于低压常温水系统。

(4) 止回阀

止回阀一种依靠介质本身流动而自动开、闭阀瓣，用来防止介质倒流的阀门，又称单向阀、逆止阀，具有严格的方向性。例如，在水泵出口管上设置止回阀，可防止停泵造成出口压力降低，使水倒流。常用止回阀有升降式和旋启式。升降式垂直瓣止回阀应安装在垂直管道上，而升降式水平瓣止回阀和旋启式止回阀宜安装在水平管道上。阀体均标有方向箭头，不得装反。止回阀常用于给水系统中。

(5) 旋塞阀

旋塞阀是历史上最早被人们采用的阀件。它是一种关闭件（塞子）绕阀体中心线旋转来开启和关闭的阀门，其结构简单、操作方便、开关迅速、阻力较小，在管道中主要的作用为切断、分配和改变介质流动方向。主要用于低压、小口径和介质温度不高的场合。当手柄与阀体成平行状态则为全开启，当手柄与阀体垂直时则为全关闭。

1.4 室内给水系统安装

1.4.1 室内给水管道安装

1.4.1.1 施工准备

(1) 材料要求

① 铸铁给水管及管件的规格应符合设计压力要求，管壁薄厚均匀，内外光滑整洁，不得有砂眼、裂纹、毛刺和疙瘩等缺陷；承插口的内外径及管件应造型规矩，管内外表面的防腐涂层应整洁均匀，附着牢固。管材及管件均应有出厂合格证。

② 镀锌碳素钢管及管件的规格种类应符合设计要求，管壁内外镀锌均匀，无锈蚀、无飞刺。管件不得有偏扣、乱扣、螺纹不全或角度不准等现象。管材及管件均应有出厂合格证。

③ 水表的规格应符合设计要求并经国家计量部门确认，热水系统应选用符合温度要求的热水表。表壳不得有砂眼、气孔、裂纹等铸造缺陷，表玻璃盖无损坏，铅封完整，有出厂合格证。

④ 阀门的规格型号应符合设计要求，热水系统阀门符合温度要求。阀体不得有砂眼、气孔、裂纹等铸造缺陷，阀门应开关灵活，关闭严密，填料密封完好无渗漏，手轮完整无损坏，有出厂合格证。

（2）主要机具

① 机械：套丝机、砂轮锯、台钻、电锤、手电钻、电焊机、电动试压泵等。

② 工具：套丝板、管钳、压力钳、手锯、手锤、活扳手、链钳、煨弯器、手压泵、捻凿、大锤、断管器等。

③ 其他：水平尺、线坠、钢卷尺、小线、压力表等。

（3）作业条件

① 地下管道在房心土回填夯实或挖到管底标高时敷设，沿管道敷设位置应清理干净，管道穿墙处已留管洞或安装套管，其洞口尺寸和套管规格符合要求，坐标、标高正确。

② 暗装管道应在地沟未盖沟盖或吊顶未封闭前进行安装，其型钢支架均应安装完毕并符合要求。

③ 明装托、吊干管安装必须在安装层的结构顶板完成后进行。沿管线安装位置的模板及杂物清理干净，托吊卡件均已安装牢固，位置正确。

④ 立管安装应在主体结构完成后进行。高层建筑在主体结构达到安装条件后，适当插入进行，每层均应有明确的标高线。暗装竖井管道，应把竖井内的模板及杂物清除干净，并有防坠落措施。

⑤ 支管安装应在墙体砌筑完毕，墙面未装修前进行（包括暗装支管）。

1.4.1.2 操作工艺

（1）工艺流程

安装准备 → 预制加工 → 干管安装 → 立管安装 → 支管安装 → 管道防腐和保温 → 管道冲洗

（2）安装准备

认真熟悉图纸，根据施工方案决定的施工方法和技术交底的具体措施做好准备工作。参看有关专业设备图和装修建筑图，核对各种管道的坐标、标高是否有交叉，管道排列所用空间是否合理。有问题及时与设计和有关人员研究解决，做好变更洽商记录。

（3）预制加工

按设计图纸绘出有管道分路、管径、变径、预留管口及阀门位置等内容的施工草图，在实际安装的结构位置做上标记，按标记分段量出实际安装的准确尺寸，记录在施工草图上，然后按草图测得的尺寸进行预制加工（断管、套螺纹、上零件、调直、校对，按管段分组编号）。

（4）干管安装

① 给水铸铁管安装。在干管安装前清扫管腔，将承口内侧插口外侧端头的沥青除掉，承口朝来水方向顺序排列，连接的对口间隙应不小于 3mm。找平找直后，将管道固定。管道拐弯和始端处应支撑顶牢，防止捻口时轴向移动，所有管口随时封堵好。

捻麻时先清除承口内的污物，将油麻绳拧成麻花状，用麻钎捻入承口内，一般捻两圈以上，约为承口深度的三分之一，使承口周围间隙保持均匀，将油麻捻实后进行捻灰。用 32.5 级以上的水泥加水拌匀（水灰比为 1∶9），用捻凿将灰填入承口，随填随捣，填满后用手锤打实，直至将承口打满，并使灰口表面有光泽。承口捻完后应进行养护，用湿土覆盖或用麻绳等物缠住接口，定时浇水养护，一般养护 2～5 天。冬季应采取防冻措施。

采用青铅接口的给水铸铁管在承口油麻打实后，用定型卡箍或包有胶泥的麻绳紧贴承口，缝隙用胶泥抹严，用化铝锅加热铅锭至 500℃左右（液面呈紫红颜色），水平管灌铅口位于上方，将熔铅缓慢灌入承口内，使空气排出。对于大管径管道，灌铅速度可适当加快，防止熔铅中途凝固。每个铅口应一次灌满，凝固后立即拆除卡箍或泥模，用捻凿将铅口打实（铅接口也可采用捻铅条的方式施工）。

给水铸铁管与镀锌钢管连接时应按图 1-7 和图 1-8 所示的几种方式安装。

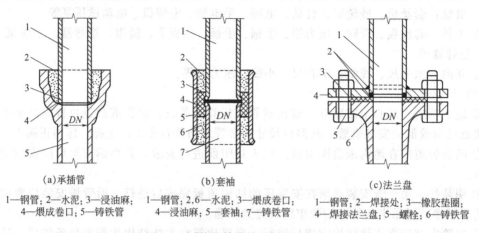

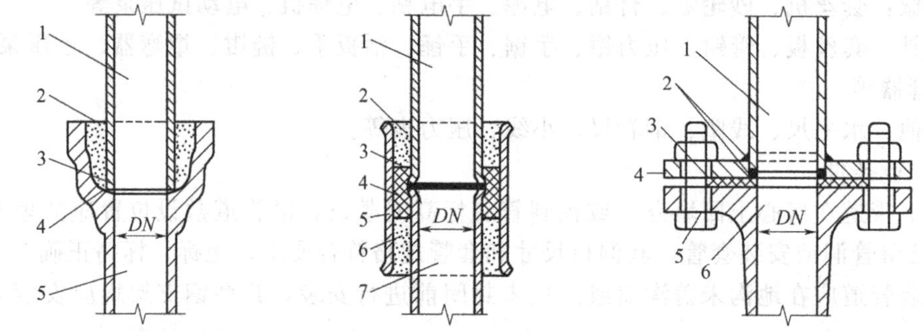

(a)承插管 1—钢管；2—水泥；3—浸油麻；4—煨成卷口；5—铸铁管

(b)套袖 1—钢管；2,6—水泥；3—煨成卷口；4—浸油麻；5—套袖；7—铸铁管

(c)法兰盘 1—钢管；2—焊接处；3—橡胶垫圈；4—焊接法兰盘；5—螺栓；6—铸铁管

图 1-7 同管径铸铁管与钢管的接头

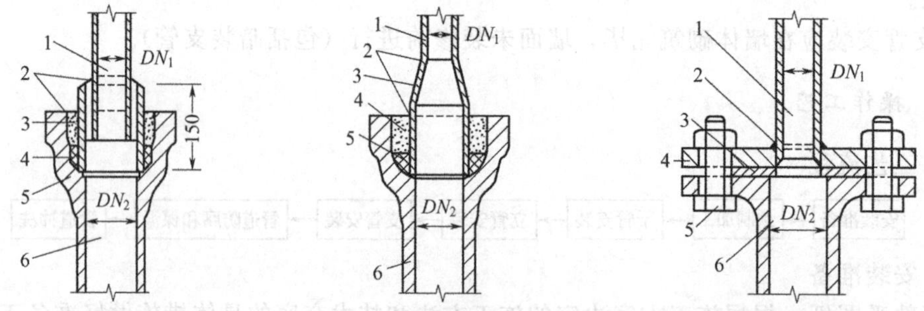

(a)直套管 1—钢管；2—焊接处；3—水泥；4—浸油麻；5—煨成卷口；6—铸铁管

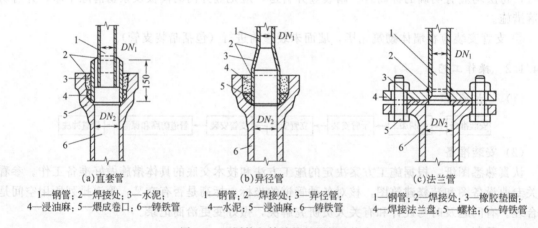

(b)异径管 1—钢管；2—焊接处；3—异径管；4—水泥；5—浸油麻；6—铸铁管

(c)法兰管 1—钢管；2—焊接处；3—橡胶垫圈；4—焊接法兰盘；5—螺栓；6—铸铁管

图 1-8 不同管径铸铁管与钢管的接头

② 给水镀锌管安装。安装时一般从总进入口开始操作，总进口端头加好临时丝堵以备试压用。设计要求沥青防腐或加强防腐时，应在预制后、安装前做好防腐。把预制完的管道运到安装部位按编号依次排开。安装前清扫管腔，螺纹连接管道抹上铅油缠好麻，用管钳按编号依次上紧，螺纹外露 2～3 扣，安装完后找直找正，复核甩口的位置、方向及变径无误。清除麻头，所有管口要加好临时丝堵。

③ 热水管道的穿墙处均按设计要求加好套管及固定支架，安装伸缩器按规定做好预拉伸，待管道固定卡件安装完毕后，除去预拉伸的支撑物，调整好坡度，翻身处高点要有放风、低点有泄水装置。

④ 给水大管径管道使用无镀锌碳素钢管时，应采用焊接法兰连接，管材根据设计压力选用焊接钢管或无缝钢管，管道安装完先进行水压试验，如无渗漏则编号后再拆开法兰进行镀锌加工。加工镀锌的管道不得刷漆及污染，管道镀锌后按编号进行二次安装。

(5) 立管安装

① 立管明装　每层从上至下统一吊线安装卡件，将预制好的立管按编号分层排开，顺序

安装，对好调直时的印记，螺纹外露2～3扣，清除麻头，校核预留甩口的高度、方向是否正确。外露螺纹和镀锌层破损处刷好防锈漆。支管甩口均加好临时丝堵。立管截门安装朝向应便于操作和修理。安装完后用线坠吊直找正，配合土建堵好楼板洞。

② 立管暗装　竖井内立管安装的卡件宜在管井口设置型钢，上下统一吊线安装卡件。安装在墙内的立管在结构施工中需留管槽，立管安装后吊直找正，用卡件固定。支管的甩口应露明并加好临时丝堵。

③ 热水立管　按设计要求加好套管。立管与导管连接要采用两个弯头。立管直线长度大于15m时，要采用三个弯头。立管如有伸缩器安装同干管。

(6) 支管安装

① 支管明装　将预制好的支管从立管甩口依次逐段进行安装，有截门时应将截门盖卸下再安装，根据管道长度适当加好临时固定卡，核定不同卫生器具的冷热水预留口高度、位置是否正确，找平找正后栽支管卡件，去掉临时固定卡，上好临时丝堵。支管如装有水表应先装上连接管，试压后在交工前拆下连接管，安装水表。

② 支管暗装　确定支管高度后画线定位，剔出管槽，将预制好的支管敷在槽内，找平找正定位后用钩钉固定。卫生器具的冷热水预留口要做在明处，加好丝堵。

③ 热水支管　穿墙处按规范要求做好套管。热水支管应做在冷水支管的上方，支管预留口位置应为左热右冷。其余安装方法同冷水支管。

(7) 管道试压

敷设、暗装、保温的给水管道在隐蔽前做好单项水压试验。管道系统安装完后进行综合水压试验。水压试验时放净空气，充满水后进行加压。当压力升到规定要求时停止加压，进行检查，如各接口和阀门均无渗漏，持续到规定时间，观察其压力下降在允许范围内，通知有关人员验收，办理交接手续。然后把水泄净，被破损的镀锌层和外露螺纹处做好防腐处理，再进行隐蔽工作。

(8) 管道冲洗

管道在试压完成后即可进行冲洗，冲洗应用自来水连续进行，应保证有充足的流量。冲洗洁净后办理验收手续。

(9) 管道防腐和保温

① 管道防腐　给水管道敷设与安装的防腐均按设计要求及国家验收规范施工，所有型钢支架及管道镀锌层破损处和外露螺纹要补刷防锈漆。

② 管道保温　给水管道明装、暗装的保温有三种形式：管道防冻保温、管道防热损失保温、管道防结露保温。其保温材质及厚度均按设计要求，质量达到国家验收规范标准。

1.4.1.3　质量标准

(1) 保证项目

① 隐蔽管道和给水系统的水压试验结果必须符合设计要求和施工规范规定。

检验方法：检查系统或分区（段）试验记录。

② 管道及管道支座（墩）严禁敷设在冻土和未经处理的松土上。

检验方法：观察或检查隐蔽工程记录。

③ 给水系统竣工后或交付使用前，必须进行吹洗。

检验方法：检查吹洗记录。

(2) 基本项目

① 管道坡度的正负偏差符合设计要求。

检验方法：用水准仪（水平尺）拉线和尺量检查或检查隐蔽工程记录。

② 碳素钢管的螺纹加工精度符合标准规定，螺纹清洁规整，无断丝或缺丝，连接牢固，管螺纹根部有外露螺纹，镀锌碳素钢管无焊接口，螺纹无断丝。镀锌碳素钢管和管件的镀锌层无破损，螺纹露出部分防腐蚀层良好，接口处无外露油麻等缺陷。

检验方法：观察或解体检查。

③ 碳素钢管的法兰连接应对接平行、紧密，与管子中心线垂直。螺杆露出螺母长度一致，且不大于撑杆直径的二分之一，螺母在同侧，衬垫材质符合设计要求和施工规范规定。

检验方法：观察检查。

④ 非镀锌碳素钢管的焊接焊口平直，焊波均匀一致，焊缝表面无结瘤、夹渣和气孔。焊缝加强面符合施工规范规定。

检验方法：观察或用焊接检测尺检查。

⑤ 金属管道的承插和套箍接口结构及所有填料符合设计要求和施工规范规定，灰口密实饱满，胶圈接口平直无扭曲，对口间隙准确，环缝间隙均匀，灰口平整、光滑，养护良好，胶圈接口回弹间隙符合施工规范规定。

检验方法：观察和尺量检查。

⑥ 管道支（吊、托）架及管座（墩）的安装应构造正确，埋设平正牢固，排列整齐。支架与管道接触紧密。

检验方法：观察或用手扳检查。

⑦ 阀门安装。型号、规格、耐压和严密性试验符合设计要求和施工规范规定。位置、进出口方向正确，连接牢固、紧密，启闭灵活，朝向合理，表面洁净。

检验方法：手扳检查和检查出厂合格证、试验单。

⑧ 埋地管道的防腐层材质和结构符合设计要求和施工规范规定，卷材与管道以及各层卷材间粘贴牢固，表面平整，无折皱、空鼓、滑移和封口不严等缺陷。

检验方法：观察或切开防腐层检查。

⑨ 管道、箱类和金属支架的油漆种类和涂刷遍数符合设计要求，附着良好，无脱皮、起泡和漏涂，漆膜厚度均匀，色泽一致，无流淌及污染现象。

检验方法：观察检查。

(3) 允许偏差项目

给水管道安装的允许偏差和检验方法见表 1-17。

表 1-17　给水管道安装的允许偏差和检验方法

项次	项　目			允许偏差/mm	检验方法
1	水平管道纵横方向弯曲	钢管	每米 全长 25m 以上	1 ≤25	用水平尺、直尺、拉线和尺量检查
		塑料复合管	每米 全长 25m 以上	1.5 ≤25	
		铸铁管	每米 全长 25m 以上	2 ≤25	
2	立管垂直度	钢管	每米 5m 以上	3 ≤8	吊线和尺量检查
		塑料复合管	每米 5m 以上	2 ≤8	
		铸铁管	每米 5m 以上	3 ≤10	
3	成排管段和成排阀门		在同一平面上间距	3	尺量检查

1.4.1.4 成品保护

① 安装好的管道不得用作支撑或放脚手板，不得踏压，其支托卡架不得作为其他用途的受力点。

② 管道在喷浆前要加以保护，防止灰浆污染管道。

③ 截门的手轮在安装时应卸下，交工前统一安装完好。

④ 水表应有保护措施，为防止损坏，可统一在交工前装好。

1.4.1.5 应注意的质量问题

① 管道镀锌层损坏。

原因：由于压力和管钳日久失修，卡不住管道造成。

② 立管甩口高度不准确。

原因：由于层高超出允许偏差或测量不准。

③ 立管距墙不一致或半明半暗。

原因：由于立管位置安排不当，或隔断墙位移偏差太大造成。

④ 热水立管的套管向下层漏水。

原因：由于套管露出地面高度不够，或地面抹灰太厚造成。

1.4.1.6 应具备的质量记录

① 材料出厂合格证及进场验收记录。

② 给水、热水导管预检记录。

③ 给水、热水立管预检记录。

④ 给水、热水支管预检记录。

⑤ 给水、热水管道单项试压记录。

⑥ 给水、热水管道隐蔽检查记录。

⑦ 给水、热水系统试压记录。

⑧ 给水、热水系统冲洗记录。

⑨ 给水、热水系统通水记录。

⑩ 热水系统调试记录。

1.4.2 室内给水设备安装

1.4.2.1 施工准备

(1) 材料要求

① 水泵的型号、规格应符合设计要求，并有出厂合格证和厂家提供的技术手册、检测报告。配件齐全，无缺损等。

② 水箱的规格、材质、外形尺寸、各接口等应符合设计要求。水箱应有卫生检测报告、试验记录、合格证。

③ 气压给水设备的型号、规格应符合设计要求，有厂家合格证、技术手册和产品检测报告。

(2) 主要机具

① 机具：起重机、砂轮机、切割机、套丝机、卷扬机或绞磨、千斤顶、手电钻、冲击钻、砂轮锯、电焊和气焊用具等。

② 工具：各种扳手、夹钳、滑轮、索具、水平尺、钢卷尺、线坠、塞尺、焊缝检测器、

压力表等。

（3）作业条件

① 设备基础的尺寸、坐标和标高符合设计图纸。

② 机房内的安装标高基准线已测放完毕。

③ 设备的土建施工已完毕，能满足安装条件。若水箱为整体式，应在土建屋顶封顶前，将水箱吊入水箱间。

④ 施工现场的作业面具备安装条件，顶板应预留起吊装置。

⑤ 水箱进场时应进行检验，对于非金属材料或衬塑复合钢板及组装用橡胶密封材料等，均应有卫生部门检验证明文件，符合《生活饮用水卫生标准》的要求。

⑥ 施工运输和消防道路畅通，施工用照明、水源、电源已具备连续正常施工的条件。

1.4.2.2 操作工艺

（1）工艺流程

设备安装原则为：按系统、楼层划分施工，施工时先大型后小型，先里后外，先高空后低空，先特殊后一般。

安装准备 → 设备运输及开箱检验 → 设备基础验收 → 设备就位安装 → 设备试验及调试运行

（2）安装准备

① 认真熟悉图纸，核对基础、配水管的坐标、标高是否可行，管道排列用空间是否合理。

② 安装前应检查设备的性能参数，如泵的规格型号、扬程、流量、电动机的型号、功率、转速等；设备是否有损坏，内部有无污物和腐蚀的情况，水泵配件是否齐全等，并应有合格证和安装使用说明书。全部检查完毕符合要求方可安装。

③ 按设计位置，在机组上方定好水泵纵向和横向中心线，以便安装时控制机组位置。

（3）设备运输

① 设备运抵现场后，可根据施工位置、施工进度、场地库房情况等确定卸车地点，利用铲车、汽车吊、塔式起重机等卸车，可直接运至设备所在楼层。

② 设备在楼层内运输可用卷扬机牵引拖排运输等方法运至基础附近，也可用倒链、撬棍、滚杠等拖运，有条件时可用铲车运送。

③ 设备进场装卸、运输及吊装时，注意包装箱上的标记，不得翻转倒置、倾斜，不得野蛮装卸。

④ 按包装箱上的标志绑扎牢固，捆绑设备时承力点要高于重心；捆绑位置必须根据设备及内部结构选定，支垫位置一般选在底座、加强圈或有内支撑的位置，并尽量扩大支垫面积，消除应力集中，以防局部变形。

⑤ 不得将钢丝绳、索具直接绑在设备的非承力外壳或加工面上，钢丝绳与设备接触处要用软木条或用橡胶垫等保护，避免划伤设备。

⑥ 严禁碰撞与敲击设备，以保证设备运输装卸安全。

⑦ 因吊装及运输需要、需拆卸设备的部件时，按设备部件装配的相反顺序来拆卸，并及时在其非工作面上做上标记，避免以后装配时发生错误。

⑧ 由于受到层高及高度的限制，当设备无法吊送到位时，要搭设专用平台，先将设备吊送至平台上，再用拖排运至室内。吊送和拖运时要注意设备的方向和方位，避免不必要的掉头和翻身，以便于吊装和组装作业。

（4）设备开箱检查

① 为保证设备安装质量，加快工程进度，对设备应进行严格的验收，以便能事先发现问

题，予以处理。

② 设备运至基础附近后，按设备技术资料文件及装箱清单拆箱验收，并认真填写“设备开箱检查记录”。

③ 对暂时不能安装的设备和零、部件要放入临时库房，并封闭管口及开口部位，以防掉入杂物等；有些零、部件的表面要涂防锈剂和采取防潮措施。随机的电气仪表元件要放置在防潮防尘的库房内，安排专人妥善保管。无法放入库房的设备要加以保护、包装或覆盖，以防因建筑施工、恶劣天气或其他原因而造成的损坏。

④ 设备检验项目如下。

a. 检查随机文件，如装箱清单、出厂合格证明书、安装说明书、安装图等。

b. 核实设备及附件的名称、规格、数量。并核实设备的方位、规格、各接口位置是否与图纸相符。

c. 进行外观质量检查，不得有破损、变形、锈蚀等缺陷。

d. 随机的专用工具是否齐全，设备开箱检验后，做好开箱检验记录，检验中发现的问题，由业主、厂家、施工单位协商解决。

（5）基础验收复核

① 土建移交设备基础时，组织施工班组依照土建施工图及提交的有关技术资料和各种测量记录、安装图和设备实际尺寸对基础进行验收，并做好记录。

② 具体验收内容包括以下各项。

a. 检查土建提供的中心线、标高点是否准确。

b. 对照设备和工艺图检查基础的外形尺寸、标高及相互位置尺寸等。

c. 基础外观不得有裂纹、蜂窝、空洞、露筋等缺陷。

d. 所有遗留的模板和露出混凝土的钢筋等必须清除，并将设备安装场地及地脚螺栓孔内的脏物、积水等全部清除干净。

（6）基础放线及垫铁布置

① 基础验收合格后进行放线工作，画出安装基准线及定位基准线、地脚螺栓的中心线。对相互有关联或衔接的设备，按其关联或衔接的要求确定共同的基准。

② 在基础平面上，画出垫铁布置位置，放置时按设备技术文件规定摆放。垫铁放置的原则是：负荷集中处，靠近地脚螺栓两侧，或是机座的立筋处。相邻两垫铁组间距离一般规定为300～500mm，若设备安装图上有要求，应按设备安装图施工。垫铁的布置和摆放要做好记录，并经监理代表签字认可。

③ 整个基础平面要修整铲麻面，预留地脚螺栓孔内的杂物清理干净，以保证灌浆的质量。垫铁组位置要铲平，宜用砂轮机打磨，保证水平误差不大于2mm/m，接触面积大于75%以上。图纸上有要求的基础，要按其要求施工。

（7）水泵基础安装

① 在水泵安装前，应打好基础，基础为素混凝土，并预留地脚螺栓孔。地脚螺栓孔应留有一定的裕量，以便进行水泵安装时找正。

② 基础减振装置按图纸要求安装。

③ 基础质量要进行复查，是否符合设计要求，对不合格项应进行整改。

④ 水泵基础高出地面的高度应便于水泵安装，不应小于0.1m；泵房内管道管外底距地面或管沟底面的距离，当管径小于或等于150mm时，不应小于0.2m；当管径大于或等于200mm时，不应小于0.25m。

（8）离心泵机组安装

应严格按照设备附带安装说明书进行。安装前应检查电动机的型号、功率、转速，离心泵规格、型号、流量及扬程，其叶轮是否有摩擦现象，内部是否有污物，水泵配件是否齐全等。均符合要求后方可安装。

生活加压给水系统的水泵机组应设置备用泵，备用泵的供水能力不应小于最大一台运行水泵的供水能力。水泵宜自动切换交替运行。

① 离心泵机组分带底座和不带底座两种形式。一般小型离心泵出厂均与电动机装配在同一铸铁底座上，口径较大的泵出厂时不带底座，水泵和电动机直接安装在基础上。

② 带底座水泵的安装。

a. 安装带底座的小型水泵时，先在基础面和底座面上画出水泵中心线，然后将底座吊装在基础上，装上地脚螺栓和螺母，调整底座位置，使底座上的中心线和基础上的中心线一致。

b. 用水平仪在底座加工面上检查是否水平。不水平时，可在底座下承垫垫铁找平。

c. 垫铁的平面尺寸一般为（60mm×800mm）～（100mm×150mm），厚度为10～20mm。垫铁一般放置在底座的地脚螺栓附近。每处叠加的数量不宜多于三块。

d. 垫铁找平后，拧紧设备地脚螺栓上的螺母，并对底座水平度再进行一次复核。

e. 底座装好后，把水泵吊放在底座上，并对水泵的轴线、进出水口中心线和水泵的水平度进行检查和调整。

f. 如果底座上已装有水泵和电动机时，可以不卸下水泵和电动机而直接进行安装，其安装方法与无共用底座水泵的安装方法相同。

③ 无共用底座水泵的安装。

a. 安装顺序是先安装水泵，待其位置与进出水管的位置找正后，再安装电动机。吊水泵可采用三脚架。起吊时一定要注意，钢线绳不能系在泵体上，也不能系在轴承架上，更不能系在轴上，只能系在吊装环上。

b. 水泵就位后应进行找正。水泵找正包括中心找正、水平找正和标高找正。找正找平要在同一平面内两个或两个以上的方向上进行，找平要根据要求用垫铁调整精度，不得用松紧地脚螺栓或其他局部加压的方法调整。垫铁的位置及高度、块数均应符合有关规范要求，垫铁表面污物要清理干净，每一组应放置整齐平稳、接触良好。

c. 中心找正。水泵中心找正的目的是使水泵摆放的位置正确，不歪斜。找正时，用墨线在基础表面弹出水泵的纵、横中心线。然后在水泵的进水口中心和轴的中心分别用线坠吊垂线，移动水泵，使线锤尖和基础表面的纵、横中心线相交。

d. 水平找正。水泵水平找正可用水准仪或0.1～0.3mm/m精度的水平尺测量。小型水泵一般用水平尺测量。操作时，把水平尺放在水泵轴上测其轴向水平，调整水泵的轴向位置，使水平尺气泡居中，误差不应超过0.1mm/m，然后把水平尺靠在水泵进、出口法兰的垂直面上，测其径向水平。大型水泵找水平可用水准仪或吊垂线法进行测量。吊垂线法是将垂线从水泵进、出口吊下，如用钢板尺测出法兰面距垂线的距离上下相等，即为水平；若不相等，说明水泵不水平，应进行调整，直到上下相等为止。

e. 标高找正。其目的是检查水泵轴中心线的高程是否与设计要求的安装高程相符，以保证水泵能在允许吸水高度内工作。标高找正可用水准仪测量，小型水泵也可用钢板尺直接测量。

④ 电动机安装（联轴器对中）。

a. 安装电动机时以水泵为基准，将电动机轴中心线调整到与水泵的轴中心线在同一条直线上。

b. 通常是靠测量水泵与电动机连接处两个联轴器的相对位置来完成，即把两个联轴器调整到既同心又相互平行。调整时，两联轴器间的轴向间隙应符合下列要求：小型水泵（吸入口径在300mm以下）间隙为2～4mm；中型水泵（吸入口径在350～500mm以下）间隙为4～6mm；大型水泵（吸入口径在600mm以上）间隙为4～8mm。

c. 两联轴器的轴向间隙，可用塞尺在联轴器间的上下左右四点测得，塞尺片最薄为0.03～0.05mm。各处间隙相等，表示两联轴器平行。测定径向间隙时，可把直角尺一边靠在联轴器上，并沿轮缘圆周移动。如直角尺各点都和两个轮缘的表面靠紧，则表示联轴器同心。

⑤ 电动机找正后，拧紧地脚螺栓和联轴器连接螺栓，水泵机组即安装完毕。

⑥ 在安装过程中，应同时填写“水泵安装记录”。

（9）水箱安装

① 验收基础，并填写“设备基础验收记录”。

② 做好设备检查，并填写“设备开箱记录”。水箱如在现场制作，应按设计图纸或标准图进行。

③ 设备吊装就位，进行校平找正工作。

④ 现场制作的水箱，按设计要求制作成水箱后需进行盛水试验或煤油渗透试验。

a. 盛水试验。将水箱完全充满水，经2～3h后用锤（一般0.5～15kg）沿焊缝两侧约150mm的部位轻敲，不得有漏水现象；若发现漏水部位必须铲去重新焊接，再进行试验。

b. 煤油渗漏试验。在水箱外表面的焊缝上，涂满白垩粉，晾干后在水箱内焊缝上涂煤油，在试验时间内涂2～3次，使焊缝表面能得到充分浸润，如在白垩粉上没有发现油迹，则为合格。试验要求时间为：对垂直焊缝或煤油由下往上渗透的水平焊缝为35min；对煤油由上往下渗透的水平焊缝为25min。

c. 敞口水箱的满水试验和密闭水箱（罐）的水压试验如无设计要求，应符合下列规定：敞口箱、罐安装前，应进行满水试验，满水试验静置24h观察，不渗不漏为合格；密闭箱、罐，水压试验在试验压力下10min压力不下降、不渗不漏为合格。

⑤ 盛水试验后，内外表面除锈，刷红丹两道。

⑥ 整体安装或现场制作的水箱，按设计要求其内表面刷漆两道，外表面如不做保温，再刷油性调和漆两道，水箱底部刷沥青漆两道。

⑦ 水箱支架或底座安装，其尺寸及位置应符合设计规范规定；埋设平整牢固。

⑧ 按图纸安装进水管、出水管、溢流管、排污管、水位信号管等。水箱溢流管和泄放管应设置在排水地点附近但不得与排水管直接连接。

⑨ 按系统进行水压试验。

⑩ 需绝热的要进行保温处理。水箱保温使用泡沫混凝土及泡沫珍珠岩的板状保温材料。一般水箱的表面积大，受热膨胀（冷缩）的影响，保温层易与设备脱离，因此，在设备或水箱外部焊上钩钉以固定保温层。钩钉间距一般为200～300mm，钩钉高度等于保温层厚度，外部抹保护壳。冷水箱也可采用泡沫塑料聚苯板或软木板用热沥青贴在水箱上，外包塑料布。

（10）水泵隔振措施

① 在水泵机组底座下，宜设置惰性块。当水泵机组底座的刚度和质量满足设计要求时，可不设惰性块，但应设置型钢机座。

② 水泵机组在惰性块上的布置，应力求使水泵机组及各附件的重心和惰性块的平面中心在同一垂直线上。

③ 惰性块的尺寸应按下列规定确定。

a. 长度应不小于水泵机组共用底座的长度。

b. 宽度应不小于水泵机组共同底座的宽度，且共用底座的地脚螺栓中心至惰性块边线不宜小于150mm。

c. 高度为长度的1/10～1/8，且不小于150mm。

d. 惰性块的质量应不小于水泵机组的总质量，一般宜为水泵机组总质量的1.0～1.5倍。

e. 惰性块尺寸以10mm的整倍数计。

④ 惰性块与水泵机组底座的固定宜采用锚固安装方式；在惰性块上表面的预埋钢板上焊

螺栓，用于固定水泵机组底座。

⑤ 惰性块应配钢筋，其混凝土标号不小于C18。

⑥ 惰性块和型钢机座安装时与墙面净距应不小于0.7m。

⑦ 隔振元件应按水泵机组的中轴线进行对称布置。橡胶隔振垫的平面布置可按顺时针方向或逆时针方向布置。

⑧ 当机组隔振元件采用六个支撑点时，其中四个布置在惰性块或型钢机座四角，另两个应设置在长边线上，并调节其位置，使隔振元件的压缩变形量尽可能保持一致。

⑨ 卧式水泵机组隔振安装橡胶隔振垫或阻尼弹簧减振器时，一般情况下，橡胶隔振垫和阻尼弹簧减振器与地面及与惰性块或型钢机座之间不需粘接或固定。

⑩ 立式水泵机组隔振安装使用橡胶隔振垫时，在水泵机组底座下，宜设置型钢机座并采用锚固式安装；型钢机座与橡胶隔振垫之间应用螺栓（加设弹簧垫圈）固定。在地面或楼面中设置地脚螺栓，橡胶隔振垫通过地脚螺栓固定在地面或楼面上。

⑪ 橡胶隔振垫的边线不得超过惰性块的边线；型钢机座的支撑面积应不小于隔振元件顶部的支撑面积。

⑫ 橡胶隔振垫单层布置，频率比不能满足要求时，可采取多层串联布置，但隔振垫层数不宜多于五层。串联设置的各层橡胶隔振垫，其型号、块数、面积及橡胶硬度均应完全一致。

⑬ 橡胶隔振垫多层串联设置时，每层隔振垫之间用厚度不小于4mm的镀锌钢板隔开，钢板应平整，隔振垫与钢板应用黏结剂粘接。镀锌钢板的平面尺寸应比橡胶隔振垫每个端部大10mm。镀锌钢板上、下层粘接的橡胶隔振垫应交错设置。

⑭ 施工安装前，应及时检查，安装时应使隔振元件的静态压缩变形量不得超过最大允许值。

⑮ 水泵机组安装时，安装水泵机组的支撑地面要求平整，且应具备足够的承载能力。

⑯ 机组隔振元件应避免与酸、碱和有机溶剂等物质相接触。

（11）配水管道安装

① 在水泵二次灌浆混凝土强度达到75%以后，水泵经过精校后，可进行配管安装。每台水泵的出水管道上，应装设压力表、止回阀和阀门（符合多功能阀安装条件的出水管，可用多功能阀代替止回阀和阀门），必要时应设置水锤消除装置。

② 进出水管道要用支座固定，避免把管段的重力传递给泵体或直接压在泵体上。在靠近水泵进口处的进水管道应避免直接接装弯头，一般要在水泵进口处装长约为3倍直径的直管段。弯管应装得越少越好，应减少水力损失。泵的进出口管道的布置必须便于操作和检修。

③ 配管时，管道与泵体连接不得强行组合连接，且管道重力不能附加在泵体上。

④ 对水平吸水管有以下几点要求。

a. 水泵吸水管如变径，应采用偏心大小头，并使平面朝上，带斜度的一段朝下（以防止产生“气囊”）。

b. 为防止吸水管中积存空气而影响水泵运转，吸水管的安装应具有沿水流方向连续上升的坡度接至水泵入口，坡度应小于0.005。

c. 吸水管靠近水泵进水口处，应有一段长2～3倍管道直径的直管段，避免直接安装弯头，否则水泵进水口处流速不均匀，使流量减少。

d. 吸水管应设有支撑件。

e. 吸水管段要短，配管及弯头要少，力求减少管道压力损失。

f. 水泵底阀与水底距离，一般不小于底阀或吸水喇叭口的外径；水泵出水管安装止回阀和阀门，止回阀应安装在靠近水泵一侧。

（12）设备耐压及严密性试验

① 设备耐压和严密性试验用于验证设备无宏观变形（局部膨胀、延伸）及泄漏等各种异

常现象，在设计压力下检测设备有无微量渗透。

② 耐压和严密性试验可分别采用水压、干燥压缩空气进行。

③ 试验前设备上的安全装置、阀类、压力计、液位计等附件及全部内件装配齐全，并进行外部与内部检查，检查几何形状、焊缝、连接件及衬垫等是否符合要求，管件及附属装置是否齐备，操作是否灵活、正确，紧固件是否齐全且紧固完毕，检查内部是否清洁。

④ 图纸标明不耐压部件要用盲板隔离或拆除。

⑤ 试验时在设备的最高、最低处安装压力表，以最高处的读数为准。

⑥ 对注明无需进行耐压试验的设备可只进行气密性试验。

(13) 试运转

① 试运转前的检查

a. 驱动装置已经过单独试运转，其转向应与泵的转向一致。

b. 检查各紧固件连接部位的紧固情况，不得松动。

c. 润滑状况良好，润滑油或油脂已按规定加入。

d. 检查附属设备及管道是否冲洗干净，管道应保持畅通。

e. 检查安全保护装置是否齐备、可靠。

f. 盘车灵活，声音正常。

g. 吸入管道应清洗干净，无杂物。

② 无负荷试运转

a. 全开启入口阀门，全关闭出口阀门。

b. 排净吸入管内的空气（用真空泵或注水），吸入管充满水。

c. 开启泵的传动装置，运转 1～3min 后停车，不能在出口阀全闭的状态下长时间运转。

③ 无负荷试运转应达到的标准

a. 运转中无不正常的声响。

b. 各紧固部分无松动现象。

c. 水泵试运转的轴承温升必须符合设备说明书的规定。

④ 负荷试运转　应由建设单位派人操作，安装单位参加，在无负荷试运转合格后进行。负荷试运转的合格标准如下。

a. 设备运转正常，系统的压力、流量、温度和其他要求符合设备文件的规定。

b. 泵运转无杂音。

c. 泵体无泄漏。

d. 各紧固部位无松动。

e. 轴承温升必须符合设备说明书的规定。

f. 轴封填料温度正常，软填料宜有少量泄漏（每分钟不超过 10～20 滴），机械密封的泄漏量不宜超过每分钟 3 滴。

g. 泵的电动机的功率或电流不超过额定值。

h. 安全保护装置灵敏可靠。

i. 设备运转振幅符合设备技术文件规定或如下要求（表 1-18）。

表 1-18　设备运转振幅

泵转速/(r/min)	≤375	>375～600	>600～750	>750～1000	>1000～1500
振幅/mm	≤0.18	≤0.15	≤0.12	≤0.10	≤0.08
泵转速/(r/min)	>1500～3000	3000～6000	>6000～12000	>12000	
振幅/mm	≤0.06	≤0.04	≤0.03	≤0.02	

⑤ 泵在试运转过程中，发生异常应及时处理，若情况严重，停泵处理。若运行正常，按运行时间要求进行。

⑥ 停泵时，应先将出口阀缓缓关闭，然后切断电源停泵。

1.4.2.3 质量标准

(1) 保证项目

① 水泵就位前的基础混凝土强度、坐标、标高、尺寸和螺栓孔位置必须符合设计规定。

检验方法：对照图纸用仪器和尺量检查。

② 水泵试运转的轴承温升必须符合设备说明书的规定。

检验方法：温度计实测检查。

③ 敞口水箱的满水试验和密闭水箱（罐）的水压试验必须符合设计与相应规范的规定。

检验方法：满水试验静置 24h 观察，不渗不漏；水压试验在试验压力下 10min 压力不下降，不渗不漏。

(2) 基本项目

① 水箱支架或底座安装，其尺寸及位置应符合设计规范规定，埋设平整牢固。

检验方法：对照图纸，尺量检查。

② 水箱溢流管和泄放管应设置在排水地点附近但不得与排水管直接连接。

检验方法：观察检查。

③ 立式水泵的减振装置不应采用弹簧减振器。

检验方法：观察检查。

(3) 允许偏差项目

室内给水设备安装的允许偏差应符合表 1-19 的规定。

表 1-19 室内给水设备安装的允许偏差和检验方法

项次	项目			允许偏差/mm	检验方法
1	静置设备	坐标		15	用经纬仪或拉线、尺量
		标高		±5	用水准仪、拉线和尺量检查
		垂直度（每米）		5	吊线和尺量检查
2	离心式水泵	立式泵体垂直度（每米）		0.1	水平尺和塞尺检查
		卧式泵体水平度（每米）		0.1	水平尺和塞尺检查
		联轴器同轴度	轴向倾斜（每米）	0.8	在联轴器互相垂直的四个位置上用水准仪、百分表或测微螺钉和塞尺检查
			径向位移	0.1	

1.4.2.4 成品保护

① 设备就位后未配管前要做好遮盖，防止异物进入。

② 水泵安装完后应做好保护，防止损伤。冬季应有防冻措施。

1.4.2.5 应注意的质量问题

① 应拧紧地脚螺栓并加设弹簧垫，以防止水泵启动时泵体晃动。

② 管道应设独立支撑，防止泵与管道之间的软接头变形。

1.4.2.6 应具备的质量记录

① 设备材料出厂合格证、技术手册、产品检测报告等质量证明文件。

② 设备开箱、材料、配件的进场检验记录。

③ 隐藏工程检查记录。
④ 预检记录。
⑤ 施工检查记录。
⑥ 强度严密性试验记录及水泵单机试运转记录。
⑦ 安全阀调试记录。
⑧ 检验批质量验收记录。
⑨ 分项工程质量验收记录。

1.5 室内排水管道安装

1.5.1 施工准备

1.5.1.1 材料要求

① 铸铁排水管及管件规格品种应符合设计要求。灰口铸铁的管壁薄厚均匀，内外光滑整洁，无浮砂、包砂、粘砂，更不允许有砂眼、裂纹、飞刺和疙瘩。承插口的内外径及管件造型规矩，法兰接口平正、光洁、严密，地漏和返水弯的螺距必须一致，不得有偏扣、乱扣、方扣、螺纹不全等现象。

② 镀锌碳素钢管及管件管壁内外镀锌均匀，无锈蚀，内壁无飞刺，管件无偏扣、乱扣、方扣、螺纹不全、角度不准等现象。

③ 青麻、油麻要整齐，不允许有腐朽现象。沥青漆、防锈漆、调和漆和银粉必须有出厂合格证。

④ 水泥一般采用 325 号水泥，必须有出厂合格证或复试证明。

⑤ 其他材料：汽油、机油、电气焊条、型钢、螺栓、螺母、铅丝等。

1.5.1.2 主要机具

① 机具：套丝机、电焊机、台钻、冲击钻、电锤、砂轮机等。

② 工具：套丝板、手锤、大锤、手锯、断管器、錾子、捻凿、麻钎、压力案、台虎钳、管锥、小车等。

③ 其他：水平尺、线坠、钢卷尺、小线等。

1.5.1.3 作业条件

① 敷设地下排水管道时，基础墙应达到或接近 ±0.0 标高，房心土回填到管底或稍高的高度，房心内沿管道位置无堆积物，且管道穿过建筑基础处，已按设计要求预留好管洞。

② 设备层内排水管道的敷设，应在设备层内模板拆除清理后。

③ 楼层内排水管道的安装，应与结构施工隔开 1～2 层，且管道穿越结构部位的孔洞等均已预留完毕，室内模板或杂物清除后，室内弹出房间尺寸线及准确的水平线。

1.5.2 操作工艺

1.5.2.1 工艺流程

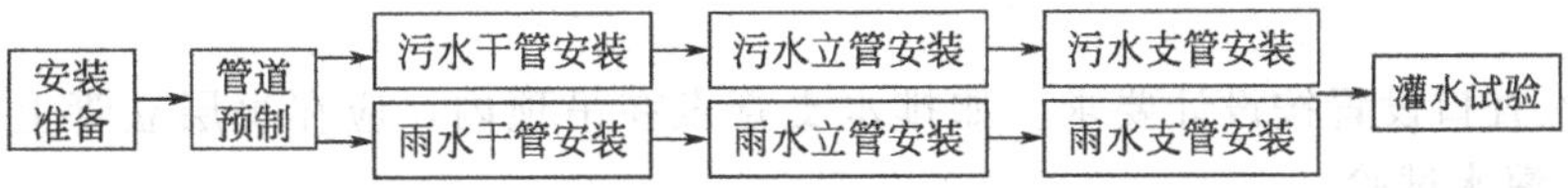

1.5.2.2 安装准备

根据设计图纸及技术交底，检查、核对预留孔洞大小尺寸是否正确，将管道坐标、标高位置画线定位。

1.5.2.3 管道预制

① 为了减少在安装中捻固定灰口，对部分管材与管件可预先按测绘的草图捻好灰口并编号，码放在平坦的场地，管段下面用木方垫平垫实。

② 捻好灰口的预制管段，对灰口要进行养护，一般可采用湿麻绳缠绕灰口，浇水养护，保持湿润。冬季要采取防冻措施，一般常温24～48h后方能移动，运到现场安装。

1.5.2.4 污水干管安装

(1) 管道敷设安装

① 在挖好的管沟或房心土回填到管底标高处敷设管道时，应将预制好的管段按照承口朝向来水方向，由出水口处向室内顺序排列。挖好捻灰口用的工作坑，将预制好的管段缓慢放入管沟内，封闭堵严总出水口，做好临时支撑，按施工图纸的坐标、标高找好位置和坡度，以及各预留管口的方向和中心线，将管段承插口相连。

② 在管沟内捻灰口前，先将管道调直、找正，用麻钎或薄捻凿将承插口缝隙找均匀，把麻打实，校直、校正，管道两侧用土培好，以防捻灰口时管道移位。

③ 将水灰比为1∶9的水泥捻口灰拌好后，装在灰盘内放在承插口下部，人跨在管道上，一手填灰，一手用捻凿捣实，先填下部，由下而上，边填进边捣实，填满后用手锤打实，再填再打，将灰口打满打平为止。

④ 捻好的灰口，用湿麻绳缠好养护或回填湿润细土掩盖养护。

⑤ 管道敷设捻好灰口后，再将立管及首层卫生洁具的排水预留管口，按室内地坪线、坐标位置及轴线找好尺寸，接至规定高度，将预留管口装上临时丝堵。

⑥ 按照施工图对敷设好的管道坐标、标高及需留管口尺寸进行自检，确认准确无误后即可从预留管口处灌水进行闭水试验，水满后观察水位不下降，各接口及管道无渗漏，经有关人员进行检查，并填写隐蔽工程验收记录，办理隐蔽工程验收手续。

⑦ 管道系统经隐蔽验收合格后，临时封堵各预留管口，配合土建填堵孔、洞，按规定回填土。

(2) 托、吊管道安装

① 安装在管道设备层内的铸铁排水干管可根据设计要求进行托、吊或砌砖墩架设。

② 安装托、吊干管要先搭设架子，将托架按设计坡度栽好或栽好吊卡，量准吊棍尺寸，将预制好的管道托、吊牢固，并将立管预留口位置及首层卫生洁具的排水预留管口，按室内地坪线、坐标位置及轴线找好尺寸，接至规定高度，将预留管口装上临时丝堵。

③ 托、吊排水干管在吊顶内的，需进行闭水试验，按隐蔽工程项目办理隐检手续。

1.5.2.5 污水立管安装

① 根据施工图校对预留管洞尺寸有无差错，如系预制混凝土楼板则需剔凿楼板洞，应按位置画好标记，对准标记剔凿。如需断筋，必须征得土建施工队有关人员同意，按规定要求处理。

② 立管检查口设置按设计要求。如排水支管设在吊顶内，应在每层立管上均装立管检查口，以便进行灌水试验。

③ 安装立管应两人上下配合，一人在上一层楼板上，由管洞内投下一个绳头，下面一人将预制好的立管上半部拴牢，上拉下托将立管下部插口插入下层管承口内。

④ 立管插入承口后，下层的人把甩口及立管检查口方向找正，上层的人用木楔将管在楼板洞处临时卡牢，打麻、吊直、捻灰。复查立管垂直度，将立管临时固定牢固。

⑤ 立管安装完毕后，配合土建用不低于楼板标号的混凝土将洞灌满堵实，并拆除临时支架。如系高层建筑或管道井内，应按照设计要求用型钢做固定支架。

⑥ 高层建筑考虑管道胀缩补偿，可采用法兰柔性管件，但在承插口处要留出胀缩补偿余量。

⑦ 高层建筑采用辅助透气管，可采用辅助透气异型管件连接。

1.5.2.6 污水支管安装

① 支管安装应先搭好架子，并将托架按坡度栽好，或栽好吊卡，量准吊棍尺寸，将预制好的管道托到架子上，再将支管插入立管预留口的承口内，将支管预留口尺寸找准，并固定好支管，然后打麻、捻灰口。

② 支管设在吊顶内，末端有清扫口的，应将管接至上层地面上，便于清掏。

③ 支管安装完后，可将卫生洁具或设备的预留管安装到位，找准尺寸并配合土建将楼板孔洞堵严，预留管口装上临时丝堵。

1.5.2.7 雨水管道安装

① 内排雨水管安装，管材必须考虑承压能力按设计要求选择。

② 高层建筑内排雨水管可采用稀土铸铁排水管，管材承压可达到 0.8MPa 以上。管材长度可根据楼层高度，每层只需一根管，捻一个水泥灰口。

③ 选用铸铁排水管安装，其安装方法同上述室内排水管道安装。

④ 雨水漏斗的连接管应固定在屋面承重结构上。雨水漏斗边缘与屋面相接处应严密不漏。

⑤ 雨水管道安装后，应进行灌水试验，高度必须到每根立管最上部的雨水漏斗。

1.5.3 质量标准

1.5.3.1 保证项目

① 隐蔽的排水管道灌水试验结果，必须符合设计要求和施工规范规定。

检验方法：检查区（段）灌水试验记录。

② 管道的坡度必须符合设计要求或施工规范规定。

检验方法：检查隐蔽工程记录或用水准仪（水平尺）、拉线和尺量检查。

③ 管道及管道支座（墩）严禁敷设在冻土和未经处理的松土上。

检验方法：观察检查或检查隐蔽工程记录。

④ 排水系统竣工后的通水试验结果，必须符合设计要求和施工规范规定。

检验方法：通水检查或检查通水试验记录。

1.5.3.2 基本项目

① 金属管道的承插和管箍接口应符合以下规定：接口结构和所用填料符合设计要求和施

工规范规定，捻口密实、饱满，环缝间隙均匀，灰口平整、光滑，养护良好；托、吊架间距不得超过 2m。

检验方法：尺量和用锤轻击检查。

② 管道支（托、吊）架及管座（墩）的安装应符合以下规定：构造正确，埋设平正牢固，排列整齐，支架与管子接触紧密。

检验方法：观察和用手扳检查。

③ 管道及金属支架涂漆应符合以下规定：涂料种类和涂刷遍数符合设计要求，附着良好，无脱皮、起泡和漏涂，漆膜厚度均匀，色泽一致，无流淌及污染现象。

检验方法：观察检查。

1.5.3.3 允许偏差项目

室内排水管道安装的允许偏差和检验方法应符合表 1-20 的规定。

表 1-20 室内排水管道安装的允许偏差和检验方法

项次	项目				允许偏差/mm	检验方法
1	坐标				15	用水准仪（水平尺）、直尺、拉线和尺量检查
2	标高				±15	
3	横管纵横方向弯曲	铸铁管	每 1m		≤1	
			全长(25m 以上)		≤25	
		钢管	每 1m	管径小于或等于 100mm	1	
				管径大于 100mm	1.5	
			全长(25m 以上)	管径小于或等于 100mm	≤25	
				管径大于 100mm	≤38	
		塑料管	每 1m		1.5	
			全长(25m 以上)		≤38	
		钢筋混凝土管、混凝土管	每 1m		3	
			全长(25m 以上)		≤75	
4	立管垂直度	铸铁管	每 1m		3	吊线和尺量检查
			全长(25m 以上)		≤15	
		钢管	每 1m		3	
			全长(25m 以上)		≤10	
		塑料管	每 1m		3	
			全长(25m 以上)		≤15	

1.5.4 成品保护

① 预留管口的临时丝堵不得随意打开，以防掉进杂物造成管道堵塞。

② 在回填房心土时，对已敷设好的管道上都要先用细土覆盖，并逐层夯实，不允许在管道上部用蛤蟆夯等机械夯土。

③ 预制好的管道要码放整齐，垫平、垫牢，不允许用脚踩或物压，也不得双层平放。

④ 不允许在安装好的托、吊管道上搭设架子或拴吊物品，竖井内管道在每层楼板处要做型钢支架固定。

⑤ 冬季施工捻灰口必须采取防冻措施。

1.5.5 应注意的质量问题

① 立、支管距墙过远、过近或半明半暗，造成减少使用面积，维修施工不便。主要是管道安装定位不当或墙体移位。

② 排水管的插口倾斜，造成灰口漏水，原因是预留口方向不准，灰口缝隙不均匀。

③ 地漏安装过高或过低，影响使用。要求根据水平线找准地坪，量准尺寸。

④ 立管检查口渗、漏水。检查口堵盖必须加垫，以防渗漏。

⑤ 卫生洁具的排水管预留口距地偏高或偏低。原因是标高没找准，或下料量尺有误。

⑥ 排水管道坡度过小或倒坡，均影响使用效果，各种管道坡度必须按设计要求找准，如设计无要求时，可参照表 1-21 的要求进行安装。

表 1-21 生活污水管道的坡度

管径/mm	坡度		管径/mm	坡度	
	标准坡度	最小坡度		标准坡度	最小坡度
50	0.035	0.025	125	0.015	0.010
75	0.025	0.015	150	0.010	0.007
100	0.020	0.012	200	0.008	0.005

⑦ 排出管与立管的连接宜采用两个 45°弯头或弯曲半径不小于 4 倍管径的 90°弯头，否则管道容易堵塞。

1.5.6 应具备的质量记录

① 材料出厂合格证及进场验收记录。

② 排水横干管预检记录。

③ 排水立管预检记录。

④ 排水支管预检记录。

⑤ 排水管道灌水记录。

⑥ 排水管道隐蔽检查记录。

⑦ 排水系统通水记录。

⑧ 排水立管、横干管通球记录。

⑨ 卫生器具通水记录。

⑩ 雨水管道预检记录。

⑪ 预埋雨水管道试压记录。

⑫ 雨水管道隐蔽检查记录。

⑬ 雨水系统灌水记录。

1.6 卫生器具的安装

1.6.1 施工准备

1.6.1.1 材料要求

① 卫生洁具的规格、型号必须符合设计要求；并有出厂产品合格证。卫生洁具外观应规

矩、造型周正，表面光滑、美观、无裂纹，边缘平滑，色调一致。

② 卫生洁具零件规格应标准，质量应可靠，外表光滑，电镀均匀，螺纹清晰，锁母松紧适度，无砂眼、裂纹等缺陷。

③ 卫生洁具的水箱应采用节水型。

④ 其他材料：镀锌管件、皮钱截止阀、八字阀门、水嘴、螺纹返水弯、排水口、镀锌燕尾螺栓、螺母、铜丝、油灰、铅皮、螺钉、焊锡、盐酸、铅油、麻丝、石棉绳、白水泥、白灰膏等均应符合材料标准要求。

1.6.1.2 主要机具

① 机具：套丝机、砂轮机、砂轮锯、手电钻、冲击钻。

② 工具：管钳、手锯、剪子、活扳手、自制固定扳手、叉扳手、手锤、手铲、錾子、克丝钳、方锉、圆锉、螺丝刀、烙铁等。

③ 其他：水平尺、划规、线坠、小线、盒尺等。

1.6.1.3 作业条件

① 所有与卫生洁具连接的管道压力、闭水试验已完毕，并已办好隐预检手续。

② 浴盆的稳装应待土建做完防水层及保护层后配合土建施工进行。

③ 其他卫生洁具应在室内装修基本完成后再进行稳装。

1.6.2 操作工艺

1.6.2.1 工艺流程

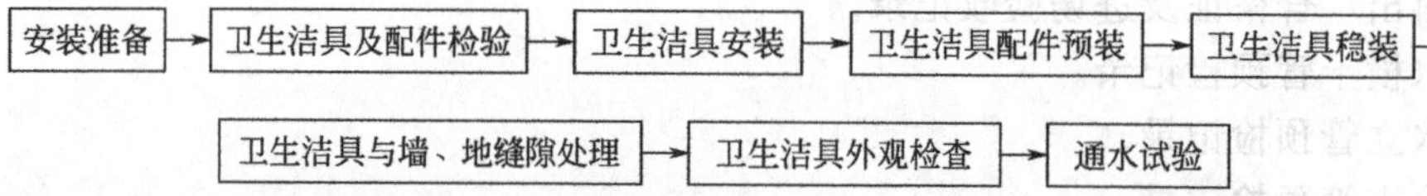

卫生洁具在稳装前应进行检查、清洗。配件与卫生洁具应配套。部分卫生洁具应先进行预制再安装。

1.6.2.2 卫生洁具安装

(1) 高水箱、蹲便器安装

① 高水箱配件安装

a. 先将虹吸管、锁母、根母、下垫卸下，涂抹油灰后将虹吸管插入高水箱出水孔。将管下垫、眼圈套在管上。拧紧根母至松紧适度。将锁母拧在虹吸管上。虹吸管方向、位置视具体情况自行确定。

b. 将漂球拧在漂杆上，并与浮球阀（漂子门）连接好，浮球阀安装与塞风安装略同。

c. 拉把支架安装。将拉把上螺母眼圈卸下，再将拉把上螺栓插入水箱一侧的上沿（侧位方向视给水预留口情况而定）加垫圈紧固。调整挑杆距离（挑杆的提拉距离一般为 40mm 为宜）。挑杆另一端连接拉把（拉把也可在交验前统一安装），将水箱备用上水眼用塑料胶盖堵死。

② 蹲便器、高水箱稳装

a. 首先，将橡胶碗套在蹲便器进水口上，要套正、套实。用成品喉箍紧固（或用 14 号铜丝分别绑两道，但不允许压缩在一条线上，铜丝拧紧要错位 90°左右）。

b. 将预留排水管口周围清扫干净，把临时管堵取下，同时检查管内有无杂物。找出排水管口的中心线，并画在墙上。用水平尺（或线坠）找好竖线。

将下水管承口内抹上油灰，蹲便器位置下铺垫白灰膏，然后将蹲便器排水口插入排水管承口内稳好。同时用水平尺放在蹲便器上沿，纵横双向找平、找正。使蹲便器进水口对准墙上中心线。同时蹲便器两侧用砖砌好抹光，将蹲便器排水口与排水管承口接触处的油灰压实、抹光。最后将蹲便器排水口用临时堵封好。

c. 稳装多联蹲便器时，应先检查排水管口标高、甩口距墙尺寸是否一致。找出标准地面标高，向上测量好蹲便器需要的高度，用小线找平，找好墙面距离，然后按上述方法逐个进行稳装。

d. 高水箱稳装应在蹲便器稳装之后进行。首先检查蹲便器的中心线与墙面中心线是否一致，如有错位应及时进行调整，以蹲便器不扭斜为宜。确定水箱出水口中心位置，向上测量出规定高度（给水口距台阶面 2m）。同时结合高水箱固定孔与给水孔的距离找出固定螺栓高度位置，在墙上画好十字线，剔成 ϕ30mm×100mm 深的孔眼，用水冲净孔眼内杂物，将燕尾螺栓插入洞内用水泥捻牢。将装好配件的高水箱挂在固定螺栓上，加胶垫、眼圈，带好螺母拧至松紧适度。

e. 多联高水箱应按上述做法先挂两端的水箱，然后挂线拉平、找直，再稳装中间水箱。

f. 高水箱冲洗管的连接。先上好八字水门，测量出高水箱浮球阀距八字水门中口给水管的尺寸，配好短节，装在八字水门上及给水管口内。将铜管或塑料管断好，需要灯叉弯者把弯煨好。然后将浮球阀和八字水门锁母卸下，背对背套在铜管或塑料管上，两头缠石棉绳或铅油麻线，分别插入浮球阀和八字水门进出口内拧紧锁母。

g. 延时自闭冲洗阀的安装。冲洗阀的中心高度为 1100mm。相距冲洗阀至橡胶碗的距离，断好 90°弯的冲洗管，使两端合适。将冲洗阀锁母和胶圈卸下，分别套在冲洗管直管段上，将弯管的下端插入橡胶碗内 40～50mm，用喉箍卡牢。再将上端插入冲洗阀内，推上胶圈，调直找正，将锁母拧至松紧适度。

扳把式冲洗阀的扳手应朝向右侧。按钮式冲洗阀的按钮应朝向正面。

(2) 坐便器、背水箱安装

① 背水箱配件安装

a. 背水箱中带溢水管的排水口安装与塞风安装相同。溢水管口应低于水箱固定螺孔10～20mm。

b. 背水箱浮球阀安装与高水箱相同，有补水管者把补水管上好后煨弯至溢水管口内。

c. 安装扳手时，先将圆盘塞入背水箱左上角方孔内，把圆盘上入方螺母内用管钳拧至松紧适度，把挑杆煨好勺弯，将扳手轴插入圆盘孔内，套上挑杆拧紧顶丝。

d. 安装背水箱翻板式排水时，将挑杆与翻板用尼龙线连接好。扳动扳手使挑杆上翻板活动自如。

② 坐便器、背水箱稳装

a. 将坐便器预留排水管口周围清理干净，取下临时管堵，检查管内有无杂物。

b. 将坐便器出水口对准预留排水口放平找正，在坐便器两侧固定螺栓眼处画好标记后，移开坐便器，将标记做好十字线。

c. 在十字线中心处剔 ϕ20mm×60mm 的孔洞，把 ϕ10mm 螺栓插入孔洞内用水泥栽牢，将坐便器试稳，使固定螺栓与坐便器吻合，移开坐便器。将坐便器排水口及排水管口周围抹上油灰后将坐便器对准螺栓放平、找正，螺栓上套好橡胶垫、眼圈，上螺母拧至松紧适度。

d. 对准坐便器尾部中心，在墙上画好垂直线，在距地坪 800mm 高处画水平线。根据水箱背面固定孔眼的距离，在水平线上画好十字线。在十字线中心处剔出 ϕ30mm×70mm 的孔洞，把带有燕尾的镀锌螺栓（规格 ϕ10mm×100mm）插入孔洞内，用水泥栽牢。将背水箱挂在螺栓上放平、找正。与坐便器中心对正，螺栓上套好橡胶垫，带上眼圈、螺母拧至松紧适度。

坐便器无进水锁母的可采用橡胶碗的连接方法。

上水八字水门的连接方法与高水箱相同。

(3) 洗脸盆安装

① 洗脸盆零件安装

a. 安装脸盆下水口。先将下水口根母、眼圈、胶垫卸下，将上垫垫好油灰后插入脸盆排水口孔内，下水口中的溢水口要对准脸盆排水口中的溢水口眼。外面加上垫好油灰的胶垫，套上眼圈，带上根母，再用自制扳手卡住排水口十字筋，用平口扳手上根母至松紧适度。

b. 安装脸盆水嘴。先将水嘴根母、锁母卸下，在水嘴根部垫好油灰，插入脸盆给水孔内，下面再套上胶垫、眼圈，带上根母后左手按住水嘴，右手用自制八字固定扳手将锁母紧至松紧适度。

② 洗脸盆稳装

a. 洗脸盆支架安装。应按照排水管口中心在墙上画出竖线，由地面向上量出规定的高度，画出水平线，根据盆宽在水平线上画出支架位置的十字线。按印记剔成 ϕ30mm×120mm 孔洞，将脸盆支架找平栽牢。再将脸盆置于支架上找平、找正。将架钩钩在盆下固定孔内，拧紧盆架的固定螺栓，找平正。

b. 铸铁架洗脸盆安装。按上述方法找好十字线，按印记剔成 ϕ15mm×70mm 的孔洞，栽好铅皮卷，采用 2½in 螺钉将盆架固定于墙上。将活动架的固定螺栓松开，拉出活动架将架钩钩在盆下固定孔内，拧紧盆架的固定螺栓，找平、找正。

③ 洗脸盆排水管连接

a. S 形存水弯的连接。应在脸盆排水口螺纹下端涂铅油，缠少许麻丝。将存水弯上节拧在排水口上，松紧适度。再将存水弯下节的下端缠油盘根绳插在排水管口内，将胶垫放在存水弯的连接处，把锁母用手拧紧后调直找正，再用扳手拧至松紧适度。用油灰将下水管口塞严、抹平。

b. P 形存水弯的连接。应在脸盆排水口螺纹下端涂铅油，缠少许麻丝。将存水弯立节拧在排水口上，松紧适度。再将存水弯横节按需要长度配好。把锁母和护口盘背靠背套在横节上，在端头缠好油盘根绳，检查安装高度是否合适，如不合适可用立节调整，然后把胶垫放在锁口内，将锁母拧至松紧适度。把护口盘内填满油灰后向墙面找平、按实。将外溢油灰除掉，擦净墙面。将下水口处外露麻丝清理干净。

④ 洗脸盆给水管连接　首先量好尺寸，配好短管，装上八字水门。再将短管另一端螺纹处涂油、缠麻，拧在预留给水管口（如果是暗装管道，带护口盘，要先将护口盘套在短节上，管子上完后，将护口盘内填满油灰，向墙面找平、按实，清理外溢油灰）至松紧适度。将铜管（或塑料管）按尺寸断好，需煨灯叉弯者把弯煨好。将八字水门与水嘴的锁母卸下，背靠背套在铜管（或塑料管）上，分别缠好油盘根绳或铅油麻线，上端插入水嘴根部，下端插入八字水门中口，分别拧好上、下锁母至松紧适度。找直、找正，并将外露麻丝清理干净。

(4) PT 型支柱式洗脸盆安装

① PT 型支柱式洗脸盆配件安装

a. 混合水嘴的安装。将混合水嘴的根部加 1mm 厚的胶垫、油灰。插入脸盆上沿中间孔眼内，下端加胶垫和眼圈，扶正水嘴，拧紧根母至松紧适度，带好给水锁母。

b. 将冷、热水阀门上盖卸下，退下锁母，将阀门自下而上地插入脸盆冷、热水孔眼内。阀门锁母和胶圈套入四通横管，再将阀门上根母加油灰及 1mm 厚的胶垫，将根母拧紧与螺纹平。盖好阀门的门盖，拧紧门盖螺钉。

c. 脸盆排水口加 1mm 厚胶垫、油灰，插入脸盆排水孔眼内，外面加胶垫和眼圈，螺纹处涂油、缠麻。用自制扳手卡住下水口十字筋，拧入下水三通口，使中口向后，溢水口要对准脸盆溢水孔。

d. 将手提拉杆和弹簧万向珠装入三通中心，将锁母拧至松紧适度。再将立杆穿过混合水嘴空腹管至四通下口，四通和立杆接口处缠油盘根绳，拧紧压紧螺母。立、横杆交叉点用卡具连接好，同时调整定位。

② PT 型支柱式洗脸盆稳装

a. 按照排水管口中心画出竖线，将支柱立好，将脸盆转放在支柱上，使脸盆中心对准竖线，找平后画好脸盆固定孔位置。同时将支柱在地面位置做好标记。按墙上标记剔成 ϕ10mm×80mm 的孔洞，栽好固定螺栓。将地面支柱标记内放好白灰膏，稳好支柱及脸盆，将固定螺栓加胶垫、眼圈，带上螺母拧至松紧适度。再次将脸盆面找平，支柱找直。将支柱与脸盆接触处及支柱与地面接触处用白水泥勾缝抹光。

b. PT 型支柱式洗脸盆给、排水管连接方法参照洗脸盆给、排水管道安装。

(5) 净身盆安装

① 净身盆配件安装

a. 将混合阀门及冷、热水阀门的门盖卸下，下根母调整适当，以三个阀门装好后上根母与阀门颈螺纹基本相平为宜。将预装好的喷嘴转心阀门装在混合开关的四通下口。

将冷、热水阀门的出口锁母套在混合阀门四通横管处，加胶圈或缠油盘根绳组装在一起，拧紧锁母。将三个阀门门颈处加胶垫，同时由净身盆自下而上穿过孔眼。三个阀门上加胶垫、眼圈，带好根母。混合阀门上加角形胶垫及少许油灰，扣上长方形镀铬护口盘，带好根母。然后将空心螺栓穿过护口盘及净身盆。盆下加胶垫、眼圈和根母，拧紧根母至松紧适度。

将混合阀门上根母拧紧，母应与转心阀门颈螺纹相平为宜。将阀门盖放入阀门门挺旋转，能使转心阀门盖转动 30°即可。再将冷、热水阀门的上根母对称拧紧。分别装好三个阀门门盖，拧紧冷、热水阀门门盖上的固定螺钉。

b. 喷嘴安装。将喷嘴靠瓷面处加 1mm 厚的胶垫，抹少许油灰，将定型铜管一端与喷嘴连接，另一端与混合阀门四通下转心阀门连接。拧紧锁母，转心阀门门挺需朝向与四通平行一侧，以免影响手提拉杆的安装。

c. 排水口安装。将排水口加胶垫，穿入净身盆排水孔。拧入排水三通上口。同时检查排水口与净身盆排水孔的凹面是否紧密，如有松动及不严密现象，可将排水口锯掉一部分，尺寸合适后，将排水口圆盘下加抹油灰，外面加胶垫、眼圈，用自制叉扳手卡入排水口内十字筋，使溢水口对准净身盆溢水孔，拧入排水三通上口。

d. 手提拉杆安装。将挑杆弹簧珠装入排水三通中口，拧紧锁母至松紧适度。然后将手提拉杆插入空心螺栓，用卡具与横挑杆连接，调整定位，使手提拉杆活动自如。

e. 净身盆配件装完以后，应接通临时水试验无渗漏后方可进行稳装。

② 净身盆稳装

a. 将排水预留管口周围清理干净，将临时管堵取下，检查有无杂物。将净身盆排水三通下口铜管装好。

b. 将净身盆排水管插入预留排水管口内，将净身盆稳平找正。净身盆尾部距墙尺寸一致。将净身盆固定螺栓孔及底座画好标记，移开净身盆。

c. 将固定螺栓孔标记画好十字线，剔成 ϕ20mm×60mm 孔洞，将螺栓插入洞内栽好。再将净身盆孔眼对准螺栓放好，与原标记吻合后再将净身盆下垫好白灰膏，排水铜管套上护口盘。将净身盆稳牢、找平、找正。固定螺栓上加胶垫、眼圈，拧紧螺母。清除余灰，擦拭干净。将护口盘内加满油灰与地面按实。净身盆底座与地面有缝隙之处，嵌入白水泥浆补齐、抹光。

(6) 平面小便器安装

① 首先，对准给水管中心画一条垂线，由地平向上量出规定的高度画一水平线。根据产品规格尺寸，由中心向两侧固定孔眼的距离，在横线上画好十字线，再画出上、下孔眼的位置。

② 将孔眼位置剔成 ϕ10mm×60mm 的孔洞，栽入 ϕ6mm 螺栓。托起小便器挂在螺栓上。把胶垫、眼圈套入螺栓，将螺母拧至松紧适度。将小便器与墙面的缝隙嵌入白水泥浆补齐、抹光。其他安装方法同上。

(7) 立式小便器安装

① 立式小便器安装前应检查给、排水预留管口是否在一条垂线上，间距是否一致。符合要求后按照管口找出中心线。将下水管周围清理干净，取下临时管堵，抹好油灰，在立式小便器下铺垫水泥、白灰膏的混合灰（比例为1∶5）。将立式小便器稳装找平、找正。立式小便器与墙面、地面缝隙嵌入白水泥浆抹平、抹光。

② 将八字水门螺纹抹铅油、缠麻、带入给水口，用扳手上至松紧适度，其护口盘应与墙面靠严。八字水门出口对准鸭嘴锁口，量出尺寸，断好钢管，套上锁母及扣碗，分别插入鸭嘴和八字水门出水口内。缠油盘根绳拧紧锁母拧至松紧适度，然后将扣碗加油灰按平。

(8) 家具盆安装

① 栽架前应将盆架与家具盆试一下是否相符。将冷、热水预留管口之间画一条平分垂线（只有冷水时，家具盆中心应对准给水管口)。由地面向上量出规定的高度，画出水平线，按照家具盆架的宽度由中心线左右画好十字线，剔成 ϕ50mm×120mm 的孔眼，用水冲净孔眼内杂物，将盆架找平、找正，用水泥栽牢。将家具盆放于架上纵横找平、找正。家具盆靠墙一侧缝隙处嵌入白水泥浆勾缝抹光。

② 排水管的连接。先将排水口根母松开卸下，放在家具盆排水孔眼内，测量出距排水预留管口的尺寸。将短管一端套好螺纹，涂油、缠麻。将存水弯拧至外露螺纹 2～3 扣，按量好的尺寸将短管断好，插入排水管口的一端应进行扳边处理。将排水口圆盘下加 1mm 厚的胶垫、抹油灰，插入家具盆排水孔眼，外面再套上胶垫、眼圈，带上根母。在排水口的螺纹处抹油、缠麻，用自制扳手卡住排水口内十字筋，使排水口溢水孔对准家具盆溢水孔，用自制扳手拧紧根母至松紧适度。吊直找正。接口处捻灰，环缝要均匀。

③ 水嘴安装。将水嘴螺纹处涂油缠麻，装在给水管口内，找平、找正、拧紧。除净外露麻丝。

④ 堵链安装。在瓷盆上方 50mm 并对准排水口中心处剔出 ϕ10mm×50mm 的孔眼，用水泥浆将螺栓注牢。

(9) 浴盆安装

① 浴盆稳装。稳装前应将浴盆内表面擦拭干净，同时检查瓷面是否完好。带腿的浴盆先将腿部的螺栓卸下，将拔销母插入浴盆底卧槽内，把腿扣在浴盆上带好螺母拧紧找平。浴盆如砌砖腿时，应配合土建施工把砖腿按标高砌好。将浴盆稳于砖台上，找平、找正。浴盆与砖腿缝隙外用 1∶3 水泥砂浆填充抹平。

② 浴盆排水安装。将浴盆排水三通套在排水横管上，缠好油盘根绳，插入三通中口，拧紧锁母。三通下口装好钢管，插入排水预留管口内（铜管下端板边)。将排水口圆盘下加胶垫、油灰，插入浴盆排水孔眼，外面再套胶垫、眼圈，螺纹处涂铅油、缠麻。用自制叉扳手卡住排水口十字筋，上入弯头内。

将溢水立管下端套上锁母，缠上油盘根绳，插入三通上口对准浴盆溢水孔，带上锁母。溢水管弯头处加 1mm 厚的胶垫、油灰，将浴盆堵螺栓穿过溢水孔花盘，上入弯头“一”字螺纹上，无松动即可。再将三通上口锁母拧至松紧适度。

浴盆排水三通出口和排水管接口处缠绕油盘根绳捻实，再用油灰封闭。

③ 混合水嘴安装。将冷、热水管口找平、找正。把混合水嘴转向对丝抹铅油，缠麻丝，带好护口盘，用自制扳手插入转向对丝内，分别拧入冷、热水预留管口，校好尺寸，找平、找正。使护口盘紧贴墙面。然后将混合水嘴对正转向对丝，加垫后拧紧锁母找平、找正。用扳手拧至松紧适度。

④ 水嘴安装。先将冷、热水预留管口用短管找平、找正。如暗装管道进墙较深者，应先量出短管尺寸，套好短管，使冷、热水嘴装完后距墙一致。将水嘴拧紧找正，除净外露麻丝。

(10) 淋浴器安装

① 镀铬淋浴器安装。暗装管道先将冷、热水预留管口加试管找平、找正。量好短管尺寸，断管、套螺纹、涂铅油、缠麻，将弯头上好。明装管道按规定标高煨好“Π”弯（俗称“元宝弯”），上好管箍。

淋浴器锁母外螺纹头部抹油、缠麻。用自制扳手卡住内筋，上入弯头或管箍内。再将淋浴器对准锁母外螺纹，将锁母拧紧。将固定圆盘上的孔眼找平、找正。画出标记，卸下淋浴器，将标记剔成 ϕ10mm×40mm 的孔眼，栽好铅皮卷。再将锁母外螺纹口加垫抹油，将淋浴器对准锁母外螺纹口，用扳手拧至松紧适度。再将固定圆盘与墙面靠严，孔眼平正，用木螺钉固定在墙上。

将淋浴器上部铜管预装在三通口上，使立管垂直，固定圆盘与墙面贴实，孔眼平正，画出孔眼标记，栽入铅皮卷，锁母外加垫抹油，将锁母拧至松紧适度。上固定圆盘采用木螺钉固定在墙面上。

② 铁管淋浴器的组装。必须采用镀锌管及管件，皮钱阀门、各部尺寸必须符合规范规定。

由地面向上量出 1150mm，画一条水平线，为阀门中心标高。再将冷、热阀门中心位置画出，测量尺寸，配管上零件。阀门上应加活接头。

根据组数预制短管，按顺序组装，立管栽固定立管卡，将喷头卡住。立管应吊直，喷头找正。安装时应注意男、女浴室喷头的高度。

1.6.3 质量标准

1.6.3.1 保证项目

① 卫生洁具的型号、规格、质量必须符合设计要求。卫生洁具排水的出口与排水管承口的连接处必须严密不漏。

检查方法：检验出厂合格证，通水检查。

② 卫生洁具的排水管径和最小坡度，必须符合设计要求和施工规范规定。

检查方法：观察或尺量检查。

1.6.3.2 基本项目

支托架防腐良好，埋设平整牢固，洁具放置平稳、洁净。支架与洁具接触紧密。

检查方法：观察和手扳检查。

1.6.3.3 卫生洁具安装的允许偏差和检验方法

卫生洁具安装的允许偏差和检验方法见表 1-22。

表 1-22　卫生洁具安装的允许偏差和检验方法

项次	项目		允许偏差/mm	检验方法
1	坐标	单独器具	10	拉线、吊线和尺量检查
		成排器具	5	
2	标高	单独器具	±15	
		成排器具	±10	
3	器具水平度		2	用水平尺和尺量检查
4	器具垂直度		3	吊线和尺量检查

1.6.3.4　卫生洁具安装高度

如设计无要求时，卫生洁具的安装高度应符合表 1-23 的规定。

表 1-23　卫生洁具的安装高度

项次	卫生器具名称			卫生器具安装高度/mm 居住和公共建筑	幼儿园	备注
1	污水盆(池)	架空式		800	800	至上边缘
		落地式		500	500	
2	洗涤盆(池)			800	800	
3	洗脸盆和洗手盆(有塞、无塞)			800	500	
4	盥洗槽			800	500	
5	浴盆			480	—	
	按摩浴盆			450	—	
	淋浴盆			100	—	
6	蹲式大便器	高水箱		1800	1800	自台阶面至高水箱底
		低水箱		900	900	自台阶面至低水箱底
7	坐式大便器	高水箱		1800	1800	自台阶面至高水箱底
		低水箱	外露排出管式	510	—	自台阶面至低水箱底
			虹吸喷射式	470	370	
			冲落式	510	—	
			旋涡连体式	250	—	
8	小便器	立式		1000	—	至上边缘
		挂式		600	450	至下边缘
9	小便槽			200	150	至台阶面
10	大便槽			≥2000	—	自台阶面至水箱底
11	妇女卫生盆			360	—	至上边缘
12	化验盆			800	—	
13	饮水器			1000	—	

1.6.4　成品保护

① 洁具在搬运和安装时要防止磕碰。稳装后洁具排水口应用防护用品堵好，镀铬零件用纸包好，以免堵塞或损坏。

② 在釉面砖、水磨石墙面剔孔洞时，宜用手电钻或先用小錾子轻剔掉釉面，待剔至砖底灰层处方可用力，但不得过猛，以免将面层剔碎或震成空鼓现象。

③ 洁具稳装后，为防止配件丢失或损坏，如拉链、堵链等材料、配件应在竣工前统一安装。

④ 安装完的洁具应加以保护，防止洁具瓷面受损和整个洁具损坏。

⑤ 通水试验前应检查地漏是否畅通，分户阀门是否关好，然后按层段分房间逐一进行通水试验，以免漏水使装修工程受损。

⑥ 在冬季室内不供暖时，各种洁具必须将水放净。存水弯应无积水，以免将洁具和存水弯冻裂。

1.6.5 应注意的质量问题

① 蹲便器不平，左右倾斜。原因：稳装时，正面和两侧垫砖不牢，焦渣填充后，没有检查，抹灰后不好修理，造成高水箱与蹲便器不对中。

② 高、低水箱拉、扳把不灵活。原因：高、低水箱内部配件安装时，三个主要部件在水箱内位置不合理。高水箱进水、拉把应放在水箱同侧，以免使用时互相干扰。

③ 零件镀铬表层被破坏。原因：安装时使用管钳。应采用平面扳手或自制扳手。

④ 坐便器与背水箱中心没对正，弯管歪扭。原因：画线不对中，便器稳装不正或先稳背水箱，后稳便器。

⑤ 坐便器周围离开地面。原因：下水管口预留过高，稳装前没修理。

⑥ 立式小便器距墙缝隙太大。原因：甩口尺寸不准确。

⑦ 洁具溢水失灵。原因：下水口无溢水孔。

⑧ 通水之前，将器具内污物清理干净，不得借通水之便将污物冲入下水管内，以免管道堵塞。

⑨ 严禁使用未经过滤的白灰粉代替白灰膏稳装卫生设备，避免造成卫生设备胀裂。

1.6.6 应具备的质量记录

① 产品合格证（卫生器具的出厂合格证）。

② 应有卫生器具及配件的产品进入现场的验收记录。

③ 器具安装前管道甩口位置的预检记录。

④ 样板间检验鉴定记录。

⑤ 卫生器具安装分项工程质量检验评定。

⑥ 卫生器具通水试验记录。

思考题

1. 制约型阀门主要有哪几种？
2. 室内给水系统安装完毕，质量标准的基本项目都有哪些？
3. 室内排水管道的安装工艺流程是什么？

第2章　室外给排水施工

2.1　室外给水管道施工

2.1.1　施工准备

2.1.1.1　材料设备要求

① 给水铸铁管及管件规格品种应符合设计要求，管壁薄厚均匀，内外光滑整洁，不得有砂眼、裂纹、飞刺和疙瘩。承插口的内外径及管件应造型规矩，并有出厂合格证。

② 镀锌碳素钢管及管件管壁内外镀锌均匀，无锈蚀。内壁无飞刺，管件无偏扣、乱扣、方扣、螺纹不全、角度不准等现象。

③ 阀门无裂纹，开关灵活严密，铸造规矩，手轮无损坏，并有出厂合格证。

④ 地下消火栓、地下闸阀、水表品种、规格应符合设计要求，并有出厂合格证。

⑤ 捻口水泥一般采用不低于32.5级的硅酸盐水泥和膨胀水泥（采用石膏矾土膨胀水泥或硅酸盐膨胀水泥）。水泥必须有出厂合格证。

⑥ 其他材料：石棉绒、油麻绳、青铅、铅油、麻线、机油、螺栓、螺母、防锈漆等。

2.1.1.2　主要机具

① 机具：套丝机、砂轮机、砂轮锯、试压泵等。

② 工具：手锤、捻凿、钢锯、套丝板、剁斧、大锤、电焊和气焊工具、倒链、压力案、管钳、大绳、铁锹、铁镐等。

③ 其他：水平尺、钢卷尺等。

2.1.1.3　作业条件

① 管沟平直，管沟深度、宽度符合要求，阀门井、表井垫层及消火栓底座施工完毕。

② 管沟沟底夯实，沟内无障碍物，且应有防塌方措施。

③ 管沟两侧不得堆放施工材料和其他物品。

2.1.2　操作工艺

2.1.2.1　工艺流程

定位及防线 → 挖槽 → 基础施工 → 下管安装、管道防腐处理 → 管道接口连接

安装闸阀、消火栓 → 砌筑检查井 → 水压试验 → 管道冲洗消毒 → 管沟回填

2.1.2.2　安装准备

（1）根据施工图检查管沟坐标、深度、平直程度、沟底管基密实度是否符合要求。

(2) 管道承口内部及插口外部飞刺、粘砂等应预先铲掉，沥青漆用喷灯或气焊烤掉，再用钢丝刷除去污物。

(3) 把阀门、管件稳放在规定位置，作为基准点。把铸铁管运到管沟沿线沟边，承口朝向来水方向。

(4) 根据铸铁管长度，确定管段工作坑位置，铺管前把工作坑挖好。工作坑尺寸见表 2-1。

表 2-1　工作坑尺寸

管径/mm	工作坑尺寸/m			
	宽度	长度		深度
		承口前	承口后	
75～250	管径＋0.6	0.6	0.2	0.3
250 以上	管径＋1.2	1.0	0.3	0.4

(5) 用大绳把清扫后的铸铁管顺到沟底，清理承插口，然后对插安装管道，将承插接口顺直定位。

(6) 安装管件、阀门等应位置准确，阀杆要垂直向上。

(7) 石棉水泥接口

① 接口前应先在承插口内打上油麻，打油麻的工序如下：打油麻时将油麻拧成麻花状，其直径比管口间隙大 1.5 倍，麻股由接口下方逐渐向上方，边塞边用捻凿依次打入间隙，捻凿被弹回表明麻已被打结实，打实的麻深度应是承口深度的 1/3。

承插铸铁管填料深度见表 2-2。

表 2-2　承插铸铁管填料深度

管径/mm	接口间隙/mm	承口总深/mm	接口填料深度/mm			
			石棉水泥接口		铅口	
			麻	灰	麻	铅
75	10	90	33	57	40	50
100～125	10	95	33	62	45	50
150～200	10	100	33	67	50	50
250～300	11	105	35	70	55	50

② 石棉水泥捻口可用不低于 32.5 级的硅酸盐水泥，3～4 级石棉，质量比为水∶石棉∶水泥＝1∶3∶7。加水量和气温有关，夏季炎热时要适当增加。

③ 捻口操作。将拌好的灰由下方至上方塞入已打好油麻的承口内，塞满后用捻凿和手锤将填料捣实，按此方法逐层进行，打实为止。当灰口凹入承口 2～3mm，深浅一致，同时感到有弹性，灰表面呈光亮时可认为已打好。

④ 接口捻完后，对接口要进行不少于 48h 的养护。

(8) 铅接口

铅接口一般用于工业厂房室内铸铁给水管敷设，设计有特殊要求或室外铸铁给水管紧急抢修，管道连接急于通水的情况下可采用铅接口。

① 按石棉水泥接口的操作要求，打紧油麻。

② 将承插口的外部用密封卡或包有黏性泥浆的麻绳将口密封，上部留出浇铅口。

③ 将铅锭截成几块，然后投入铅锅内加热熔化，铅熔至紫红色（500℃左右）时，用加热的铅勺（防止铅在灌口时冷却）除去液面的杂质，盛起铅液浇入承插口内，灌铅时要慢慢倒入，使管内气体逸出，至高出灌口为止，一次浇完，以保证接口的严密性。对于大管径管道灌铅速度可适当加快，防止熔铅中途凝固。

④ 铅浇入后，立即将泥浆或密封卡拆除。

⑤ 管径在 350mm 以下的用手钎子（捻凿）一人打，管径在 400mm 以上的，用带把钎子两人同时从两边打。从管的下方打起，至上方结束。上面的铅头不可剁掉，只能用铅塞刀边打紧边挤掉。第一遍用剁子，然后用小号塞刀开始打。逐渐增大塞刀号，打实、打紧、打平、打光为止。

⑥ 化铅与浇铅口时，如遇水会发生爆炸（俗称放炮）伤人，可在接口内灌入少量机油（或蜡），则可以防止爆炸。

(9) 胶圈接口

① 外观检查胶圈粗细均匀，无气泡，无重皮。

② 根据承口深度，在插口管端画出符合承插口的对口间隙不小于 3mm、最大间隙不大于表 2-3 规定的标记。将胶圈塞入承口胶圈槽内，胶圈内侧及插口抹上肥皂水，将管子找平找正，用倒链等工具将铸铁管缓慢插入承口内至标记处即可。承插接口的环形间隙见表 2-4。

表 2-3　铸铁管承插口的对口最大间隙

管径/mm	沿直线敷设/mm	沿曲线敷设/mm
75	4	5
100～200	5	7～13
300～500	6	14～22

表 2-4　铸铁管承插接口的环形间隙

管径/mm	标准环形间隙/mm	允许偏差/mm
75～200	10	+3 −2
200～450	11	+4 −2
500	12	+4 −2

③ 管材与管件连接处采用石棉水泥接口。

(10) 自应力水泥砂浆接口

自应力水泥属膨胀水泥的一种，在凝固期间，它具有遇水膨胀、强度增长速率加快的特点。自应力水泥由硅酸盐水泥、矾土水泥、二水石膏按质量份 72∶14∶14 混合而成。硅酸盐水泥产生强度成分，矾土水泥和石膏产生膨胀成分。使用前用水淘洗，清除杂质。拌合数量应控制在 1h 内用完为限。

接口时，一面塞填拌合料，一面用灰凿分层捣实。自应力水泥砂浆接口，由于在硬化过程中，具有较好的膨胀性，而在受限制的条件下，可与接触的管壁表面紧密结合，因此，这种接口具有较强的水密性。

(11) 石膏氯化钙水泥接口

石膏氯化钙水泥接口填料的质量配合比为水泥∶石膏粉∶氯化钙=10∶1∶0.5。水占总质量的 20%，水泥使用 42.5 级硅酸盐水泥，石膏粉粒度应能通过 200 目铜沙网。

操作时，先将水泥和石膏粉拌匀，把氯化钙粉碎溶于水中，然后与干料拌和。注意，拌和好的填料应在 6～10min 内用完。

(12) 镀锌碳素钢管敷设

镀锌碳素钢管埋地敷设要根据设计要求与土质情况做好防腐处理。其他施工工艺详见第二章其余部分。

(13) 管道安装

① 把预制完的管道运到安装部位按编号依次排开，并检查接口管膛清理情况。

② 丝扣连接时，管道丝扣处抹上白厚漆缠好麻，用管钳或链钳按编号依次上紧，丝扣外露 2～3 扣，安装完毕后调直调正，复核甩口的位置、方向及变径无误。清除麻头，所有管口加好临时丝堵。

③ 焊接连接前，应先修口清根。壁厚大于等于 4mm 的管道对焊时，管端应进行坡口。焊接时应先将管端点焊固定，管径小于等于 100mm 时可点焊 3 点固定，管径大于 100mm 时应点焊 4 点固定。焊缝的外观表面应表面光顺、均匀，宽度应焊出坡口边缘 2～3mm。

④ 压力试验合格后，应对外露螺纹、焊口进行防腐处理。

⑤ 管道附件应安装在设置于检查井内的支墩上。检查井井盖要有永久的文字标识，各种井盖不得混用。

（14）水压试验

对已安装好的管道应进行水压试验（如图 2-1 所示），试验压力值按设计要求及施工规范规定确定。

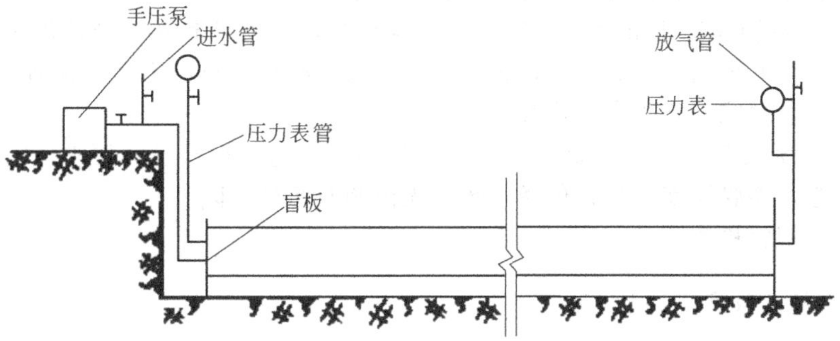

图 2-1　水压试验系统连接示意图

（15）管道冲洗

管道安装完毕，验收前应进行冲洗，使水质达到规定洁净要求。并请有关单位验收，做好管道冲洗验收记录。

2.1.3　质量标准

2.1.3.1　保证项目

① 埋地管沟敷设管道和架空管网的水压试验结果，必须符合设计要求和施工规范规定。

检验方法：检查管网或分段试验记录。

② 管道及管道支座（墩），严禁敷设在冻土和未经处理的松土上。

检验方法：观察检查或检查隐蔽工程记录。

③ 给水管网竣工验收前，必须对系统进行冲洗。

检验方法：检查冲洗记录。

2.1.3.2　基本项目

① 管道的坡度应符合设计要求。

检验方法：用水准仪（水平尺）、拉线和尺量检查或检查测量记录。

② 金属管道的承插和套箍接口的结构及所用填料应符合设计要求和施工规范规定。灰口密实、饱满、平整、光滑，环缝间隙均匀，灰口养护良好，填料凹入承口边缘不大于 2mm，胶圈接口平直、无扭曲，对口间隙准确，胶圈接口回弹间隙符合设计要求。

检验方法：观察和尺量检查。

③ 镀锌碳素钢管道的螺纹连接质量要求：螺纹达到管螺纹加工精度，符合标准规定，螺纹清洁、规整，无断丝，连接牢固，镀锌碳素钢管及管件的镀锌层无破损，螺纹露出部分防腐蚀层良好，接口处无外露油麻等缺陷。镀锌碳素钢管无焊接口。

检验方法：观察或解体检查。

④ 镀锌碳素钢管道的法兰连接：要求对接平行、紧密，与管子中心线垂直，螺栓露出螺母长度一致，且不大于螺栓直径的1/2，螺母在同侧，衬垫材质符合设计要求和施工规范规定。

检验方法：观察检查。

⑤ 管道支（吊、托）架及管座（墩）的安装：要求构造正确，埋设平正牢固，排列整齐，支架与管子接触紧密。

检验方法：观察和尺量检查。

⑥ 阀门安装质量要求：型号、规格、耐压强度和严密性试验结果符合设计要求和施工规范规定，位置、进出口方向正确，连接牢固、紧密，启闭灵活、朝向合理、表面洁净。

检验方法：手扳检查和检查出厂合格证、试验单。

⑦ 埋地管道的防腐层质量要求：材质和结构符合设计要求和施工规范规定，卷材与管道以及各层卷材间粘贴牢固。表面平整，无折皱、空鼓、滑移和封口不严等缺陷。

检验方法：观察或切开防腐层检查。

⑧ 管道和金属支架涂漆质量要求：油漆种类和涂刷遍数符合设计要求，附着良好，无脱皮、起泡和漏涂，漆膜厚度均匀，色泽一致，无流淌及污染缺陷。

检验方法：观察检查。

2.1.3.3 允许偏差项目

室外给水管道安装的允许偏差和检验方法应符合表2-5的要求。

表2-5 室外给水管道安装的允许偏差和检验方法

项次	项目			允许偏差/mm	检验方法
1	坐标	铸铁管	埋地	100	拉线和尺量检查
			敷设在沟槽内	50	
		钢管、塑料管、复合管	埋地	100	
			敷设在沟槽内	40	
2	标高	铸铁管	埋地	±50	拉线和尺量检查
			敷设在沟槽内	±30	
		钢管、塑料管、复合管	埋地	±50	
			敷设在沟槽内	±30	
3	水平管纵横向弯曲	铸铁管	直段（25m以上）起点—终点	40	拉线和尺量检查
		钢管、塑料管、复合管	直段（25m以上）起点—终点	30	

2.1.4 成品保护

① 给水铸铁管道、管件、阀门及消火栓运、放要避免碰撞损伤。

② 消火栓井及表井要及时砌好，以避免管件安装后受损伤。

③ 埋地管要避免受外载荷破坏而产生变形，试水完毕后要及时泄水，防止受冻。

④ 管道穿铁路、公路基础要加套管。

⑤ 地下管道回填土时，为防止管道中心线位移或损坏管道，应用人工先在管子周围填土夯实，并应在管道两边同时进行，直至管顶 0.5m 以上时，在不损坏管道的情况下，方可采用蛀式打夯机夯实。

⑥ 在管道安装过程中，管道未捻口前应对接口处进行临时封堵，以免污物进入管道。

2.1.5 应注意的质量问题

① 埋地管道断裂。原因是管基处理不好，或填土夯实方法不当。

② 阀门井深度不够，地下消火栓的顶部出水口距井盖底部距离小于 400mm。原因是埋地管道坐标及标高不准。

③ 管道冲洗数遍，水质仍达不到设计要求和施工规范规定。原因是管腔清扫不净。

④ 水泥接口渗漏。原因是水泥标号不够或过期，接口未养护好，捻口操作不认真，未捻实。

2.1.6 应具备的质量记录

① 应有材料及设备的出厂合格证。

② 材料及设备进场检验记录。

③ 管路系统的预检记录。

④ 管路系统的隐蔽检查记录。

⑤ 管路系统的试压记录。

⑥ 系统的冲洗记录。

⑦ 系统的通水记录。

2.2 室外排水管道施工

2.2.1 施工准备

2.2.1.1 材料要求

① 混凝土管、钢筋混凝土管、排水承插铸铁管、塑料管、石棉水泥管的选用符合规范规定和设计要求。

② 水泥强度等级不低于 32.5 级的普通硅酸盐水泥。其应有产品合格证和出厂检验报告，进场后按有关规定抽样复试合格。

③ 砂子宜采用粒径不大于 2mm 或筛过的土粒。混凝土垫层用砂应按有关规定抽样复试合格。

④ 石子宜采用粒径不大于 25mm 卵石或碎石，其质量应符合规范规定。

2.2.1.2 主要机具

① 机械：起重机、砂轮机、手电钻、冲击钻等。

② 工具：手锤、抹子、剁子、錾子、铁锹、捻凿、撬棍等。

③ 其他：钢卷尺、盘尺、水平尺、线坠等。

2.2.1.3 作业条件

① 已有设计图，并且已经过图纸会审、设计交底，施工方案已编制。

② 管材、管件均已检验合格，并具备所要求的技术资料。

③ 暂设工程已搭设可用，水源、电源均具备。

④ 室外地坪标高已基本定位。

2.2.2 操作工艺

2.2.2.1 工艺流程

下管前准备工作 → 下管与稳管 → 接口（管道接口、管道与检查井连接）→ 灌水、通水试验 → 土方回填

2.2.2.2 下管前准备工作

① 检查管材、套环及接口材料的质量。管材有破裂、承插口缺肉、缺边等缺陷不允许使用。

② 检查基础的标高和中心线。基础混凝土强度必须达到设计强度等级的50%并且不小于5MPa时方准下管。

③ 管径大于500mm时应采用吊车等起重设备。

④ 用其他方法下管时，要检查所用的大绳、木架、倒链、滑车等机具，无损坏现象方可使用。临时设施要绑扎牢固，下管后支座应稳固牢靠。

⑤ 校正测量及复核坡度板是否被挪动过。

⑥ 敷设在地基上的混凝土管，根据管道规格量准尺寸，下管前挖好枕基坑，枕基低于管底10mm，捣制的枕基应在下管前支好模板。

2.2.2.3 各种管道安装前的规定

① 管道覆土厚度与埋设深度。覆土厚度指管道外壁顶部到地面的距离；埋设深度指管道内壁底到地面的距离。

② 排水管道施工图中所列的管道安装标高均指管道内底标高。

③ 硬聚氯乙烯排水管道安装一般规定如下。

a. 管道应敷设在原状土地层或经开槽后处理回填密实的地层上。当管道在车行道下时，管顶覆土厚度不得小于0.7m。

b. 管道应直线敷设，遇到特殊情况需利用柔性接口折线敷设时，相邻两节管纵轴线的允许转角应由管材制造厂提供。在一般情况下，平壁管不宜大于1°，异型壁管不得大于2°。

c. 硬聚氯乙烯管道穿越铁路、高等级道路路堤及构筑物等障碍物时，应设置钢筋混凝土管、钢管、铸铁管等材料制作的保护套管。套管内径应大于硬聚氯乙烯管外径300mm。

d. 硬聚氯乙烯管道基础的埋深低于建（构）筑物基础底面时，管道不得敷设在建（构）筑物基础下地基扩散角受压区范围内。

④ 排水铸件管外壁在安装前应除锈，涂两道石油沥青漆。

⑤ 地下水位高于开挖沟槽槽底高程的地区，应使槽内水位降至槽底最低点以下0.3～0.5m。管道在安装、回填的全部过程中，槽底不得积水或泡槽受冻。必须在回填土回填到管道抗浮稳定的高度后才可停止排除地下水。

2.2.2.4 下管

① 下管前应检查管道基础标高和中心线位置是否符合设计要求，基础混凝土强度达到设计强度的50%且不小于5MPa时方可下管。

② 根据管径大小，现场的施工条件，分别采用压绳法、三脚架法、木架漏大绳法、大绳

二绳挂钩法、倒链滑车下管法、吊车法等。

③ 下管时宜从两个检查井的低端开始，若为承插管敷设时，以承口在前，承口迎向水流方向。

④ 稳管前将管口内外全刷洗干净，管径在 600mm 以上的平口或承插管道接口，应留有 10mm 缝隙；管径在 600mm 以下者，留出不小于 3mm 的对口缝隙。

⑤ 下管后找正拨直，在撬杠下垫以木板，不可将撬杠直插在混凝土基础上。待两检查井间全部管道下完，检查坡度无误后可以接口。

⑥ 使用套环接口时，稳好一根管道再安装一个套环。敷设小口径承插管时，稳好第一节管后，在承口下垫满灰浆，再将第二节管插入，挤入管内的灰浆应从里口抹平，扫净多余部分。继续用灰浆填满接口，打紧抹平。

⑦ 待两检查井间的管道全部下完，对管道的设置位置、标高进行检查无误后，再进行管道接口处理。

2.2.2.5　管道接口

（1）混凝土管及钢筋混凝土管接口

① 平口和企口管道抹带接口

a. 平口和企口管道均采用 1∶2.5 水泥砂浆抹带接口。钢丝网应在管道就位前放入下方，抹压砂浆时应将钢丝网抹压牢固，钢丝网不得外露。

b. 水泥砂浆抹带接口必须在八字枕基或包接头混凝土浇注完后进行抹带工序。

c. 管径小于或等于 600mm 时，应刷去抹带部分管口浆皮；管径大于 600mm 时，应将抹带部分的管口凿毛刷净，管道基础与抹带相接处混凝土表面也应凿毛刷净。

d. 管径在 600mm 以上接口时，对口缝留 10mm。管端如不平以最大缝隙为准。接口时不应往管缝内填塞碎石、碎砖，必要时应塞麻绳或在管内加垫托，待抹完后再取出。

e. 抹带时，应使接口部位保持湿润状态。抹带厚度不得小于管壁的厚度，宽度宜为80～100mm。

f. 当管径小于或等于 500mm 时，抹带可一次完成；当管径大于 500mm 时，应分两次抹成，抹带不得有裂纹。先在接口部位抹上一层薄薄的素灰浆，并分两次抹压，第一层为全厚的三分之一，抹完后在上面割划线槽使其表面粗糙，待初凝后再抹第二层，并赶光压实。抹好后，立即覆盖湿草袋并定时洒水养护，以防龟裂。

g. 抹带时，禁止在管上站人、行走或坐在管上操作。

② 套环接口　接口一般采用石棉水泥作为填充材料，接口缝隙处填充一圈油麻，形式如图 2-2 所示。

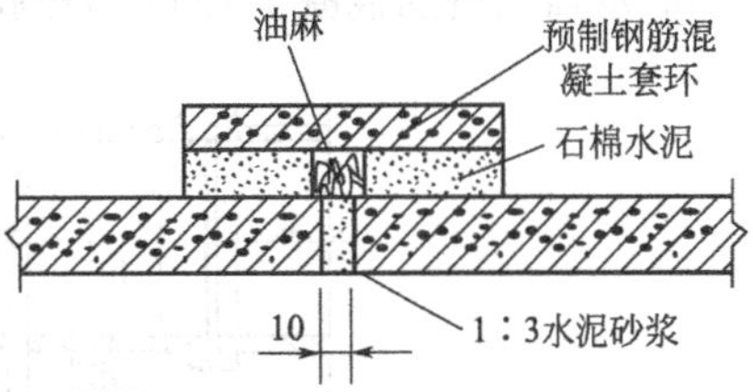

图 2-2　排水管预制套环接口

接口时，先检查管道的安装标高和中心位置是否符合设计要求，管道是否稳定。稳好一根管道，立即套上一个预制钢筋混凝土套环，再稳好连接管。借用小木楔 3～4 块将缝垫匀，调节套环，使管道接口处于套环正中，套环与管外壁间的环形间隙应均匀。套环和管道的接合面用水冲刷干净，保持湿润。

石棉灰的配合比（质量比）为水∶石棉∶水泥＝1∶3∶7。水泥标号应不低于 32.5 级，且不得采用膨胀水泥，以防套环胀裂。将油麻填入套环中心，把和好的石棉灰用灰钎子自下而上填入套环缝内。

打灰口时，用錾子将灰自下而上地边填边塞，分层打紧。管径在 600mm 以上的要做到四填十六打，前三次每填 1/3 打四遍。管径在 500mm 以下采用四填八打，每填一次打两遍。打好的灰口，较套环的边凹进 2～3mm。填灰打口时，下面垫好塑料布，落在塑料布上的石棉灰，1h 内可再用。

管径大于 700mm 的管道，对口处缝隙较大时，应在管内临时用草绳填塞，待打完外部灰口后，再取出内部草绳，用 1∶3 水泥砂浆将内缝抹严。管内管外操作时间不应超过 1h。打完的灰口应立即用潮湿草袋盖好，1h 后开始定期洒水养护 2～3 天。

采用套环接口的排水管道应先做接口，后做接口处混凝土基础。敷设在地下水位以下且地基较差，可能产生不均匀沉陷地段的排水管，在用预制套环接口时，接口材料应采用沥青砂。沥青砂的配制及接口操作方法应按施工图纸要求操作。

③ 承插管沥青接口或水泥砂浆接口　先将管道承口内壁及插口外壁刷净，涂冷底子油一道，在承口的二分之一深度内，宜用油麻填严塞实，再填沥青油膏。沥青油膏的质量配合比为 6 号石油沥青∶重松节油∶废机油∶石棉灰∶滑石粉＝100∶11.1∶44.5∶77.5∶119。调制时，先把沥青加热至 120℃，加入其他材料搅拌均匀，然后加热至 140℃即可使用。

采用水泥砂浆作为接口填塞材料时，一般用 1∶2 水泥砂浆，施工时应将插口外壁及承口内壁刷净，在承口的二分之一深度内，用油麻填严塞实，然后将和好的水泥砂浆由下往上分层填入捣实，表面抹光后覆盖湿土或湿草袋养护。

敷设小口径承插管时，可在稳好第一节管段后，在下部承口上垫满灰浆，再将第二节管插入承口内稳好。挤入管内的灰浆用于抹平里口，多余的要清除干净。接口余下的部分应填灰打严或用砂浆抹严。按上述程序将其余管段敷完。

④ 橡胶圈接口　属柔性接口，可以抵抗振动和弯曲，抗应变性能好。接口填料采用橡胶圈，结构简单，施工方便，适用于土质较差，地基硬度不均匀，软土地基，或地震地区。

a. 橡胶圈接口的形式。排水管道所用橡胶圈依据管口形状不同而异，其形式见表 2-6。

表 2-6　排水管橡胶圈柔性接口

管道类型	接口形式	管道类型	接口形式
混凝土承插管	遇水膨胀橡胶圈	钢筋混凝土企口管	q 形橡胶圈
钢筋混凝土承插管	O 形橡胶圈	钢筋混凝土 F 形钢套环	齿形止水橡胶圈

b. 承插式钢筋混凝土管 O 形橡胶圈接口如图 2-3 所示。

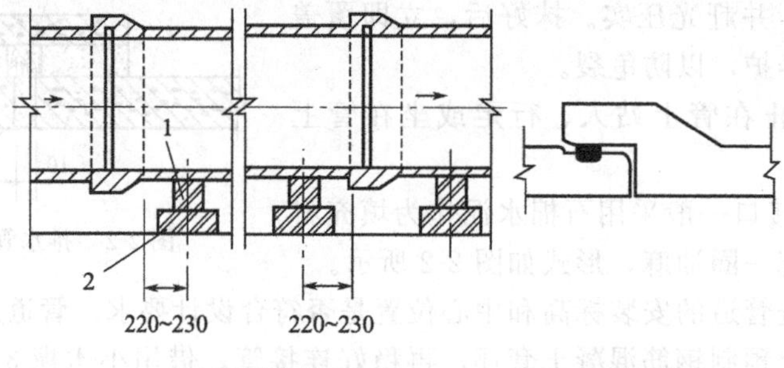

图 2-3　承插式钢筋混凝土管的纵向布置及接口形式

1—管枕；2—垫板

钢筋混凝土承插管 O 形橡胶圈接口的管道基础应根据土质情况和降水效果选用。当槽底土基较好，基本上无扰动软化，易排除积水时，采用砾石砂基础，基础包括砾石砂、垫板和管枕。当槽底土质较差，不易排除积水，且易扰动软化的地方，则采用 C20 混凝土基础，基础包括砾石砂垫层，C20 混凝土管枕。以上两种基础的管座均为粗砂，中心包角为 180°。在市区主干道和重要道路，管道施工完后立即进行道路施工的工程，必须用粗砂管座并回填至管顶以上500mm处。

管枕和垫板的主要作用是安管过程中便于稳管、做接口。承插式钢筋混凝土管道的垫板和管枕为钢筋混凝土结构，混凝土强度等级为C25。垫板厚50mm，宽350mm，长依管径不同而异。管枕外高为200mm，内高为100mm，小于$DN1000$时，宽为120mm；大于或等于$DN1000$时，宽为150mm；$DN600$～$DN1200$时，长为265～345mm。承插式钢筋混凝土管道基座如图2-4所示。

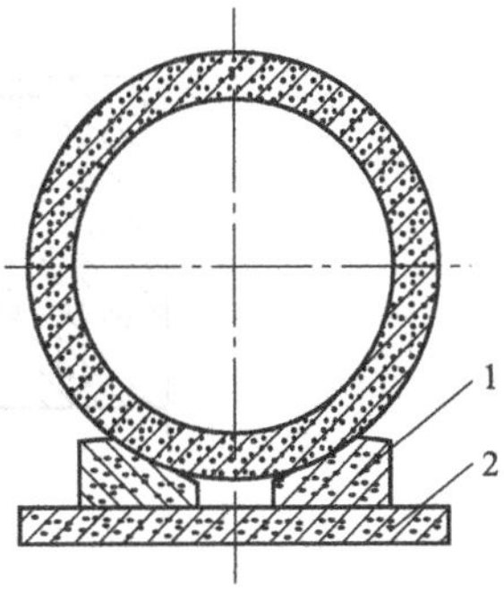

图2-4　承插式钢筋混凝土管道基座
1—管枕；2—垫板

c. 企口式钢筋混凝土管q形橡胶圈接口。企口式钢筋混凝土管道的纵向布置和接口形式如图2-5、图2-6所示。

管道基础采用C20混凝土基础，基础包括砾石砂垫层，C20混凝土基础和管枕，粗砂管座，中心包角180°。在市区主干道和重要道路，管道施工完后应立即进行道路施工的工程，需用粗砂管座并回填至管顶以上500mm处。

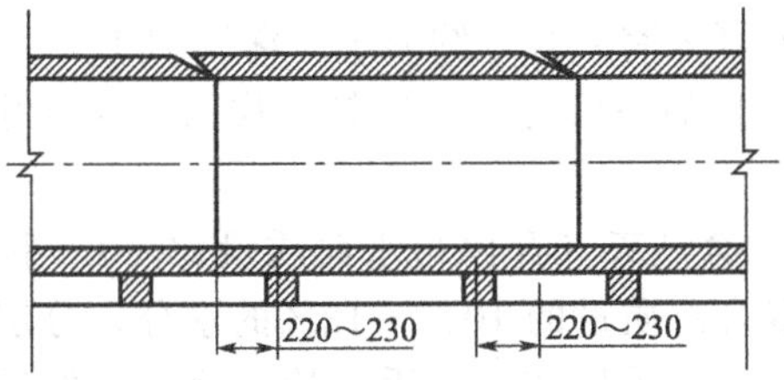

图2-5　管道纵向布置

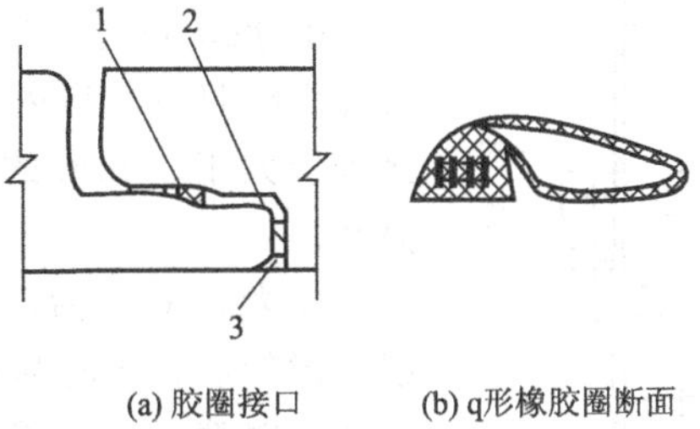

图2-6　接口形式
1—q形橡胶圈；2—衬垫；3—1∶2水泥砂浆抹平

管枕为钢筋混凝土结构，混凝土强度等级为C25，外高250mm，内高100mm，$DN1350$～$DN1800$时，宽为200mm，$DN2000$～$DN2400$时，宽为250mm。

d. F形承口式钢筋混凝土管分为F-A、F-B两种形式，如图2-7、图2-8所示。

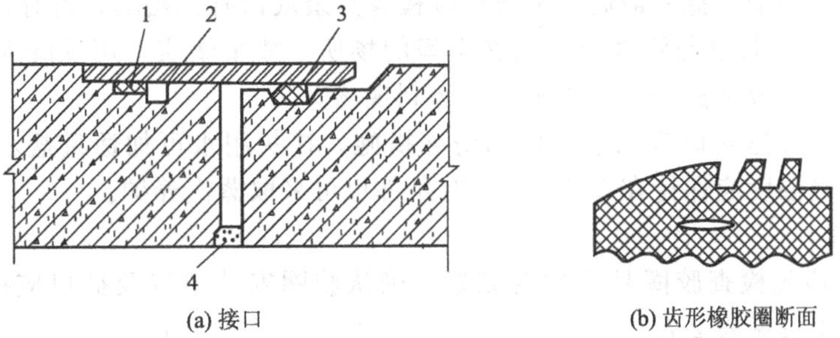

图2-7　F-A管道接口
1—遇水膨胀橡胶圈；2—方钢；3—齿形橡胶圈；4—密封胶

（2）铸铁排水管接口

室外排水铸铁管常用接口为石棉水泥接口、橡胶圈接口，青铅接口、膨胀水泥接口等不常用。

① 石棉水泥接口　一般用于室内、外铸铁排水管道的承插口连接，如图2-9所示。

a. 承插口采用水泥捻口时，油麻必须清洁、填塞密实，水泥应捻入并密实饱满，其接口面凹入承口边缘的深度不得大于2mm。

b. 为了减少捻固定灰口，对部分管材与管件可预先捻好灰口，捻灰口前应检查管材、管

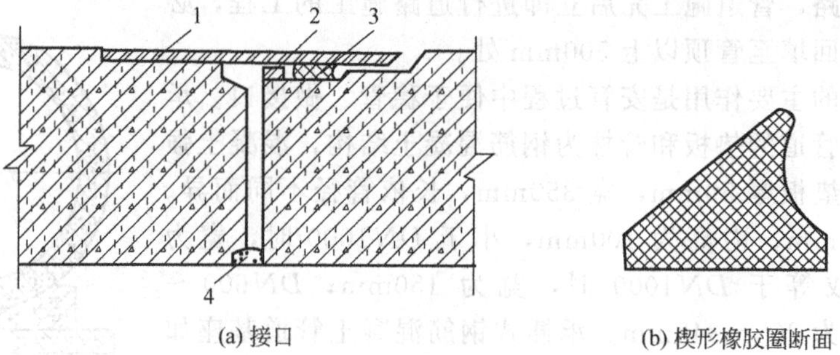

图 2-8　F-B 管道接口

1—F-B 钢套环；2—钢环；3—楔形橡胶圈；4—密封胶

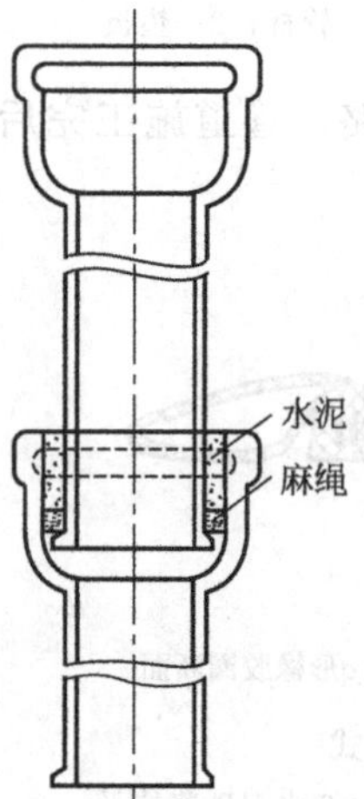

图 2-9　铸铁管石棉水泥接口示意

件有无裂纹、砂眼等缺陷，并将管材与管件进行预排，校对尺寸有无差错，承插口的灰口环形缝隙是否合格。

c. 管材与管件连接可在临时固定架上进行，按图纸要求将承口朝上、插口向下的方向插好，捻灰口。

d. 捻灰口时，先用麻钎将拧紧的比承插口环形缝隙稍粗一些的青麻或扎绑绳打进承口内，一般打 2 圈为宜（约为承口深度的 1/3），青麻搭接处应大于 30mm 的长度，而后将麻打实，边打边找正、找直并将麻须捣平。

e. 将麻打好后，即可把捻口灰（石棉与水泥质量比 1∶9 掺和在一起，搅匀后，用时喷洒其混合总质量的 10%～12%的水分）分层填入承口环形缝隙内，先用薄捻凿，一手填灰，一手用捻凿捣实，然后分层用手锤、捻凿打实，直到将灰口填满，用厚薄与承口环形缝隙大小相适应的捻凿将灰口打实打平，直至捻凿打在灰口上有回弹的感觉即为合格。

f. 拌和捻口灰，应随拌和随用，拌好的灰应控制在 1.5h 内用完为宜，同时要根据气候情况适当调整用水量。

g. 预制加工两节管或两个以上管件时，应将先捻好灰口的管或管件排列在上部，再捻下部灰口，以减轻其震动。捻完最后一个灰口应检查其余灰口有无松动，若有松动应及时处理。

h. 预制加工好的管段与管件应码放在平坦的场所，放平垫实，用湿麻绳缠好灰口，浇水养护，保持湿润，一般常温 48h 后方可移动运到现场安装。

i. 冬季严寒季节捻灰口应采取有效的防冻措施，拌灰用水可加适量盐水，捻好的灰口严禁受冻，存放环境温度应保持在 5℃以上，有条件也可采取蒸汽养护。

② 胶圈接口

a. 连接前，应先检查胶圈是否配套完好，确认胶圈安放位置及插口应插入承口的深度。接口作业所用的工具见表 2-7。

表 2-7　胶圈接口作业项目的施工工具

作业项目	工具种类	作业项目	工具种类
断管	手锯、万能笔、量尺	接口	挡板、撬棍、缆绳
清理工作面	棉纱、钢丝刷	安装检查	塞尺
涂润滑剂	毛刷、润滑剂		

b. 接口作业时，应先将承口（或插口）的内（或外）工作面用棉纱清理干净，不得有泥土等杂物，并在承口内工作面涂上润滑剂，然后立即将插口端的中心对准承口的中心轴线

就位。

c. 插口插入承口时，可在管端部设置木挡板，用撬棍将被安装的管材沿着对准的轴线缓慢插入承口内，逐节依次安装。公称直径大于 $DN400$ 的管道，可用缆绳系住管材用手动葫芦等提升工具安装。严禁采用施工机械强行推挤管道插入承口。

(3) 硬聚氯乙烯塑料管的接口

① 检查管材、管件质量。必须将插口外侧和承口内侧表面擦拭干净，被粘接面应保持清洁，不得有尘土水迹。表面沾有油污时，必须用棉纱蘸丙酮等清洁剂擦净。

② 对承口与插口粘接的紧密程度应进行验证。粘接前必须将两管试插一次，插入深度及松紧度配合应符合生产厂家家产品要求，在插口端表面宜画出插入承口深度的标线。

③ 在承插接头表面用毛刷涂上专用的黏结剂，先涂承口内面，后涂插口外面，顺轴向由里向外涂抹均匀，不得漏涂或涂抹过量。

④ 涂抹黏结剂后，应立即找正对准轴线，将插口插入承口，用力推挤至所画标线。插入后将管旋转 1/4 圈，在 60s 的时间内保持施加外力不变，并保持接口在正确位置。

⑤ 插接完毕应及时将挤出接口的黏结剂擦拭干净，静止固化。固化时间应符合黏结剂生产厂家的规定。

(4) 陶土管接口

陶土管分带釉与不带釉两种，按厚度有普通管、厚管、特厚管三种，本身为承插式连接。质脆易破裂，适用于埋地敷设。因其耐腐蚀能力强，价格便宜，偏远地区及特殊工业厂房内还有使用，一般不应用于普通民用和工业给水排水工程中。

陶土管机械强度低、脆性大，安装时应使其放置平稳，不使其局部受力。吊装时采用软吊索，不得使用铁链条或钢丝绳，移动搬运时轻拿轻放。

安装过程中，不得使用铁撬棍或其他坚硬工具碰击和锤击设备及管道的安装部位，不允许用火焰直接加热，以免局部爆裂损坏。如不能避免时，则应采取隔热措施。

与其他管道同时敷设时，应先敷设其他管道，然后敷设陶土管。敷设间距：与其他材质管道或装置交叉跨越时，陶土管安装在管道或设备的上方，两管壁间距应不小于 200mm，必要时在陶土管外面加设保护罩。

陶土管不应敷设在走道或容易受到撞击的地面上，一般应采取地下敷设或架空敷设。先安装好管托、支架和底座，然后放上管道。

水平敷设时，在输送介质流动方向保持一定坡度，每根管道应由有两根枕木或管墩支撑。架空敷设离地坪或楼面不低于 2500mm。

垂直敷设时，管道垂直度误差不大于 0.005。每根管道应由固定的管夹支撑，位置位于承口下方。

承插式接头承口及插口处使用耐酸水泥、浸渍水玻璃的石棉绳及沥青等胶结材料。承口的内壁和插口的外壁上应刻有数条沟槽，用以增强胶结牢度。用于一般排水管时，陶土管采取承插连接，把水泥和砂浆按 1∶1 的质量比拌好填塞接口即可。

套管式接头用于调节管道长度，也可作为管道伸缩补偿器用。也有专供补偿陶土管因温度变化产生伸缩的伸缩补偿接头。

支架应架设牢固；管卡与陶土管之间应垫以 3～5mm 厚的弹性衬垫，但不应将管道夹持过紧，使管道能轴向运动。当管段有补偿器时，则允许将管道夹紧。

(5) 石棉水泥管接口

石棉水泥管由石棉及高标号的水泥制成，可用于输送盐卤、水等介质，工程中不常用。常用水泥套管连接：当套管内用石棉水泥接口时为刚性接口；当套管内用油麻、橡胶圈接口时为柔性接口。可参见混凝土管接口连接。

2.2.2.6　管道与检查井连接

① 管道与检查井的连接，应按设计图施工。当采用承插管件与检查井井壁连接时，承插管件应由生产厂家配套提供。

② 管材或管件与砖砌或混凝土浇制的检查井连接，可采用中介层做法，即在管材或管件与井壁相接部位的外表面预先用聚氯乙烯黏结剂、粗砂做成中介层，然后用水泥砂浆砌入检查井的井壁内，如图 2-10 所示。

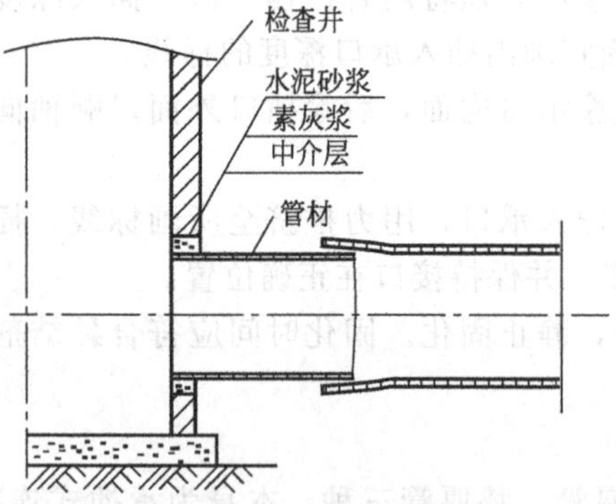

图 2-10　管道与检查井的连接（一）

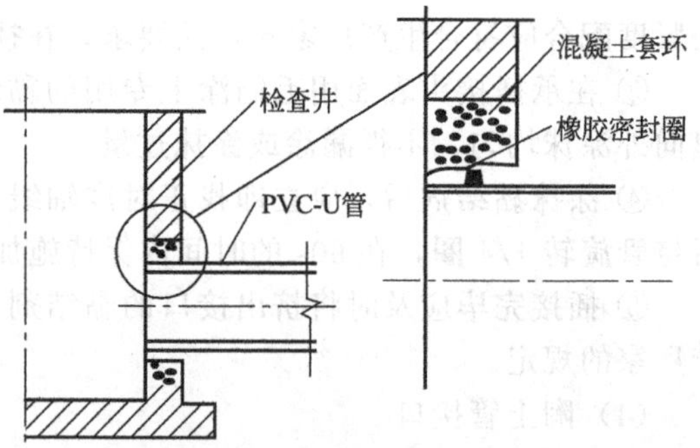

图 2-11　管道与检查井的连接（二）

③ 当管道与检查井的连接采用柔性连接时，可用预制混凝土套环和橡胶密封圈接头，如图 2-11 所示。混凝土外套环应在管道安装前预制好，套环的内径按相应管径的承插口管材的承口内径尺寸确定。套环的混凝土强度等级应不低于 C20，最小壁厚不应小于 60mm，长度不应小于 240mm。套环内壁必须平滑，无孔洞、鼓包。混凝土外套环必须用水泥砂浆砌筑。在井壁内，其中心位置必须与管道轴线对准。安装时，可将橡胶圈先套在管材插口指定的部位与管端一起插入套环内。橡胶密封圈直径必须根据承插口间缝大小及管材外径确定。

④ 预制混凝土检查井与管道连接的预留孔直径应大于管材或管件外径 0.2m，在安装前预留孔环周表面应凿毛处理，连接构造宜按上述第②条规定采用中介层方式。

⑤ 检查井底板基底砂石垫层，应与管道基础垫层平缓顺接。管道位于软土地基或低洼、沼泽、地下水位高的地段时，检查井与管道的连接，宜先用长 0.5～0.8m 的短管（管道口应出井壁 50～100mm）按上述第②条或第③条的要求与检查井连接，后面接一根或多根（根据地质条件确定）长度不大于 2m 的短管，然后再与上、下游标准管长的管段连接，如图 2-12 所示。

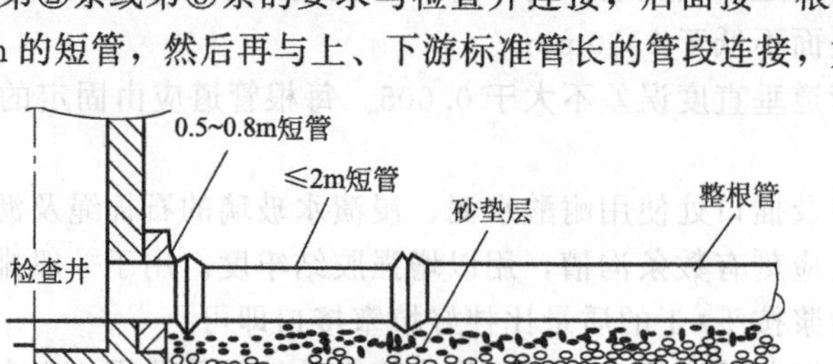

图 2-12　软土地基上管道与检查井连接

2.2.2.7　灌水试验和通水试验

（1）灌水试验

① 管道密闭性检验应在管底与基础腋角部位用砂回填密实后进行。必要时，可在被检验

管段的管顶回填到管顶以上一倍管径高度（管道接口处外露）的条件下进行。

② 灌水试验应按排水检查井分段进行。将被试验的管段起点及终点检查井（又称为上游井及下游井）的管道两端用钢制堵板堵好。

③ 在上游井的管沟边设置一试验水箱，试验水箱底高出上游井管顶 1m；如管道设在干燥型土层内，试验水位高度宜高出上游井管顶 4m；如地下水位高出管顶时，则应高出地下水位至少 1m。

④ 将进水管接至上游堵板的下侧，管道应严密；下游井内管道的堵板下侧设泄水管，上侧设放气阀，并挖好排水沟。

⑤ 从水箱向管内充水，管道充满水 30min 后，对试验管道逐段进行检查，管接口无渗漏为合格。

⑥ 为检验管道管体及接口的严密性、抗渗性，如设计、业主、监理有要求或作为承包方愿提供更可靠的质量保证，可根据管道材质的不同将管道浸泡 1～2 昼夜再进行试验。

⑦ 定期进行外观检查，观察管口接头处是否严密不漏，如发现漏水应及时返修；检查中应补水，水位保持规定值不变。

⑧ 浸泡达到规定时间后，量好水位，连续观察 30min，水渗入和渗出量应不大于表2-8的规定。

表 2-8　1000m 长的管道在 24h 内允许的渗出或渗入量　　单位：t

管径 DN/mm	<150	200	250	300	350	400	450	500	600
钢筋混凝土管、混凝土管、石棉水泥管	7	20	24	28	30	32	34	36	40
陶土管(缸瓦管)	7	12	12	18	20	21	22	23	23

⑨ 核对渗水量时，可根据表 2-8 计算出 30min 的允许渗水量是多少，然后求出试验段下降水位的数值（事先已标记出的水位为起点）为实际渗水量，进行对比。

⑩ 如污水管道排出有腐蚀性水时，管道不允许有渗漏。

⑪ 试验完毕应及时将水排出。

（2）通水试验

① 管道埋设前必须进行通水试验。

② 为适应流水作业需要，一般逐段进行通水试验，宜在灌水试验合格后进行。

③ 水源可为允许可接排入市政管网的水，流量应为设计流量，当下游出口流速均匀时观察，进出水流量是否大致相同，确定排水是否通畅。

④ 排水通畅，无堵塞为通水合格。

⑤ 为检验管道在回填土过程中是否受到扰动，宜在回填土工作完成后再次进行观察、进行通水试验，检查是否有堵塞。

⑥ 通水试验可按支、干管、系统分别进行，有条件的宜整个系统同时进行。

2.2.3　质量标准

2.2.3.1　保证项目

① 排水管道的坡度必须符合设计要求，严禁无坡或倒坡。

检验方法：用水准仪、拉线和尺量检查。

② 管道埋设前必须进行灌水试验和通水试验，排水应畅通，无堵塞，管接口无渗漏。

检验方法：按排水检查井分段试验，试验水头应以试验段上游管顶加 1m，时间不少于

30min，逐段观察。

2.2.3.2 基本项目

① 排水铸铁管采用水泥捻口时，油麻填塞应密实，接口水泥应密实饱满，其接口面凹入承口边缘且深度不得大于2mm。

检验方法：观察和尺量检查。

② 排水铸铁管外壁在安装前应除锈，涂两道石油沥青漆。

检验方法：观察检查。

③ 承插接口的排水管道安装时，管道和管件的承口应与水流方向相反。

检验方法：观察检查。

④ 混凝土管或钢筋混凝土管采用抹带接口时，应符合下列规定。

a. 抹带前应将管口的外壁凿毛，扫净，当管径小于或等于500mm时，抹带可一次完成；当管径大于500mm时，应分两次抹成，抹带不得有裂纹。

b. 钢丝网应在管道就位前放入下方，抹压砂浆时应将钢丝网抹压牢固，钢丝网不得外露。

c. 抹带厚度不得小于管壁的厚度，宽度宜为80～100mm。

检验方法：观察和尺量检查。

2.2.3.3 允许偏差项目

管道的坐标和标高应符合设计要求，安装的允许偏差应符合表2-9的规定。

表2-9　室外排水管道安装的允许偏差和检验方法

项次	项目		允许偏差/mm	检验方法
1	坐标	埋地	100	拉线尺量
		敷设在沟槽内	50	
2	标高	埋地	±20	用水平仪、拉线和尺量
		敷设在沟槽内	±20	
3	水平管道纵横向弯曲	每5m长	10	拉线尺量
		全长(两井间)	30	

2.2.4 成品保护

① 钢筋混凝土管承受外压较差，易损坏，所以搬运和安装过程不能碰撞，不能随意滚动，要轻放。

② 抹带时，禁止有人在管上，以防灰口松动。

③ 施工过程中，防止管道相撞，以免管道端部保护层脱落影响接口质量。

④ 挖槽和管道连接时应保护测量桩，以免移动。

⑤ 管道施工完毕，应及时回填，严禁晾沟。浇注混凝土管墩、管座时，应待混凝土的强度达到5MPa以上才可还土。填土时，不可将土块直接砸在接口抹带及防腐层部位。管顶500mm范围内，应采用人工夯填。

⑥ 在昼夜温差大的地区和季节，管道可能受到较大的热应力产生裂缝。因此，除接口暂时外露养护，要尽快回填土，以便遮住管身。

2.2.5 应注意的质量问题

① 排水管道断裂。原因是：管沟超挖后，填土不实，或管底石头未打平，管道局部受力

不均匀而造成管材或接口处断裂或活动；未认真检查管材是否有裂纹、砂眼等缺陷，施工完毕又未进行闭水试验；地下管道施工，未严格执行回填土操作程序，随便回填而造成局部土方塌陷或硬块砸裂管道；冬季灌水试验后，未及时放水。

② 管道接口渗漏。原因是：接口油麻未填满捻实，接口未养护好；管道插接深度不够，影响粘接效果；预制管时，接口养护不好，强度不够而又过早摇动，使接口产生裂纹而漏水。

③ 管道轴线发生位移。原因是管道未支撑牢固。

2.2.6 应具备的质量记录

（1）材料出厂合格证、检测报告和材料进场检验记录。

（2）技术交底记录。

（3）隐蔽工程检查记录。

（4）预检记录。

（5）施工检查记录。

（6）施工试验记录。

（7）检验批质量验收记录。

（8）子分部工程质量验收记录。

2.3 建筑中水系统施工

建筑中水系统，可以解决城市水资源危机，也能够协调城市水资源与水环境。建筑中水系统是将公共建筑或建筑小区中人们生活或生产活动中排放的生活污水等，经集流、水处理、输配水等技术，回用于建筑或建筑小区。经再生处理后的水可作为冲洗便器、浇洒街道、绿化水景、洗车、空调冷却、消防等用水，是一种介于建筑生活给水系统与排水系统之间的杂用水系统。建筑中水系统的水源通常为盥洗排水、沐浴排水、洗衣排水、厨房排水和厕所排水等。以处理的难易程度和经济角度考虑，选用的先后顺序一般为沐浴排水、盥洗排水、洗衣排水、厨房排水，最后是厕所排水。

2.3.1 施工准备

2.3.1.1 材料要求

① 工程所使用的主要材料、成品、半成品、配件、器具和设备必须具有中文质量合格证明文件，规格、型号及性能检测报告应符合国家技术标准或设计要求。进场时应完好，并经监理工程师核查确认。

② 所有材料进场时应对品种、规格、外观等进行验收。包装应完好，表面无划痕及外力冲击破损。包装上应标有批号、数量、生产日期和检验代码。

③ 主要器具和设备必须有完整的安装使用说明书。在运输、保管和施工过程中，应采取有效措施防止损坏或腐蚀。

2.3.1.2 主要设备和机具

① 设备：格栅、水泵、补水设备、投药设备、消毒设备及配件等。

② 机具：套丝机、切割机、弯管机、试压泵、热熔机、电气焊机等。

③ 工具：管钳、扳手、手锤、手锯、錾子、管剪、手电钻、扩管器、弯管器、脚手架、

人字梯、游标卡尺、钢卷尺等。

2.3.1.3 作业条件

① 埋设管道的管沟或基底回填土应夯实且平整，无凸出的硬物。

② 暗装管道（包括设备层、竖井、吊顶内的管道等）需要根据图纸核对管径、标高、位置的排列。预留孔洞、预埋件已完成。土建模板已拆除，操作场地清理干净，对于安装高度超过 3.5m 的场地，已搭好脚手架。

③ 室内标高线、隔墙中心线（边线）均已测放，墙地面初装完成，能连续施工。

④ 冬季施工，环境温度一般不低于 5℃；当环境温度低于 5℃应采取防寒、防冻措施。施工场地应保持空气流通。

⑤ 各种卫生器具的样品已进场，施工材料的品种和数量能保证施工。

2.3.2 操作工艺

2.3.2.1 中水处理工艺流程

① 当以优质杂排水或杂排水作为中水原水时，可采用以物化处理为主的工艺流程，或采用生物处理和物化处理相结合的工艺流程。

a. 物化处理工艺流程（适用于优质杂排水）：

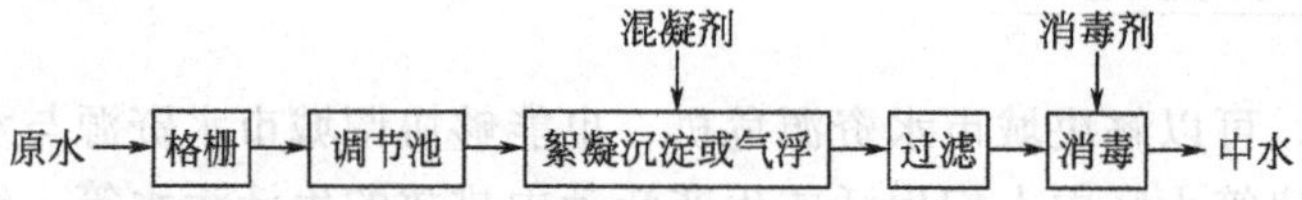

b. 生物处理和物化处理相结合的工艺流程：

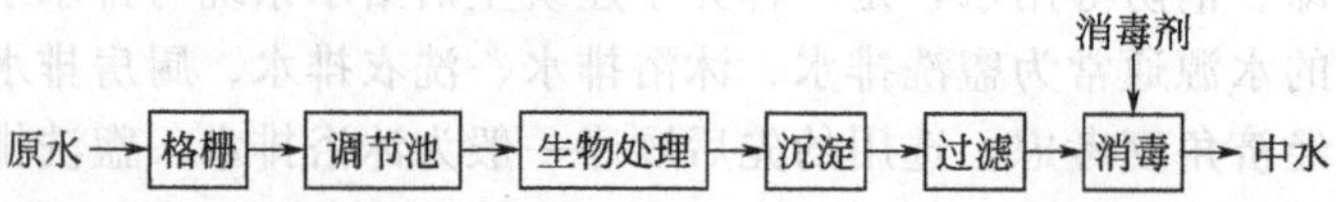

c. 预处理和膜分离相结合的处理工艺流程：

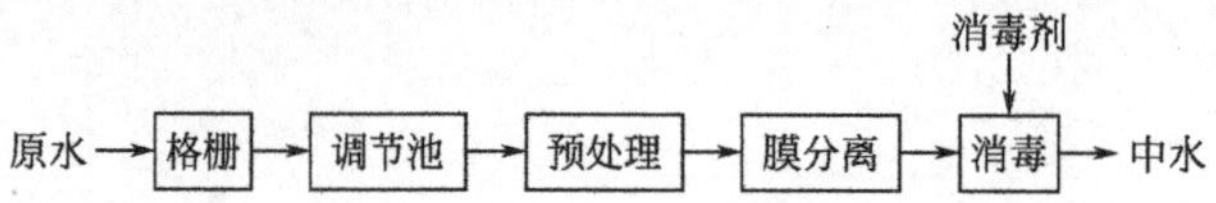

② 当以含有粪便污水的排水作为中水原水时，宜采用二段生物处理与物化处理相结合的处理工艺流程。

a. 生物处理和深度处理相结合的工艺流程：

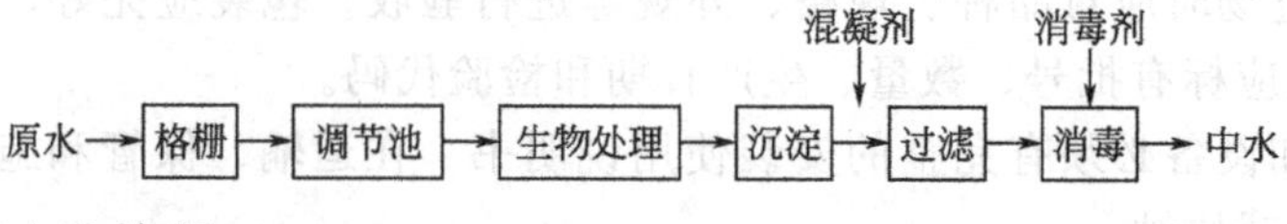

b. 生物处理和土地处理：

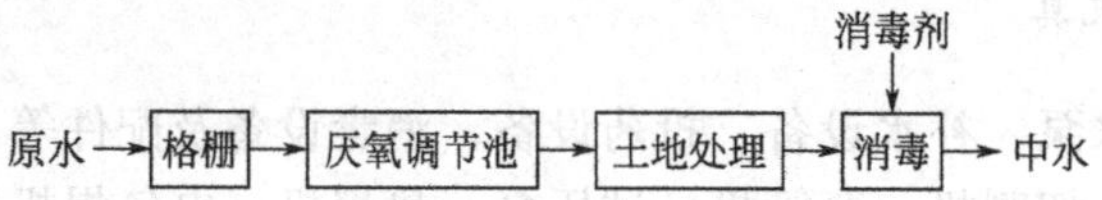

c. 曝气生物滤池处理工艺流程：

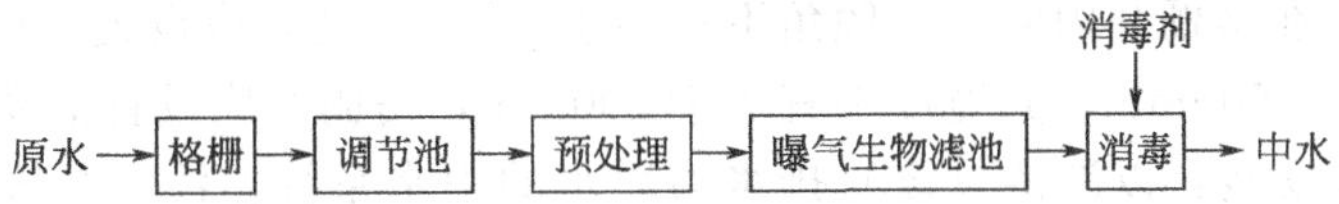

d. 膜生物反应器处理工艺流程：

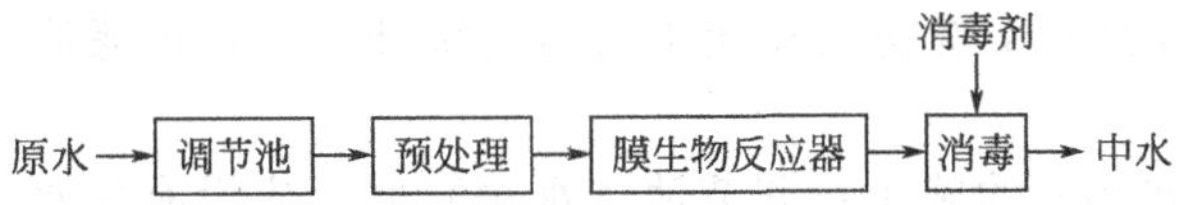

③ 利用污水处理站二级处理出水作为中水水源时，宜选用物化处理或与生化处理结合的深度处理工艺流程。

a. 物化法深度处理工艺流程：

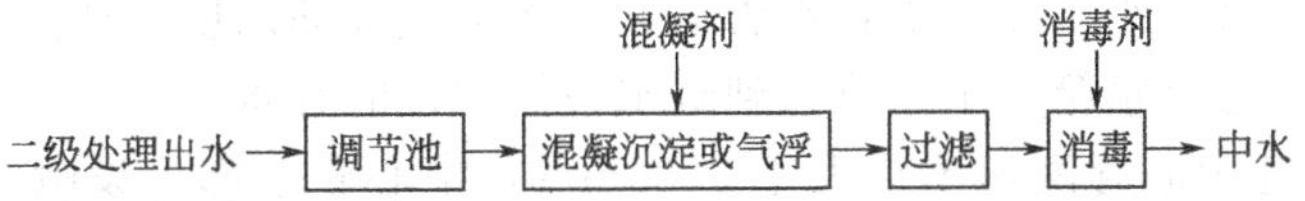

b. 物化与生化结合的深度处理流程：

c. 微孔过滤处理工艺过程：

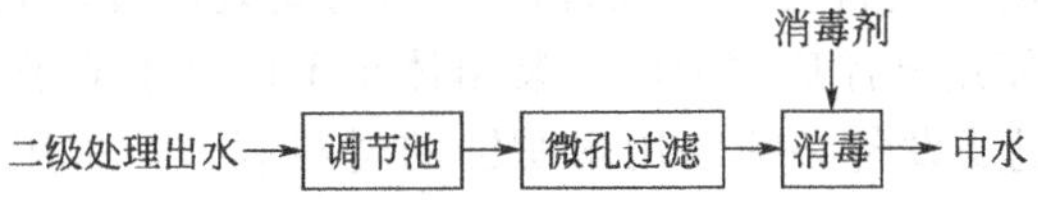

2.3.2.2　施工工艺流程

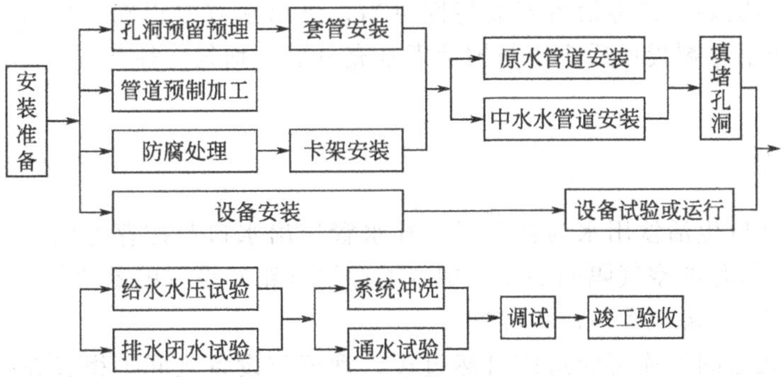

2.3.2.3　管道安装

① 中水管道与生活饮用水管道、排水管道平行埋设时，其水平净距不得小于 500mm；交叉埋设时，中水管道应位于生活饮用水管道下面，排水管道的上面，其净距均不小于 0.15m。

② 明装管道距墙应均匀一致，公称外径 32mm 以下的管道外皮距离建筑装饰墙面 20～25mm，公称外径 32mm 以上的管道外皮距离建筑装饰墙面 25～50mm。

③ 管道上下平行安装时，要保证输送热水的管道在输送冷水的管道上方，垂直平行安装时，输送热水的管道在输送冷水的管道的左边。

2.3.2.4　设备安装

① 栅格安装：中水处理系统应设置的格栅宜采用机械格栅；设置一道格栅时，格栅条空隙宽度应小于 10mm；设置粗细两道格栅时，粗格栅条空隙宽度为 10～12mm，细格栅条空隙

宽度为 2.5mm；设在格栅井内时，其倾角不得小于 60°，格栅井应设置工作台，其位置应高出格栅前设计最高水位 500mm，其宽度不宜小于 700mm，格栅井应设置活动盖板。

② 毛发过滤器安装：以洗浴（涤）排水为原水的中水系统，污水泵吸水管上应设置毛发过滤器。毛发过滤器过滤筒（网）的有效过水面积应为连接管截面积的 2.0～4.0 倍，过滤筒（网）宜采用孔径 3mm 具有反洗功能和便于清污的快开结构，过滤筒（网）应采用耐腐蚀材料制造。

③ 中水调节池（水箱）的施工：调节池（水箱）底部应设有集水坑和排泄管，池底应有不小于 2%的坡度，坡向集水坑。当采用埋地式时，顶部应设置人孔和直通地面的排气管，池壁应设置爬梯和溢水管。中、小型工程调节池可兼作提升泵的集水井。中水调节池（水箱）以生活饮用水为补水时，应该采取防止饮用水被污染的措施，补水管道出水口与中水调节池（水箱）内最高水位之间有不小于 2.5 倍补水管道管径的空气隔断高度，严禁采用淹没式浮球阀补水，仅仅要求当调节池（水箱）中水位达到缺水报警水位时补水。

④ 竖流式沉淀池中心管流速不得大于 0.03m/s，中心管下部应设喇叭口和反射板，板底面距泥面不得小于 0.3m，排泥斗坡度应大于 45°。

⑤ 斜板（管）沉淀池的斜板（管）间距（孔径）应大于 80mm，板（管）斜长宜取 1000mm，斜角宜为 60°。斜板（管）上部清水深不宜小于 0.5m，下部缓冲层不宜小于 0.8m。

⑥ 生物氧化池的安装施工：曝气设备曝气装置的布置应该使曝气均匀，气水体积比为 1540∶1；氧化池使用固定床填料时，其底部距池底的安装高度不得低于 2.0m，每层的高度不宜高于 1.0m；氧化池使用悬浮床填料时，装填体积不应小于池子容积的 25%。

⑦ 过滤设备安装：过滤设备必须采用耐腐蚀的材料制作；采用压力过滤，常用的过滤器为石英砂压力过滤器和双层滤料过滤器；活性炭高度一般不小于 3.0m，活性炭的炭层高和过滤器直径比一般为 1∶1 或 2∶1，活性炭层常用 4.5～6m 的固定床串联进行。

⑧ 消毒设备的安装：消毒设备安装稳固可靠，进出水方向正确，投药装置宜采用自动等比投加装置，要求消毒剂投加后应该与被消毒水充分混合均匀。往药罐里加药时要注意做好安全防护。

2.3.2.5 设备配管

① 中水贮存池以生活饮用水为补水时，补水管道出水口与贮存池内最高水位之间有不小于 2.5 倍补水管道管径的空气隔断高度；中水贮存池（箱）设置的溢流管、泄水管，均应采用间接排水方式，排出口溢流管口应设隔网。

② 设备与设备之间的连接管道应自然过渡，管道与设备之间不得存在拉压现象，管道与管道、管道与设备之间连接紧密、美观、可靠，便于拆卸与检修，各种坡度准确、泄水方便。

③ 设备配管应独立设置承重支架，不允许设备承担配管重力。

④ 有振动的设备配管时，应设置软连接。

2.3.2.6 调试、试运行

所有设备安装完毕后，应进行系统调试和试运行工作；除水量能够满足楼内使用外，还要求中水处理深度符合设计和国家卫生标准要求，调试合格后做好质量记录。

① 调试

a. 中水系统水量调试可以通过以下方法进行。

ⅰ. 水量平衡调试：中水用水量较大时，可以通过扩大原水收集范围和收集量来调节水量，原水水量较大时，可以通过扩大中水使用范围，如浇洒道路、绿化、冷却水补水等来平衡水量。

ⅱ. 原水调节池调节用贮水量的调试：原水调节池调节用贮水量不得少于设计的规定值。当设计未规定时，在调试中连续运行时可以取原水日处理水量的35%～50%；间歇运行时，贮水量应为处理设备一个运行周期的处理量。

ⅲ. 中水调节池调节用贮水量的调试：中水调节池调节用贮水量不得少于设计的规定值。当设计未规定时，在调试中连续运行时可以取中水日用水量的25%～35%；间歇运行时，贮水量应为中水设备一个运行周期的用水量。

ⅳ. 除以上几种调节方式外，在实际中还可用分流、溢流、超越等方式进行水量调节。

b. 中水系统处理设备调试：中水处理设备在安装完毕以后必须进行单机试运行，要求机械设备运转无异常，水处理设备无渗漏、堵塞现象，进出水稳定。

② 系统调试完毕后，即可进行试运行工作；系统试运行应符合设计要求，中水处理深度应符合设计和国家卫生标准要求，调试合格做好质量记录，即为试运行完毕。

2.3.3 质量标准

2.3.3.1 一般规定

① 中水系统中原水管道管材及配件要求按本章排水部分执行。

② 中水系统给水管道及排水管道检验标准按本章给水、排水规定执行。

2.3.3.2 主控项目

① 中水高位水箱应与生活高位水箱分设在不同的房间内，如条件不允许只能设在同一房间时，与生活高位水箱的净距离应大于2m。

检验方法：观察和尺量检查。

② 中水给水管道不得装设取水水嘴。便器冲洗宜采用密闭型设备和器具。绿化、浇洒、汽车冲洗宜采用壁式或地下式的给水栓。

检验方法：观察检查。

③ 中水供水管道严禁与生活饮用水给水管道连接，并应采取下列措施。

a. 中水管道外壁应按有关标准的规定涂色。

b. 中水池（箱）、阀门、水表及给水栓均应有“中水”标志。

c. 公共场所及绿化的中水取水口应设带锁装置。

d. 工程验收时应逐段进行检查，防止误接。

检验方法：观察检查。

④ 中水管道不宜暗装于墙体和楼板内。如必须暗装于墙槽内时，必须在管道上有明显且不会脱落的标志。

检验方法：观察检查。

2.3.3.3 一般项目

① 中水给水管道管材及配件应采用耐腐蚀的给水管管材及附件。

检验方法：观察检查。

② 中水管道与生活饮用水管道、排水管道平行埋设时，其水平净距不得小于0.5m；交叉埋设时，中水管道应位于生活饮用水管道下面，排水管道的上面，其净距不应小于0.15m。中水管道与其他专业管道的间距按《建筑给水排水设计规范》中给水管道要求执行。

检验方法：观察和尺量检查。

2.3.3.4 允许偏差项目

中水水泵给水设备的安装允许偏差要求参见本章给水设备的允许偏差项目。

2.3.4 成品保护

① 预制加工好的管段，应用临时管箍或塑料布包裹，以防止螺纹生锈。

② 预制好的管段、管件用方木垫好，码放整齐，管道施工过程中不得随意乱扔，防止硬物扎破管道。

③ 管道安装完后，为防止破坏，要有专人进行看护，防止物体落入管沟砸坏管道。沟边应设保护警示牌，以免人员踩踏破坏管道。

④ 各种设备的接口要临时封堵，防止异物进入。

2.3.5 应注意的质量问题

① 在管道粘接表面，在涂抹黏结剂之前应用砂纸轻轻打磨一遍，避免黏结处渗水。

② 伸缩节安装前要检查弹性密封圈，要求干净、无异物、密封圈完好，以防止管道伸缩节漏水。

③ 冬季施工采用防冻黏结剂，以防止黏结剂冻结。

2.3.6 应具备的质量记录

(1) 中间验收记录。

(2) 建筑中水系统管道及辅助设备安装工程检验批质量验收记录。

(3) 建筑中水系统管道及辅助设备安装分项工程质量验收记录。

(4) 建筑中水系统安装子分部工程质量验收记录。

(5) 系统水压试验及调试分项工程质量验收记录。

思考题

1. 室外给水管道安装接口的类型有哪些?
2. 室外排水管道灌水和通水试验时需要注意哪些问题?
3. 中水系统的施工工艺流程是怎样的?

第3章　采暖工程施工

3.1　采暖工程常用材料

3.1.1　管材分类

3.1.1.1　金属管材

采暖工程中应用的金属管材有镀锌钢管、无缝钢管、铜管、不锈钢管等。这里主要介绍不锈钢管。

不锈钢管按制造方式有不锈焊接钢管和不锈无缝钢管两种。按管壁厚度不同又有不锈钢管与薄壁不锈钢管。20世纪90年代末在国内出现的薄壁不锈钢管正在被人们逐渐认识和接受。

不锈钢管技术标准见表3-1。

表3-1　不锈钢管技术标准

型　　号	标　准　名　称	标　准　号
ϕ(6～630)mm×(1～50)mm	流体输送用不锈钢无缝钢管	GB/T 14976—2002
ϕ(6～630)mm×(1～50)mm	锅炉、热交换器用不锈钢无缝钢管	GB 13296—2007
ϕ(219～1200)mm×(3～20)mm	机械结构用不锈钢焊接钢管	GB 12770—2002

(1) 薄壁不锈钢管

薄壁不锈钢管的优越性能如下：强度高，管壁较薄；经久耐用，卫生可靠，耐腐蚀性好，环保性好；抗冲击能力强，具有较好连接形式（如插接压封式连接技术）的管道强度是镀锌管和普通钢管的2～3倍；韧性好，比一般金属易弯曲、易扭转，不易裂缝，不易折断；采用成熟、可靠的专用连接技术，大大提高了工程进度和效率。

不锈钢管连接方式常见的有压缩式、压紧式、推进式、焊接式及焊接与传统连接相结合的派生系列的连接方式。

薄壁不锈钢管由于管价相对较高，主要用于沿建筑外墙安装的直饮水管或高标准建筑室内给水管道。

(2) 超薄壁不锈钢塑料复合管

超薄壁不锈钢塑料复合管是一种外层为超薄壁不锈钢管、内层为塑料管和中间黏结剂复合而成的新型管材。

其性能特点：外层不锈钢管管壁更薄，内衬塑料管壁厚也减小，主材价格进一步降低；表面不锈钢把塑料管与外界隔绝，克服塑料易氧化老化的缺点，提高了塑料管阻燃性能与承压强度；中间黏结剂约束了内衬塑料管膨胀，管材线胀系数很小；既可使用不锈钢粘接管件，又可采用不锈钢、铜等卡套式管件，连接方式多样，安装方便。可以沿用已有的塑料管技术标准规范设计、施工。该管道的目前常用规格有外径16～110mm十多种。

3.1.1.2 非金属管材

采暖工程中应用的管材，应适应输送不同温度热介质的需要。在众多建筑用塑料管中，仅有一部分管材适用于输送热介质，目前主要有聚氯乙烯耐热（PVC-C）管、交联聚乙烯（PE-X）管、非交联耐热聚乙烯（PE-RT）管、无规共聚聚丙烯（PP-R）管、聚丁烯（PB）管和铝塑复合管中的部分产品（PAP、XPAP 或 RPAP）。在上述输送热介质的非金属管材中，除了聚氯乙烯耐热管（PVC-C），由于其质地较坚硬，不能将其弯曲，其余的 PE-X、PE-RT、PP-R、PB 和 XPAP 均可作为低温地板辐射采暖的管材。这些管材各有其特点，在选择以上管材时，可以根据当地的施工条件和经济条件比较之后选择。

（1）PB 管

PB 管是由聚丁烯树脂通过一定的制管工艺生产而成的热塑性管材。它既有聚乙烯的抗冲击韧性，又有高于聚丙烯的耐应力开裂性和出色的耐蠕变性能，并稍带橡胶的特性，且能长期承受屈服强度 90%的应力。其主要特性有：良好的耐热性能，其长期使用温度（指管道在此温度范围内使用寿命达 30～50 年）最高为 90℃；耐压性能极佳，抗蠕变能力极强，同样条件下其管壁最薄，其工作压力为冷水时 1.6～2.5MPa，热水时 1.0MPa；极好的韧性和耐冲击力，弯曲半径仅为 12mm；极好的耐腐蚀能力；较好的隔热性能，材料的热导率较小；无毒、环保、经济，废弃物可重复使用，燃烧不产生有害气体。

PB 管主要采用热熔式或电熔式承插接头连接，也采用胶圈密封连接。常用的规格有公称直径 *DN*15～*DN*63 几种。

PB 管较早用于低温热水地板辐射采暖、冷热水输送。PB 材料属于易燃材料，安装加工或使用的场所必要时需采取防火措施。由于这种管材的原材料主要依赖于进口，价格昂贵，在国内应用的大多依赖进口成品管材及管件，包括施工连接的专用工具等，同时施工技术要求较高等原因，故在国内应用很有限。

（2）PE-X 管

PE-X 管由于具有很好的卫生性和物理力学性能，被视为新一代的绿色管材。交联聚乙烯管（PE-X）以 HDPE 及引发剂、交联剂、催化剂等助剂为主要原料，采用世界上先进的一步法（MONSOIL 法）技术制造，采用普通聚乙烯原料加入硅烷接枝料，从而形成交联度达 60%～89%的交联聚乙烯，使其具有优良的理化性能。它具有以下优点：质地坚实而有韧性，抗内压强度高，20℃时的爆破压力大于 5MPa，95℃时的爆破压力大于 2MPa；使用温度范围宽，可以在－70～95℃下长期使用，95℃下使用寿命长达 50 年；耐化学品腐蚀性很好；管材内壁的张力低，使表面张力较高的水难以浸润内壁，可以有效地防止水垢的形成；无毒性，不霉变，不滋生细菌，完全符合《生活饮用水输配水设备及防护材料的安全性评价标准》（GB/T 17219—1998）规定的指标；管材内壁光滑，流体流动阻力小，水力学特性优良，在相同的管径下，输送流体的流通量比金属管材大，噪声也较低；管材的热导率远低于金属管材，因此其隔热性、保温性能优良，用于供热系统时，不需另加保温措施，热损失小；良好的记忆性能，当 PE-X 管被加热到适当温度（低于 180℃）会变成透明状，再冷却时会恢复到原来的形状，即在使用过程中任何错误的弯曲都可以通过热风枪加以矫正，使用起来更加自如；该材料重量轻，搬运方便，安装简便，非专业人员也可以顺利进行安装，安装工作量不到金属管的一半。

（3）PE-RT 管

PE-RT 是采用特殊的分子设计和合成工艺生产的一种中密度聚乙烯，它采用乙烯和辛烯共聚的方法，通过控制侧链的数量和分布得到独特的分子结构，从而提高 PE 的耐热性。它具有以下优点：良好的稳定性和长期的耐压性能——管材匀质性好，性能稳定，具有良好的抗热蠕变性能，优良的长期耐静液压能力；管道易于弯曲，方便施工——弯曲半径小（$R_{最小}=5D$），弯曲部分的应力可以很快得到松弛，可避免在使用过程中由于应力集中而引起管道在弯曲处出现破坏；PE-RT管可热熔连接。因而管道在应用过程中如果损坏维修起来方便；抗冲击性能好，安全性高，低温脆裂温度可达－70℃，可在低温环境下运输、施工；耐老化、寿命长——由于PE-RT材料的优良特性，在工作温度为70℃、压力为0.8MPa条件下，PE-RT管可安全使用50年以上；加工工艺方便，质量易于控制；具有良好的环保性——废管可熔化，可回收。

(4) PP-R管

PP-R又称为三型聚丙烯管，它无毒卫生、安装方便，具有良好的力学性能、很高的拉伸屈服强度和抗冲击性能，物料可回收利用。在采暖工程里，由于其特别具有良好的热熔接性能，接口采用热熔技术，一旦安装打压测试通过，不会再漏水，可靠性高。虽然可以用于输送热介质，但是其耐高温性，耐压性稍差些，长期工作温度不能超过70℃。S3.2和S2.5系列以上的PP-R管在工作温度70℃、工作压力为1.0MPa条件下，使用寿命为50年以上；常温下(20℃)的使用寿命可以达到100年以上。

3.1.2 常用阀门和仪表

3.1.2.1 阀门标准型号的组成

详见第1章相关内容。

3.1.2.2 各种阀门和仪表的性能与用途

采暖系统常用到的阀门有截止阀、闸阀、蝶阀、球阀、止回阀、安全阀、减压阀、稳压阀、平衡阀、调节阀等。这里主要介绍常用的几种。

(1) 安全阀

安全阀主要用于介质超压时的泄压，以保护设备和系统。在某些情况下，微启式水压安全阀经过改进可作为系统定压阀。

① 安全阀常用的术语

a. 开启压力：当介质压力上升到规定压力数值时，阀瓣便自动开启，介质迅速喷出，此时阀门进口处压力称为开启压力。

b. 排放压力：阀瓣开启后，如设备管道中的介质压力继续上升，阀瓣应全开，排放额定的介质排量，这时阀门进口处的压力称为排放压力。

c. 关闭压力：安全阀开启，排出了部分介质后，设备管道中的压力逐渐降低，当降低到小于工作压力的预定值时，阀瓣关闭，开启高度为零，介质停止流出，这时阀门进口处的压力称为关闭压力，又称回座压力。

d. 工作压力：设备正常工作中的介质压力称为工作压力，此时安全阀处于密封状态。

e. 排量：在排放介质阀瓣处于全开状态时，从阀门出口处测得的介质在单位时间内的排出量，称为阀的排量。

② 安全阀的种类

a. 根据安全阀的结构分类

ⅰ. 重锤（杠杆）式安全阀：用杠杆和重锤来平衡阀瓣的压力。重锤式安全阀靠移动重锤的位置或改变重锤的重量来调整压力。它的优点在于结构简单；缺点是比较笨重，回座力低。这种结构的安全阀只能用于固定的设备上。

ⅱ. 弹簧式安全阀：利用压缩弹簧的力来平衡阀瓣的压力并使之密封。弹簧式安全阀靠调节弹簧的压缩量来调整压力。它的优点在于比重锤式安全阀体积小、轻便，灵敏度高，安装位置不受严格限制；缺点是作用在阀杆上的力随弹簧变形而发生变化。同时必须注意弹簧的隔热和散热问题。

ⅲ. 脉冲式安全阀：由主阀和辅阀组成。主阀和辅阀连在一起，通过辅阀的脉冲作用带动主阀动作。脉冲式安全阀通常用于大口径管道上。因为大口径安全阀如采用重锤式或弹簧式时都不适用。当管道中介质超过额定值时，辅阀首先动作带动主阀动作，排放出多余介质。

b. 根据安全阀阀瓣最大开启高度与阀座通径之比分类

ⅰ. 微启式：阀瓣的开启高度为阀座通径的1/20～1/10。由于开启高度小，对这种阀的结构和几何形状要求不像全启式那样严格，设计、制造、维修和试验都比较方便，但效率较低。

ⅱ. 全启式：阀瓣的开启高度为阀座通径的1/4～1/3。全启式安全阀是借助气体介质的膨胀冲力，使阀瓣达到足够的升程和排量。它利用阀瓣和阀座的上、下两个调节环，使排出的介质在阀瓣和上、下两个调节环之间形成一个压力区，使阀瓣上升到要求的开启高度和达到规定的回座压力。此种结构灵敏度高，使用较多，但上、下调节环的位置难于调整，使用必须仔细。

c. 根据安全阀阀体构造分类

ⅰ. 全封闭式：排放介质时不向外泄漏，而全部通过排泄管放掉。

ⅱ. 半封闭式：排放介质时，一部分通过排泄管排放，另一部分从阀盖与阀杆配合处向外泄漏。

ⅲ. 敞开式：排放介质时，不引到外面，直接由阀瓣上方排泄。

(2) 减压阀

减压阀的原理是通过阀孔的开和关调节过流断面进行节流从而降低压力。一般有弹簧式、活塞式和波纹管式，可以根据各类减压阀的调压范围进行选择。热水、蒸汽管道通常用减压阀调整介质压力，以满足用户的需求。

(3) 球阀

相比闸阀、截止阀，球阀是一种新型、逐渐被广泛采用的阀门。球阀的工作原理是：阀芯为一个有通腔的球体，通过阀杆控制阀芯做90°旋转，使阀门畅通或闭塞。它在管道中起关断作用。

优点：除具有闸阀、截止阀的优点外，还有体积小、密封好（零泄漏)、易操作的优点。目前在石化、电力、核能、航空、航天等部门广泛使用。

缺点：维修困难。

球阀有两种形式：浮动球式和固定球式。由于其极佳的密封性，操作的可靠性，长期以来颇受用户的青睐。球阀无方向性，可以任意角度安装。焊接球阀水平安装时，阀门必须打开，避免焊接时的电火花伤及球体表面。当在垂直管道上安装时，如果焊接上接口，阀门必须打开，如果焊接下接口，阀门必须关闭，以免阀门内部被高热灼伤。

球阀有两种形式：浮动球式和固定球式。在供热工程中，一些关键位置，如重要的分支、热力站的接入口，*DN*250以下，常采用进口球阀。它与国产球阀的结构不同：国产球阀的阀体一般是二块式、三块式，法兰连接；而进口球阀的阀体是一体式，焊接连接，故障点要少。它的原产地是北欧如芬兰、丹麦等供热技术比较发达的国家，如芬兰的NAVAL，VEXVE，丹麦的DAFOSS等。由于其极佳的密封性、操作的可靠性，长期以来颇受用户的青睐。球阀无方向性，可以任意角度安装。焊接球阀水平安装时，阀门必须打开，避免焊接时的电火花伤及球体表面。当在垂直管道上安装时，如果焊接上接口，阀门必须打开；如果焊接下接口，阀门必须关闭，以免阀门内部被高热灼伤。

(4) 调节阀

调节阀也称节流阀，是供热系统二次网的常用阀门。

工作原理：外形、结构与截止阀相似，只是密封副不同，调节阀的阀瓣和阀座类似暖水瓶的瓶塞和瓶口，通过阀瓣的移动改变过流面积来调节流量。在阀轴上有标尺表示相应流量。

作用：调节管道间介质流量分配以达到热力平衡。

(5) 平衡阀

改进型调节阀。流道采用直流式，阀座改为聚四氟乙烯。克服了流阻大的缺点，同时增加了两个优点：密封更合理，兼有截止功能。供热工程中在热力站二次网上使用，具有优异的流量调节特性，特别适用于变流量系统。有方向性，可以水平装，也可以垂直装。

(6) 疏水器

用在蒸汽系统中的一种阻气设备，主要作用是阻止蒸汽通过，并能顺利地排除凝结水。蒸汽在管道内流动，不断产生凝结水，尤其通过散热设备后产生大量凝结水。凝结水中夹带部分蒸汽，如直接流回凝结水池或排放会降低热效率，并出现水击现象。疏水器可以阻气排水，提高系统的蒸汽利用率，是保证系统正常工作的重要设备。

(7) 温控阀

近年来，随着采暖节能技术的推广和应用，温控阀（图 3-1）作为一种用于温度控制的流量调节的阀门，在我国新建筑住宅中被普遍应用，温控阀安装在住宅和公共建筑的采暖散热器上，它可以根据用户的不同要求设定室温。温控阀内的感温探头可以感应周围环境温度的变化而产生体积变化，从而带动调节阀阀芯产生位移，进而调节散热器的水量来改变散热器的散热量。它的感温部分不断地感受室温并按照当前热需求随时自动调节热量的供给，以防止室温过热，达到用户最高的舒适度。

图 3-1　温控阀

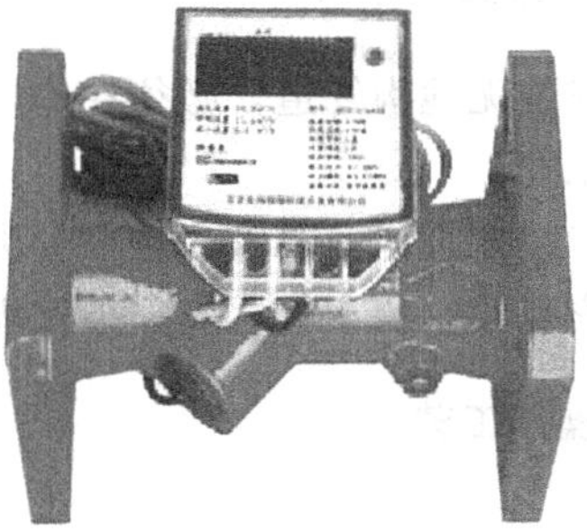

图 3-2　热计量表

(8) 热计量表

热计量表（图 3-2）是针对分户热计量采暖的一种测量热量的仪表。目前，在集中供暖的地区，有些地方标准要求居住建筑必须具备热量计量和住户分户热量分摊的条件，设计时应设置楼前热量计量和分户热量分摊装置。因此，热计量表的安装随着分户热计量的广泛推广也越来越多。热计量表的参数包括流量参数、压力等级、温度参数以及电压参数等。

热计量表按精度分可以分为三个等级，即一级表、二级表和三级表；按照安装形式一般可分为组合式及整体式两种。其中，整体式热计量表的计算器与流量传感器合为一体，计算器只能随传感器安装在管道上，而组合式热计量表的计算器则既可安装在管道上，也可安装在墙上或仪表箱内。在安装使用中要求热计量表要有一个温和、干净的工作环境，对于管内水温高于90℃的情况，热计量表的计算器必须安装在墙上或仪表盘上。同时，为减少干扰，热表的安装位置应尽量避开强电磁场的干扰。另外，热计量表的安装要注意方向性的要求，如旋翼式的机械热表最好水平安装，螺翼式及超声波热表的要求较宽松，水平垂直安装均可，安装时要注意核对厂家提供的样本。

3.2　室外热力管道施工

3.2.1　施工准备

3.2.1.1　材料要求

① 管材：碳素钢管、无缝钢管、镀锌碳素钢管应有产品合格证，管材不得弯曲、锈蚀，无飞刺、重皮及凹凸不平等缺陷。

② 管件：符合现行标准，有出厂合格证、无偏扣、乱扣、方扣、断丝和角度不准等缺陷。

③ 各类阀门：有出厂合格证，规格、型号、强度和严密性试验符合设计要求。螺纹无损伤，铸造无毛刺、无裂纹，开关灵活严密，手轮无损伤。

④ 附属装置：减压器、疏水器、过滤器、补偿器、法兰等应符合设计要求，应有产品合格证及说明书。

⑤ 其他：型钢、圆钢、管卡、螺栓、螺母、油、麻、垫、焊条等符合设计要求。

3.2.1.2 主要机具

① 机具：砂轮锯、套丝机、台钻、电焊机、煨弯器等。

② 工具：套丝板、压力案、管钳、活扳手、手锯、手锤、台虎钳、电焊和气焊工具、钢卷尺、水平尺、小线等。

3.2.1.3 作业条件

① 安装无地沟管道，必须在沟底找平夯实，沿管线敷设位置无杂物，沟宽及沟底标高尺寸复核无误。

② 安装地沟内的干管，应在管沟砌完后，盖沟盖板前，安装好托吊卡架。

③ 安装架空的干管，应先搭好脚手架，稳装好管道支架后进行。

3.2.2 操作工艺

3.2.2.1 工艺流程

(1) 直埋

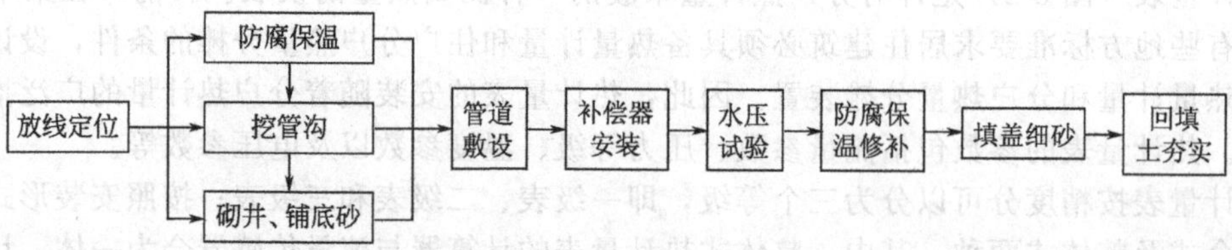

(2) 管沟

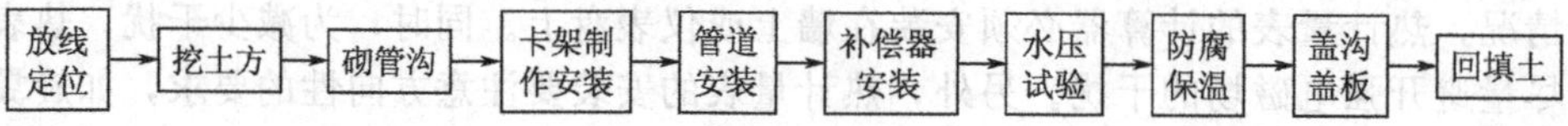

(3) 架设

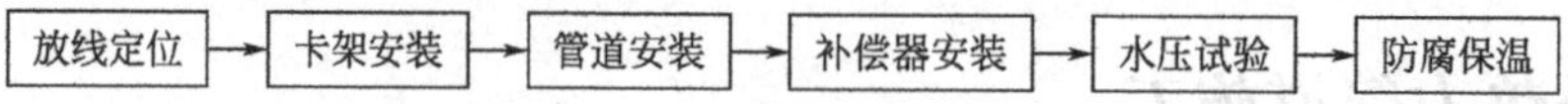

3.2.2.2 直埋管道安装

① 根据设计图纸的位置，进行测量、打桩、放线、挖土、地沟垫层处理等。

② 为便于管道安装，挖沟时应将挖出来的土堆放在沟边一侧，土堆底边应与沟边保持0.6～1m的距离，沟底要求打平夯实，以防止管道弯曲受力不均。

③ 管道下沟前，应检查沟底标高、沟宽尺寸是否符合设计要求，保温管应检查保温层是否有损伤，如局部有损伤时，应将损伤部位放在上面，并做好标记，便于统一修理。

④ 管道应先在沟边进行分段焊接，每段长度在25～35m范围内。放管时，应用绳索将一端固定在地锚上，并套卷管段拉住另一端，用撬杠将管段移至沟边，放好木滑杠，统一指挥慢速放绳使管段沿滑木杠下滚。为避免管道弯曲，拉绳不得少于两条，沟内不得站人。

⑤ 沟内管道焊接，连接前必须清理管腔，找平找直，焊接处要挖出操作坑，其大小要便于焊接操作。

⑥ 阀门、配件、补偿器支架等，应在施工前按施工要求预先放在沟边沿线，并在试压前安装完毕。

⑦ 管道水压试验，应按设计要求和规范规定，办理隐检试压手续，把水泄净。

⑧ 管道防腐，应预先集中处理，管道两端留出焊口的距离，焊口处的防腐在试压完后再处理。

⑨ 回填土时要在保温管四周填100mm细砂，再填300mm素土，用人工分层将回填土夯实。管道穿越马路处埋深少于800mm时，应做简易管沟，加盖混凝土盖板，沟内填砂处理。

3.2.2.3 地沟管道安装

① 在不通行地沟安装管道时，应在土建垫层完毕后立即进行安装。

② 土建打好垫层后，按图纸标高进行复查并在垫层上弹出地沟的中心线，按规定间距安放支座及滑动支架。

③ 管道应先在沟边分段连接，管道放在支座上时，用水平尺找平找正。安装在滑动支架上时，要在补偿器拉伸并找正位置后才能焊接。

④ 通行地沟的管道应安装在地沟的一侧或两侧，支架应采用型钢，支架的间距要求见表3-2。管道的坡度应按设计规定确定。

表3-2 支架最大间距

管径/mm	15	20	25	32	40	50	65	80	100	125	150	200
不保温/m	2.5	3.0	3.5	4.0	4.5	5.0	6.0	6.0	6.5	7.0	8.0	9.5
保温/m	1.5	2.0	2.0	2.5	3.0	3.0	4.0	4.0	4.5	5.0	6.0	7.0

⑤ 支架安装要平直牢固，同一地沟内有几层管道时，安装顺序应从最下面一层开始，再安装上面的管道。为了便于焊接，焊接连接口要选在便于操作的位置。

⑥ 遇有伸缩器时，应在预制时按规范要求进行预拉伸并做好支撑，按位置固定，与管道连接。

⑦ 管道安装时坐标、标高、坡度、甩口位置、变径等复核无误后，再把吊卡架螺栓紧好，最后焊牢固定卡处的止动板。

⑧ 冲水试压，冲洗管道办理隐检手续，把水泄净。

⑨ 管道防腐保温，应符合设计要求和施工规范规定，最后将管沟清理干净。

3.2.2.4 架空管道安装

① 按设计规定的安装位置、坐标，量出支架上的支座位置，安装支座。

② 支架安装牢固后，进行架设管道安装，管道和管件应在地面组装，长度以便于吊装为宜。

③ 管道吊装，可采用机械或人工起吊，绑扎管道的钢丝绳吊点位置，应使管道不产生弯曲为宜。已吊装尚未连接的管段，要用支架上的卡子固定好。

④ 采用螺纹连接的管道，吊装后随即连接；采用焊接时，管道全部吊装完毕后再焊接。焊缝不允许设在托架和支座上，管道间的连接焊缝与支架间的距离应大于150～200mm。

⑤ 按设计和施工各规定位置，分别安装阀门、集气罐、补偿器等附属设备并与管道连接好。

⑥ 管道安装完毕，要用水平尺在每段管上进行一次复核，找正调直，使管道在一条直线上。

⑦ 摆正或安装好管道穿结构处的套管，填堵管洞，预留口处应加好临时管堵。

⑧ 按设计或规定的要求压力进行冲水试压，合格后办理验收手续，把水泄净。

⑨ 管道防腐保温，应符合设计要求和施工规范规定，注意做好保温层外的防雨、防潮等保护措施。

3.2.2.5　室外热水干管入口做法

室外热水干管入口做法如图 3-3 所示。

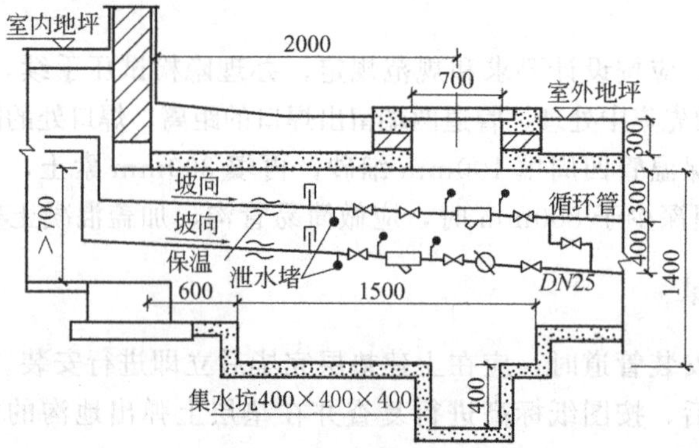

图 3-3　室外热水干管入口做法（带热计量）

3.2.3　质量标准

3.2.3.1　保证项目

① 敷设在沟槽内和架空管道的水压试验结果，必须符合设计要求和施工规范规定。

检验方法：检查管网或分段试验记录。

② 管道固定支架的位置和构造必须符合设计要求和规范规定。

检验方法：观察和对照设计图纸检查。

③ 伸缩器的位置必须符合设计要求，并应按规定进行预拉伸。

检验方法：对照设计图纸检查和检查预拉伸记录。

④ 减压器调压后的压力必须符合设计要求。

检验方法：检查调压记录。

⑤ 除污器过滤网的材质、规格和包扎方法必须符合设计要求和施工规范规定。

检验方法：解体检查。

⑥ 供热管网竣工后或交付使用前必须进行吹洗。

检验方法：检查吹洗记录。

⑦ 调压板的材质、孔径和孔位必须符合设计要求。

检验方法：检查安装记录或解体检查。

3.2.3.2　基本项目

① 管道的坡度应符合设计要求。

检验方法：用水准仪（水平尺）、拉线和尺量检查或检查测量记录。

② 碳素钢管道的螺纹连接应符合以下规定：螺纹加工精度符合国家标准规定，螺纹清洁、规整，无断丝或缺丝，连接牢固，管螺纹根部有外露螺纹。镀锌碳素钢管无焊接口，镀锌层无破损，螺纹露出部分防腐良好，接口处无外露油麻等缺陷。

检验方法：观察或解体检查。

③ 碳素钢管道的法兰连接应符合以下规定：对接平行、紧密，与管子中心线垂直，螺杆露出螺母长度一致，且不大于螺杆直径的 1/2。衬垫材料符合设计要求，且无双层。

检验方法：观察检查。

④ 碳素钢管的焊接应符合以下规定：焊口平直度、焊缝加强面符合施工规范规定，焊口面无烧穿、裂纹、结瘤、夹渣及气孔等缺陷，焊波均匀一致。

检验方法：观察或用焊接检测尺检查。

⑤ 阀门安装应符合以下规定：型号、规格、耐压强度和严密性试验结果符合设计要求和施工规范规定，安装位置、进出口方向正确，连接牢固紧密，启闭灵活，朝向便于使用，表面洁净。

检验方法：手扳检查和检查出厂合格证、试验单。

⑥ 管道支（托、吊）架的安装应符合以下规定：构造正确，埋设平正牢固，排列整齐，支架与管子接触紧密。

检验方法：观察和尺量检查。

⑦ 管道和金属支架涂漆应符合以下规定：油漆种类和涂刷遍数符合设计要求，附着良好，无脱皮、起泡和漏漆，漆膜厚度均匀，色泽一致，无流淌及污染现象。

检验方法：观察检查。

⑧ 埋地管道的防腐层应符合以下规定：材质和结构符合设计要求和施工规范规定，卷材与管道以及各层卷材间粘贴牢固，表面平整，无折皱、空鼓、滑移和封口不严等缺陷。

检验方法：观察或切开防腐层检查。

3.2.3.3 允许偏差项目

室外供热管道安装的允许偏差和检验方法见表 3-3。

表 3-3 室外供热管道安装的允许偏差和检验方法

项次	项目			允许偏差/mm	检验方法
1	坐标	敷设在沟槽内及架空		20	用水准仪(水平尺)、直尺、拉线
		埋地		50	
2	标高	敷设在沟槽内及架空		±10	尺量检查
		埋地		±15	
3	水平管道纵、横方向弯曲	每 1m	管径≤100mm	1	用水准仪(水平尺)、直尺、拉线
			管径>100mm	1.5	
		全长(25m 以上)	管径≤100mm	≤13	
			管径>100mm	≤25	
4	弯管	椭圆率	管径≤100mm	8%	用外卡钳和尺量检查
			管径>100mm	5%	
		折皱不平度	管径≤100mm	4	
			管径 125～200mm	5	
			管径 250～400mm	7	

3.2.4 成品保护

① 安装好的管道不得吊拉负荷及支撑、蹬踩，或在施工中作为固定点。

② 盖沟盖板时，应注意保护，不得碰撞损坏。

③ 各类阀门、附属装置应装保护盖板，不得污染，砸碰损坏。

3.2.5 应注意的质量问题

① 管道坡度不均匀或倒坡。原因是托吊架间距过大，造成局部管道下垂，坡度不匀；安

装干管后又开口，接口以后未调直。

② 热水供热系统通暖后，局部不热。原因是干管敷设的坡度不够或倒坡，系统的排气装置位置不正确，使系统中的空气不能顺利排出，或有异物泥沙堵塞。

③ 蒸汽系统不热。原因是蒸汽干管倒坡，无法排除干管中的沿途凝结水，疏水器失灵，或干管及凝结水管在返弯处未安装排气阀门及低点排水阀门。

④ 管道焊接弯头处的外径不一致。原因是压制弯头与管道的外径不一致，采用压制弯头，必须使其外径与管道相同。

⑤ 地沟内间隙太小，维修不便。原因是安装管道时排列不合理或施工前没有认真审查图纸。

⑥ 试压或调试时，管道被堵塞。原因是安装时预留口未装临时堵，掉进杂物。

3.2.6 应具备的质量记录

① 应有材料及设备的出厂合格证。
② 材料及设备进场检验记录。
③ 管路系统的预检记录。
④ 伸缩器的预拉伸记录。
⑤ 管路系统的隐蔽检查记录。
⑥ 管路系统的试压记录。
⑦ 系统的冲洗记录。
⑧ 系统通汽、通热水调试记录。

3.3 室内采暖管道施工

3.3.1 施工准备

3.3.1.1 材料要求

① 管材：碳素钢管、无缝钢管，管材不得弯曲、锈蚀，无飞刺、重皮及凹凸不平现象。

② 管件：无偏扣、方扣、乱扣、断丝和角度不准确现象。

③ 阀门：铸造规矩、无毛刺、无裂纹，开关灵活严密，螺纹无损伤，直度和角度正确，强度符合要求，手轮无损伤。阀门应有出厂合格证，安装前应按有关规定进行强度、严密性试验。

④ 其他材料：型钢、圆钢、管卡子、螺栓、螺母、油、麻、垫、焊条等。选用时应符合设计要求。

3.3.1.2 主要机具

① 机具：砂轮锯、套丝机、台钻、电焊机、煨弯器等。
② 工具：压力案、台虎钳、电焊工具、管钳、手锤、手锯、活扳手等。
③ 其他：钢卷尺、水平尺、线坠、粉笔、小线等。

3.3.1.3 作业条件

① 干管安装：位于地沟内的干管，应把地沟内杂物清理干净，安装好托吊卡架，未盖沟盖板前安装，位于楼板下及顶层的干管，应在结构封顶后或结构进入安装层的一层以上后安装。

② 立管安装必须在确定准确的地面标高后进行。

③ 支管安装必须在墙面抹灰后进行。

3.3.2 操作工艺

3.3.2.1 工艺流程

安装准备 → 预制加工 → 卡架安装 → 干管安装 → 立管安装 → 支管安装 → 试压 → 冲洗 → 防腐 → 保温 → 调试

3.3.2.2 安装准备

① 认真熟悉图纸，配合土建施工进度，预留槽洞及安装预埋件。

② 按设计图纸画出管道的位置、管径、变径、预留口、坡向、卡架位置等施工草图，包括干管起点、末端和拐弯、节点、预留口、坐标位置等。

3.3.2.3 支吊架安装

采暖管道安装应按设计或规范规定设置支吊架，特别是活动支架、固定支架。安装吊架、托架时要根据设计图纸先放线，定位后再把预制的吊杆按坡向、顺序依次放在型钢上。要保证安装的支吊架准确和牢固。托架、吊架多为现场制作，如图 3-4 所示。

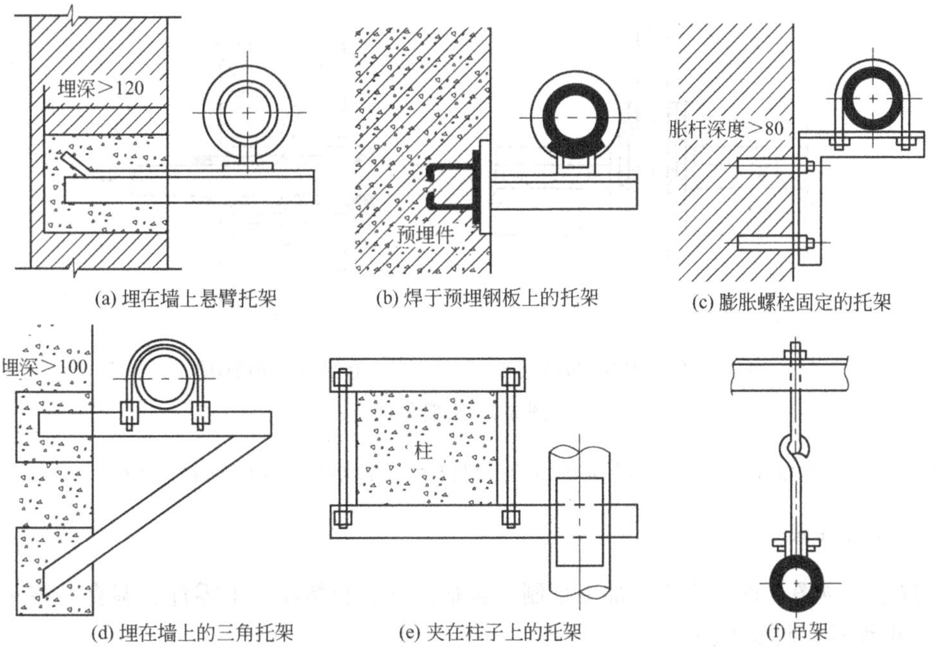

图 3-4 室内供暖系统的几种支架

管道支、吊架在建筑结构上的固定方法，可根据具体情况分别采用在建筑结构上预埋金属焊件、打预埋固定件，最后焊接固定的方法，也可采用膨胀螺栓或射钉枪在建筑结构上固定的方法。由于采用打膨胀螺栓的方法可以提高安装速度、降低安装成本，在多数建筑中得到广泛应用。膨胀螺栓由金属材料、塑料或复合材料制成，分为胀管型、锥塞型、胀塞型等。如图 3-5 所示为金属材料膨胀型膨胀螺栓。

3.3.2.4 套管安装

(1) 管道穿过墙壁和楼板应设置套管，穿外墙时要加防水套管。套管内壁应做防腐处理，

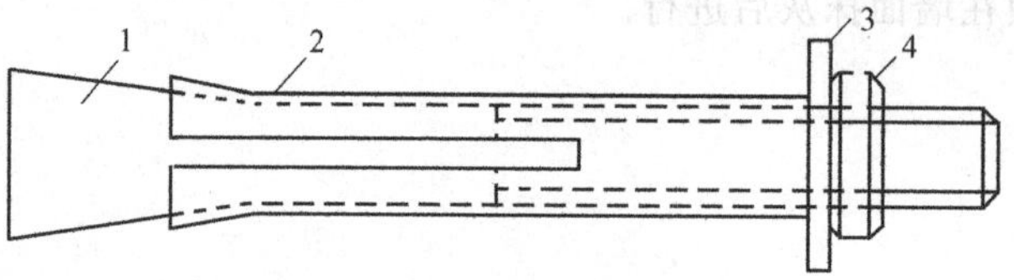

图 3-5　金属材料膨胀型膨胀螺栓

1—带锥螺杆；2—胀管；3—垫圈；4—螺母

套管管径比穿管大两号。套管规格见表 3-4。

表 3-4　套管规格　　单位：mm

管道公称直径	20	25	32	40	50	70	80	100	125	150
套管公称直径	32	40	50	70	80	100	125	150	150	200

(2) 穿墙套管两端与装饰面相平。安装在楼板内的套管，其顶部应高出装饰地面 20mm，安装在卫生间、厨房间内的套管其顶部应高出装饰面 50mm，底部应与楼板地面相平。

穿过楼板的套管与管道之间缝隙应用阻燃密实材料和防水油膏填实，端面光滑。穿墙套管与管道之间应用阻燃密实材料填实。套管做法见图 3-6。

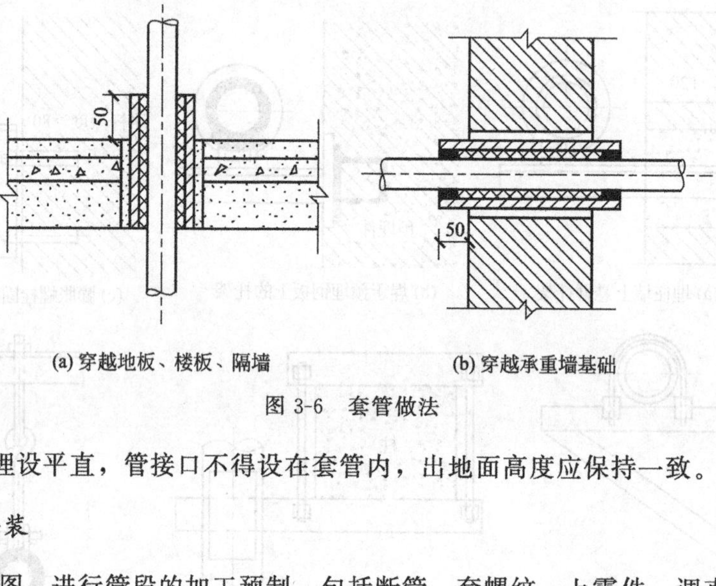

(a) 穿越地板、楼板、隔墙　　(b) 穿越承重墙基础

图 3-6　套管做法

(3) 套管应埋设平直，管接口不得设在套管内，出地面高度应保持一致。

3.3.2.5　干管安装

① 按施工草图，进行管段的加工预制，包括断管、套螺纹、上零件、调直、核对好尺寸，按环路分组编号，码放整齐。

② 安装卡架，按设计要求或规定间距安装。吊卡安装时，先把吊棍按坡向、顺序依次穿在型钢上，吊环按间距位置套在管上，再把管抬起穿上螺栓拧上螺母，将管固定。安装托架上的管道时，先把管就位在托架上，把第一节管装好 U 形卡，然后安装第二节管，以后各节管均照此进行，紧固好螺栓。

③ 干管安装应从进户或分路点开始，装管前要检查管腔并清理干净。在螺纹头处涂好铅油缠好麻，一人在末端扶平管道，一人在接口处把管相对固定对准螺纹，慢慢转动入扣，用一把管钳咬住前节管件，用另一把管钳转动管至松紧适度，对准调直时的标记，要求螺纹外露 2～3 扣，并清掉麻头，依此方法装完为止（管道穿过伸缩缝或过沟处，必须先穿好钢套管）。

④ 制作羊角弯时，应煨两个 75°左右的弯头，在连接处锯出坡口，主管锯成鸭嘴形，拼好

后即应点焊、找平、找正、找直后，再进行施焊。羊角弯接合部位的口径必须与主管口径相等，其弯曲半径应为管径的 2.5 倍左右。

⑤ 立干管分支宜用方形补偿器连接。干管悬吊式安装：安装前，将地沟、地下室、技术层或顶棚内的吊卡穿于型钢上，管道上套上吊卡，上下对齐，再穿上螺栓，带紧螺母，将管子初步固定。干管在托架上安装：将管子搁置于托架上，先用 U 形卡固定第一节管道，然后依次固定各节管道。固定托架、滑动管卡一般做法分别见图 3-7 和图 3-8。

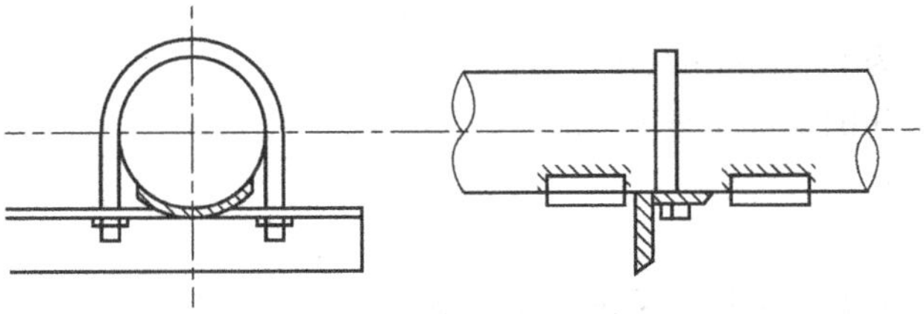

图 3-7　固定托架一般做法

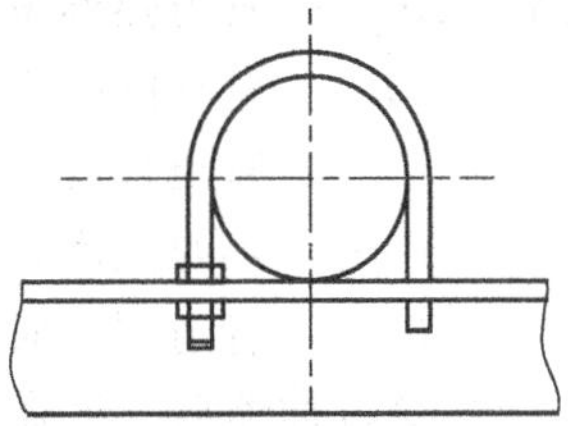

图 3-8　滑动管卡一般做法

供热采暖管道承托于支架上，支架应稳固可靠。预埋支架时要考虑管道按设计要求的敷设坡度，可先确定干管两端的标高，中间支架的标高可由该两点拉直线的办法确定。钢管管道支架最大间距、塑料管及复合管管道支架的最大间距分别见表 3-5 和表 3-6，间距过大，会使管道产生过大的弯曲变形而使管内流体不能正常流动。

表 3-5　钢管管道支架最大间距

管子公称直径/mm		15	20	25	32	40	50	70	80	100	125	150	200	250	300
支架最大间距/mm	保温管	1.5	2	2	2.5	3	3.5	4	4	4.5	5	6	7	8	8.5
	非保温管	2.5	3	3.5	4	4.5	5	6	6	6.5	7	8	9.5	11	12

表 3-6　塑料管及复合管管道支架的最大间距

管径/mm			12	14	16	18	20	25	32	40	50	63	75	90	110
最大间距/m	立管		0.5	0.6	0.7	0.8	0.9	0.1	1.1	1.3	1.6	1.8	2.0	2.2	2.4
	水平管	冷水管	0.4	0.4	0.5	0.5	0.6	0.7	0.8	0.9	1.0	1.1	1.2	1.35	1.55
		热水管	0.2	0.2	0.25	0.3	0.3	0.35	0.4	0.5	0.6	0.7	0.8		

干管与水平分支干管的连接方式，见图 3-9。

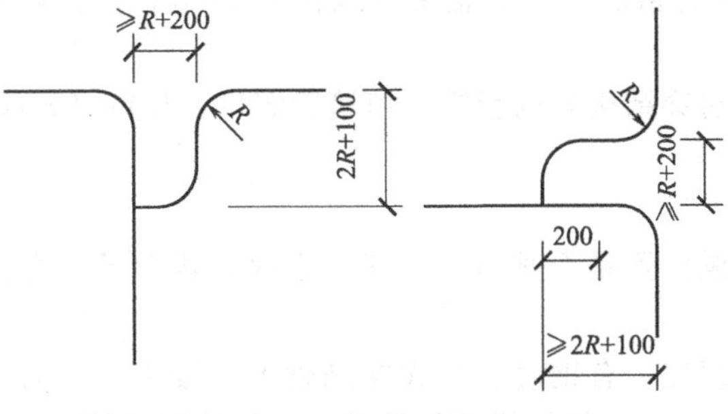

(a) 水平连接　　(b) 垂直连接

图 3-9　干管与水平分支管的连接方式

⑥ 集气罐不得装在门厅和吊顶内。集气罐的进出水口应开在偏下约罐高的 1/3 处，进水管不能小于管径 $DN20$。集气罐排气管应固定牢固，排气管应引至附近厨房、卫生间的水池或

地漏处，管口距池地面不大于50mm；排气管上的阀门安装高度不得低于2.2m。

⑦ 管道最高点应装排气装置，最低点装泄水装置。应在自动排气阀前面装手动控制阀，以便自动排气阀失灵时检修更换。

⑧ 系统中设有伸缩器时安装前应做预拉伸试验，并填记录表。安装型号、规格、位置应按设计要求。管道热伸量的计算按下式：

$$\Delta L=\alpha L(T_2-T_1)$$

式中 ΔL——管道热伸量，mm；

α——管材的线膨胀系数，钢管为0.012mm/(m·℃)；

L——管道长度（两固定支架之间的实际长度），m；

T_2——热媒温度，℃；

T_1——管道安装时的环境温度，℃。

⑨ 穿过伸缩缝、沉降缝及抗震缝应根据实际情况采取以下措施。

a. 在墙体两侧采取柔性连接。

b. 在管道或保温层外皮上、下部留有不小于150mm的净空距。

c. 在穿墙处做成方形补偿器，水平安装。

⑩ 热水、蒸汽系统管道的不同做法

a. 蒸汽系统水平安装的管道要有坡度，当坡度与蒸汽流动方向一致时，坡度 $i=0.3\%$；当坡度与蒸汽流动方向相反时，坡度 $i=0.5\%\sim1\%$。干管的翻身处及末端应设置疏水器。

b. 蒸汽、热水干管的变径：蒸汽供汽管应为下平安装，蒸汽回水管的变径为同心安装，热水管应为上平安装。

c. 管径大于或等于 DN65mm 时，支管距变径管焊口的长度 L 为 300mm；小于 DN65mm 时，L 为 200mm。

⑪ 分路阀门离分路点不宜过远。如分路处是系统的最低点，必须在分路阀门前加泄水丝堵。集气罐的进出水口，应开在偏下约为罐高的1/3处。丝接应与管道连接调直后安装。其放风管应稳固，如不稳可装两个卡子；集气罐位于系统末端时，应装托、吊卡。

⑫ 采用焊接钢管，先把管子选好调直，清理好管膛，将管运到安装地点，安装程序从第一节开始；把管就位找正，对准管口使预留口方向准确，找直后用气焊点焊固定（管径≤50mm以下焊2点，管径≥70mm以上点焊3点），然后施焊，焊完后应保证管道正直。

⑬ 管道安装完，检查坐标、标高、预留口位置和管道变径等是否正确，然后找直，用水平尺校对复核坡度；调整合格后，再调整吊卡螺栓U形卡，使其松紧适度，平正一致，最后焊牢固定卡处的止动扳。

⑭ 摆正或安装好管道穿结构处的套管，填堵管洞口，预留口处应加好临时管堵。

3.3.2.6　立管安装

① 核对各层预留孔洞位置是否垂直，吊线、剔眼、栽卡子。将预制好的管道按编号顺序运到安装地点。

② 安装前先卸下阀门盖，有钢套管的先穿到管上，按编号从第一节开始安装。涂铅油缠麻将立管对准接口转动入扣，一把管钳咬住管件，一把管钳拧管，拧到松紧适度，对准调直时的标记要求，螺纹外露2～3扣，预留口平正为止，并清净麻头。

③ 检查立管的每个预留口标高、方向、半圆弯等是否准确、平正。将事先栽好的管卡子松开，把管放入卡内拧紧螺栓，用吊杆、线坠从第一节管开始找好垂直度，扶正钢套管，最后填堵孔洞，预留口必须加好临时丝堵。

3.3.2.7 支管安装

① 检查散热器安装位置及立管预留口是否准确。量出支管尺寸和灯叉弯的大小（散热器中心距墙与立管预留口中心距墙之差）。

② 配支管，按量出支管的尺寸，减去灯叉弯的量，然后断管、套螺纹、煨灯叉弯和调直。将灯叉弯两头抹铅油缠麻，装好由任，连接散热器，把麻头清净。

③ 暗装或半暗装的散热器灯叉弯必须与炉片槽墙角相适应，达到美观。

④ 用钢尺、水平尺、线坠校对支管的坡度和平行距墙尺寸，并复查立管及散热器有无移动。按设计或规定的压力进行系统试压及冲洗，合格后办理验收手续，并将水泄净。

⑤ 立支管变径，不宜使用铸铁补芯，应使用变径管箍或焊接法。

3.3.2.8 通暖

① 首先联系好热源，根据供暖面积确定通暖范围，制定通暖人员分工，检查供暖系统中的泄水阀门是否关闭，干、立、支管的阀门是否打开。

② 向系统内充软化水，开始先打开系统最高点的放风阀，安排专人看管。慢慢打开系统回水干管的阀门，待最高点的放风阀见水后即关闭放风阀。再开总进口的供水管阀门，高点放风阀要反复开放几次，使系统中的冷风排净为止。

③ 正常运行 30min 后，开始检查全系统，遇有不热处应先查明原因，需冲洗检修时，则关闭供回水阀门泄水，然后分先后开关供回水阀门放水冲洗，冲净后再按照上述程序通暖运行，直到正常为止。

④ 冬季通暖时，必须采取临时取暖措施，使室温保持 5℃以上才可进行。遇有热度不均，应调整各分路立管、支管上的阀门，使其基本达到平衡后，进行正式检查验收，并办理验收手续。

3.3.3 质量标准

3.3.3.1 保证项目

① 隐蔽管道和整个采暖系统的水压试验结果，必须符合设计要求和施工规范规定。

检验方法：检查系统或分区（段）试验记录。

② 管道固定支架的位置和构造必须符合设计要求和施工规范规定。

检验方法：观察和对照设计图纸检查。

③ 伸缩器的安装位置必须符合设计要求，并应按有关规定进行预拉伸。

检验方法：对照设计图纸检查和检查预拉伸记录。

④ 管道的对口焊缝处及弯曲部位严禁焊接支管，接口焊缝距起弯点和支、吊架边线必须大于 50mm。

检验方法：观察和尺量检查。

⑤ 除污器过滤网的材质、规格和包扎方法必须符合设计要求和施工规范规定。

检验方法：解体检查。

⑥ 采暖供应系统竣工时，必须检查吹洗质量情况。

检验方法：检查吹洗记录。

3.3.3.2 基本项目

① 管道的坡度应符合设计要求。

检验方法：用水准仪（水平尺）、拉线和尺量检查或检查测量记录。

② 碳素钢管道的螺纹连接应清洁、规整，无断丝或缺丝，连接牢固，管螺纹根部外露螺

纹 2～3 扣，接口处无外露油麻等缺陷。

检验方法：观察或解体检查。

③ 碳素钢管道的焊口平直度、焊缝加强面符合设计规范规定，焊口面无烧穿、裂纹和明显结瘤、夹渣及气孔等缺陷，焊波均匀一致。

检验方法：观察或用焊接检测尺检查。

④ 阀门型号、规格及耐压强度和严密性试验结果符合设计要求和施工规范规定。安装位置、进出口方向正确，连接牢固紧密，启闭灵活，朝向便于使用，表面洁净。

检验方法：手扳检查和检查出厂合格证。

⑤ 管道支（托、吊）架及管座（墩）的安装应符合以下要求：构造正确，埋设平正牢固，排列整齐，支架与管道接触紧密。

检验方法：观察和手扳检查。

⑥ 安装在墙壁和楼板内的套管应符合以下规定：楼板内套管顶部高出地面不少于 20mm；底部与天棚面齐平，墙壁内的两端套管与饰面平；固定牢固，管口齐平，环缝均匀。

检验方法：观察和尺量检查。

⑦ 管道、箱类和金属支架涂漆应符合以下规定：油漆种类和涂刷遍数符合设计要求，附着良好，无脱皮、起泡和漏涂，漆膜厚度均匀，色泽一致，无流淌及污染现象。

检验方法：观察检查。

3.3.3.3 允许偏差项目

室内采暖管道安装的允许偏差和检验方法见表 3-7。

表 3-7 室内采暖管道安装的允许偏差和检验方法

<table>
<tr><th>项次</th><th colspan="3">项　　目</th><th>允许偏差/mm</th><th>检验方法</th></tr>
<tr><td rowspan="4">1</td><td rowspan="4">横管道纵、横方向弯曲</td><td rowspan="2">每 1m</td><td>管径≤100mm</td><td>1</td><td rowspan="4">拉线和尺量检查</td></tr>
<tr><td>管径>100mm</td><td>1.5</td></tr>
<tr><td rowspan="2">全长(25m 以上)</td><td>管径≤100mm</td><td>≤13</td></tr>
<tr><td>管径>100mm</td><td>≤25</td></tr>
<tr><td rowspan="2">2</td><td rowspan="2">立管垂直度</td><td colspan="2">每 1m</td><td>2</td><td rowspan="2">吊线和尺量检查</td></tr>
<tr><td colspan="2">全长(5m 以上)</td><td>≤10</td></tr>
<tr><td rowspan="4">3</td><td rowspan="4">弯管</td><td rowspan="2">椭圆率$\left(\frac{D_{\max}-D_{\min}}{D_{\max}}\right)$</td><td>管径≤100mm</td><td>10%</td><td rowspan="4">外卡钳和尺量检查</td></tr>
<tr><td>管径>100mm</td><td>8%</td></tr>
<tr><td rowspan="2">折皱不平度</td><td>管径≤100mm</td><td>4</td></tr>
<tr><td>管径>100mm</td><td>5</td></tr>
</table>

3.3.4 成品保护

① 安装好的管道不得作为吊拉负荷及支撑，也不得蹬踩。

② 搬运材料、机具及施焊时，要有具体防护措施，不得将已做好的墙面和地面弄脏、砸坏。

③ 管道安装好后，应将阀门的手轮卸下，保管好，竣工时统一装好。

3.3.5 应注意的质量问题

① 管道坡度不均匀。原因是安装干管后又开口，接口以后不调直，或吊卡松紧不一致，立管卡子未拧紧，灯叉弯不平等。

② 立管不垂直，主要因支管尺寸不准，推、拉立管造成。分层立管上下不对正，距墙不一致，主要是剔板洞时，不吊线造成。

③ 支管灯叉弯上下不一致。主要原因是煨弯的大小不同，角度不均，长短不一。

④ 套管在过墙两侧或预制板下面外露。原因是套管过长或钢套管未焊架铁。

⑤ 麻头清理不净。原因是操作人员未及时清理。

⑥ 试压及通暖时，管道被堵塞。主要原因是安装时，预留口未装临时堵，掉进杂物。

3.3.6 应具备的质量记录

① 应有材料设备的出厂合格证。

② 材料设备进场检验记录。

③ 散热器组对试压记录。

④ 采暖干管的预检记录。

⑤ 采暖立管预检记录。

⑥ 采暖管道伸缩器预拉伸记录。

⑦ 采暖支管、散热器预检记录。

⑧ 采暖管道的单项试压记录。

⑨ 采暖管道隐蔽检查记录。

⑩ 采暖系统试压记录。

⑪ 采暖系统冲洗记录。

⑫ 采暖系统试调记录。

3.4 室内散热器组对与安装

3.4.1 施工准备

3.4.1.1 材料要求

① 散热器（铸铁、钢制）：散热器的型号、规格、使用压力必须符合设计要求，并有出厂合格证；散热器不得有砂眼、对口面凹凸不平、偏口、裂缝和上下口中心距不一致等缺陷；翼型散热器翼片完好；钢串片的翼片不得松动、卷曲、碰损；钢制散热器应造型美观，螺纹端正，松紧适宜，油漆完好，整组炉片不翘曲。

② 散热器的组对零件：对丝、炉堵、炉补芯、螺纹圆翼法兰盘、弯头、弓形弯管、短丝、三通、弯头、由任、螺栓、螺母应符合质量要求，无偏扣、方扣、乱扣、断丝，螺纹端正，松紧适宜，石棉橡胶垫以 1mm 厚为宜（不超过 1.5mm 厚），并符合使用压力要求。

③ 其他材料：圆钢、拉条垫、托钩、固定卡、膨胀螺栓、钢管、冷风门、机油、铅油、麻线、防锈漆及水泥的选用应符合质量和规范要求。

3.4.1.2 主要机具

① 机具：台钻、手电钻、冲击钻、电动试压泵、砂轮锯、套丝机。

② 工具：铸铁散热器组对架子，对丝钥匙、压力案子、管钳、铁刷子、锯条、手锤、活扳手、套丝板、自制扳手、錾子、钢锯、丝锥、煨管器、手动试压泵、气焊工具、散热器运输车等。

③ 量具：水平尺、钢尺、线坠、压力表。

3.4.1.3 作业条件

① 组对场地有水源、电源。

② 铸铁散热片、托钩和卡子均已除锈干净，并刷好一道防锈漆。

③ 室内墙面和地面抹完。

④ 室内采暖干管、立管安装完毕，接往各散热器的支管预留管口的位置正确，标高符合要求。

⑤ 散热器安装地点不得堆放施工材料或其他障碍物品。

3.4.2 操作工艺

3.4.2.1 工艺流程

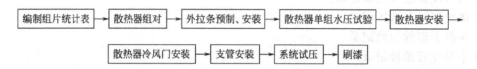

编制组片统计表 → 散热器组对 → 外拉条预制、安装 → 散热器单组水压试验 → 散热器安装 →

散热器冷风门安装 → 支管安装 → 系统试压 → 刷漆

3.4.2.2 各种型号的铸铁柱型散热器组对

按施工图分段分层分规格统计出散热器的组数、每组片数，列成表以便组对和安装时使用。

① 组对前要备有散热器组对架子或根据散热器规格用100mm×100mm木方平放在地上，楔四个铁桩用铅丝将木方绑牢加固，做成临时组对架。

② 组对密封垫采用石棉橡胶垫片，其厚度不超过1.5mm，用机油随用随浸。

③ 将散热器内部污物倒净，用钢刷子除净对口及内丝处的铁锈，正扣朝上，依次码放。

④ 按统计表的数量规格进行组对，组对散热器片前，做好螺纹的选试。

⑤ 组对时应两人一组摆好第一片，拧上对丝一扣，套上石棉橡胶垫，将第二片反扣对准对丝，找正后两人各用一手扶住炉片，另一手将对丝钥匙插入对丝内径，先向回缓慢倒退，然后再顺转，使两端入扣，同时缓缓均衡拧紧，照此逐片组对至所需的片数为止。

⑥ 将组成的散热器慢慢立起，用人工或车运至集中地点。

3.4.2.3 外拉条预制、安装

① 根据散热器的片数和长度，计算出外拉条长度尺寸，切断$\phi 8 \sim 10$mm的圆钢并进行调直，两端收头套好螺纹，将螺母上好，除锈后刷防锈漆一道。

② 20片及以上的散热器加外拉条，在每根外拉条端头套好一个骑码，从散热器上下两端外柱内穿入4根拉条，每根再套上一个骑码带上螺母；找直后用扳手均匀拧紧，螺纹外露不得超过一个螺母厚度。

3.4.2.4 散热器水压试验

① 将散热器抬到试压台上，用管钳子上好临时炉堵和临时补芯，上好放气嘴，连接试压泵；各种成组散热器可直接连接试压泵。

② 试压时打开进水截门，向散热器内充水，同时打开放气嘴，排净空气，待水满后关闭放气嘴。

③ 加压到规定的压力值时，关闭进水截门，持续5min，观察每个接口是否有渗漏，不渗漏为合格。

④ 如有渗漏用铅笔做出记号，将水放尽，卸下炉堵或炉补芯，用长杆钥匙从散热器外部比试，量到漏水接口的长度，在钥匙杆上做标记，将钥匙从散热器对丝孔中伸入至标记处，按螺纹旋紧的方向拧动钥匙，使接口继续上紧或卸下换垫，如有坏片需换片。钢制散热器如有砂眼渗漏可补焊，返修好后再进行水压试验，直到合格。不能用的坏片要做明显标记（或用手锤

将坏片砸一个明显的孔洞单独存放)，防止再次混入好片中误组对。

⑤ 打开泄水阀门，拆掉临时丝堵和临时补芯，泄净水后将散热器运到集中地点，补焊处要补刷两道防锈漆。

3.4.2.5 散热器安装

按设计图要求，利用所作的统计表将不同型号、规格和组对好并试压完毕的散热器运到各房间，根据安装位置及高度在墙上画出安装中心线。

(1) 托钩和固定卡的安装。

① 柱型带腿散热器固定卡安装。从地面到散热器总高的四分之三处画水平线，与散热器中心线交点画印记，此为 15 片以下的双数片散热器的固定卡位置。单数片向一侧错过半片。16 片以上者应栽两个固定卡，高度仍在散热器四分之三高度的水平线上，从散热器两端各进去 4～6 片的地方栽入。

② 挂装柱型散热器。托钩高度应按设计要求并从散热器的距地高度上返 45mm 画水平线。托钩水平位置采用画线尺来确定，画线尺横担上刻有散热片的刻度。画线时应根据片数及托钩数量分布的相应位置，画出托钩安装位置的中心线，挂装散热器的固定卡高度从托钩中心上返散热器总高的四分之三处画水平线，其位置与安装数量同带腿片安装。

③ 用錾子或冲击钻等在墙上按画出的位置打孔洞。固定卡孔洞的深度不少于 80mm，托钩孔洞的深度不少于 120mm，现浇混凝土墙的深度为 100mm(使用膨胀螺栓应按膨胀螺栓的要求深度)。

④ 用水冲净洞内杂物，填入 M20 水泥砂浆到洞深的一半时，将固定卡、托钩插入洞内，塞紧，用画线尺或 ϕ70mm 管放在托钩上，用水平尺找平找正，填满砂浆抹平。

⑤ 柱型散热器的固定卡及托构按图 3-10 加工。托钩及固定卡的数量和位置按 91SB1《暖气工程通用图集》安装。

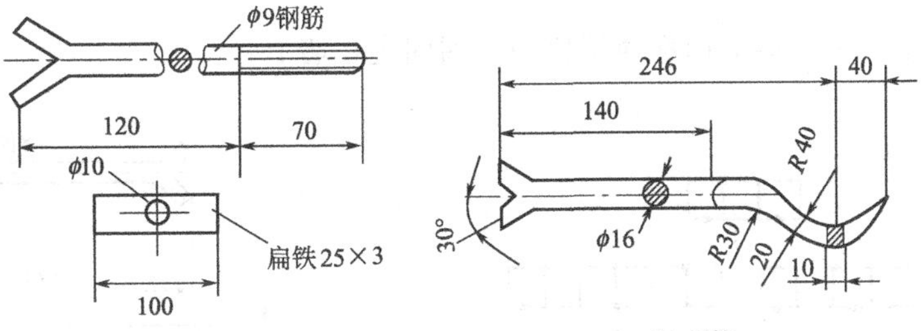

图 3-10 柱型散热器的固定卡及托构加工示意

⑥ 柱型散热器卡子、托钩安装如图 3-11 所示。

⑦ 用上述同样的方法将各组散热器卡子、托钩全部栽好。成排卡子、托钩需将两端卡、钩栽好，定点拉线，然后再将中间卡、钩按线依次栽好。

⑧ 圆翼型、长翼型及辐射对流散热器（FDS-Ⅰ型～Ⅲ型）托钩都按图 3-12 加工，圆翼型每根用 2 个，托钩位置应为法兰外口往里返 50mm 处。长翼型托钩位置和数量按图 3-13 安装。辐射对流散热器的安装方法同柱型散热器。固定卡尺寸如图 3-14 所示。固定卡的高度为散热器上缺口中心。翼型散热器尺寸如图3-15所示，安装方法同柱型散热器。每组钢制闭式串片型散热器及钢制板式散热器在四角上焊带孔的钢板支架，而后将散热器固定在墙上的固定支架上。固定支架按图 3-16 加工。固定支架的位置按设计高度和各种钢制串片及板式散热器的具体尺寸分别确定。安装方法同柱型散热器。在混凝土预制板上可以先下埋件，再焊托钩与固定

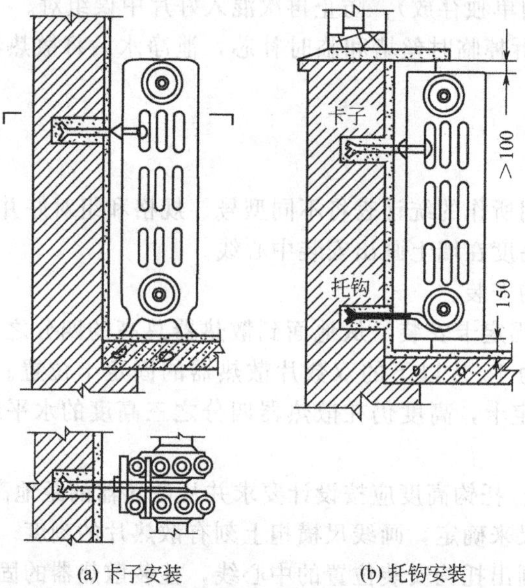

(a) 卡子安装　　(b) 托钩安装

图 3-11　柱型散热器卡子、托钩安装示意

注：M132 型及柱型上部为卡子，下部为托钩；散热器内侧离墙净距 30mm。

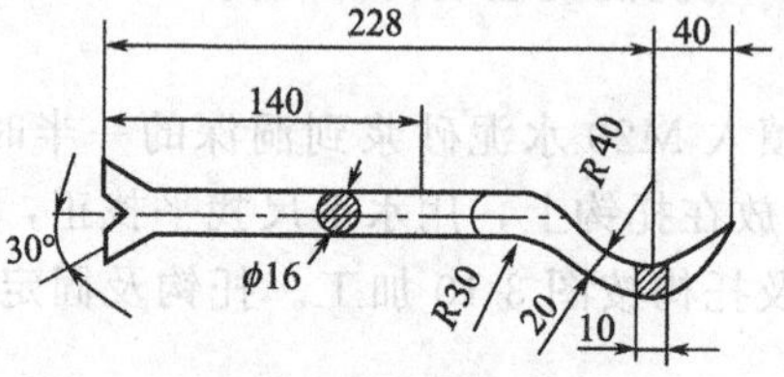

图 3-12　散热器托钩示意

架；在轻质板墙上，卡、钩应用穿通螺栓加垫圈固定在墙上。

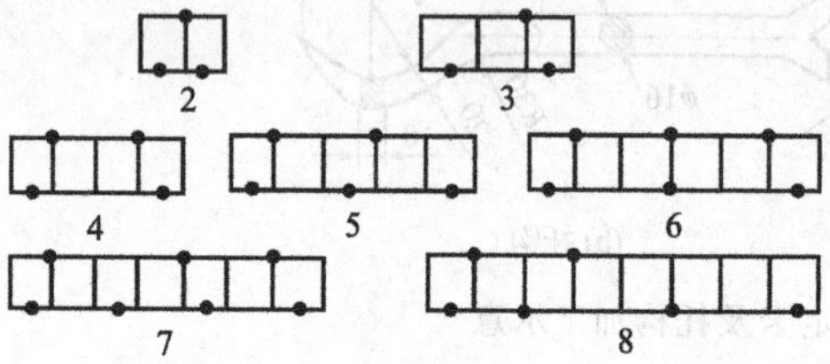

图 3-13　长翼型托钩位置和数量示意

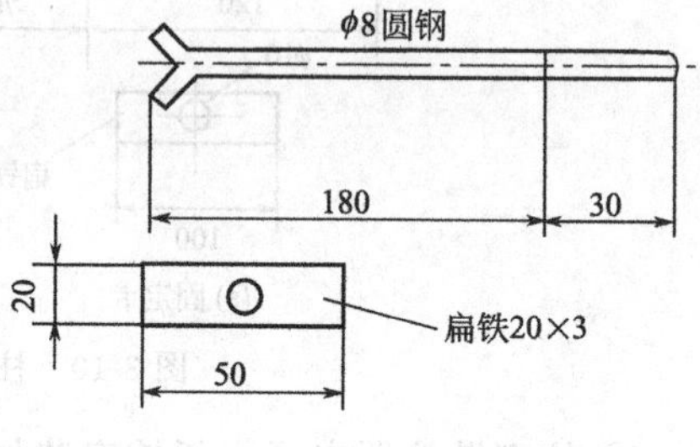

图 3-14　固定卡尺寸示意

⑨ 各种散热器的支、托架安装数量应符合表 3-8 的要求。

表 3-8　支、托架安装数量

散热器	安装方式	每组片数	上部托钩或卡架数	下部托钩或卡架数	合　计
长翼型	挂墙	2～4	1	2	3
		5	2	2	4
		6	2	3	5
		7	2	4	6

续表

散热器	安装方式	每组片数	上部托钩或卡架数	下部托钩或卡架数	合　计
柱型 柱翼型	挂墙	3～8	1	2	3
		9～12	1	3	4
		13～16	2	4	6
		17～20	2	5	7
		21～25	2	6	8
柱型 柱翼型	带足落地	3～8	1	—	1
		9～12	1	—	1
		13～16	2	—	2
		17～20	2	—	2
		21～25	2	—	2

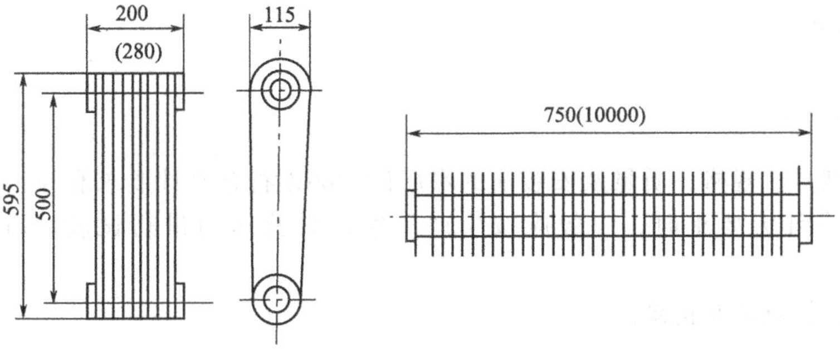

图 3-15　翼型散热器尺寸示意

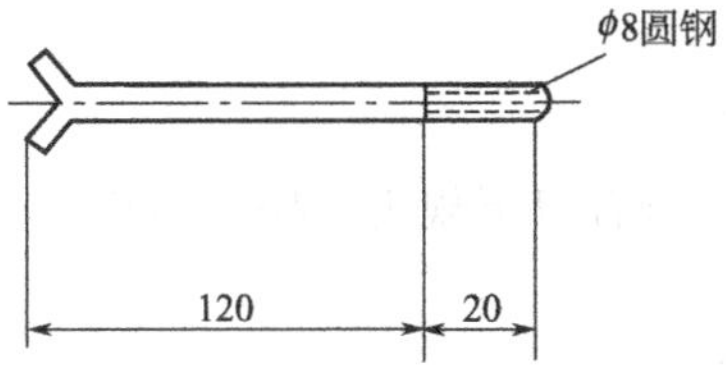

图 3-16　固定支架示意

(2) 散热器的安装

① 将柱型散热器（包括铸铁和钢制）和辐射对流散热器的炉堵和炉补芯抹油，加石棉橡胶垫后拧紧。

② 带腿散热器稳装。炉补心正扣一侧朝着立管方向，将固定卡里边螺母上至距离符合要求的位置，套上两块夹板，固定在里柱上，带上外螺母，把散热器推到固定的位置，再把固定卡的两块夹板横过来放平正，用自制管扳手拧紧螺母到一定程度后，将散热器找直、找正，垫牢后上紧螺母。

③ 将挂装柱型散热器和辐射对流散热器轻轻抬起放在托钩上立直，将固定卡摆正拧紧。

④ 圆翼型散热器安装。将组装好的散热器抬起，轻放在托钩上找直、找正。多排串联时，

先将法兰临时上好，然后量出尺寸，配管连接。

⑤ 钢制闭式串片式和钢制板式散热器抬起挂在固定支架上，带上垫圈和螺母，紧到一定程度后找平、找正，再拧紧到位。

3.4.2.6 散热器冷风门安装

① 按设计要求，将需要打冷风门眼的炉堵放在台钻上打 ϕ8.4mm 的孔，在台虎钳上用丝锥攻螺纹。

② 将炉堵抹好铅油，加好石棉橡胶垫，在散热器上用管钳子上紧。在冷风门螺纹上抹铅油，缠少许麻丝，拧在炉堵上，用扳手上到松紧适度，放风孔向外斜 45°(宜在综合试压前安装)。

③ 钢制串片式散热器、扁管板式散热器按设计要求统计需打冷风门的散热器数量，在加工订货时提出要求，由厂家负责做好。

④ 钢板板式散热器的冷风门采用专用冷风门水口堵头，订货时提出要求。

⑤ 圆翼型散热器冷风门安装，按设计要求在法兰上打冷风门眼，做法同炉堵上装冷风门。

3.4.3 质量标准

3.4.3.1 保证项目

散热器的型号、规格、质量及安装前的水压试验必须符合设计要求和施工规范的规定（如单组水压试验设计无要求时，一般应按生产厂家的试验压力进行试验，5min 不渗不漏为合格）。

检验方法：检查试验记录。

3.4.3.2 基本项目

① 铸铁翼型散热器安装后的翼片完好程度应符合以下规定：长翼型，顶部掉翼不超过 1 个，长度不大于 50mm，侧面不超过 2 个，累计长度不大于 200mm；圆翼型，每根掉翼数不超过 2 个，累计长度不大于一个翼片周长的二分之一，掉翼面应向下或朝墙安装，表面洁净，尽量达到外露面无掉翼。

检验方法：观察和尺量检查。

② 钢串片散热器肋片完好应符合以下规定：松动肋片不超过肋片总数的 2%，肋片整齐无翘曲。

检验方法：手扳和观察检查。

③ 散热设备支、托架的安装应符合以下规定：数量和构造符合设计要求和施工规范规定，位置正确，埋设平正牢固，支托架排列整齐，与散热器接触紧密。

检验方法：观察和手扳检查。

④ 散热器支托架涂漆应符合以下规定：涂料种类和涂刷遍数符合设计要求，附着良好、无脱皮、起泡和漏涂，漆膜厚度均匀，色泽一致，无流淌及污染现象。

检验方法：观察检查。

3.4.3.3 允许偏差项目

散热器安装位置按设计要求确定，设计无要求时自定安装位置应一致；挂装散热器距地高度按设计确定，设计无要求时，一般不低于 150mm，但明装散热器上表面不得高于窗台标高。散热器安装坐标、标高等允许偏差和检验方法见表 3-9。

表 3-9 散热器安装的允许偏差和检验方法

项　　目	允许偏差/mm	检验方法
散热器背面与墙内表面距离	30	尺量
与窗中心线或设计定位尺寸	20	
散热器垂直度	3	吊线和尺量

3.4.4 成品保护

① 散热器组对、试压安装过程中要立向抬运，码放整齐。在土地上操作放置时下面要垫木板，以免歪倒或触地生锈，未刷油前应防雨、防锈。

② 散热器往楼里搬运时，应注意不要将木门口、墙角地面磕碰坏。应保护好柱型炉片的炉腿，避免碰断。翼型炉片防止翼片损坏。

③ 剔散热器托钩墙洞时，应注意不要将外墙砖顶出墙外。在轻质墙上栽托钩及固定卡时应用电钻打洞，防止将板墙剔裂。

④ 钢制串片散热器在运输和焊接过程中防止将叶片碰倒，安装后不得随意蹬踩，应将卷曲的叶片整修平整。

⑤ 喷浆前应采取措施保护已安装好的散热器，防止污染，保证清洁。叶片间的杂物应清理干净，并防止掉入杂物。

3.4.5 应注意的质量问题

① 散热器安装位置不一致。未按图纸施工或测量炉钩、炉卡尺寸不准确造成。

② 散热器对口的石棉橡胶垫过厚，衬垫外径凸出对口表面。使用衬垫厚度超过 1.5mm 或使用双垫，衬垫外径过大，应使用合格的衬垫；圆翼法兰衬垫厚度不得超过 3mm。

③ 散热器安装不稳固。这是由于托钩弧度与散热器不符或接触不严密，托钩、炉卡不牢，柱型散热器腿着地不实造成，应采取措施补救。

④ 炉钩、炉卡不牢不正。栽入孔洞太浅、洞内清洗不干净，水泥标号太低或砂浆未填实而造成不牢；栽入时没有找正或位置不准确造成炉钩、炉卡不正。

⑤ 炉堵、炉补芯上扣过少。由于螺纹过紧造成，安装前应做好螺纹的选试。

⑥ 落地安装的柱型散热器腿片数量不对，位置不均。要求 14 片及以下的安装 2 个腿片，15～24 片的安装 3 个腿片，25 片及以上的安装 4 个腿片，腿片分布均匀。

⑦ 挂式散热器距地高度按设计要求确定，设计无要求时，一般不低于 150mm，但明装散热器上表面不得高于窗台标高。

⑧ 圆翼型散热器掉翼面安装时应向下或朝墙安装，以免影响美观；组对时中心及偏心法兰不要用错，保证水或凝结水能顺利流出散热器。

⑨ 要与土建施工配合，保证立管预留口和地面标高的准确性，以避免造成散热器安装困难，避免出现锯、卧、垫炉腿现象。

3.4.6 应具备的质量记录

① 应有材料设备的出厂合格证。

② 材料及设备进场检验记录。

③ 组对炉片及单组散热器的试压记录。

思考题

1. 采暖系统常用的阀门有哪些？
2. 散热器安装如何组对？

第4章 辐射供暖供冷工程施工

4.1 低温热水地板辐射供暖施工

4.1.1 施工准备

4.1.1.1 材料要求

（1）管材

① 与其他供暖系统共用同一集中热源水系统，且其他供暖系统采用钢制散热器等易腐蚀构件时，PB管、PE-X管和PP-R管宜有阻氧层，以有效防止渗入氧而加速对系统的氧化腐蚀。

② 管材的外径、最小壁厚及允许偏差应符合现行JGJ 142—2004标准的有关要求。

③ 管材以盘管方式供货，长度不得小于100m/盘。

（2）管件

① 管件与螺纹连接部分配件的本体材料，应有锻造黄铜。使用PP-R管作为加热管时，与PP-R管直接接触的连接件表面应镀镍。

② 管件的外观应完整、无缺损、无变形、无开裂。

③ 管件的物理力学性能应符合JGJ 142—2004的有关要求。

④ 管件的螺纹应符合国家标准《55°非密封管螺纹》（GB/T 7307—2001）的规定。螺纹应完整，如有断丝和缺丝，不得大于螺纹扣数的10%。

（3）绝热板材

① 绝热板宜采用聚苯乙烯泡沫塑料，其物理性能应符合下列要求。

a. 密度不应小于20kg/m^3。

b. 热导率不应大于0.05W/(m·K)。

c. 吸水率不应大于4%。

d. 压缩应力不应小于100MPa。

e. 氧指数不应小于32。

当采用其他绝热材料时，除密度外的其他物理性能应满足上述要求。

② 为增强绝热板材的整体强度，并便于安装和固定加热管，对绝热板材表面可分别进行如下处理。

a. 覆有真空镀铝聚酯薄膜面层。

b. 覆有玻璃布基铝箔面层。

c. 敷设低碳钢丝网。

（4）材料贮存、运输和检验的要求

① 管材和管件的颜色应一致，色泽均匀，无分解变色。

② 管材的内外表面应光滑、清洁，不允许有分层、针孔、裂纹、气泡、起皮、痕纹和夹

杂等现象。

③ 管材和绝热板材在运输、装卸和搬运时，应小心轻放，不得受到剧烈碰撞和尖锐物体冲击，不得抛、摔、滚、拖，应避免油污及化学物品污染。

④ 管材和绝热板材应堆放在平整的场地上，垫层高度要大于100mm，防止泥土和杂物进入管内。塑料类管材、铝塑复合管和绝热板材不得露天存放，应贮存于环境温度不超过40℃、通风良好和干净的仓库中，要防火、避光，距热源不应小于1m。

⑤ 材料的抽样检验方法应符合国家标准《计数抽样检验程序　第1部分：按接收质量限（AQL）检索的逐批检验抽样计划》（GB/T 2828.1—2003）的规定。

4.4.1.2 主要机具

① 机具：试压泵、电焊机、手电钻、热烙机等。

② 工具：管道安装成套工具、切割刀、钢锯、水平尺、钢卷尺、角尺、线板、铅笔、橡皮和酒精等。

4.4.1.3 作业条件

① 施工现场具有供水或供电条件，有贮放材料的临时设施。

② 土建专业已完成墙面粉刷（不含面层），外窗、外门已安装完毕，并已将地面清理干净；厨房、卫生间应做完闭水试验并经过验收。

③ 相关电气预埋等工程已完成。

④ 施工的环境温度不宜低于5℃；在低于0℃的环境下施工时，现场应采取升温措施。

4.1.2 操作工艺

4.1.2.1 工艺流程

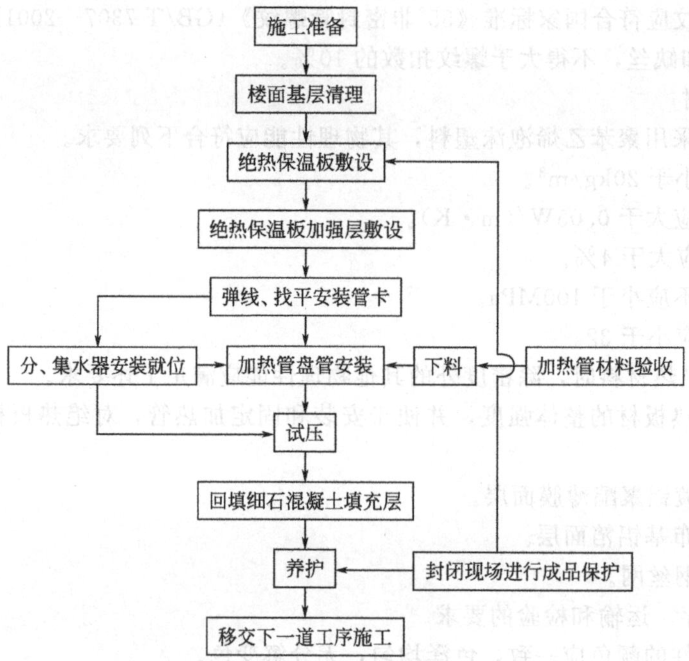

4.1.2.2 场地准备

① 确认敷设低温热水地板辐射供暖区域内的隐蔽工程全部完成。

② 完成非敷设低温热水地板辐射供暖区域地面的施工。

③ 完成有防水要求的地面防水处理施工。

④ 清理敷设低温热水地板辐射供暖区域场地。要求地表面平整、干净，不允许有凹凸现象，不允许地表面有砂石、角砾和其他杂物。墙体与地面分界面应垂直、平顺。

4.1.2.3 楼地面基层清理

凡采用地辐射采暖的工程在楼地面施工时，必须严格控制表面的平整度，仔细压抹，其平整度允许误差应符合混凝土或砂浆地面要求。在保温板敷设前应清除楼地面上的垃圾、浮灰、附着物，特别是涂料、油污等有机物必须清除干净。

4.1.2.4 绝热板材敷设

① 绝热板应清洁、无破损，在楼地面敷设平整、搭接严密。绝热板拼接紧凑，间隙10mm，错缝敷设，板接缝处全部用胶带粘接，胶带宽度40mm。

② 房间周围边墙、柱的交接处应设绝热板保温带，其高度要高于细石混凝土回填层。

③ 房间面积过大时，以6m×6m为方格留伸缩缝，缝宽10mm。伸缩缝处用厚度10mm绝热板立放，高度与细石混凝土平齐。

4.1.2.5 绝热板材加固层的施工

以常用的低碳钢丝网为例。

① 钢丝网规格为方格不大于200mm，在采暖房间满布，拼接处应绑扎连接。

② 钢丝网在伸缩缝处应不能断开，敷设应平整，无锐刺及翘起的边角。

4.1.2.6 加热盘管敷设

① 加热盘管在钢丝网上面敷设，管长应根据工程上各回路长度酌情定尺，一个回路尽可能用一盘整管，应最大限度减少材料损耗。填充层内不允许有接头。

② 按设计图纸要求，事先将管的轴线位置用墨线弹在绝热板上，抄标高、设置管卡，按管的弯曲半径大于或等于10D(D为管外径）计算管的下料长度，其尺寸误差控制在±5%以内。必须用专用剪刀切割，管口应垂直于断面处的管轴线。严禁用电焊、气焊、手工锯等工具分割加热管。

③ 按测出的轴线及标高垫好管卡，用尼龙扎带将加热管绑扎在绝热板加强层钢丝网上，或者用固定管卡将加热管直接固定在覆有复合面层的绝热板上。同一通路的加热管应保持水平，确保管顶平整度为±5mm。

④ 加热管固定点的间距，弯头处间距不大于300mm，直线段间距不大于600mm。

⑤ 在过伸缩缝、沉降缝时应加装套管，套管长度大于或等于150mm。套管比盘管大两号，内填保温边角余料。

4.1.2.7 分、集水器安装

① 分、集水器可在加热管敷设前安装，也可在敷设管道回填细石混凝土后与阀门、水表一起安装。安装必须平直、牢固，在细石混凝土回填前安装需进行水压试验。

② 当水平安装时，一般宜将分水器安装在上，集水器安装在下，中心距宜为200mm且集

水器安装距地面不小于 300mm。

③ 当垂直安装时，分、集水器下端距地面应不小于 150mm。

④ 加热管始末端出地面至连接配件的管段，应设置在硬质套管内。加热管与分、集水器分路阀门的连接，应采用专用卡套式或插接式连接件。

4.1.2.8 *细石混凝土敷设层施工*

① 在加热管系统试压合格后方能进行细石混凝土回填层施工，细石混凝土施工应遵循土建工程施工规定，优化配合比设计，选出强度符合要求、施工性能良好、体积收缩稳定性好的配合比。建议标号应不小于 C15，卵石粒径宜不大于 12mm，并宜掺入适量防止龟裂的添加剂。

② 敷设细石混凝土前，必须将敷设完管道后的工作面上的杂物、灰尘清除干净（宜用小型空压机清理）。在过沉降缝处、过分格缝部位宜嵌双玻璃条分格（玻璃条用 3mm 玻璃，比细石混凝土面低 1～2mm），其安装方法同水磨石嵌条。

③ 细石混凝土在盘管加压（工作压力或试验压力不小于 0.4MPa）状态下敷设，回填层凝固后方可泄压，填充时应轻轻捣固，铺时不得在盘管上行走、踩踏，不得有尖锐物件损伤盘管和保温层，要防止盘管上浮，应小心下料、拍实、找平。

④ 细石混凝土接近初凝时，应在表面进行二次拍实、压抹，以防止顺管轴线出现塑性沉缩裂缝。表面压抹后应保持湿润养护 14 天以上。

4.1.2.9 *卫生间施工*

① 卫生间应做两层隔离层。

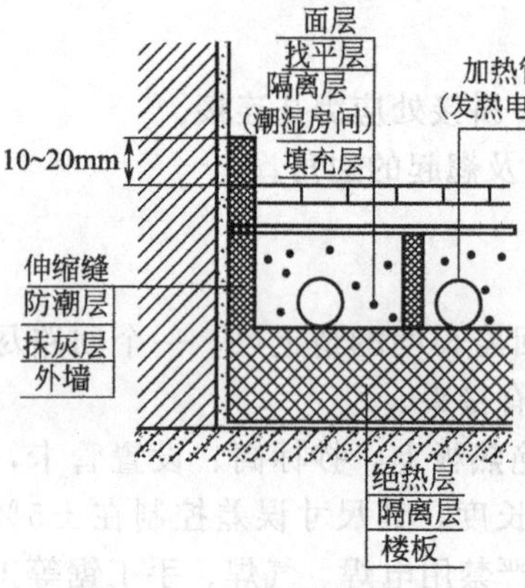

图 4-1 卫生间地面构造示意

② 卫生间过门处应设置止水墙，在止水墙内侧应配合土建专业做防水。加热管或发热电缆穿止水墙处应采取防水措施。其地面构造如图 4-1 所示。

4.1.3 质量标准

4.1.3.1 保证项目

① 地面下敷设的盘管埋地部分不应有接头。

检验方法：隐蔽前现场检查。

② 盘管隐蔽前必须进行水压试验，试验压力为工作压力的 1.5 倍，且不应小于 0.6MPa。

检验方法：稳压 1h 内压力降不大于 0.05MPa。

③ 加热盘管弯区部分不得出现硬折弯现象，曲率半径应符合规定。

检验方法：尺量检查。

4.1.3.2 *基本项目*

① 分、集水器型号、规格、公称压力、安装情况及分户热计量系统入户装置，应符合设计要求。

检验方法：对照图纸及产品说明书，尺寸检查，现场观察。

② 加热盘管管径、间距和长度应符合设计要求。间距偏差不大于±10mm。

检验方法：拉线和尺量检查。

③ 防潮层、防水层、隔热层及伸缩缝应符合设计要求。

检验方法：填充层浇灌前观察检查。

④ 填充层强度标号应符合设计要求。

检验方法：进行试块抗压试验。

4.1.3.3 允许偏差项目

管道安装工程施工技术要求及允许偏差应符合表 4-1 规定；原始地面、填充层、面层施工技术要求及允许偏差应符合表 4-2 规定。

表 4-1 管道安装工程施工技术要求及允许偏差

项目	条件	技术要求	允许偏差/mm
绝热层	接合	无缝隙	—
	厚度	—	±10
加热管安装	间距	≤300mm	±10
加热管弯曲半径	塑料管及铝塑管	≥6 倍管外径	−5
	铜管	≥5 倍管外径	−5
加热管固定点间距	直管	≤700mm	±10
	弯管	≤300mm	±10
分水器、集水器安装	垂直间距	200mm	±10

表 4-2 原始地面、填充层、面层施工技术要求及允许偏差

项目	条件	技术要求	允许偏差/mm
原始地面	铺绝热层前	平整	—
填充层	骨料	$\phi \leqslant 12$mm	−2
	厚度	不宜小于 50mm	±4
	面积大于 30m² 或长度大于 6m	留 8mm 伸缩缝	+2
	与内外墙、柱等垂直部件	留 10mm 伸缩缝	+2
面层	与内外墙、柱等垂直部件	留 10mm 伸缩缝	+2
		面层为木地板时，留大于或等于 14mm 伸缩缝	+2

注：原始地面允许偏差应满足相应土建施工标准。

4.1.4 成品保护

① 各类塑料管、绝热材料，不得直接接触明火。

② 各类塑料管和绝热板材严禁攀踏、作为支撑或借为它用，不能有划伤、压伤、折断等损伤，不能拖拉运送。敷设前应认真检查，发现不合格者绝对不能使用，并对不合格产品做标记，另行堆放。

③ 进入施工现场的人员应着软底鞋，不得着皮鞋或铁掌鞋踩踏塑料管。除施工专用工具外，不得有其他铁器进场。

④ 地板辐射供暖系统的安装工程，不宜与其他施工作业同时交叉进行。混凝土现浇层的浇捣和养护过程中，不得进入踩踏。

⑤ 在混凝土现浇层养护期满后，敷设塑料管的地面，应设置明显标志，加以妥善保护，不得在地面上运行重载荷或放置高温物体。

⑥ 施工完成的地板辐射供暖地面严禁大力敲打、冲击。不得在地面上开孔、剔槽或嵌入任何物件。

4.1.5 应注意的质量问题

① 管道敷设整体要求均匀。

② 细石混凝土标号应以设计为准，当无设计要求时应大于或等于 C15。

③ 细石混凝土厚度应以设计为准，当无设计要求时应大于或等于 50mm，卫生间除外，

卫生间细石混凝土厚度应为40～50mm，低于其他房间10～20mm。

④ 填充层表面不应有明显裂缝。

⑤ 管道和构件无渗漏。

⑥ 阀门应开启灵活、关闭严密。

⑦ 卫生间必须做防水层，已作为强制性要求。

4.1.6 应具备的质量记录

① 主要材料、零部件和构件的检验合格证和出厂合格证，进口材料应有商检证明。

② 主要管材、管件进厂检验记录。

③ 隐蔽工程检查记录。

④ 中间验收记录。

⑤ 试压和冲洗记录。

⑥ 工程质量检验评定记录。

⑦ 调试记录。

4.2 发热电缆地板辐射供暖施工

发热电缆低温辐射供暖系统由发热电缆和温控器两部分组成，发热电缆敷设于水泥地面中，温控器安装于墙上，如图4-2所示。温控器通过敷设于地板上的地温探头或温控器内的室温探头感应并控制房间温度。当室内环境温度或地面温度低于温控器设定的温度时，温控器自动接通电源，发热电缆通电发热，当室内温度达到设定值后，温控器自动断电，发热电缆停止加热，从而起到调节室内温度的作用。

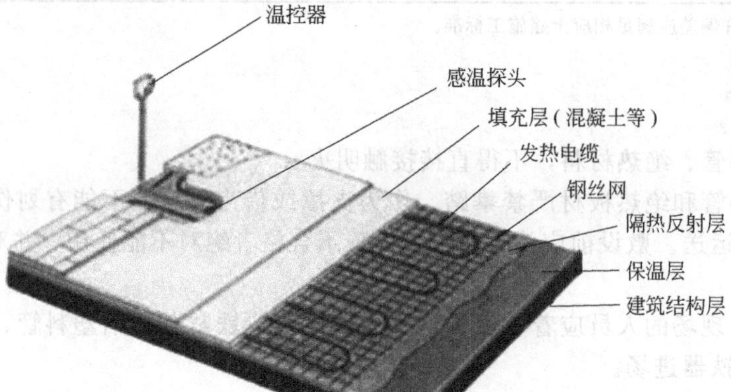

图4-2 发热电缆安装剖面

4.2.1 施工准备

设计图纸及相关的标准、规范必须齐全。施工方案必须经审批并进行技术交底。施工人员必须经过严格培训，持证上岗。结合专业分包施工步骤和施工周期，制定合理的进度计划，按照进度计划要求双方要保证施工人员数量和组织好流水施工。

4.2.1.1 材料要求

① 发热电缆：作为地热电采暖的核心部分，由于其埋在地板水泥层中不易维修与更换，

因此必须使用有检测报告的合格产品，在敷设前要核对电缆型号是否与设计相符，并且要对电缆线芯阻值和绝缘性能进行检测，合格产品方可敷设使用。发热电缆长度选择要根据热工计算来确定各个房间的额定功率，从而确定电缆的型号和长度。

② 温控器：一般有 5A/220V、8A/220V、12A/220V、18A/220V 四种型号可供选择，按设计要求选用。

③ 钢丝网：一般应采用镀锌电焊网，材质为优质低碳钢丝，规格通常为 100mm×100mm 或 200mm×200mm，钢丝网的线径不宜大于 2mm，防止对发热电缆造成损伤。

④ EPS（聚苯）保温板：根据设计要求选择一定厚度和密度的保温板。

⑤ 混凝土：根据设计要求选用，一般要求混凝土标号为 C15 及以上。

4.2.1.2 主要工具

① 机具：电圆锯、角磨机、电动自动螺丝钻、手电钻、电焊机、砂轮切割机、冲击电钻、电锤。

② 工具：压接钳、活动扳手、螺丝刀、拉铆枪，电工常用工具，木工常用工具。

③ 其他：万用表、摇表、水平尺、线锤、卷尺、方尺等。

4.2.1.3 作业条件

① 施工现场清理完毕并封闭，不宜交叉施工。

② 设备材料、施工力量、机具等已准备就绪，能保证正常施工。

③ 施工场地及施工用水、用电、材料堆放场地等临时设施，能满足施工需要。

④ 发热电缆电源引线布线系统中的穿管、温控器安装盒应已完成。

⑤ 施工地面平整，所有隐蔽工程也施工验收完毕。

4.2.2 操作工艺

4.2.2.1 工艺流程

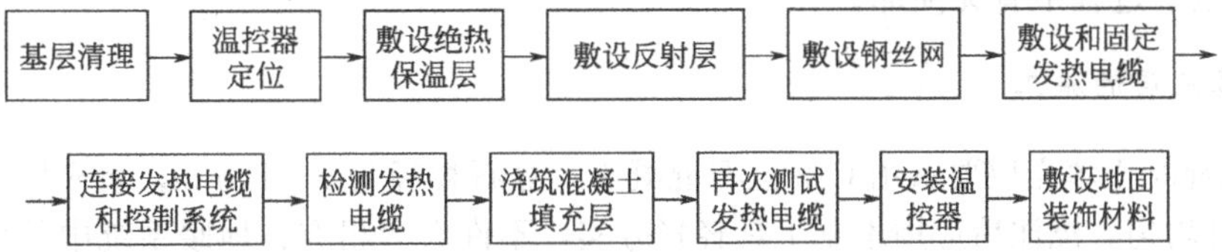

4.2.2.2 安装准备

① 设计施工图纸和有关技术文件齐全。

② 有较完善的施工方案和施工组织设计，并已完成技术交底。

③ 施工人员必须经过严格培训，持证上岗。

④ 材料、机具准备齐全，能保证正常施工。

⑤ 施工现场具有供水或供电条件，有贮放材料的临时设施。

⑥ 直接与土壤相邻的地面，已完成敷设防潮层。

⑦ 相关电气预埋等工程已完成，电源配电箱已安装。

4.2.2.3 保温层的敷设

敷设前先将场地打扫干净，然后将聚苯乙烯保温板敷设在平整干净的结构面上。地暖系统敷设时应切割整齐，保温板间不得有间隙，并用胶带粘接平顺。

4.2.2.4 钢丝网的敷设

将钢丝网敷设在聚酯真空镀铝膜上，接头处应用绑扎带捆扎牢固，钢丝网之间应搭接并绑扎固定。

4.2.2.5 发热电缆的敷设

发热电缆应严格按照设计图纸标定的电缆间距和走向敷设，发热电缆应保持平直，电缆间距的安装误差不应大于±10mm。发热电缆敷设前，应对照施工图纸核定发热电缆的选型是否满足设计要求；并对电缆的外观质量等进行认真检查，确认不存在任何问题后再进行安装。

① 发热电缆敷设前必须先检查外观质量，有外伤、破损不允许敷设。

② 发热电缆安装前应测量发热电缆的标称电阻和绝缘，并做自检记录。

③ 发热电缆必须按设计图纸要求敷设，安装时应禁止电缆拧劲，弯曲电缆时，圆弧的顶部应加以限制（顶住），并进行固定，防止出现“死折”；电缆的弯曲半径不应小于厂家规定值。

④ 发热电缆设在隔热材料上时，发热电缆下必须敷设钢丝网或金属固定带，以保证发热电缆不被压入隔热材料中。

⑤ 发热电缆定位后，用绑扎带将发热电缆固定在钢丝网上，或采用金属固定带。

4.2.2.6 发热电缆的测试

敷设完毕后，按图纸检查是否符合设计要求并用万用表和摇表检测每一套发热电缆的电阻值和绝缘电阻值是否正常，确保发热电缆无短路、断路现象。然后通电检测发热电缆的发热效率。

填充层施工完毕后，再用万用表和摇表检测每根电缆，以检查发热地暖电缆在施工过程中有无损坏。

地面装饰材料敷设完毕后，再用万用表和摇表检测每一根发热电缆，以检查发热电缆在地面装饰材料施工过程中有无损坏。

4.2.2.7 填充层的施工

① 填充混凝土填充层要求用C15豆石混凝土，豆石粒径为5～12mm，填充层厚度宜在25～30mm之间且均匀，浇注后应用木制工具轻轻夯实，不许大力粗夯；地暖系统中的填充层完工后48h内不许上人踩踏，填充层施工完毕后的地面严禁剔凿、重载。发热电缆上覆盖竹木胶板，防止车辆人员直接碾压踩踏电缆。人员穿软底鞋，使用平头铁锹，不允许机械振捣混凝土。

② 混凝土填充层铺完后立即检测电缆标称电阻、绝缘电阻以确定电缆是否损坏，可及时更换，并做好记录。

③ 混凝土填充层养护期不少于21天，养护期内地面不允许加重载、不允许加高温、不允许钉凿。

④ 养护期满后，检测电缆标称电阻、绝缘电阻，做好记录，确认发热电缆完好。

4.2.2.8 温控器的安装

温控器应在工程交付使用前安装，以免破坏；安装时以地暖温控器安装使用说明书为准；安装后通电检测；检测完后，用胶带缠裹，以免破坏。

发热电缆地面辐射供暖系统用温控器应符合国家标准《温度指示控制仪》和《家用和类似

用途自动温度敏感控制器的特殊要求》的要求。

温控器的安装一般在装修结束后进行。要确定发热电缆地面供暖系统的电源是否到位，是否有接地线，电压是否正常。

① 把温控器安装在暗盒上。

② 在剥离发热电缆冷线部分的外护套时，可以将暗盒内外护套剥离，预留 300mm 左右的冷线，其余的剪掉，要注意不能损伤发热电缆的绝缘层和单股铜芯。

③ 将发热电缆的八股镀锡铜丝与电源的接地线连接，做好绝缘处理。根据温控器的说明书接好每个端口。

④ 发热电缆连接温控器端口时一定要进行压线处理，将发热电缆冷线部分紧固在温控器端口处。特别是大功率的发热电缆（3300W、3150W）。若处理不当，连接处易引起发热电缆的冷线发热，造成不良后果。

⑤ 在安装温控器与交流接触器时若采用三相五线制，进配电箱时一定要反复检测发热电缆，确定无误后方可通电。

⑥ 在安装温控器与拓展模块时，一个拓展模块只能连接功率不超过 3300W 的发热电缆，拓展模块的火线必须同温控器的火线是一个相线，否则拓展模块不能正常工作。

4.2.3 质量标准

4.2.3.1 基本项目

（1）发热电缆敷设在钢丝网上面，用塑料绑扎带固定，敷设方向应平行于窗洞口方向，即电缆敷设方向应垂直于房间进深方向。对于靠近门洞口和窗洞口热量容易散失的地方，布线间距应适当减少，电缆最小布线间距≥50mm，最小弯曲半径≥50mm，电缆敷设不允许超出钢丝网边界。每个房间电缆为一整根敷设，之间不允许有接头，只有冷线（穿线管中穿出的控制线）与发热电缆在首尾相接。冷热线接头点应固定在温控器正下方距墙面 50～100mm 位置的地面内，火线和地线与发热电缆接头点间距应大于等于 50mm，接头点禁止进入墙壁穿线管内。易出故障的部位就是冷热线接头点处，因此冷热线接头点位置在施工时尤其要留设准确，以方便检修。电缆布线间距由热工计算确定出电缆线长度，然后根据房间面积大小确定平均布线间距，同时适当调整在门窗洞口处间距。当电缆布线间距≤150mm 时，塑料绑扎带绑扎间距为 300mm，当电缆布线间距＞150mm 时，绑扎间距为 450mm，相邻电缆错开半个距离绑扎。

（2）发热电缆地面辐射采暖系统的电气施工应符合《电气装置安装工程施工验收规范》（GB 50254—1996 及 GB 50258—1996）的规定。

4.2.3.2 允许偏差项目

原始地面、填充层、面层施工技术要求及允许偏差见表 4-3；绝热层、保温板、加热设备施工技术要求及允许偏差见表 4-4。

4.2.4 成品保护

① 发热电缆、隔热材料及塑料配件均不得与明火接触或高温烘烤。

② 安装完毕后，敷设发热电缆的地面应设立明显的标志。严禁在敷设区内运行重载或放置高温物体及高温烘烤，严禁在敷设区内穿凿、钻孔和进行射钉作业。

③ 电热缆施工时，不宜与其他施工作业同时交叉进行。混凝土保护层浇注和养护过程中，严禁进入踩踏。

表 4-3 原始地面、填充层、面层施工技术要求及允许偏差

序号	项目	条件		技术要求	允许偏差/mm
1	原始地面	敷设绝热层或保温板、供暖板前		平整	—
2	填充层	豆石混凝土	标号,最小厚度	C15,宜 40mm	平整度±5
		水泥砂浆	标号,最小厚度	M10,宜 35mm	平整度±5
		面积大于 $30m^2$ 或长度大于 6m		留 8mm 伸缩缝	+2
		与墙、柱等垂直部件		留 10mm 伸缩缝	+2
3	面层	与墙、柱等垂直部件	瓷砖、石材地面	留 10mm 伸缩缝	+2
			木地板地面	留大于或等于 14mm 伸缩缝	+2

注：原始地面允许偏差应满足相应土建施工标准。

表 4-4 绝热层、保温板、加热设备施工技术要求及允许偏差

序号	项目		条件	技术要求	允许偏差/mm
1	绝热层	聚苯板类	结合	紧密	—
			厚度	按设计要求	+10
		发泡水泥	厚度	按设计要求	±5
2	预置沟槽保温板	保温板	连接	紧密	—
		金属导热层(如有)	厚度	应大于或等于 0.1mm	—
3	发热电缆		间距	应大于或等于 50mm，不宜大于 300mm	—
			弯曲半径	宜大于或等于 6 倍管外径	−5

④ 施工全部结束后，应绘制竣工图，准确标注发热电缆敷设位置与地温传感器埋设地点。

⑤ 为防止温控器的丢失或人为损伤，应在交房时统一安装，必须由专业的安装人员操作。

⑥ 地面浇注完 24h 后进行浇水养护，每天不少于 2 次，养护时间不少于 7 天，在养护期间内房间要求封闭，不得上人。

4.2.5 应注意的质量问题

① 绝热层厚度、敷设及材料的物理性能是否符合要求。

② 发热电缆的敷设间距、弯曲半径、型号等是否符合设计的规定，固定是否可靠。

③ 检查系统的每一个环路的电阻，确定系统有无短路和断路现象。

④ 伸缩缝位置和电缆出地面位置的套管应有固定措施。

⑤ 地面下敷设的发热电缆不应裁剪和破损。

4.2.6 应具备的质量记录

① 竣工图和设计变更文件。

② 主要材料及附件的出厂合格证和检验合格证明。

③ 中间验收记录。

④ 电阻和绝缘测试记录。

⑤ 工程质量检验评定记录。

⑥ 调试记录。

⑦ 中间验收、调试和竣工验收记录。

4.3 电热膜地板辐射供暖施工

电热膜（图 4-3 和图 4-4）是一种通电后能够发热的半透明聚酯薄膜，以无害的远红外热

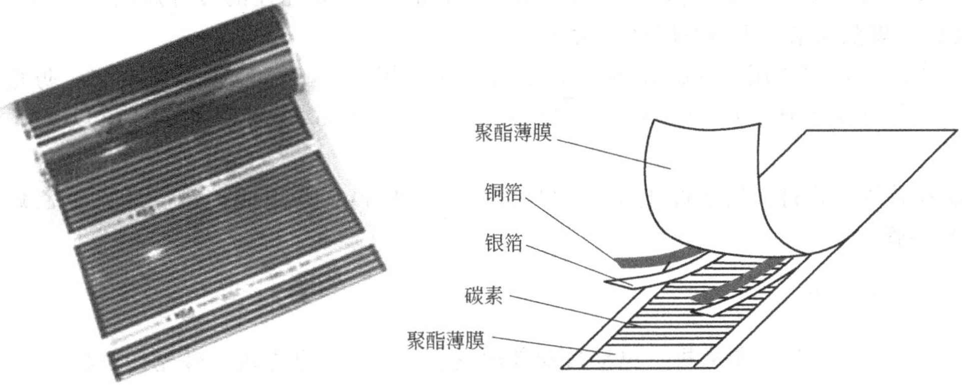

图 4-3　电热膜示意

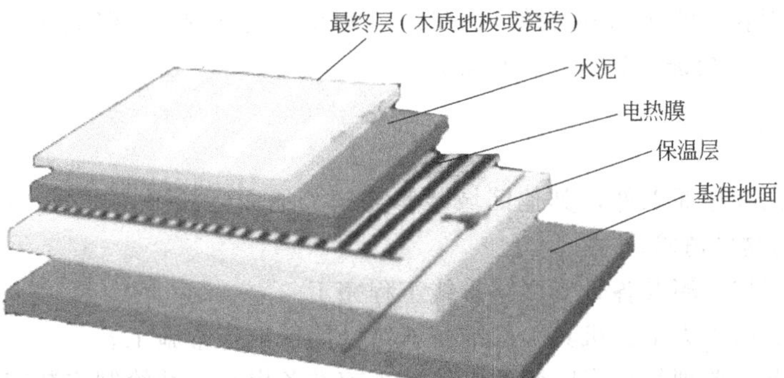

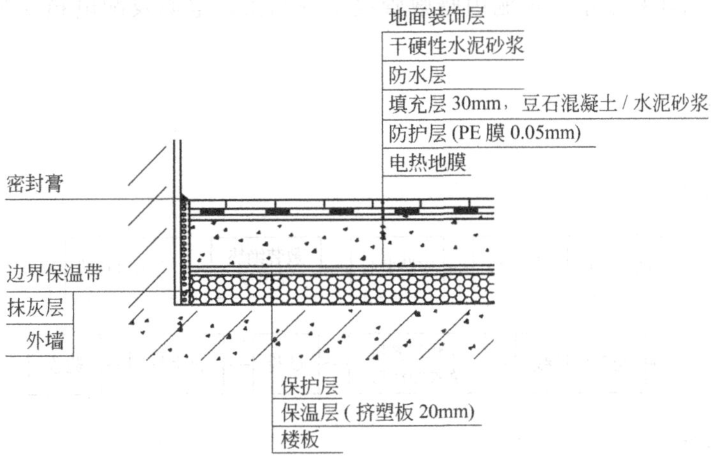

图 4-4　电热膜安装剖面

射线用辐射的方式向周围传递热量；载流条用以连接电热膜，起导线作用。

4.3.1　施工准备

4.3.1.1　材料要求

① 保温层用 XPS 挤塑聚苯乙烯板（目前正在向发泡水泥过渡）。

② 干硬性水泥砂浆结合层：结合层用水泥为普通硅酸盐水泥、中砂（严控泥土的含量），水泥和砂子的体积比不小于 1∶3。

③ 金属网：规格要求为 ϕ0.5～1.0mm，20mm×20mm 孔径的镀锌焊网。金属网的采用应符合相应规范要求，不得有断丝，尖头。

④ 防护层：主要用于保护和隔离电热膜，避免其在施工过程中受到损伤，防止其受到结合层的腐蚀和破坏。防护层宜采用厚度不小于 0.2mm 的 PVC 或 PE 膜以及其他相应材料。

⑤ 穿导线用管材：用于配电系统中导线的穿管材料宜选用镀锌钢管或聚氯乙烯硬塑料（PVC）导管。

4.3.1.2　主要机具

① 机具：电圆锯、角磨机、电动自动螺丝钻、手电钻、电焊机、砂轮切割机、冲击电钻、电锤。

② 工具：活动扳手、螺丝刀、拉铆枪，电工常用工具，木工常用工具。

③ 其他：万用表（测试跨接电阻），摇表（测试绝缘电阻），壁纸刀或剪子（切割电热膜）、摇表、水平尺、线锤、卷尺、方尺等。

4.3.1.3　作业条件

① 建筑物室内除地面以外，其他区域装修完毕，地面已找平，干燥，没有杂物，特别是表面的铁钉等金属物已清除。

② 电热膜电源控制箱及各分支回路管线工程完工。

③ 设备材料、施工力量、机具等已准备就绪，能保证正常施工。

④ 开始安装前，要把每个房间装的电热膜提前准备出来，并绘制安装产品区域分布图。

⑤ 建筑物内墙抹灰结束，顶棚内暗敷管线工程结束，电源及配电箱安装到位，现场杂物已清扫干净。

4.3.2　操作工艺

4.3.2.1　工艺流程

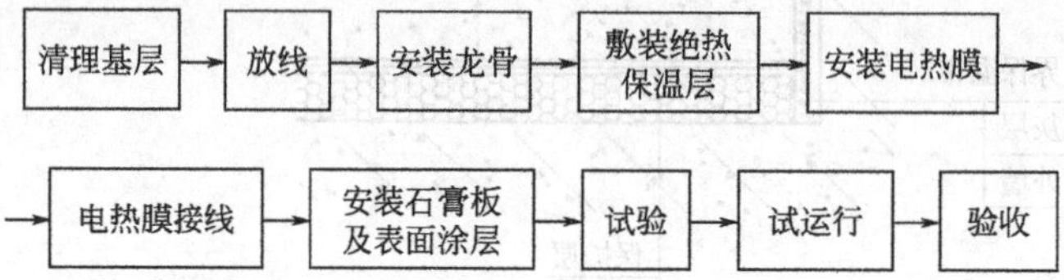

4.3.2.2　安装准备

① 设计图纸及相关的标准、规范，还有技术方案必须齐备。

② 施工方案必须经审批并进行技术交底。

③ 施工人员必须经过严格培训，持证上岗。

④ 材料、机具准备齐全，能保证正常施工。

⑤ 建筑物内墙抹灰结束，建筑物内部施工均已结束，地面基层表面平整度已达要求。平整度要求：1m 靠尺检查，高低差不大于 8mm。

⑥ 建筑物内已按设计要求及《建筑电气工程施工质量验收规范》完成相应的电地暖系统配电箱、温控器预埋暗盒、墙面预埋接线盒及系统配线，电源及配电箱安装到位，并验收合格。

⑦ 现场杂物已清扫干净。如有尖利物凸出，必须及时清除。

4.3.2.3 龙骨安装

① 轻钢龙骨在安装前，应进行检查、调直后，平放在室内平整干燥的地面上，不得折摔、碰撞。

② 在墙面上，从楼板底面的最低点下返 50～70mm 弹水平线作为边龙骨的底线。

③ 沿室内纵向设龙骨，距房间纵向中心线 200mm，其中间部分应起拱，金属龙骨起拱高度应不小于房间短向跨度的 1/200，龙骨间距为 400mm，所有相接的龙骨必须做到紧密、牢固连接，垂直方向采用燕翘型接法，并用拉铆钉固定，同向龙骨连接采用龙骨连接件连接，并用拉铆钉固定。龙骨安装后应及时校正其位置和标高。

④ 房间四周设边龙骨，边龙骨与纵向龙骨应可靠连接。

⑤ 整体校正龙骨位置及水平度，校正后将所有吊挂件、连接件夹紧。

⑥ 在灯位附近按要求加设横龙骨。

4.3.2.4 保温层的敷设

① 安装之前观察地面是否平整，将地面或楼板表面的杂物清扫干净。

② 先准备好电源线，以及探头线。

③ 逐张敷设保温板，将地面铺满，沿外墙周边应安装边角保温，遇立管处用保温板塞严。保温板应切割整齐，间隙不得大于 5mm，保温板之间应用宽胶带粘接平顺。

④ 检测保温板表面是否平整，保证无翘曲。

4.3.2.5 反射膜的敷设

① 在敷设好的保温板上面平铺反射薄膜。

② 每条反射膜之间可适当留点距离平铺开，铝箔反射膜面朝上。

4.3.2.6 电热膜的敷设

① 根据设计图纸要求的电热膜敷设位置，在保温板上画出电热膜敷设位置线。根据图纸所示，在保温层上画出连接导线的线槽位置。

② 按画线位置，在保温层上剔导线管槽，槽的深度和宽度不小于电线导管的外径。

③ 敷设电热膜和过热保护系统。按设计图纸布置图在反射膜上平整地铺好相应规格的电热膜。电热膜敷设时必须正面朝上，注意装有过热保护装置的一侧要严格按照设计图纸敷设。每条电热膜之间适当保留间距并用胶带固定好，禁止重落以免发生高温危险。膜接线侧需距墙面 200mm 左右距离，其他侧也需距墙一定的距离。保持电热膜敷设的平行与平整度，测试各条电热膜电阻值，做好记录，发现问题及时处理。敷设时注意严禁野蛮操作，严禁尖、硬、锋利物体边缘直接接触电热膜表面，严禁折压、拖拉电热膜及连接导线。电热膜铺好后未接线侧两端铜片载流条先用进口胶泥粘好，再用防水绝缘胶带粘在胶泥上做好绝缘。

④ 安装地温探头。根据设计图纸所示的地温探头安装位置，安装地温探头。用胶带纸将地温探头粘贴在电热膜下表面，距发热体边缘不应小于 150mm；将地温探头连线引入 PVC 塑料导管，上墙进入温控器安装槽的位置。

⑤ 穿管。将电热膜的电源引线穿入 PVC 塑料导管内，按线槽敷设导管，引线从接线端子通过导管直接进入墙壁上预埋的接线盒，将引线中的火线和零线分别连接在相应的接线端子上。

⑥ 接线时，先将边上单条膜接线侧用耐高温电线引出两根主线，再在其他膜上分别引线与主线并联，线并联连接处用钳子将绝缘皮先剥开后将线芯连接好用绝缘胶带包扎好，膜与线接处先用特制接线卡子将其连接再用钳子将其压紧，最后在卡子外面粘上胶泥，用双手压紧，再用绝缘胶带包胶泥，以免进潮气。

⑦ 温控器探头必须垂直粘到膜上的黑色炭条位置，必须粘到整组电热膜的最热点，探头线长度不够可用等电阻电线加长，接头处用焊锡焊接，探头不能用胶泥粘贴以免膜局部受热。

⑧ 测试本组电热膜的总电阻值，与设计中的阻值对比，并做好详细记录。如有问题，需检查整体的线路及发热体，并及时排除。

⑨ 封管口。总电阻检测合格后，将所有在地面的电线导管口进行密封处理。

4.3.2.7 电热膜接线

① 电热膜接线用导线应分颜色使用：相线——与本户电源线颜色一致；控制线——黑色绝缘导线；N 线——蓝色绝缘导线；PE 线——黄绿相间的绝缘导线。

② 电热膜组间接线用导线并接，接点在专用连接卡的筒形管中用专用的压接钳压紧，用拉拽电线的方法检查导线的连接性。连接卡用绝缘罩进行绝缘，内充填热熔胶。

③ 电热膜组间的连接导线应穿金属软管保护，其弯曲半径不应小于软管外径的 6 倍。金属软管两端应加装保护线的护口，并不应退绞、松散、中间接头。软管内导线严禁有接头。

4.3.2.8 温控器的安装

① 按照设计要求正确选择温控器的型号。在安装温控器之前，应确认配电系统处于断电状态。

② 按温控器说明书将事先预留好电源线接到温控器上。

③ 再将主线接到温控器上。

④ 用螺丝刀转动安装螺钉将温控器电源板固定在墙上。

⑤ 将电源板与显示板连接好。

⑥ 安装好显示板，目视外观，调整位置调正即可。

⑦ 安装完毕，温控器显示屏保护膜可待使用时再撕开。

⑧ 用测试表测试整个电热膜系统，必须调试正常使用方可。检查进入温控器的电源线路，确认是否安装漏电保护装置。按照用户使用说明书通电试运行，并测试记录有关数据，核实系统是否正常。

4.3.2.9 保护层的敷设

① 将电热膜及保温层表面清理干净。

② 将防护塑料薄膜敷设在电热膜上，将电热膜完全覆盖，边缘和搭接处用胶带纸粘好。

③ 按与电热膜平行的方向敷设金属网，并尽量使金属网的边缘置于电热膜之外，用塑料卡钉固定住，用铜质导线把所有金属网连接起来并与配电系统的保护地线（PE）可靠连接；塑料薄膜需拉直理平。

④ 干硬性水泥砂浆结合层敷设：采用中砂加高标号水泥，做成的水泥砂浆料不宜太稀，施工过程中不能振捣和拍打，应压抹、搓平。按找平线找平，用 2m 长的直尺检查，高低差不应超过±3mm。施工时要采取严格的保护措施，避免损坏发热体。

⑤ 结合层靠墙处应做膨胀缝，长宽大于 5m 的房间在地面中间也应做膨胀缝。

⑥ 最后做装饰表层——瓷砖，整个地暖系统安装完毕。

4.3.3 质量标准

4.3.3.1 基本项目

① 电热膜应符合相关标准的规定，具有合格证。

② 绝缘材料热阻不小于 $1.25\ m^2 \cdot ℃/W$。

③ 所用导线、温控器、漏电保护器、开关等电气材料应符合相关标准的规定，有产品合格证。

④ 顶棚石膏板应符合 GB 9775 中普通纸面石膏板的规定，厚度 9.5mm，纵向断裂载荷不应小于 460N，横向断裂载荷不应小于 160N。

⑤ 轻钢龙骨规格为 C50 型，壁厚不应小于 0.4mm。

⑥ 龙骨安装应一次调平，严禁变形、锈蚀。

⑦ 电热膜的敷设应保证平整、密实，紧贴龙骨，不允许有起鼓、褶皱现象。

⑧ 用 500V 兆欧表测试电热膜回路与龙骨（地）之间的绝缘电阻，其值不能小于 1MΩ，如不满足要求时，必须立即处理。

⑨ 整体棚面的平整度误差应不大于 3mm，石膏板接缝处的平整度误差应不大于 1mm。

⑩ 用非接触测温仪确认低温辐射电热膜供暖系统是否正常工作。确认正常工作后应在电热膜配电装置上加贴警示性工作标志。

4.3.3.2 允许偏差项目

见 4.2.3.2 允许偏差项目。

4.3.4 成品保护

① 轻钢骨架及罩面板安装应注意保护顶棚内的各种管线、玻璃棉及电热膜等，吊杆、龙骨不应固定在通风管道及其他设备上。

② 轻钢骨架、罩面板、电热膜及其他材料在入场存放、使用过程中要严格管理，保证不变形、不受潮、不生锈、不损坏等。

③ 已施工完毕的地面、墙面、窗台、门窗等应注意保护，防止污损。

④ 为了保护成品，保温材料、电热膜、罩面板安装必须在棚内管道、预埋件、各种线路、试水等一切工序全部完成验收后进行。

⑤ 电热膜及连接缆（线），尤其是聚苯乙烯塑料板均具有可燃性，因此，敷设电热膜区域内禁止焊接机进行明火作业。

⑥ 地面混凝土未固化前，湿度较大，在此期间通电调试或使用电热膜供暖系统可能会导致配电系统故障或损坏电热膜供暖系统。通常，固化时间为 21 天。

4.3.5 应注意的质量问题

① 检测如出现阻值过高或开路，应检查所有接线，如出现短路，应检查所有接线，并进行处理。

② 用非接触测温仪，确认暖房电热膜系统是否正常工作，在室温达到基本设计值，地面达到稳定温度时布电热膜区内任何局部区域或上点的最高温度，不应超过最高允许温度，并做好记录。

4.3.6　应具备的质量记录

① 应有材料设备的出厂合格证，生产许可证。

② 材料设备进场检验记录。

③ 电热供暖工程工作测试记录。

④ 每个房间电热膜直流电阻的测试记录。

⑤ 竣工验收文件要求最少两份，存档一份，交用户一份。

4.4　毛细管网空调的施工

4.4.1　施工准备

4.4.1.1　材料要求

① 毛细管网换热器辐射供暖和供冷系统中所用材料应根据工作温度、工作压力、荷载、设计寿命、现场防水、防火等工程环境的要求，以及系统水质要求、施工技术条件和投资费用等因素，经综合比较后确定并且所有材料均应按国家现行有关标准检验合格。

② 毛细管辐射空调末端系统的分水器、集水器及其连接件、系统管道、管件等材料宜采用塑料材质、不锈钢材质或铜质。

③ 毛细管网换热器辐射系统中所采用的绝热材料聚苯乙烯泡沫塑料应符合表 4-5 的技术指标。

表 4-5　聚苯乙烯泡沫塑料主要技术指标

项目	单位	性能指标
压缩强度(即在 10%形变下的压缩应力)	kPa	≥150
热导率	W/(m·K)	≤0.041
吸水率(体积分数)	%(v/v)	≤4
尺寸稳定性	%	≤3
水蒸气透过系数	ng/(Pa·m·s)	≤4.5
氧指数	%	≥0

4.4.1.2　主要机具

（1）材料：管卡、界面剂、建筑结构胶、膨胀螺栓、粉刷砂浆、抗裂剂、界面剂、水泥或聚合物砂浆、细砂子等。

（2）工具：热熔枪、冲击钻、辊筒、钉锤、木支架、抹灰刀、搅拌机、铲刀。

4.4.1.3　作业条件

① 施工现场具有供水和供电条件，有贮放材料的临时设施。

② 土建专业已完成墙面内粉刷，外窗、外门已安装完毕，并已将地面清理干净，厨房、卫生间应做完闭水试验并经过验收。

③ 相关电气预埋等工程已完成。

4.4.2 操作工艺

4.4.2.1 工艺流程

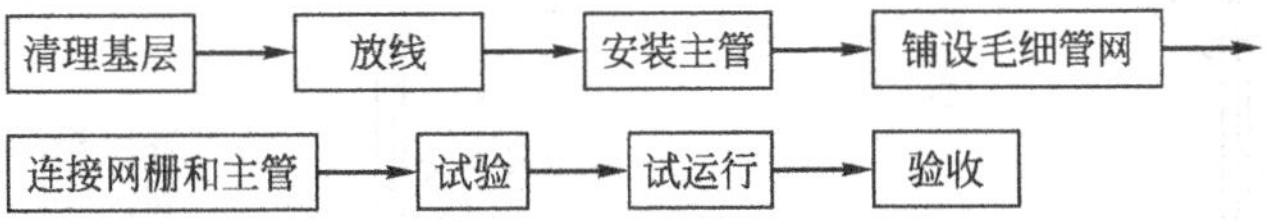

4.4.2.2 顶棚安装工艺

① 由安装单位提供毛细管网网栅安装的构造面（如平整的楼顶板或吊顶板面）。

② 放线。按图纸准确标示出主管敷设走向、网栅敷设区域、预留部位（如灯的点位等）。

③ 主管安装。按图示要求将主管用管卡及自攻钉安装于顶板之上，安装要求平直、牢固。

④ 网栅之间并联焊接。按照图示要求将数片毛细管网网栅平铺于地面，用直通将各片毛细管网集管并联焊接在一起。

⑤ 网栅与主管连接。将网栅集管端托起至顶板与主管焊接后用管卡固定。

⑥ 毛细管固定于顶板。将毛细管网栅托至顶板，在网栅卡条与顶板之间涂刷一层 401 胶水（或其他胶水，要求无腐蚀性），将其临时固定于顶板之上，铺设要求平、直，对折铺设时不得有死折现象。

⑦ 将露点温控器感应探头按图示要求固定于顶板具体部位。

⑧ 顶板涂刷界面剂。将顶板刷一层界面剂，进行拉毛处理。

⑨ 顶板抹灰。将（底面）石膏加入一定比例的建筑用胶（要求环保无腐蚀），对顶层毛细管网进行隐蔽覆盖，厚度为 1cm。

⑩ 顶棚刮腻子及刷漆。

吊顶顶板表面抹灰安装如图 4-5。

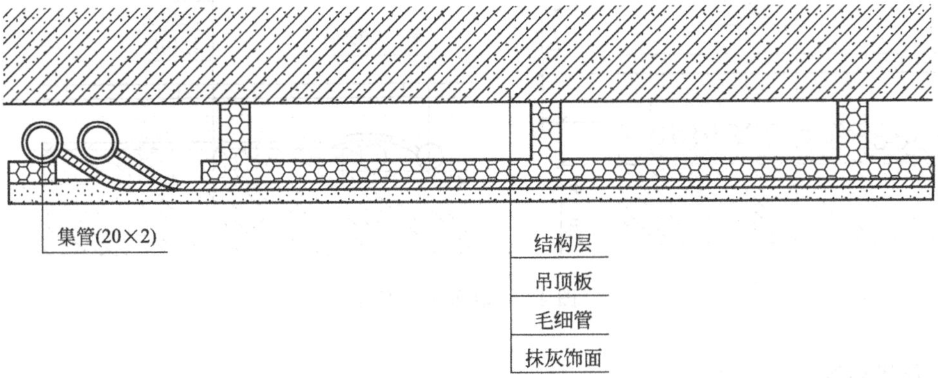

图 4-5 吊顶顶板表面抹灰安装示意图

4.4.2.3 墙面安装

墙面安装同顶面安装方法。墙体表面抹灰安装如图 4-6。

4.4.2.4 地面安装

先安装毛细管主管，地面清理干净后铺上聚苯板，在聚苯板上铺反光膜，反光膜上再铺铁丝网格，根据地面面积与形状铺设好毛细管网。把毛细管网捋直抚平贴，用网栅固定好，然后用塑

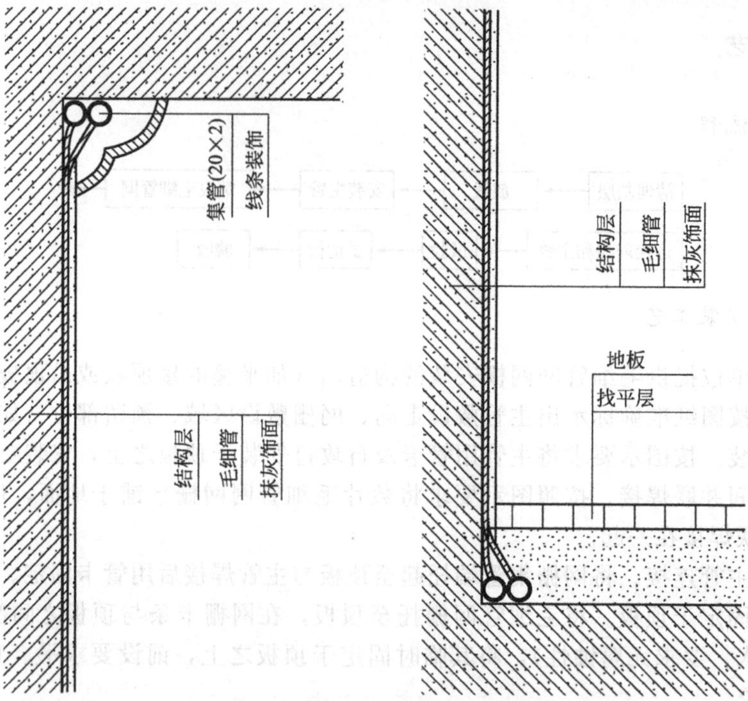

图 4-6　墙体表面抹灰安装示意图

料扎带把网栅扎紧于铁丝网格上，并预留好地插的位置。把系统管道与毛细管网连接好，系统注水试压合格后，方可浇筑地平。浇筑时系统需一直保持试验压力。地面施工安装如图 4-7。

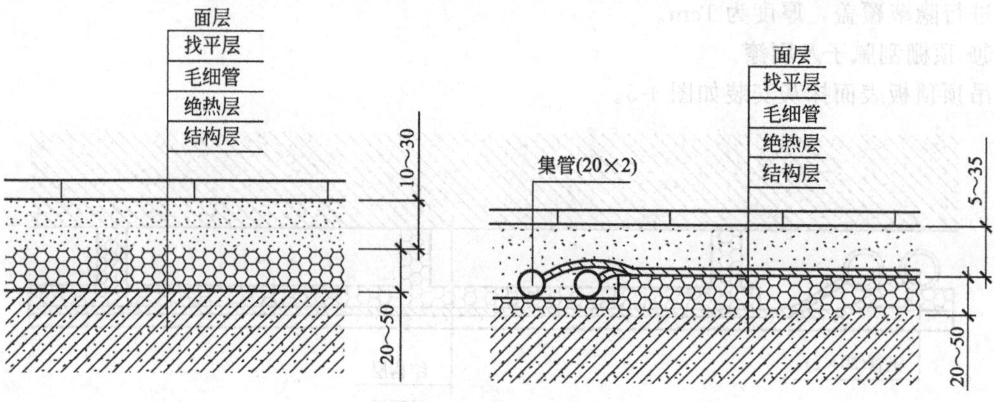

图 4-7　地面施工安装

4.4.3　质量标准

4.4.3.1　保证项目

① 抹灰层敷设的毛细管网栅不应有接头。

检验方法：隐蔽前现场查看。

② 毛细管网栅隐蔽前必须进行水压试验，试验压力为工作压力的 1.5 倍，但不小于 0.6MPa。

检验方法：稳压 lh 内压力降不大于 0.05MPa 且不渗、不漏。

③ 毛细管网栅弯曲部分不得出现硬折弯现象，曲率半径不应小于管道外径的 6 倍。

检验方法：尺量检查。

④ 抹灰层与基层之间及各抹灰层之间应粘接牢固，抹灰层应无脱层、空鼓，面层应无爆灰和裂缝。

检验方法：观察；用小锤轻击检查；检查施工记录。

4.4.3.2 基本项目

① 毛细管网栅规格、间距和长度应符合设计要求。

检验方法：对照图纸尺量检查。

② 毛细管网栅支管定位固定管卡条安装平整帖服，无翘曲、起拱，间距 300～500mm。

检验方法：观察检查，尺量检查。

③ 毛细管网栅固定压盘安装正确，与吊顶次龙骨可靠连接，与支管定位固定管卡条无重叠，间距 300mm。

检验方法：观察检查，尺量检查。

④ 毛细管网栅支管与定位固定管卡条入位正确，支管无交叉重叠，松紧适度，安装平顺。

检验方法：观察检查。

⑤ 毛细管网栅支管出吊顶纸面石膏板部位，应设置附加次龙骨和附加定位固定管卡条，纸面石膏板应按构造节点要求做坡口处理。

检验方法：观察检查。

⑥ 毛细管网栅支管遇顶面预留灯位等孔洞处理满足节点做法要求，应设置附加定位固定管卡条保证支管定位及过渡平顺。

检验方法：观察检查。

⑦ 毛细管网栅主管及连接管吊挂满足设计及规范要求，间距不大于 600mm。

检验方法：观察检查，尺量检查。

⑧ 毛细管网栅与分、集水器装置或系统干管牢固连接后，或在填充层养护期后，应对毛细管网栅每一通路逐一进行冲洗。

检验方法：观察和检查管路冲洗记录。

⑨ 过滤器、排气阀及截止阀或球阀的型号、规格、公称压力及安装位置应符合设计要求。

检验方法：对照图纸检验产品合格证。

⑩ 分、集水器装置的安装及分户热计量系统入户装置，应符合设计要求。安装位置应便于检修、维护和观察。

检验方法：对照图纸及产品说明书，尺量检查，现场观察。

⑪ 粉刷石膏填充层作业和养护过程中，系统应保持不小于 0.4MPa 的余压。

检验方法：现场抽查，并检查工序施工记录。

⑫ 粉刷石膏填充层的养护周期，应不小于 48h。

检验方法：现场抽查，并检查工序交接记录

⑬ 粉刷石膏填充层的总厚度应符合设计要求。

检验方法：检查施工记录。

⑭ 粉刷石膏填充层表面平整光滑，棱角整齐平直，阴阳角方正平滑。

检验方法：观察；手摸检查。

4.4.3.3 允许偏差项目

粉刷石膏填充层抹灰质量允许偏差应该符合施工规程要求，见表 4-6。

表 4-6　粉刷石膏填充层抹灰质量允许偏差

项目	允许偏差/mm		检验方法
	普通	高级	
表面平整度	+4 0	+3 0	用 2m 靠尺和塞尺检查
立面垂直度	+4 0	+3 0	用 2m 垂直检测尺检查
阴阳角方正	+4 0	+3 0	用直角检测尺检查

4.4.4　成品保护

① 现场检查结合毛细管施工单位自检、监理检查、甲方检查，加强土建、装修单位对成品保护的意识。

② 毛细管隐蔽之前必须做好隐蔽工程验收资料（主要包括毛细管是否按照图纸所要求的间距敷设、毛细管有无损坏、毛细管压力是否稳定），方可进行施工。

③ 毛细管打压注意事项：冬天施工只能打气压，严禁打水压；在其他季节施工时，如果当年能够调试，可以打水压；当年不能调试的系统只能打气压。

④ 严禁将毛细管长期暴露在外。

⑤ 在分集水器还未连接之前，定时检查毛细管的压力变化，保证压力保持在设计值，确保毛细管无漏点。

4.4.5　应注意的质量问题

① 主管损坏的问题。由于 PPR 抗冲击性能较好，一般不易损伤。但是，塑料管道容易划伤或扎伤。若有被破坏（钻孔破坏等）发生漏水时，将毛细管模块与水路分离，损坏部位用专用的管剪剪开，再用 PPR 直通热熔连接。

② 毛细管损坏的问题。毛细管有破损时，将毛细管模块与水路分离，使用焊枪或电烙铁将两端口封闭，加热并将剪切表面压挤到一起，焊接后密封，修复后应重新进行压力测试。

③ 毛细管和主管连接处损坏。先剪下主管上的毛细管，再从破坏点处断开主管，用上述方法①中直接管件修复。

④ 封闭毛细管切口不得使用明火，焊接温度应保持为 240℃左右。

4.4.6　应具备的质量记录

① 施工图、竣工图和设计变更文件。

② 主要材料及配件等的出厂合格证和检验合格证明。

③ 中间验收记录。

④ 试压和冲洗记录。

⑤ 工程质量验收表。

⑥ 调试记录。

思考题

1. 地板辐射供暖系统原始地面、填充层、面层施工技术要求有哪些？
2. 电热膜铺设的工艺流程是怎样的？

第5章 空调工程施工

5.1 通风与空调工程常用管材

通风与空调工程中常用的管材分为金属风管材料和非金属风管材料。常用的金属风管材料有普通薄钢板、镀锌钢板、不锈钢板、铝板和塑料复合钢板等；常用的非金属风管材料有硬聚氯乙烯塑料板、玻璃钢等。

5.1.1 金属风管材料

5.1.1.1 普通薄钢板

俗称黑铁皮，是由碳钢热轧而成，具有良好的机械强度和加工性能，价格较便宜，但其表面容易生锈，所以在使用前应刷油防腐。厚度为 0.5～1.2mm 应用最广，可以咬口连接。1.5mm 以上者咬口困难，常用焊接。

5.1.1.2 镀锌钢板

俗称白铁皮，其表面的镀锌层有良好的防腐作用，一般不需要进行油漆防腐处理，常用于输送不受酸雾作用的潮湿环境中的通风，空调系统的风管及配件、部件的制作。镀锌钢板的厚度不得小于表 5-1 中的规定。镀锌钢板表面不得有裂纹、结疤及水印等缺陷，应有镀锌层结晶花纹。

表 5-1 钢板风管板材厚度 单位：mm

类别 风管直径 D 或长边尺寸 b	圆形风管	矩形风管		除尘系统风管
		中、低压系统	高压系统	
$D(b)\leqslant 320$	0.5	0.5	0.75	1.5
$320<D(b)\leqslant 450$	0.6	0.6	0.75	1.5
$450<D(b)\leqslant 630$	0.75	0.6	0.75	2.0
$630<D(b)\leqslant 1000$	0.75	0.75	1.0	2.0
$1000<D(b)\leqslant 1250$	1.0	1.0	1.0	2.0
$1250<D(b)\leqslant 2000$	1.2	1.0	1.2	按设计
$2000<D(b)\leqslant 4000$	按设计	1.2	按设计	

注：1. 螺旋风管的钢板厚度可适当减小 10%～15%。
2. 排烟系统风管钢板厚度可按高压系统。
3. 特殊除尘系统风管钢板厚度符合设计要求。
4. 不适用于地下人防与防火隔墙的预埋管。

5.1.1.3 不锈钢板

又称不锈钢耐酸钢板，在空气、酸及碱性溶液或其他介质中有较高的稳定性，在高温下具有耐酸碱腐蚀的能力，因而多用于化学工业中输送含有腐蚀性气体的通风系统。不锈钢板的型号较多，其用途也各不相同，选用时应注意特殊腐蚀性气体及热排需求。

5.1.1.4　铝板及铝合金板

铝合金是以铝为主加入一种或几种其他元素（如铜、镁、锰）制成的合金。由于铝的强度较低，使其用途受到限制，而铝合金强度较高，单位质量小，塑性及耐腐蚀性强，易加工成型，且摩擦时不易产生火花，故常用于含有易燃、易爆物的通风系统。表 5-2 给出了铝板风管和配件板材厚度。

表 5-2　铝板风管和配件板材厚度　　单位：mm

圆形风管直径或矩形风管大边长	铝板厚度	圆形风管直径或矩形风管大边长	铝板厚度
100＜b≤320	1.0	630＜b≤2000	2.0
320＜b≤630	1.5	2000＜b≤4000	按设计

5.1.1.5　塑料复合钢板

在普通钢板表面涂 0.2～0.4mm 厚的塑料层即为塑料复合钢板，具有高强度及良好的耐腐蚀性，常用于要求较高的空调系统和温度在－10～70℃之间的耐腐蚀系统的风管制作。

5.1.2　非金属风管材料

5.1.2.1　硬聚氯乙烯塑料板

硬聚氯乙烯塑料板又称硬塑料板，具有良好的化学稳定性、一定的机械强度和弹性且耐腐蚀性良好，常用于输送－10～60℃含有腐蚀性气体的通风系统。表 5-3 和表 5-4 给出了中、低压系统硬聚氯乙烯风管板材厚度。

表 5-3　中、低压系统硬聚氯乙烯圆形风管板材厚度

单位：mm

风管直径 D	板材厚度	风管直径 D	板材厚度
D≤320	3.0	630＜D≤1000	5.0
320＜D≤630	4.0	1000＜D≤2000	6.0

表 5-4　中、低压系统硬聚氯乙烯矩形风管板材厚度　　单位：mm

风管长边尺寸 b	板材厚度	风管长边尺寸 b	板材厚度
b≤320	3.0	800＜b≤1250	6.0
320＜b≤500	4.0	1250＜b≤2000	8.0
500＜b≤800	5.0		

5.1.2.2　玻璃钢

玻璃钢是以玻璃纤维及其制品为增强材料，树脂为黏结剂，经过一定成型工艺加工而成的复合材料。它具有强度高、耐高温、耐腐蚀、电绝缘、不反射雷达、透微波性好、加工成型方便等优点。表 5-5 给出了中、低压系统有机玻璃钢风管板材厚度，表 5-6 给出了中、低压系统无机玻璃钢风管板材厚度。

表 5-5　中、低压系统有机玻璃钢风管板材厚度　　单位：mm

圆形风管直径 D 或矩形风管长边尺寸 b	板材厚度	圆形风管直径 D 或矩形风管长边尺寸 b	板材厚度
$D(b)\leqslant 200$	2.5	$630<D(b)\leqslant 1000$	4.8
$200<D(b)\leqslant 400$	3.2	$1000<D(b)\leqslant 2000$	6.2
$400<D(b)\leqslant 630$	4.0		

表 5-6　中、低压系统无机玻璃钢风管板材厚度　　单位：mm

圆形风管直径 D 或矩形风管长边尺寸 b	板材厚度	圆形风管直径 D 或矩形风管长边尺寸 b	板材厚度
$D(b)\leqslant 300$	2.5～3.5	$1000<D(b)\leqslant 1500$	5.5～6.5
$300<D(b)\leqslant 500$	3.5～4.5	$1500<D(b)\leqslant 2000$	6.5～7.5
$500<D(b)\leqslant 1000$	4.5～5.5	$D(b)>2000$	7.5～8.5

5.1.2.3　其他非金属风管

① 玻镁复合风管。该产品选用优质氧化镁、氯化镁、耐碱玻纤布及无机黏合剂经现代工艺技术辊压而成，具有重量轻、强度高、不燃烧、隔声、隔热、防潮、抗水、使用寿命长等特点。

② 玻纤复合风管。以超细纤板为基础，经特殊加工复合而成。集保温、消声、防潮、防火、防腐、美观（适合明装）、外层强度高、内层表面防霉抗菌等多项功能于一体，具有重量轻、漏风量小、制作安装快、占用空间小等特点。

③ 彩钢复合风管。彩钢复合风管是目前传统玻纤风管的更新换代产品，又是镀锌铁皮风管的新一代进化产品。风管外表为彩色钢板，同时内壁为高密度玻璃棉板。

④ 挤塑复合风管。采用 XPS 聚苯乙烯挤塑板作为核心保温材料，挤塑聚苯板表面均匀平整，内部形成完整闭合式蜂窝结构。

⑤ 玻镁粒子风管。由泡沫粒子与氧化镁、氯化镁等菱镁材料进行科学重组混合在一起，具有更好的抗风压强度、更好的隔热、隔声性能，是全新一代环保型风管产品。

⑥ 聚氨酯复合风管。采用微氟难燃 B1 级聚氨酯硬质泡沫作为夹芯层保温材料，双面复合不燃 A 级铝板一次性加工成型。风管板中的聚氨酯是一种闭孔的微细泡沫，热导率低。

5.2　通风空调系统安装

5.2.1　金属风管制作

5.2.1.1　施工准备

（1）材料要求

① 所使用板材、型钢的主要材料应具有出厂合格证明书或质量鉴定文件。

② 制作风管及配件的钢板厚度应符合表 5-1 的规定。

③ 镀锌薄钢板表面不得有裂纹、结疤及水印等缺陷，应有镀锌层结晶花纹。

④ 制作不锈钢板风管和配件的板材厚度应符合表 5-7 的规定。

表 5-7　不锈钢板风管和配件板材厚度　　单位：mm

圆形风管直径或矩形风管大边长 b	不锈钢板厚度	圆形风管直径或矩形风管大边长 b	不锈钢板厚度
$b\leqslant 500$	0.5	$1250<b\leqslant 2000$	1.0
$560<b\leqslant 1120$	0.75	$2500<b\leqslant 4000$	1.2

⑤ 不锈钢板材应具有高温下耐酸耐碱的抗腐蚀能力。板面不得有划痕、刮伤、锈斑和凹穴等缺陷。

⑥ 制作铝板风管和配件的板材厚度应符合表 5-2 的规定。

⑦ 铝板材应具有良好的塑性、导电性、导热性及耐酸腐蚀性，表面不得有划痕及磨损。

⑧ 排烟系统钢板厚度可参照高压系统。

（2）主要机具

① 机械：剪板机、冲剪机、薄钢板法兰成型机、切角机、咬口机、压筋机、折方机、合缝机、振动式曲线剪板机、型钢切割机、卷圆机、圆弯头咬口机、角（扁）钢卷圆机、冲孔机、插条法兰机、螺旋卷管机、台钻、电焊和气焊设备、空气压缩机等。

② 工具：手用电动剪、手电钻、油漆喷枪、液压铆钉钳、拉铆枪、划针、冲子、铁锤、木锤、钢卷尺、钢直尺、角尺、量角器、划规等。

（3）作业条件

① 集中加工应具有宽敞、明亮、洁净、地面平整、不潮湿的厂房。

② 现场分散加工应具有能防雨雪、大风及结构牢固的设施。

③ 作业地点要有相应加工工艺的基本机具、设施及电源和可靠的安全装置，并配有消防器材。

④ 风管制作应有批准的图纸、经审查的大样图、系统图，并有施工员书面的技术质量及安全交底报告。

5.2.1.2 操作工艺

工艺流程如下。

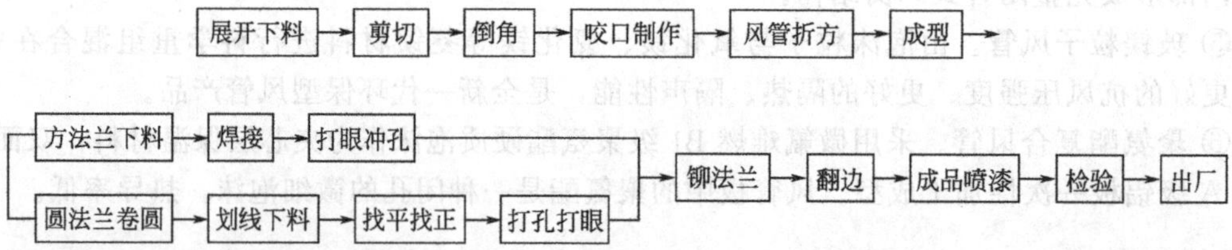

无设计要求时，镀锌风管成品不喷漆。

① 划线的基本线有直角线、垂直平分线、平行线、角平分线、直线等分、圆等分等。展开方法宜采用平行线法、放射线法和三角线法。根据图及大样风管不同的几何形状和规格，分别进行划线展开。

② 板材剪切必须进行下料的复核，以免有误，按划线形状用机械剪刀和手工剪刀进行剪切。

③ 剪切时，手严禁伸入机械压板空隙中。上刀架不允许放置工具等物品，调整板料时，脚不允许放在踏板上。使用固定式震动剪两手要扶稳钢板，手离刀口不得小于 50mm，用力均匀适当。

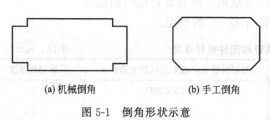

④ 板材下料后在轧口之前，必须用倒角机或剪刀进行倒角工作。倒角形状如图 5-1 所示。

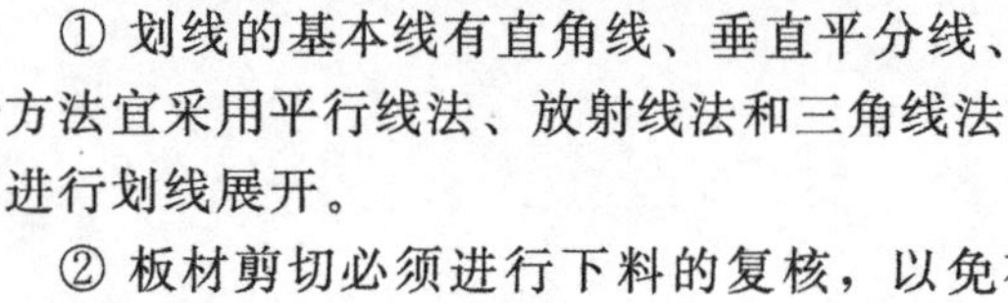

(a) 机械倒角　(b) 手工倒角

图 5-1　倒角形状示意

⑤ 金属薄板制作的风管采用咬口连接、焊接、铆钉连接等不同方法。不同板材咬接或焊接界限见表 5-8 规定。

a. 咬口宽度和留量根据板材厚度而定，应符合表5-9的要求。

表 5-8 金属风管的咬接或焊接界限

板厚/mm	材质		
	钢板(不包括镀锌钢板)	不锈钢板	铝板
δ≤1.0 1.0＜δ≤1.2	咬接	咬接	咬接
1.2＜δ≤1.5 δ＞1.5	焊接(电焊)	焊接(氩弧焊及电焊)	焊接(气焊或氩弧焊)

表 5-9 咬口宽度 单位：mm

钢板厚度	平咬口宽	角咬口宽
0.7 以下	6～8	6～7
0.7～0.9	8～10	7～8
0.9～1.2	10～12	8～9

b. 焊接时可采用气焊、电焊或接触焊，焊缝形式应根据风管的构造和焊接方法而定，可选用图 5-2 所示的几种形式。

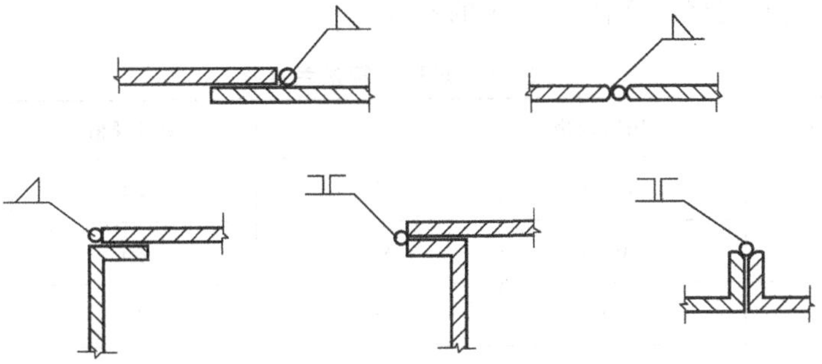

图 5-2 风管焊接示意

c. 铆钉连接时，必须使铆钉中心线垂直于板面，铆钉头应把板材压紧，使板缝密合并且铆钉排列整齐、均匀。

板材之间铆接，一般中间可不加垫料，设计有规定时，按设计要求进行。

⑥ 咬口连接根据使用范围选择咬口形式，适用范围可参照表 5-10。

表 5-10 常用咬口及其适用范围

形式	名称	适用范围
	单咬口	用于板材的拼接和圆形风管的闭合咬口
	立咬口	用于圆形弯管或直接的管节咬口
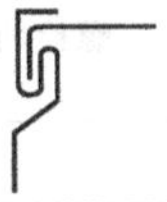	联合角咬口	用于矩形风管、弯管、三通管及四通管的咬接
	转角咬口	较多用于矩形直管的咬缝和有净化要求的空调系统，有时也用于弯管或三通管的转角咬口缝
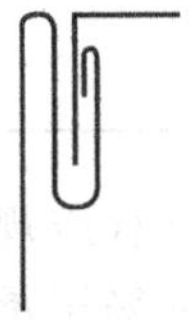	按扣式咬口	现在矩形风管大多采用此咬口，有时也用于弯管、三通管或四通管

⑦ 咬口时手指距滚轮护壳不小于50mm，手柄不允许放在咬口机轨道上，扶稳板料。

⑧ 咬口后的板料将折方线放在折方机上，置于下模的中心线。操作时使机械上刀片中心线与下模中心线重合，折成所需要的角度。

⑨ 折方时应互相配合并与折方机保持一定距离，以免被翻转的钢板或配重碰伤。

⑩ 制作圆风管时，将咬口两端拍成圆弧状放在卷圆机上卷圆，按风管直径规格适当调整上、下辊间距，操作时，手不得直接推送钢板。

⑪ 折方或卷圆后的钢板用合口机或手工进行合缝。制作时，用力均匀，不宜过重。单、双口确实咬合，无胀裂和半咬口现象。

⑫ 法兰加工。

a. 矩形风管法兰加工。

ⅰ. 方法兰由四根角钢组焊而成，划线下料时应注意使焊成后的法兰内径不能小于风管的外径，用型钢切割机按线切断。

ⅱ. 下料调直后放在冲床上冲铆钉孔及螺栓孔，孔距不应大于150mm。如采用阻燃密封胶条作为垫料时，螺栓孔距可适当增大，但不得超过300mm。

ⅲ. 冲孔后的角钢放在焊接平台上进行焊接，焊接时按各规格模具卡紧。

ⅳ. 矩形法兰用料规格应符合表5-11的规定。

表5-11　矩形风管法兰规格　　单位：mm

矩形风管大边长 b	法兰用料规格	螺栓规格	铆钉规格	螺栓间距
≤630	∟25×3	M6	$\phi 4$	中、低压系统≤150 高压系统≤100
630<b≤1500	∟30×4	M8	$\phi 5$	
1500<b≤2500	∟40×4	M8	$\phi 5$	
2500<b≤4000	∟50×5	M10	—	

注：矩形法兰的四角应设置螺孔。

b. 圆形法兰加工。

ⅰ. 先将整根角钢或扁钢放在冷煨法兰卷圆机上，按所需法兰直径调整机械的可调零件，卷成螺旋形状后取下。

ⅱ. 将卷好后的型钢划线割开，逐个放在平台上找平、找正。

ⅲ. 调整的各法兰进行焊接、冲孔。

ⅳ. 圆形风管法兰规格应符合表5-12的规定。

表5-12　圆形风管法兰规格　　单位：mm

圆形风管直径 D	法兰用料规格		螺栓规格	螺栓间距
	扁　钢	角　钢		
≤140	—20×4	—	M6	中、低压系统≤150 高压系统≤100
140<D≤280	—25×4	—		
280<D≤630	—	∟25×3		
630<D≤1250	—	∟30×4	M8	
1250<D≤2000	—	∟40×4		

c. 无法兰加工。无法兰连接风管的接口应采用机械加工，尺寸应正确、形状应规则，接口处应严密。无法兰矩形风管接口处的四角应有固定措施。风管无法兰连接可采用承插、插

条、薄钢板法兰弹簧夹等形式。

d. 不锈钢、铝板风管法兰用料规格应符合表 5-13 的规定。

表 5-13　法兰用料规格　　单位：mm

类　型	规　格	法兰用料规格		
		角　钢	扁　钢	
圆、矩形不锈钢风管	≤280 320～560 630～1000 1120～2000		—25×4 —30×4 —35×4 —40×4	
圆、矩形铝板风管	≤280 320～560 630～1000 1120～2000 >2000	∟ 30×4 ∟ 35×4 ∟ 40×4		—30×6 —35×8 —40×10 —40×12

在风管内铆法兰腰箍冲眼时，管外配合人员面部要避开冲孔。

⑬ 矩形风管边长大于或等于 630mm 和保温风管边长大于或等于 800mm 的，其管段长度在 1200mm 以上时均应采取加固措施。边长小于或等于 800mm 的风管，宜采用棱筋、棱线的方法加固。

中、高压风管的管段长度大于 1200mm 时，应采用加固框的形式加固。

高压风管的单咬口缝应有加强措施。

风管的板材厚度大于或等于 2mm 时，加固措施的范围可适当放宽。

风管的加固形式如图 5-3 所示。

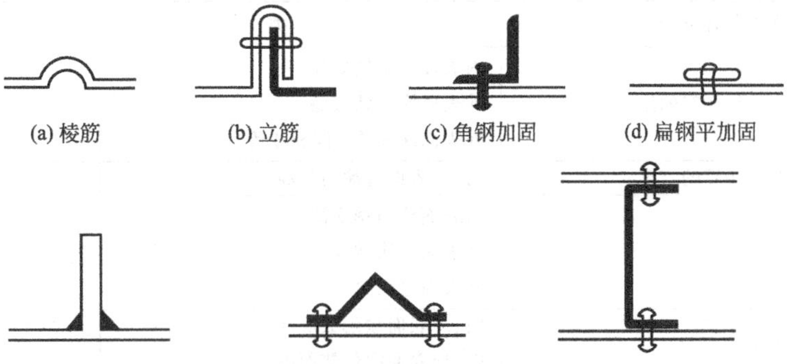

(a) 棱筋　(b) 立筋　(c) 角钢加固　(d) 扁钢平加固

(e) 扁钢立加固　(f) 加固筋　(g) 管内支撑

图 5-3　风管的加固形式

⑭ 风管与法兰组合成型时，风管与扁钢法兰可用翻边连接；与角钢法兰连接时，风管壁厚小于或等于 1.5mm 的可采用翻边铆接，铆钉规格及铆孔尺寸见表 5-14 的规定。

表 5-14　圆、矩形风管法兰铆钉规格及铆孔尺寸　　单位：mm

类　型	风管规格	铆钉尺寸	铆钉规格	类　型	风管规格	铆钉尺寸	铆钉规格
矩形法兰	120～630 800～2000	ϕ4.5 ϕ5.5	ϕ4×8 ϕ5×10	圆法兰	200～500 530～2000	ϕ4.5 ϕ5.5	ϕ4×8 ϕ5×10

风管壁厚大于 1.5mm 的可采用翻边点焊和沿风管管口周边满焊，点焊时法兰与管壁外表面贴合，满焊时法兰应伸出风管管口 4～5mm，为防止变形，可采用图 5-4 所示的方法。

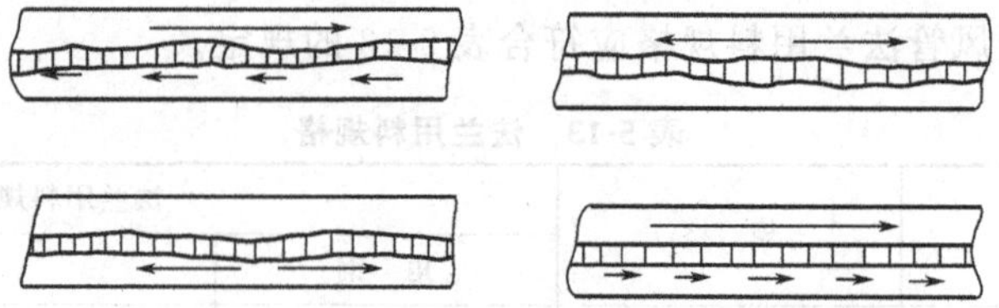

图 5-4　焊接方法示意

图 5-4 中表示常用的几种焊接顺序，大箭头指示总的焊接方向，小箭头表示局部分段的焊接方向。这样可以使焊件比较均匀地受热和冷却，从而减少变形。

⑮ 风管与法兰铆接前先进行技术质量复核，合格后将法兰套在风管上，管端留出 10mm 左右翻边量，管折方线与法兰平面应垂直，然后使用液压铆钉钳或手动夹眼钳用铆钉将风管与法兰铆固，并留出四周翻边。

⑯ 翻边应平整，不应遮住螺孔，四角应铲平，不应出现豁口，以免漏风。

⑰ 风管与小部件（嘴子、短支管等）连接处及三通、四通分支处要严密，缝隙处应利用锡焊或密封胶堵严以免漏风。使用锡焊熔锡时锡液不允许着水，防止飞溅伤人，盐酸要妥善保管。

⑱ 风管喷漆防腐不应在低温（不应低于 5℃）和潮湿（相对湿度不大于 85%）的环境下进行，喷漆前应清除表面灰尘、污垢与锈斑并保持干燥。喷漆时应使漆膜均匀，不得有堆积、漏涂、皱纹、气泡及混色等缺陷。

普通钢板在压口时必须先喷一道防锈漆，以使咬缝内不易生锈。

⑲ 薄钢板的防腐漆如设计无要求，可参照表 5-15 的规定执行。

表 5-15　薄钢板油漆

所输送的气体介质	油　漆　类　别	油漆遍数
不含有灰尘且温度不高于 70℃的空气	内表面涂防锈底漆	2
	外表面涂防锈底漆	1
	外表面涂面漆（调和漆等）	2
不含有灰尘且温度高于 70℃的空气	内、外表面各涂耐热漆	2
含有粉尘或粉屑空气	内表面涂防锈底漆	1
	外表面涂防锈底漆	1
	外表面涂面漆	2
含有腐蚀性介质的空气	内、外表面涂耐酸底漆	≥2
	内、外表面涂耐酸面漆	≥2

注：需保温的风管外表面不涂黏结剂时，宜涂防锈漆两道。

⑳ 风管成品检验后应按图中主干管、支管系统的顺序写出连接号码及工程简名，合理堆放码好，等待运输出厂。

5.2.1.3　质量标准

（1）保证项目

① 风管的规格、尺寸必须符合设计要求。

检验方法：尺量和观察检查。

② 风管咬缝必须紧密、宽度均匀，无孔洞、半咬口和胀裂等缺陷。直管纵向咬缝应错开。

检验方法：观察检查。

③ 风管焊缝严禁有烧穿、漏焊和裂纹等缺陷，纵向焊缝必须错开。

检验方法：观察检查。

(2) 基本项目

① 风管外观质量应达到折角平直，圆弧均匀，两端面平行，无翘角。表面凹凸不大于5mm；风管与法兰连接牢固，翻边平整，宽度不大于6mm，紧贴法兰。

检验方法：拉线、尺量和观察检查。

② 风管法兰孔距应符合设计要求和施工规范的规定，焊接应牢固，焊缝处不设置螺孔。螺孔具备互换性。

检验方法：尺量和观察检查。

③ 风管加固应牢固可靠、整齐，间距适宜，均匀对称。

检验方法：观察和手扳方法检查。

④ 不锈钢板、铝板风管表面应无刻痕、划痕、凹穴等缺陷。复合钢板风管表面无损伤。

检验方法：观察检查。

⑤ 铁皮插条法兰宽窄要一致，插入两管端后应牢固可靠。

检验方法：观察检查。

(3) 允许偏差项目

风管及法兰制作尺寸的允许偏差和检验方法应符合表5-16的规定。

表5-16 风管及法兰制作尺寸的允许偏差和检验方法

项次	项目		允许偏差/mm	检验方法
1	圆形风管外径	≤ϕ300mm	2	用尺量互成90°的直径
		>ϕ300mm	3	
2	矩形风管大边	≤300mm	2	尺量检查
		>300mm	3	
3	圆形法兰直径		2	用尺量互成90°的直径
4	矩形法兰边长		2	用尺量四边
5	矩形法兰两对角线之差		3	尺量检查
6	法兰平整度		2	法兰放在平台上，用塞尺检查
7	法兰焊缝对接处的平整度		1	

5.2.1.4 成品保护

① 要保持镀锌钢板表面光滑洁净，放在宽敞干燥的隔潮木垫架上，叠放整齐。

② 不锈钢板、铝板要立靠在木架上、不要平叠，以免拖动时刮伤表面。下料时应使用不产生划痕的划线工具，操作时应使用木锤或有橡胶套的锤子，不得使用铁锤，以免落锤点产生锈斑。

③ 法兰用料分类理顺码放，露天放置应采取防雨、雪措施，减少生锈现象。

④ 风管成品应码放在平整、无积水、宽敞的场地，不与其他材料、设备等混放在一起，并有防雨、雪措施。码放时应按系统编号，整齐、合理，便于装运。

⑤ 风管搬运装卸应轻拿轻放、防止损坏成品。

5.2.1.5 应注意的质量问题

金属风管制作时易产生的质量问题及防止措施参照表5-17。

表 5-17　风管制作时易产生的质量问题及防止措施

易产生的质量问题	防止措施
铆钉脱落	增强责任心，铆后检查 按工艺正确操作 加长铆钉
风管法兰连接不方	用方尺找正使法兰与直管棱垂直管口四边翻边量宽度一致
法兰翻边四角漏风	管片压口前要倒角 咬口重叠处翻边时铲平 四角不应出现豁口
管件连接孔洞	出现孔洞用焊锡或密封胶堵严
风管大边上下有不同程度下沉，两侧面小边稍向外凸出，有明显变形	按规范选用钢板厚度，咬口形式的采用应根据系统功能按规范进行加固
矩形风管扭曲、翘角	正确下料 板料咬口预留尺寸必须正确，保证咬口宽度一致
矩形弯头、圆形弯头角度不准确	正确展开下料
圆形风管不同心，圆形三通角度不准、咬合不严	正确展开下料

5.2.1.6　质量记录

（1）预检工程检查记录单。

（2）金属风管制作分项工程质量检验评定表。

5.2.2　非金属风管制作及安装

5.2.2.1　施工准备

（1）材料要求

① 所用的无机原料、玻璃纤维布及填充料等应符合设计要求。原料中填充料及含量应有法定检测部门的证明技术文件。

② 玻璃钢中玻璃纤维布的含量与规格应符合设计要求，玻璃纤维布应干燥、清洁，不得含蜡。

③ 所制成品的主要技术参数应符合国家有关试验规定。

（2）主要机具

各类胎具、料桶、刷子、不锈钢板尺、角尺、量角器、钻孔机。

（3）作业条件

① 集中加工应具有宽敞、明亮、洁净、通风、地面平整、不潮湿的厂房。

② 有一定的成品存放地并有防雨、雪、风且结构牢固的设施。

③ 作业点要有相应的加工用模具、设施电源、消防器材等。

④ 成品制作应有批准的图纸，经审查的大样图、系统图，并有负责人的书面技术质量和安全交底报告。

5.2.2.2　操作工艺

① 工艺流程如下。

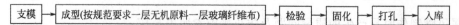

支模 → 成型(按规范要求一层无机原料一层玻璃纤维布) → 检验 → 固化 → 打孔 → 入库

② 按大样图选适当模具支在特定的架子上开始操作。风管用1∶1经纬线的玻璃纤维布增强，无机原料的质量分数为50%～60%。玻璃纤维布的铺置接缝应错开，无重叠现象。原料应涂刷均匀，不得漏涂。

③ 玻璃钢风管和配件壁厚及法兰规格应符合表5-18的规定。

表5-18 玻璃钢风管和配件壁厚及法兰规格 单位：mm

矩形风管大边尺寸	管壁厚度 δ	法兰规格 $a\times b$	矩形风管大边尺寸	管壁厚度 δ	法兰规格 $a\times b$
<500	2.5～3	40×10	1001～1500	4～4.5	50×14
501～1000	3～3.5	50×12	1501～2000	5	50×15

④ 法兰孔径：风管大边长小于或等于1250mm，孔径为9mm；风管大边长大于1250mm，孔径为11mm。

法兰孔距控制在110～130mm之内。

⑤ 法兰与风管应成一体，与壁面要垂直，与管轴线成直角。

⑥ 风管边宽大于2m（含2m）以上，单节长度不超过2m，中间增一道加强筋，加强筋材料可用50mm×5mm扁钢。

⑦ 所有支管一律在现场开口，三通口不得开在加强筋位置上。

⑧ 安装工艺如下。

ⅰ. 玻璃钢风管连接采用镀锌螺栓，螺栓与法兰接触处采用镀锌垫圈以增加其接触面。

ⅱ. 法兰中间垫料采用ϕ6～8mm石棉绳，若设计部门同意也可采用8501胶条垫料，尺寸为12mm×3mm。

ⅲ. 支吊托架形式及间距按下列标准执行：风管大边小于或等于1000mm，间距小于3m；风管大边大于1000mm，间距小于2.5m。

ⅳ. 因玻璃钢风管是固化成型且质量易受外界影响而变形，故支、托架规格要比法兰高一挡（表5-19），以加大受力接触面。

表5-19 支、托架规格 单位：mm

风管大边长	托盘	吊杆	风管大边长	托盘	吊杆
<500	40×4	ϕ8	1001～2000	50×5	ϕ10
501～1000	50×4	ϕ10	>2000	50×4.5	ϕ12

ⅴ. 风管大边大于2000mm，托盘采用5号槽钢，为加大受力接触面，要求槽钢托盘上面固定一铁皮条，规格为100mm(宽)×1.2mm(厚)。

ⅵ. 所有风管现场开洞、孔位置规格要正确，要求先打眼后开洞。

⑨ 验收每批产品之后，将检查结果上报监理工程师审核，不合格的产品不能用于工程安装，由供货单位或厂家进行处理。

⑩ 成品抽查率按系统的5%进行检验。

5.2.2.3 质量标准

① 玻璃钢风管内表面应平整光滑（手感好），外表面应整齐美观，厚度均匀，边缘无毛刺，不得有气泡（气孔）分层现象，外表面不得扭曲，不平度不大于3mm，内、外壁的直线度误差每1m不大于5mm。

② 法兰与风管应成一体与壁面要垂直，与管轴线成直角。垂直度误差不大于2mm。

③ 法兰自身表面应平整，平面度误差不大于2‰。

④ 法兰孔要打在法兰中心线（除去壁厚），并保证在一条直线上，误差不得超过2mm。

⑤ 风管两对角线之差不大于3mm。

⑥ 管表面气泡数量每$1m^2$不得多于5个，气泡单个面积不大于$10mm^2$。

⑦ 每节管可见裂纹，不得超过2处，裂纹不得超过管长的十分之一，裂纹距管边缘不得小于50mm，管件严禁有贯通性裂纹。

5.2.2.4 成品保护

① 每批产品应附有抽检试验报告和出厂合格证。运至现场的成品必须是合格产品。

② 运输时注意成品保护，不得碰撞摔损。成品存放地要平整并有遮阳防雨措施。码放时总高度不得超3m，上面无重物。

③ 运至工地的风管及管件应有统一正确的安装顺序编号及编号图。

5.2.2.5 应注意的质量问题

① 支、吊、托架的预埋件或膨胀螺栓位置应正确，牢固可靠，不得设在风口或其他开口处。

② 法兰垫料不得凸出法兰外面，连接法兰的螺栓拉力要均匀，方向要一致（螺母在同一侧），以免螺孔受损。

③ 风管在安装时不得碰撞或从架上摔下，连接后不得出现明显扭曲。

5.2.2.6 质量记录

① 进场设备检验记录表。

② 预检工程检查记录单。

③ 隐蔽工程检查记录。

5.2.3 风管及部件安装

5.2.3.1 施工准备

（1）材料要求及主要机具

① 各种安装材料产品应具有出厂合格证明书或质量鉴定文件及产品清单。

② 风管成品不允许有变形、扭曲、开裂、孔洞、法兰脱落、法兰开焊、漏铆、漏打螺栓孔等缺陷。

③ 安装的阀体、消声器、罩体、风口等部件应检查调节装置是否灵活，消声片、油漆层有无损伤。

④ 安装使用的螺栓、螺母、垫圈、垫料、自攻螺钉、铆钉、拉铆钉、电焊条、气焊条、焊丝、石棉布、帆布、膨胀螺栓等，都应符合产品质量要求。

⑤ 工具及劳动保护用品：手锤、电锤、手电钻、手锯、电动双刃剪、电动砂轮锯、角向砂轮锯、台钻、电焊具、气焊具、扳手、螺丝刀、木锤、拍板、手剪、倒链、高凳、滑轮绳索、尖冲、錾子、射钉枪、刷子、安全帽、安全带等。

（2）作业条件

① 一般送排风系统和空调系统的安装，要在建筑物围护结构施工完，安装部位的障碍物已清理，地面无杂物的条件下进行。

② 对空气洁净系统的安装，应在建筑物内部安装部位的地面做好，墙面已抹灰完毕，室内无灰尘飞扬，或有防尘措施的条件下进行。

③ 一般除尘系统风管安装，宜在厂房的工艺设备安装完或设备基础已确定，设备的连接

管、罩体方位已知的情况下进行。

④ 检查现场结构预留孔洞的位置、尺寸是否符合图纸要求，有无遗漏现象，预留的孔洞应比风管实际截面每边尺寸大 100mm。

⑤ 作业地点要有相应的辅助设施，如梯子、架子等，及电源和安全防护装置、消防器材等。

⑥ 风管安装应有设计的图纸及大样图，并有施工员的技术质量和安全交底报告。

5.2.3.2 操作工艺

(1) 工艺流程

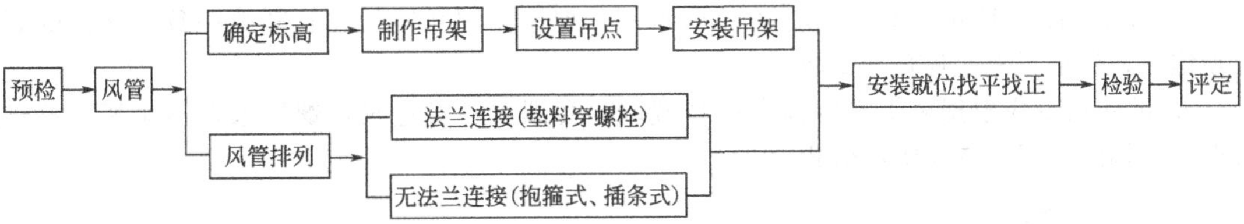

(2) 确定标高

按照设计图纸并参照土建基准线找出风管标高。

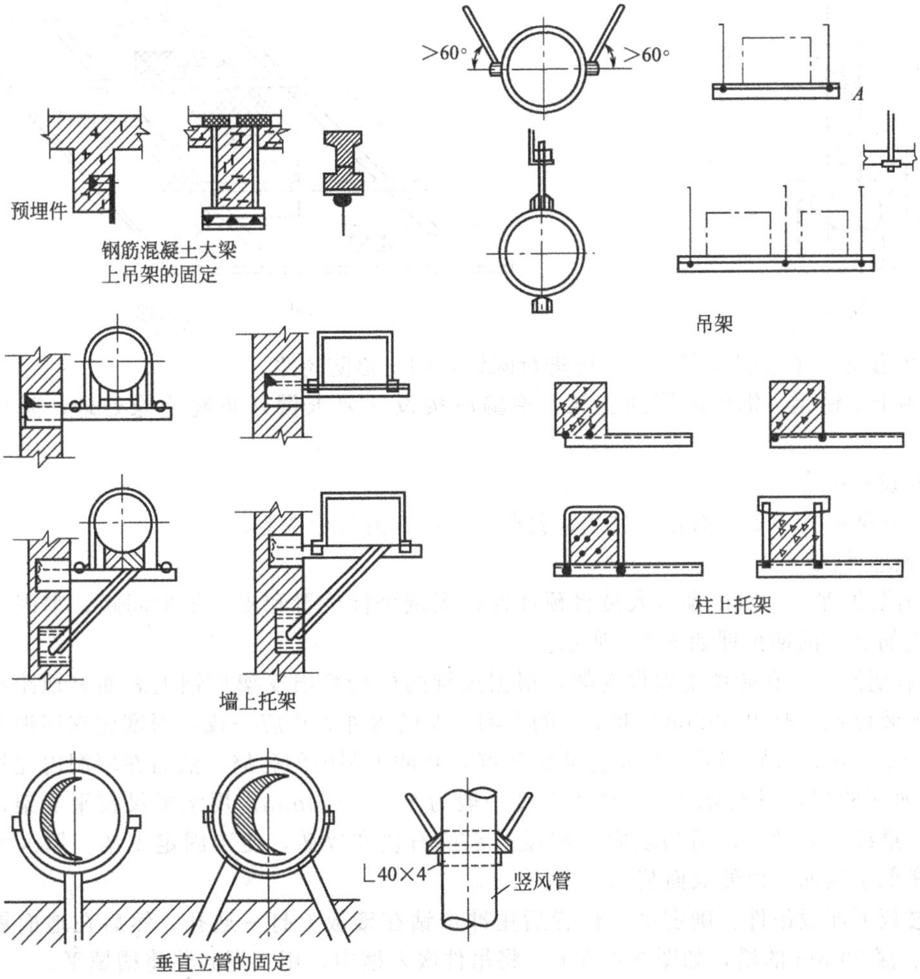

图 5-5 风管支、吊架形式

(3) 制作吊架

① 标高确定后，按照风管系统所在的空间位置，确定风管支、吊架形式，如图 5-5 所示。

② 风管支、吊架的制作应按照规定用料规格和做法制作。

③ 风管支、吊架的制作应注意的问题如下。

a. 支架的悬臂、吊架的吊铁采用角钢或槽钢制成；斜撑的材料为角钢；吊杆采用圆钢；扁铁用来制作抱箍。

b. 支、吊架在制作前，首先要对型钢进行矫正，矫正的方法分冷矫正和热矫正两种。小型钢材一般采用冷矫正。较大的型钢需加热到 900℃左右进行热矫正。矫正的顺序应先矫正扭曲、后矫正弯曲。

c. 钢材切断和打孔，不应使用氧-乙炔切割。抱箍的圆弧应与风管圆弧一致。支架的焊缝必须饱满，保证具有足够的承载能力。

d. 吊杆圆钢应根据风管安装标高适当截取。套螺纹不宜过长，螺纹末端不应超出托盘最低点。挂钩应煨成图 5-6 所示形式。

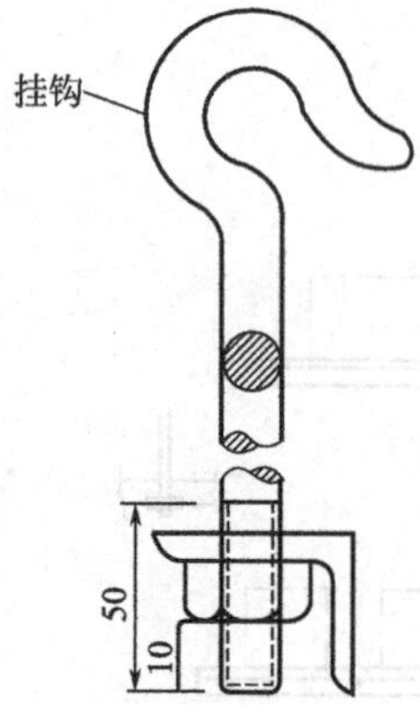

图 5-6　挂钩示意

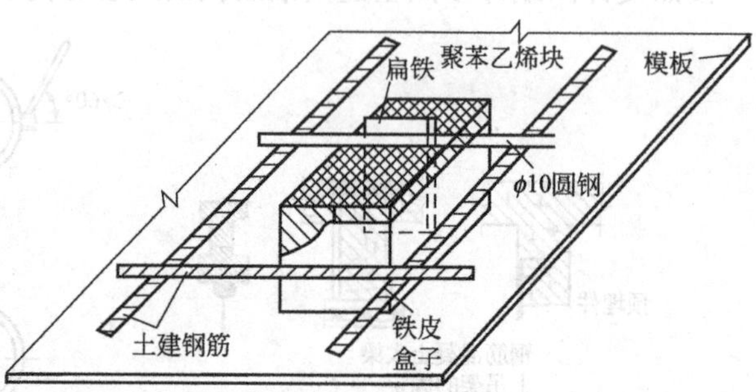

图 5-7　前期预埋

e. 风管支、吊架制作完毕后，应进行除锈，刷一道防锈漆。

f. 用于不锈钢、铝板风管的支架，抱箍应按设计要求做好防腐绝缘处理，防止电化学腐蚀。

(4) 设置吊点

根据吊架形式设置，有预埋件法、膨胀螺栓法、射钉枪法等。

① 预埋件法

a. 前期预埋　一般由预留人员将预埋件按图纸坐标位置和支、吊架间距，牢固固定在土建结构钢筋上。前期预埋如图 5-7 所示。

b. 后期预埋　在砖墙上埋设支架：根据风管的标高算出支架型钢上表面离地距离，找到正确的安装位置，打出 80mm×80mm 的方洞。洞的内外大小应一致，深度比支架埋进墙的深度大 30～50mm。打好洞后，用水把墙洞浇湿，并冲出洞内的砖屑。然后在墙洞内先填塞一部分 1∶2 水泥砂浆，把支架埋入，埋入深度一般为 150～200mm。用水平尺校平支架，调整埋入深度，继续填塞砂浆，适当填塞一些浸过水的石块和碎砖，便于固定支架。填入水泥砂浆时，应稍低于墙面，以便墙面装修。

在楼板下埋设吊件：确定吊卡位置后用冲击钻在楼板上打一通孔，然后在地面剔一个长 300mm、深 20mm 的槽，如图 5-8 所示。将吊件嵌入槽中，用水泥砂浆将槽填平。

② 膨胀螺栓法　特点是施工灵活，准确、快速，如图 5-9 所示。

③ 射钉枪法　其特点同膨胀螺栓，使用时应特别注意安全（图 5-10）。

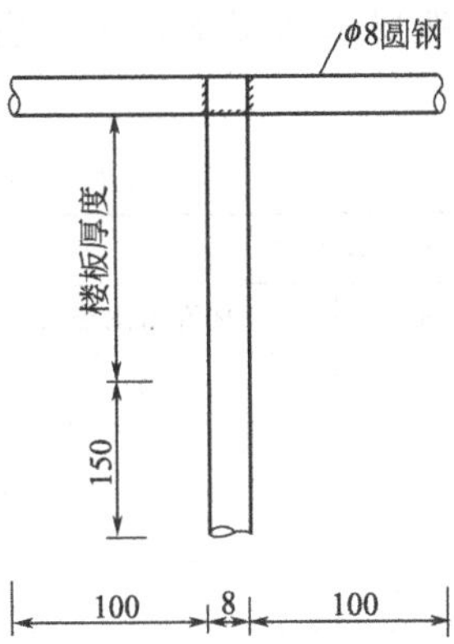

图 5-8　槽示意

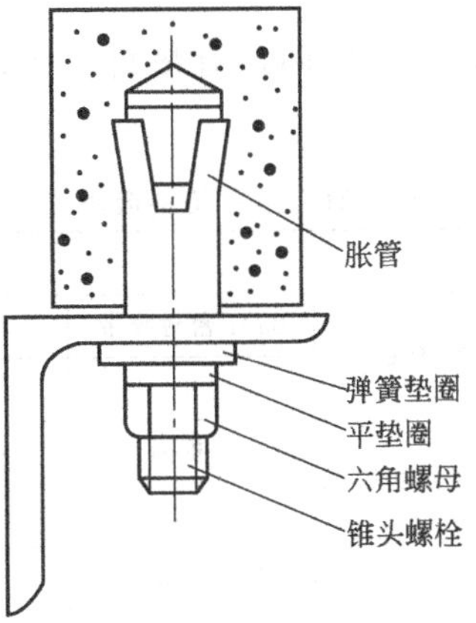

图 5-9　膨胀螺栓法

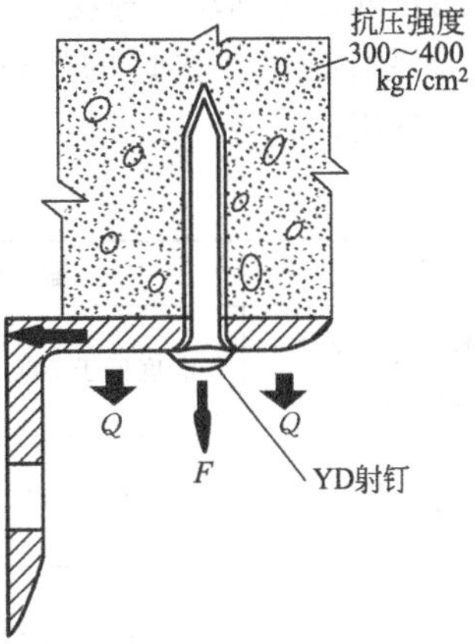

图 5-10　射钉枪法

注：$1kgf/cm^2 = 98.0665kPa$。

(5) 安装吊架

① 按风管的中心线找出吊杆敷设位置，单吊杆在风管的中心线上，双吊杆可以按托盘的螺孔间距或风管的中心线对称安装。

② 吊杆根据吊件形式可以焊在吊件上，也可挂在吊件上。焊接后应涂防锈漆。

③ 立管管卡安装时，应先把最上面的一个管件固定好，再用线锤在中心处吊线，下面的管卡即可按线进行固定。

④ 当风管较长时，需要安装一排支架时，可先把两端的安好，然后以两端的支架为基准，用拉线法找出中间支架的标高进行安装。

⑤ 吊杆应平直、螺纹完整。吊杆需拼接时可采用螺纹连接或焊接。连接螺纹应长于吊杆直径 3 倍，焊接宜采用搭接，搭接长度应大于吊杆直径的 8 倍，并两侧焊接。

⑥ 支、吊架安装应注意的问题如下。

a. 风管安装，管道较长时，应在适当位置增设吊架防止摆动。

b. 支、吊架的标高必须正确，如圆形风管管径由大变小，为保证风管中心线水平，支架型钢上表面标高应相应提高。对于有坡度要求的风管，托架的标高也应按风管的坡度要求安装。

c. 风管支、吊架间距如无设计要求时，对于不保温风管应符合表 5-20 的要求，对于保温风管，支、吊架间距无设计要求时按表中间距要求值乘以 0.85。螺旋风管的支、吊架间距可适当增大。

表 5-20　支、吊架间距　　单位：m

风管直径或长边尺寸 b/mm	水平安装间距	垂直安装间距	薄钢板法兰风管安装间距	螺旋风管安装间距
$b \leqslant 400$	≤4	≤4	≤3	≤5
$b > 400$	≤3	≤4	≤3	≤3.75

d. 支、吊架的预埋件或膨胀螺栓埋入部分不得涂漆，并应除去油污。

e. 支、吊架不得安装在风口、阀门、检查孔等处，以免妨碍操作。吊架不得直接吊在法兰上。

f. 保温风管的支、吊装置宜放在保温层外部，但不得损坏保温层。

g. 保温风管不能直接与支、吊、托架接触，应垫上坚固的隔热材料，其厚度与保温层相同，防止产生“冷桥”。

(6) 风管排列法兰连接

① 为保证法兰接口的严密性，法兰之间应有垫料。在无特殊要求情况下，法兰垫料按表 5-21选用。

表 5-21　法兰垫料选用　　单位：mm

应用系统	输送介质	垫料材质及厚度		
一般空调系统及送排风系统	温度低于 70℃的洁净空气	8501 密封胶带	软橡胶板	闭孔海绵橡胶板
		3	2.5～3	4～5
高温系统	温度高于 70℃的空气或烟气	石棉绳	耐热胶板	
		$\phi 8$	3	
化工系统	含有腐蚀性介质的气体	耐酸橡胶板	软聚氯乙烯板	
		2.5～3	2.5～3	
洁净系统	有净化等级要求的洁净空气	橡胶板	闭孔海绵橡胶板	
		5	5	
塑料风道	含腐蚀性气体	软聚氯乙烯板		
		3～6		

② 垫法兰垫料应注意的问题如下。

a. 了解各种垫料的使用范围，避免用错垫料。

b. 擦拭掉法兰表面的异物和积水。

c. 法兰垫料不能挤入或凸入管内，否则会增大流动阻力，增加管内积尘。

d. 空气洁净系统严禁使用石棉绳等易产生粉尘的材料。法兰垫料应尽量减少接头，接头应采用梯形或榫形连接，并涂胶粘牢。法兰均匀压紧后的垫料宽度，应与风管内壁取平。

e. 法兰连接后严禁向法兰缝隙填塞垫料。

③ 垫料 8501 密封胶带使用方法如下。

a. 将风管法兰表面的异物和积水清理掉。

b. 从法兰一角开始粘贴胶带，胶带端头应略长于法兰。

c. 沿法兰均匀平整地粘贴，并在粘贴过程中用手将其按实，不得脱落，接口处要严密，各部位均不得凸入风管内。

d. 沿法兰粘贴一周后与起端交叉搭接，剪去多余部分。

e. 剥去隔离纸。

④ 法兰连接时，按设计要求规定垫料，把两个法兰先对正，穿上几条螺栓并上螺母，暂时不要上紧。然后用尖冲塞进穿不上螺栓的螺孔中，把两个螺孔撬正，直到所有螺栓都穿上后，再把螺栓拧紧。为了避免螺栓滑扣，紧螺栓时应按十字交叉逐步均匀地拧紧。连接好的风管，应以两端法兰为准，拉线检查风管连接是否平直。

⑤ 法兰连接应注意的问题。

a. 法兰如有破损（开焊、变形等）应及时更换，修理。

b. 连接法兰的螺母应在同一侧。

c. 不锈钢风管法兰连接的螺栓，宜用同材质的不锈钢制成，如用普通碳素钢，应按设计要求喷涂涂料。

d. 铝板风管法兰连接应采用镀锌螺栓，并在法兰两侧垫镀锌垫圈。

(7) 风管排列无法兰连接

① 抱箍式连接　主要用于钢板圆风管和螺旋风管连接，先把每一管段的两端轧制出鼓筋，

并使其一端缩为小口。安装时按气流方向把小口插入大口，外面用钢制抱箍将两个管端的鼓筋抱紧连接，最后用螺栓穿在耳环中固定拧紧，如图 5-11 所示。

② 插接式连接　主要用于矩形或圆形风管连接。先制作连接管，然后插入两侧风管，再用自攻螺钉或拉铆钉将其紧密固定，如图 5-12 所示。

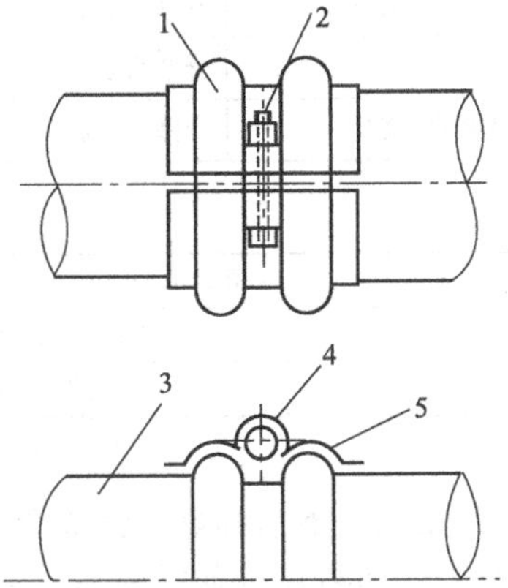

图 5-11　抱箍式连接示意

1,5—外抱箍；2—连接螺栓；3—风管；4—耳环

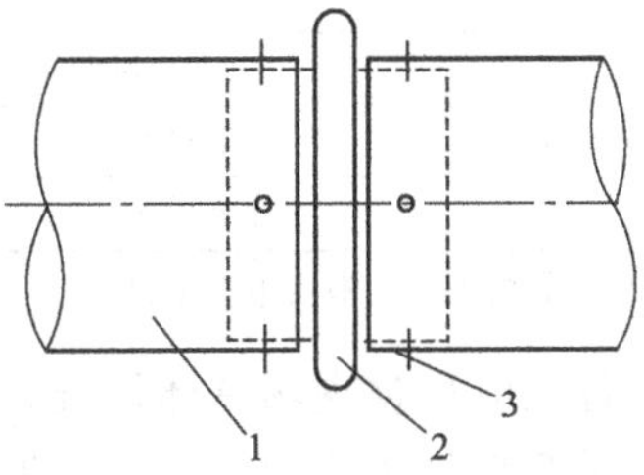

图 5-12　插接式连接示意

1—风管；2—内接管；3—自攻螺钉

③ 插条式连接　主要用于矩形风管连接。该方法将不同形式的插条插入风管两端，然后压实，其形状和接管方法如图 5-13 所示。

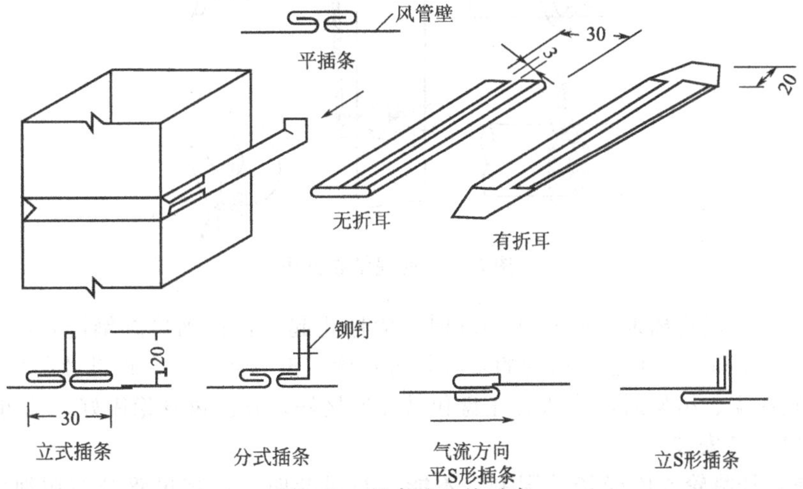

图 5-13　插条式连接示意

④ 软管式连接　主要用于风管与部件（如散流器、静压箱侧送风口等）的相连。安装时，软管两端套在连接的管外，然后用特制软卡把软管箍紧。

（8）风管安装

根据施工现场情况，可以在地面连成一定的长度，然后采用吊装的方法就位；也可以把风管一节一节地放在支架上逐节连接。一般安装顺序是先干管后支管。具体安装方法参照表 5-22和表 5-23。

（9）风管接长吊装

该法是将在地面上连接好的风管，一般可接长至 10～20m，用倒链或滑轮将风管升至吊架上的方法。风管吊装步骤如下。

表 5-22 水平管安装方式

项目		(单层)厂房、礼堂、剧场(多层)厂房、建筑			
		风管标高≤3.5m	风管标高>3.5m	走廊风管	穿墙风管
主风管	安装方式	整体吊装	分节吊装	整体吊装	分节吊装
	安装机具	升降机、倒链	升降机、脚手架	升降机、倒链	升降机、高凳
支风管	安装方式	分节吊装	分节吊装	分节吊装	分节吊装
	安装机具	升降机、高凳	升降机、脚手架	升降机、高凳	升降机、高凳

表 5-23 立风管安装方式

项目	风管标高≤3.5m		风管标高>3.5m	
室内	分节吊装	滑轮、高凳	分节吊装	滑轮、脚手架
室外	分节吊装	滑轮、脚手架	分节吊装	滑轮、脚手架

注：竖风管的安装一般由下至上进行。

① 首先应根据现场具体情况，在梁柱上选择两个可靠的吊点，然后挂好倒链或滑轮。

② 用麻绳将风管捆绑结实。麻绳结扣方法如图 5-14 所示。塑料风管如需整体吊装时，绳索不得直接捆绑在风管上，应用长木板托住风管的底部，四周应有软性材料垫层，方可起吊。

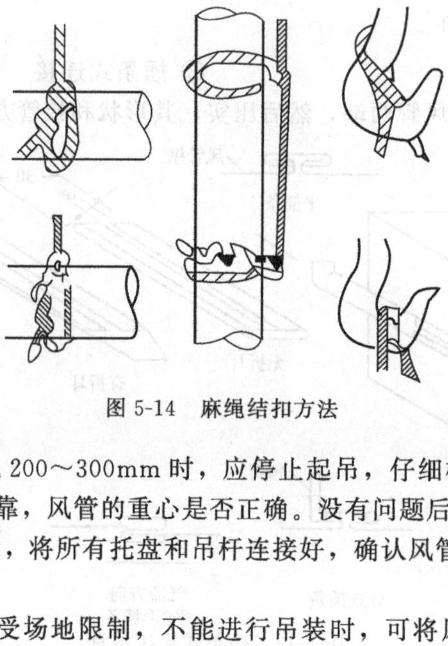

图 5-14 麻绳结扣方法

③ 起吊时，当风管离地 200～300mm 时，应停止起吊，仔细检查倒链式滑轮受力点和捆绑风管的绳索、绳扣是否牢靠，风管的重心是否正确。没有问题后，再继续起吊。

④ 风管放在支、吊架后，将所有托盘和吊杆连接好，确认风管稳固好，才可以解开绳扣。

(10) 风管分节安装

对于不便悬挂滑轮或因受场地限制，不能进行吊装时，可将风管分节用绳索拉到脚手架上，然后抬到支架上对正法兰逐节安装。

(11) 风管安装时应注意的安全问题

① 起吊时，严禁人员在被吊风管下方，风管上严禁站人。

② 应检查风管内、上表面有无重物，以防起吊时坠物伤人。

③ 对于较长风管，起吊速度应同步，首尾呼应，防止由于一头过高，中段风管法兰受力大而造成风管变形。

④ 抬到支架上的风管应及时安装，不能放置太久。

⑤ 对于暂时不安装的孔洞不要提前打开；暂停施工时，应加盖板，以防坠人坠物事故发生。

⑥ 使用梯子不得缺档，不得垫高使用。使用梯子的上端要扎牢，下端采取防滑措施。

⑦ 送风支管与总管采用直管形式连接时，插管接口处应设导流装置。

(12) 部件安装

① 风管各类调节装置应安装在便于操作的部位。

② 防火阀安装，方向位置应正确，易熔件应迎气流方向。排烟阀手动装置（预埋导管）不得出现死弯及瘪管现象。

③ 止回阀宜安装在风机压出端，开启方向必须与气流方向一致。

④ 变风量末端装置安装，应设独立支、吊架，与风管接前应进行动作试验。

⑤ 各类排气罩安装宜在设备就位后进行。风帽滴水盘或槽安装要牢固，不得渗漏。凝结水应引流到指定位置。

⑥ 手动密闭阀安装时阀门上标志的箭头方向应与受冲击波方向一致。

5.2.3.3 质量标准

(1) 保证项目

① 安装必须牢固，位置、标高和走向符合设计要求，部件方向正确，操作方便。防火阀检查孔的位置必须设在便于操作的部位。

检验方法：观察检查。

② 支、吊、托架的形式、规格、位置、间距及固定必须符合设计要求和施工规范规定，严禁设在风口、阀门及检视门处。不锈钢、铝板风管采用碳素钢支架必须进行防腐绝缘及隔绝处理。

检验方法：观察、尺量和手扳检查。

③ 铝板风管的法兰连接螺栓必须镀锌，并在法兰两侧垫镀锌垫圈。

检验方法：观察检查。

④ 斜插板阀垂直安装时，阀板必须向上拉启；水平安装时，阀板顺气流方向插入，阀板不应向下拉启。

检验方法：观察检查。

⑤ 风帽安装必须牢固，风管与屋面交接处严禁漏水。

检验方法：观察和泼水检查。

⑥ 洁净系统风管连接必须严密不漏；法兰垫料及接头方法必须符合设计要求和施工规范规定。

检验方法：观察检查。

⑦ 洁净系统柔性短管所采用的材料，必须不产尘、不透气，内壁光滑；柔性短管与风管、设备的连接必须严密不漏。

检验方法：灯光和观察检查。

⑧ 洁净系统风管，静压箱安装后内壁必须清洁，无浮尘、油污、锈蚀及杂物等。

检验方法：白绸布擦拭或观察检查。

(2) 基本项目

① 输送产生凝结水或含有潮湿空气的风管安装坡度符合设计要求，底部的接缝均进行密封处理。接缝表面平整美观。

检验方法：尺量和观察检查。

② 风管的法兰连接对接平行、严密，螺栓紧固。螺栓露出长度适宜、一致，同一管段的法兰螺母在同一侧。

检验方法：扳手拧试和观察检查。

③ 风口安装位置正确，外露部分平整美观，同一房间内标高一致，排列整齐。

检验方法：观察和尺量检查。

④ 柔性短管松紧适宜，长度符合设计要求和施工规范规定，无开裂和扭曲现象。

检验方法：尺量和观察检查。

⑤ 罩类安装位置正确，排列整齐，牢固可靠。

检验方选：尺量和观察检查。

(3) 允许偏差项目

允许偏差项目见表 5-24。

表 5-24 风管、风口安装的允许偏差和检验方法

项次	项目			允许偏差/mm	检验方法
1	明装风管	水平度	每米	3	拉线、液体连通器和尺量检查
			总偏差	20	
2		垂直度	每米	2	吊线和尺量检查
			总偏差	20	
3	单个风口	水平度		3‰	拉线、液体连通器和尺量检查
		垂直度		2‰	吊线和尺量检查

注：暗装风管位置应正确，无明显偏差。

5.2.3.4 成品保护

① 安装完的风管要保证风管表面光滑洁净，室外风管应有防雨防雪措施。

② 暂停施工的系统风管，应将风管开口处封闭，防止杂物进入。

③ 风管伸入结构风道时，其末端应安装上钢板网，以防止系统运行时，杂物进入金属风管内。

④ 交叉作业较多的场地，严禁以安装完的风管作为支、吊、托架，不允许将其他支、吊架焊在或挂在风管法兰和风管支、吊架上。

⑤ 运输和安装不锈钢、铝板风管时，应避免产生刮伤表面现象。安装时，尽量减少与铁质物品接触。

⑥ 运输和安装阀件时，应避免由于碰撞而产生的执行机构和叶片变形。露天堆放应有防雨、雪措施。

5.2.3.5 应注意的质量问题

风管与部件安装过程中应注意的质量问题见表 5-25。

表 5-25 风管与部件安装应注意的质量问题

常产生的质量问题	防治措施
支、吊架不刷漆、吊杆过长	增强责任心，制完后应及时刷漆，吊杆截取时应仔细核对标高
支、吊架间距过大	贯彻规范，安装完后，认真复查有无间距过大现象
法兰、腰箍开焊	安装前仔细检查，发现问题，及时修理
螺栓漏穿，不紧、松动	增加责任心，法兰孔距应及时调整
帆布口过长，扭曲	铆接帆布应拉直、对正，铁皮条要压紧帆布，不要漏铆
修改管、铆钉孔未堵	修改后应用锡焊或密封胶堵严
垫料脱落	严格按工艺操作，法兰表面应清洁
净化垫料不涂密封胶	认真学习规范
防火阀动作不灵活	阀片阀体不得碰擦，检查执行机构与易熔片
各类风口不灵活	叶片应平行、牢固，不与外框碰擦
风口安装不合要求	严格执行规程规范对风口安装的要求

5.2.3.6　质量记录

① 风管及部件安装分项工程质量检验评定表。

② 预检工程检查记录表。

③ 隐蔽工程检查记录。

④ 自互检记录。

⑤ 风管漏风检测记录。

5.2.4　风机盘管及诱导器安装

5.2.4.1　施工准备

(1) 材料要求及主要机具

① 所采用的风机盘管、诱导器、设备应具有出厂合格证明书或质量鉴定文件。

② 风机盘管、诱导器设备的结构形式、安装形式、出口方向、进水位置应符合设计安装要求。

③ 设备安装所使用的主料和辅料规格、型号应符合设计规定，并具有出厂合格证。

④ 电锤、手电钻、活扳手、套筒扳手、钢锯、管钳子、手锤、台虎钳、丝锥、套丝板、水平尺、线坠、手压泵、压力案子、气焊工具等。

(2) 作业条件

① 风机盘管、诱导器和主、副材料已运抵现场，安装所需工具已准备齐全，且有安装前检测用的场地、水源、电源。

② 建筑结构工程施工完毕，屋顶做完防水层，室内墙面、地面抹完。

③ 安装位置尺寸符合设计要求，空调系统干管安装完毕，接往风机盘管的支管预留管口位置标高符合要求。

5.2.4.2　操作工艺

① 工艺流程如下。

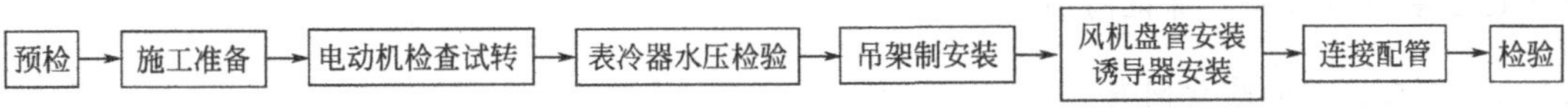

② 风机盘管在安装前应检查每台电动机壳体及表面交换器有无损伤、锈蚀等缺陷。

③ 风机盘管和诱导器应每台进行通电试验检查，机械部分不得摩擦，电气部分不得漏电。

④ 风机盘管和诱导器应逐台进行水压试验，试验强度应为工作压力的 1.5 倍，定压后观察 2～3min 不渗不漏。

⑤ 卧式吊装风机盘管和诱导器，吊架安装平整牢固，位置正确。吊杆不应自由摆动，吊杆与托盘的连接应用双螺母紧固找平正。

⑥ 诱导器安装前必须逐台进行质量检查，检查项目如下。

a. 各连接部分不能有松动、变形和产生破裂等情况；喷嘴不能脱落、堵塞。

b. 静压箱封头处缝隙密封材料不能有裂痕和脱落；一次风调节阀必须灵活可靠，并调到全开位置。

⑦ 诱导器经检查合格后按设计要求的型号就位安装，并检查喷嘴型号是否正确。

a. 暗装卧式诱导器应由支、吊架固定，并便于拆卸和维修。

b. 诱导器与一次风管连接处应严密，防止漏风。

c. 诱导器水管接头方向和回风面朝向应符合设计要求。立式双面回风诱导器为利于回风，靠墙一面应留 50mm 以上空间。卧式双回风诱导器，要保证靠楼板一面留有足够空间。

⑧ 冷热介质水管与风机盘管、诱导器连接采用钢管或紫铜管，接管应平直。紧固时应用扳手卡住六方接头，以防损坏铜管。凝结水管宜软性连接，软管长度不大于 300mm，材质宜用透明胶管并用喉箍紧固，严禁渗漏，坡度应正确，凝结水应能畅通地流到指定位置，水盘应无积水现象。

⑨ 风机盘管、诱导器同冷热介质管连接，应在管道系统冲洗排污后再连接，以防堵塞热交换器。

⑩ 暗装的卧式风机盘管，吊顶应留有活动检查门，便于机组能整体拆卸和维修。

5.2.4.3 质量标准

(1) 保证项目

① 风机盘管、诱导器安装必须平稳、牢固。

检验方法：用水平尺和线坠测量。

② 风机盘管、诱导器与进出水管的连接严禁渗漏，凝结水管的坡度必须符合排水要求，与风口及回风室的连接必须严密。

检验方法：尺量，观察检查和检查试验记录。

(2) 基本项目

风机盘管、诱导器风口连接严密不得漏风。

检验方法：观察检查。

5.2.4.4 成品保护

① 风机盘管和诱导器运至现场后要采取措施，妥善保管，码放整齐。应有防雨、防雪措施。

② 冬期施工时，风机盘管水压试验后必须随即将水排放干净，以防冻坏设备。

③ 风机盘管诱导器安装施工要随运随装，与其他工种交叉作业时要注意成品保护，防止碰坏。

④ 立式暗装风机盘管，安装完后要配合好土建安装保护罩。屋面喷浆前应采取防护措施，保护已安装好的设备，保证清洁。

5.2.4.5 应注意的质量问题

应注意的质量问题见表 5-26。

表 5-26 常见质量问题及防治措施

常产生的质量问题	防治措施
冬季施工易冻坏表面交换器	试水压后必须将水放净以防冻坏
风机盘管运输时易碰坏	搬运时单排码放、轻装轻卸
风机盘管表冷器易堵塞	风机盘管和管道连接后未经冲洗排污，不得投入运行以防堵塞
风机盘管结水盘易堵塞	风机盘管运行前应清理结水盘内杂物保证凝结水畅通

5.2.4.6 质量记录

(1) 空气处理室制作与安装分项工程质量检验评定表。

(2) 自检、互检记录。

(3) 预检工程检查记录单。

(4) 进场设备检验记录表。

5.2.5 空气处理室安装

5.2.5.1 施工准备

(1) 材料要求及主要机具

① 安装过程中所使用的各类型材、垫料、五金用品应有出厂合格证或有关证明文件。

② 除上述证明文件还应进行外观检查、无严重损伤及锈蚀等缺陷。

③ 法兰连接使用的垫料应按照设计要求选用，并满足防火、防潮、耐腐蚀性能的要求。

④ 其他安装所使用的材料不能因具有质量问题影响安装质量及使用效果。

⑤ 应备工具：卷扬机、地牛车、倒链、滑轮、绳索、钢直尺、角尺、活动扳手、钢丝钳、螺丝刀、线坠、钢卷尺、水平尺、木锤、铁锤等。

(2) 作业条件

① 安装前检查现场，应具备足够的运输空间。

② 安装前应清理干净安装地点，并无其他管道或设备妨碍。

③ 设备型号、设备基础尺寸及位置应符合设计要求。

④ 与建设单位共同进行设备的开箱检验，设备所带备、配件应齐备有效。随设备所带资料和产品合格证应完备。进口设备必须具有商检部门的检验合格文件。

⑤ 做好开箱检查记录。

5.2.5.2 操作工艺

(1) 工艺流程

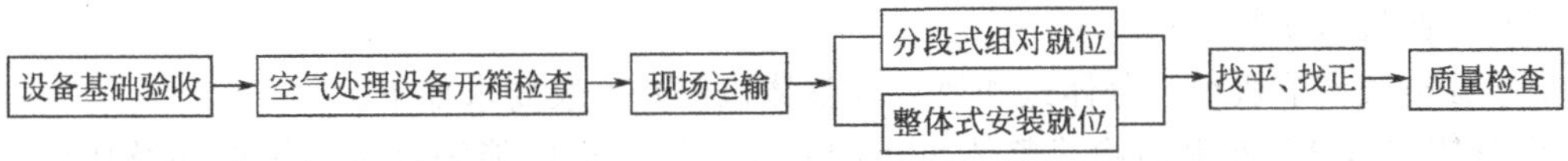

(2) 设备开箱检查

① 会同建设单位和设备供应部门共同进行开箱检查。

② 开箱前先核对箱号、箱数量是否与单据提供的相符，然后对包装情况进行检查，有无损坏与受潮等。

③ 开箱后认真检查设备名称、规格、型号是否符合设计图纸要求；产品说明书、合格证是否齐全。

④ 按装箱清单和设备技术文件，检查主机附件、专用工具等是否齐全，设备表面有无缺陷、损坏、锈蚀、受潮等现象。

⑤ 打开设备活动面板，用手盘动风机有无叶轮与机壳相碰的金属摩擦声，风机减振部分是否符合要求。

⑥ 将检验结果做好记录，参与开箱检查责任人员签字盖章，作为交接资料和设备技术档案依据。

(3) 设备现场运输

① 设备水平搬运时应尽量采用小拖车运输。

② 设备起吊时，应在设备的起吊点着力，吊装无吊点时，起吊点应设在金属空调箱的基座主梁上。

(4) 空调机组分段组对安装

组合式空调机组是指不带冷、热源，用水、蒸汽为介质，以功能段为组合单元的定型产品，安装时按下列步骤进行。

① 安装时首先检查金属空调箱各段体与设计图纸是否相符，各段体内所安装的设备、部件是否完备无损，配件必须齐全。

② 准备好安装所用的螺栓、衬垫等材料和必需的工具。

③ 安装现场必须平整，加工好的空调箱槽钢底座就位（或浇注的混凝土墩）并找正找平。

④ 当现场有几台空调箱安装时，注意不要将段位拉错，分清左式、右式（视线顺气流方向观察或按厂家说明书）。段体的排列顺序必须与图纸相符。安装前对各段体进行编号。

⑤ 从空调设备上的一端开始，逐一将段体抬上底座校正位置后，加上衬垫，将相邻的两个段体用螺栓连接严密牢固。每连接一个段体前，将内部清除干净。

⑥ 与加热段相连接的段体，应采用耐热衬垫，表面或换热器之间的缝隙应用耐热材料堵严。

⑦ 用于冷却空气用的表面式换热器，在下部应设排水装置。

⑧ 安装完的组合式空调机组，其各功能段之间的连接应严密，整体平直，检查门开启灵活，水路畅通。

⑨ 现场组装的空气调节机组，应进行漏风量测试。漏风率要求见表5-27。

表 5-27　空气调节机组漏风率

机组性质	静压	漏风率
一般空调机组	保持700Pa	不大于3%
低于1000级洁净用	保持1000Pa	不大于2%
高于、等于1000级洁净用	保持1000Pa	不大于1%

（5）空调机组安装

带冷源空气调节机组（分体式和风冷式整体机组）安装要求如下。

① 分体式室外机组和风冷式整体机组的安装，周边空间能满足冷却风循环及环保规定的要求。

② 室内机组安装位置正确，目测水平，凝结水排放畅通。

③ 整体机组安装按下列顺序进行。

a. 安装前认真熟悉图纸、设备说明书以及有关的技术资料。

b. 空调机组安装的地方必须平整，一般应高出地面100～150mm。

c. 空调机组如需安装减振器，应严格按设计要求的减振器型号、数量和位置进行安装并找平、找正。

d. 空调机组的冷却水系统和蒸汽、热水管道及电气动力与控制线路，由管道工和电工安装。

e. 空调机组制冷机如果没有充注氟利昂，应在高级工或厂家指导下，按产品使用说明书要求进行充注。

（6）其他类设备安装

中效或高效过滤器安装必须在洁净室全部完工，清扫并试车12h后才能开箱检查，合格后立即安装。

① 过滤器与框架之间应加密封垫料，厚度为6～8mm。安装后垫料压缩率应大于50%。

② 采用液槽密封，槽架安装应水平，槽内密封液不少于三分之二的槽深。

③ 安装时，外框上箭头应与气流方向一致，波纹板组合的过滤器在竖向安装时波纹板必须垂直于地面，不得反向。

④ 多个过滤器组合安装时，要根据各台过滤器初阻力大小合理配置，每台额定阻力和各台平均阻力相差应小于5%。

5.2.5.3 质量标准

（1）保证项目

① 空气处理室分段组装连接必须严密，喷淋段严禁渗水。

检验方法：观察检查。

② 高效过滤器安装方向必须正确；用波纹板组合的过滤器在竖向安装时，波纹板必须垂直于地面。过滤器与框架之间的连接严禁渗漏、变形、破损和漏胶等。

检验方法：观察检查和检查漏风试验记录。

③ 洁净系统的空调箱、中效过滤器室等安装后必须保证内壁清洁，无浮尘、油污、锈蚀及杂物等。

检验方法：观察或白绸布擦拭检查。

（2）基本项目

① 空气处理室整体安装或分段安装时，安装平稳、平正、牢固，四周无明显缝隙。一次、二次回风调节阀及新风调节阀调节灵活。

检验方法：尺量和观察检查。

② 密闭检视门应符合门及门框平正、牢固、无渗漏且开关灵活的要求，凝结水的引流管（槽）畅通。

检验方法：泼水和启闭检查。

③ 表面式热交换器的安装应框架平正、牢固，安装平稳。热交换器之间和热交换器与围护结构四周缝隙封严。

检验方法：手扳和观察检查。

④ 空气过滤器的安装应安装平正、牢固；过滤器与框架、框架与围护结构之间缝隙封严；过滤器便于拆卸。

检验方法：手扳和观察检查。

⑤ 窗式空调器安装应固定牢固，有遮阳、防雨措施，不阻挡冷凝器排风，凝结水盘应有坡度，与四周缝隙封闭。正面横平竖直与四周缝隙封严，与室内布置协调美观。

检验方法：观察检查。

（3）允许偏差项目

空气处理室设备安装允许偏差和检验方法应符合表5-28。

表5-28 空气处理室设备安装允许偏差和检验方法

项目			允许偏差/mm	检验方法
金属空调设备	水平度	每1m	≤3	拉线、液体连通器和尺量检查
	垂直度	每1m	≤2	吊线和尺量检查
		5m以上	≤10	

5.2.5.4 成品保护

① 空气处理室安装就位后，应在系统连通前做好外部防护措施，应不受损坏。防止杂物落入机组内。

② 空调机组安装就绪后未正式移交使用单位的情况下，空调机房应有专人看管保护，防

止损坏丢失零、部件。

③ 如发生意外情况应马上报告有关部门领导，采取措施进行处理。

④ 中、高效过滤器应按出厂标志竖向搬运和存放于清洁室内，并应有防潮措施。

5.2.5.5 应注意的质量问题

空调设备安装时应注意的质量问题见表 5-29。

表 5-29 空调设备安装时应注意的质量问题

常产生的质量问题	防 治 措 施
坐标、标高不准、不平、不正	加强责任心，严格按设计和操作工艺要求进行
段体之间连接处，垫料规格不按要求制作，有漏垫现象	认真按工艺要求操作，加强自检、互检工作
表冷器段体存水排不出	重新调整排水坡度
高效过滤器框架或高效风口有泄漏现象	严格按设计和操作工艺执行

5.2.5.6 质量记录

① 预检工程检查记录单。

② 进场设备检验记录表。

③ 设备基础工程验收记录。

④ 现场组装空调机漏风检测记录。

⑤ 一般通风系统试运行记录。

⑥ 空气处理室制作与安装分项工程质量检验评定表。

⑦ 单位工程观感质量评定表。

⑧ 中间验收记录。

⑨ 自检、互检记录。

5.2.6 制冷管道安装

5.2.6.1 施工准备

(1) 材料及主要机具

① 所采用的管子和焊接材料应符合设计规定，并具有出厂合格证明或质量鉴定文件。

② 制冷系统的各类阀件必须采用专用产品并有出厂合格证明。

③ 无缝钢管内外表面应无显著腐蚀、裂纹、重皮及凹凸不平等缺陷。

④ 铜管内外壁均应光洁，无疵孔、裂缝、结疤、层裂或气池等缺陷。

⑤ 施工机具：卷扬机、空气压缩机、真空泵、砂轮切割机、手砂轮、压力工作台、倒链、台钻、电锤、坡口机、铜管板边器、手锯、套丝板、管钳子、套筒扳手、梅花扳手、活扳手、水平尺、铁锤、电焊和气焊设备等。

⑥ 测量工具：钢直尺、钢卷尺、角尺、半导体测温计、U 形压力计等。

(2) 作业条件

① 设计图纸、技术文件齐全，制冷工艺及施工程序清楚。

② 建筑结构工程施工完毕，室内装修基本完成，与管道连接的设备已安装找正完毕，管道穿过结构部位的孔洞已配合预留，尺寸正确。预埋件设置恰当，符合制冷管道施工要求。

③ 施工准备工作完成，材料送至现场。

5.2.6.2 操作工艺

（1）工艺流程

预检 → 施工准备 → 管道等安装 → 系统吹污 → 系统气密性试验 → 系统抽真空 → 管道防腐 → 系统充制冷剂 → 检验

（2）施工准备工作

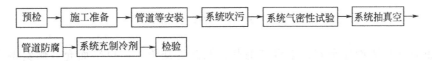

① 认真熟悉图纸、技术资料，搞清工艺流程、施工程序及技术质量要求。

② 按施工图所示管道位置、标高测量放线查找出支、吊架预埋铁件。

③ 制冷系统的阀门，安装前应按设计要求对型号、规格进行核对检查，并按照规范要求做好清洗和严密性试验。

④ 制冷剂和润滑油系统的管子、管件应将内外壁铁锈及污物清除干净，除完锈的管子应将管口封闭并保持内外壁干燥。

⑤ 按照设计规定，预制加工支、吊管架，需要保温的管道、支架与管子接触处应用经防腐处理的木垫隔热。木垫厚度应与保温层厚度相同。支、吊架间距见表 5-30。

表 5-30 制冷管道支、吊架间距

管径/mm	<ϕ38×2.5	ϕ45×2.5	ϕ57×3.5	ϕ76×3.5 ϕ89×3.5	ϕ108×4 ϕ133×4	ϕ159×4.5
管道、吊架最大间距/m	1.0	1.5	2.0	2.5	3	4

（3）制冷系统管道、阀门、仪表安装

① 管道安装

a. 制冷系统管道的坡度及坡向，如设计无明确规定应满足表 5-31 要求。

b. 制冷系统的液体管安装不应有局部向上凸起的弯曲现象，以免形成气囊。气体管不应有局部向下凹的弯曲现象，以免形成液囊。

c. 从液体干管引出支管，应从干管底部或侧面接出，从气体干管引出支管，应从干管上部或侧面接出。

表 5-31 制冷系统管道的坡度坡向

管道名称	坡度方向	坡度
压缩机吸气水平管(氟)	向压缩机	≥10/1000
压缩机吸气水平管(氨)	向蒸发器	≥3/1000
压缩机排气水平管	向油分离器	≥10/1000
冷凝器水平供液管	向贮液器	(1～3)/1000
油分离器至冷凝器水平管	向油分离器	(3～5)/1000

d. 管道成三通连接时，应将支管按制冷剂流向弯成弧形再焊接［图 5-15(a)］，当支管与干管直径相同且管道内径小于 50mm 时，则需在干管的连接部位换上大一号管径的管段，再按以上规定进行焊接［图 5-15(b)］。

e. 不同管径的管子直线焊接时，应采用同心异径管［图 5-15(c)］。

f. 紫铜管连接宜采用承插口焊接，或套管式焊接，承口的扩口深度不应小于管径，扩口方向应迎介质流向（图 5-16）。

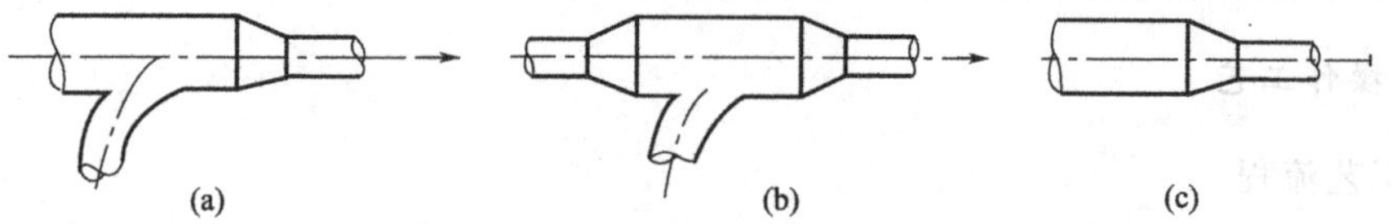

图 5-15 管道焊接连接形式

g. 紫铜管切口表面应平齐，不得有毛刺、凹凸等缺陷。切口平面允许倾斜偏差为管子直径的 1%。

h. 紫铜管煨弯可用热弯或冷弯，椭圆率不应大于 8%。

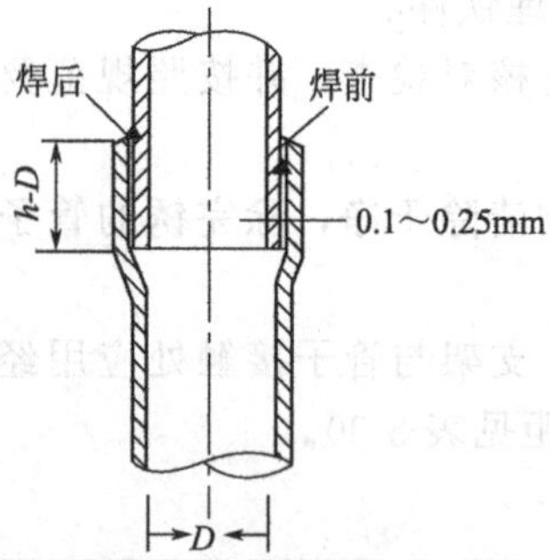

图 5-16 紫铜管插接焊

② 阀门安装

a. 阀门安装位置、方向、高度应符合设计要求不得反装。

b. 安装带手柄的手动截止阀，手柄不得向下。电磁阀、调节阀、热力膨胀阀、升降式止回阀等，阀头均应向上竖直安装。

c. 热力膨胀阀的感温包，应装于蒸发器末端的回气管上，应接触良好，绑扎紧密，并用隔热材料密封包扎，其厚度与保温层相同。

d. 安全阀安装前，应检查铅封情况和出厂合格证书，不得随意拆启。

e. 安全阀与设备间若设关断阀门，在运转中必须处于全开位置，并予铅封。

③ 仪表安装

a. 所有测量仪表按设计要求均采用专用产品，压力测量仪表必须用标准压力表进行校正，温度测量仪表必须用标准温度计校正并做好记录。

b. 所有仪表应安装在光线良好、便于观察、不妨碍操作检修的地方。

c. 压力继电器和温度继电器应装在不受震动的地方。

(4) 系统吹污、气密性试验及抽真空

① 系统吹污

a. 整个制冷系统是一个密封而又清洁的系统，不得有任何杂物存在，必须采用洁净干燥的空气对整个系统进行吹污，将残存在系统内部的铁屑、焊渣、泥沙等杂物吹净。

b. 吹污前应选择在系统的最低点设排污口。用压力 0.5～0.6MPa 的干燥空气进行吹扫；如系统较长，可采用几个排污口进行分段排污。

此项工作按次序连续反复地进行多次，用白布检查吹出的气体无污垢时为合格。

② 系统气密性试验

a. 系统内污物吹净后，应对整个系统（包括设备、阀件）进行气密性试验。

b. 制冷剂为氨的系统，采用压缩空气进行试压。制冷剂为氟利昂系统，采用瓶装压缩氮气进行试压。对于较大的制冷系统也可采用压缩空气，但需经干燥处理后再充入系统。

c. 检漏方法：用肥皂水对系统所有焊口、阀门、法兰等连接部件进行仔细涂抹检漏。

d. 在试验压力下，经稳压 24h 后观察压力值，不出现压力降为合格（温度影响除外）。

e. 试压过程中如发现泄漏，检修时必须在泄压后进行，不得带压修补。

f. 系统气密性试验压力见表 5-32。

③ 系统抽真空试验　在气密性试验合格后，采用真空泵将系统抽至剩余压力小于 5.332kPa(40mmHg)，保持 24h。系统升压不应超过 0.667kPa(5mmHg)。

表 5-32　系统气密性试验压力　　单位：MPa

系统压力	制冷剂			
	活塞式制冷机			离心式制冷机
	R717	R22	R12	R11
低压系统	1.176(12)		0.98(10)	0.196(2)
高压系统	1.764(18)		1.56(16)	0.196(2)

注：1. 括号内的单位为 kgf/cm^2。

2. 低压系统指自节流阀起经蒸发器到压缩机吸入口的试验压力；高压系统指自压缩机排出口起经冷凝器到节流阀止的试验压力。

(5) 系统充制冷剂

① 制冷系统充灌制冷剂时，应将合格的制冷剂钢瓶在磅秤上称好质量，做好记录，用连接管与机组注液阀接通，利用系统内的真空度，使制冷剂注入系统。

② 当系统内的压力升至 0.196～0.294MPa($2\sim3kgf/cm^2$) 时，应对系统再次进行检漏。查明泄漏后应予以修复，再充灌制冷剂。

③ 当系统压力与钢瓶压力相同时，即可启动压缩机，加快充入速度，直至符合系统需要的制冷剂质量。

(6) 管道防腐

① 管道防腐要求。

a. 制冷管道、型钢及托、吊架等金属制品必须做好除锈防腐处理，安装前可在现场集中进行。如采用手工除锈时，用钢针刷或砂布反复清刷，直至露出金属本色，再用棉丝擦净锈尘。

b. 刷漆时，必须保持金属面干燥、洁净，漆膜附着良好，油漆厚度均匀、无遗漏。

c. 制冷管道刷调和漆，按设计规定。

② 制冷系统管道漆的种类、遍数、颜色和标记等应符合设计要求。如设计无要求，制冷管道（有色金属管道除外）漆可参照表 5-33。

表 5-33　制冷剂管道漆

管道类别		漆类别	漆遍数	颜色标记
低压系统	保温层以沥青为黏结剂 保温层不以沥青为黏结剂	沥青漆 防锈底漆	2 2	蓝色
高压系统		防锈底漆 色漆	2 2	红色

5.2.6.3　质量标准

(1) 保证项目

① 管子、管件、支架与阀门的型号、规格、材质及工作压力必须符合设计要求和施工规范规定。

检验方法：观察检查和检查合格证或试验记录。

② 管子、管件及阀门内壁必须清洁及干燥，阀门必须按施工规范规定进行清洗。

检验方法：观察检查和检查清洗记录或安装记录。

③ 管道系统的工艺流向、管道坡度、标高、位置必须符合设计要求。

检验方法：观察和尺量检查。

④ 接压缩机的吸、排汽管道必须单独设立支架。管道与设备连接时严禁强制对口连接。

检验方法：观察检查。

⑤ 焊缝与热影响区严禁有裂纹，焊缝表面无夹渣、气孔等缺陷，氨系统管道焊口检查还必须符合《工业金属管道工程施工及验收规范》(GB 50235—2010) 的规定。

检验方法：放大镜观察检查，氨系统检查射线探伤报告。

⑥ 管道系统的吹污、气密性试验、真空度试验必须按施工规范规定进行。

检验方法：检查吹污试样或记录。

(2) 基本项目

① 管道穿过墙或楼板时，应符合以下规定：设金属套管并固定牢靠，套管内无管道焊缝、法兰及螺纹接头；穿墙套管两端与墙面齐平；穿楼板套管下边与楼板齐平，上边高出楼板20mm；套管与管道四周间隙均匀，并用隔热不燃材料填塞紧密。

检验方法：观察和尺量检查。

② 支、托、吊架安装应符合以下规定：形式、位置、间距符合设计要求，与管道间的衬垫符合施工规范规定，与管道接触紧密；吊杆垂直，埋设平整、牢固，固定处与墙面齐平，砂浆饱满，不凸出墙面。

检验方法：观察和尺量检查。

③ 阀门安装应符合以下规定：安装位置、方向正确，连接牢固紧密，操作灵活方便，排列整齐美观。

检验方法：观察和操作检查。

(3) 允许偏差项目

管道安装及焊缝的允许偏差和检验方法应符合表 5-34 的规定。

表 5-34 管道安装及焊缝的允许偏差和检验方法

项次	项目				允许偏差/mm	检验方法
1	坐标	室外	架空		15	按系统检查管道的起点、终点、分支点和变向点及各点间直管，用经纬仪、水准仪、液体连通器、水平仪、拉线和尺量检查
			地沟		20	
		室内	架空		5	
			地沟		10	
2	标高	室外	架空		±15	
			地沟		±20	
		室内	架空		±5	
			地沟		±10	
3	水平管道	纵横向弯曲	≤DN100	每 10m	5	用液体连通器、水平仪、直尺、吊锤、拉线和尺量检查
			>DN100		10	
		横向弯曲全长 25m 以上			20	
4	立管垂直度	每 1m			2	
		全长 5m 以上			8	
5	成排管段及成排阀门在同一平面上				3	
6	焊口平直度	δ≤10mm			δ/5	用尺和样板尺检查
7	焊缝加强层	高度			$^{+1}_{0}$	用焊接检验尺检查
		宽度			$^{+1}_{0}$	
8	咬肉	深度			<0.5	用尺和焊接检验尺检查
		连续长度			25	
		总长度(两侧)小于焊缝总长			L/10	

注：DN 为公称直径，δ 为管壁厚，L 为焊缝总长。

5.2.6.4 成品保护

① 管道预制加工、防腐、安装、试压等工序应紧密衔接，如施工有间断，应及时将敞开的管口封闭，以免进入杂物堵塞管子。

② 吊装重物不得采用已安装好的管道作为吊点，也不得在管道上施放脚手板踩蹬。

③ 安装用的管洞修补工作，必须在面层粉饰之前全部完成。粉饰工作结束后，墙、地面建筑成品不得碰坏。

④ 粉饰工程期间，必要时应设专人监护已安装完的管道、阀部件、仪表等，防止其他施工工序插入时碰坏成品。

5.2.6.5 应注意的质量问题

应注意的质量问题见表5-35。

表5-35 应注意的质量问题

常产生的质量问题	防治措施
除锈不净，刷漆遗漏	操作人员按规程规范要求认真作业，加强自、互检，保证质量
阀门不严密	阀门安装前按设计规定做好检查、清洗、试压工作，施工班组要做好自、互检和验收记录
随意用气焊切割型钢、螺栓孔及管子等	①直径ϕ50mm以下的管子切断和ϕ40mm以下的管子同径三通开口，均不得用气焊割口，可用砂轮锯或手锯割口 ②支、吊架钢结构上的螺栓孔小于或等于ϕ13mm的不允许用气焊割孔，可用电钻打孔 ③支、吊架金属材料均用砂轮锯或手锯断口
法兰接口渗漏	①严格工艺安装时注意平眼（如水平管道最上面两眼应是水平状，垂直管道靠近墙两眼应与墙平行） ②螺栓均匀用力拧紧
法兰焊口渗漏	焊缝外形尺寸符合要求，对口选择适中，正确选择电流及焊条，严格执行焊接工艺

5.2.6.6 质量记录

① 阀门试验记录表。

② 制冷管道压力试验记录。

③ 管道系统吹洗（脱脂）记录。

④ 制冷系统气密性试验记录。

⑤ 冷冻机组试车记录。

⑥ 设备安装工程单机试运转记录。

⑦ 暖卫通风空调工程设备系统运转试验记录。

⑧ 制冷管道安装质量检验评定表。

⑨ 预检工程检查记录单。

⑩ 自检、互检记录。

5.2.7 空调水系统管道安装

5.2.7.1 施工准备

（1）材料要求

① 空调工程水系统的管道、管配件及阀门的型号、规格、材质及连接形式应符合设计规定。

② 镀锌钢管、焊管、无缝管及管件的规格种类应符合设计及生产标准要求，管壁内外均匀，无锈蚀、无飞刺。管件无偏扣、乱扣、螺纹不全或角度不准等现象。管材及管件均应有出厂合格证及其他相应质量证明材料。

③ 钢塑管道及管件的规格种类应符合设计及生产标准要求，管壁、粘胶层及内衬（涂）塑层薄厚均匀，无锈蚀、无飞刺，内衬无破损。钢塑管材及管件应有出厂合格证及其他相应质量证明材料。

④ 塑料管及管件的规格种类应符合设计及生产标准要求，管材和管件内外壁应光滑、平整、无气泡、无裂纹、无脱皮和严重的冷斑及明显的痕纹、凹陷，并附有产品说明书和质量合格证书。

⑤ 黏结剂应标有生产厂名称、生产日期和使用年限，并应有出厂合格证和说明书。黏结剂应呈自由流动状态，不得为凝胶体，应无异味，色度小于1度，混浊度小于5度。在未搅拌情况下不得有分层现象和析出物出现；黏结剂内不得含有团块、不溶颗粒和其他杂质。

（2）主要机具

① 主要施工机具：砂轮切割机、手砂轮、压力工作台、倒链、台钻、电锤、坡口机、套丝机、手锯、套丝板、管钳子、套筒扳手、梅花扳手、活扳手、铁锤、电焊和气焊设备、专用热熔焊接工具等。

② 测量工具：钢直尺、水平尺、钢卷尺、角尺、压力表等。

（3）作业条件

① 设计图纸、技术文件齐全，施工程序清楚。

② 明装托、吊干管安装必须在安装层的结构顶板完成后进行。沿管线安装位置的模板及杂物清理干净，托、吊卡件均已安装牢固，位置正确。

③ 立管安装应在主体结构完成后进行。高层建筑在主体结构达到安装条件后，适当插入进行。每层均应有明确的标高线，安装竖井管道，应把竖井内的杂物清除干净，并有防坠落措施。

④ 支管安装应在墙体砌筑完毕，墙面未装修前进行（包括暗装支管）。

⑤ 施工准备工作完成，材料送至现场。

5.2.7.2 操作工艺

（1）工艺流程

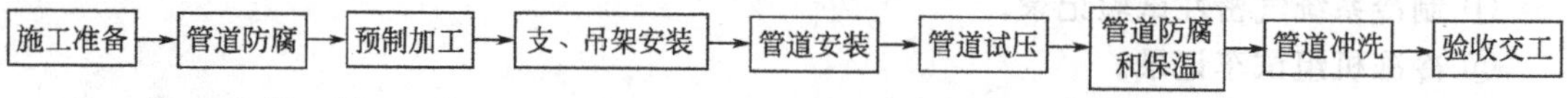

（2）施工准备工作

① 认真熟悉图纸、技术资料搞清工艺流程、施工程序及技术质量要求。

② 参看有关专业设备图和装修建筑图，核对各种管道的坐标、标高是否有交叉，管道排列所用空间是否合理，预留预埋套管尺寸位置是否正确。

③ 阀门安装前应按设计要求对型号规格进行核对检查，并按照规范要求做好清洗和强度、严密性试验。

④ 管材及管件应用钢丝刷或砂纸将内外壁铁锈及污物清除干净，除完锈的管子应将管口封闭，并保持内外壁干燥。

⑤ 刷防锈漆两道，应保持漆膜厚度均匀，色泽一致，无流坠及漏涂现象。

⑥ 按照设计规定，预制加工支、吊管架。需保温的管道、支架与管子接触处应用经防腐

处理的木垫隔开，木垫厚度与保温层厚度相同。

（3）预制加工

按设计图纸画出管道分路、管径、变径、预留管口、阀门位置等施工草图，在实际安装时的结构位置做上标记，按标记分段量出实际安装的准确尺寸，记录在施工草图上，然后按草图测得的尺寸预制加工，使用专用工具垂直切割管材，切口应平滑，无毛刺；清洁管材与管件的焊接部位，避免沙子、灰尘等损害接头的质量。

（4）管道安装

① 管道连接

a. 管道连接形式应符合设计要求。如设计无要求，管道连接形式可按如下要求选用：镀锌钢管管径小于或等于 100mm 的应采用螺纹连接，管径大于 100mm 的镀锌钢管应采用卡箍、法兰或焊接连接，镀锌层破坏处采用防腐处理或二次镀锌；焊接钢管管径小于或等于 32mm 的可采用螺纹连接，管径大于 32mm 的采用焊接；给水钢塑复合管道管径小于或等于 100mm 时可采用螺纹连接，管径大于 100mm 时采用法兰或沟槽连接；塑料管道可采用热熔连接、机械锁紧连接、粘接连接、插接连接。

b. 管道安装前，需将管道内部的污垢和杂物清除干净。

② 螺纹连接

a. 管道螺纹使用套丝机或套丝板加工。

b. 采用生料带或铅油麻丝作填料，管道连接后应将螺纹外的填料清除干净。

c. 螺纹连接的管道，螺纹应清洁、规整，断丝或缺丝不大于螺纹扣数的 10%；连接牢固；接口处根部外露螺纹为 2～3 扣，无外露填料；镀锌管道的镀锌层应注意保护，对局部的破损处，应进行防腐处理。

③ 焊接连接

a. 管道对接焊口的组对和坡口形式等应符合表 5-36 的规定，坡口应采用坡口机加工。

表 5-36　管道焊接坡口形式和尺寸

厚度 T/mm	坡口名称	坡口形式	坡口尺寸			备注
			间隙 C/mm	钝边 P/mm	坡口角度 α/(°)	
1～3	I形坡口	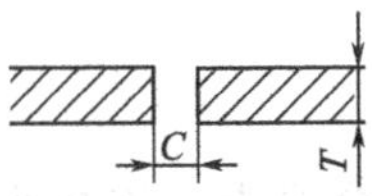	0～1.5	—	—	内壁错边量≤0.1T，且≤2mm；外壁错边量≤3mm
3～6 双面焊			1～2.5			
6～9	V形坡口	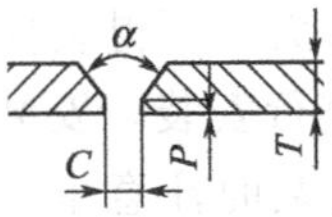	0～2.0	0～2	65～75	
9～26			0～3.0	0～3	55～65	
2～30	T形坡口	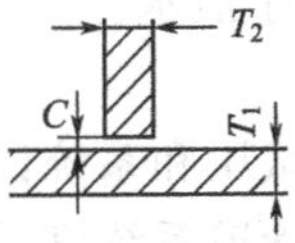	0～2.0	—	—	

b. 管径、壁厚相同的管子或管件对接口时，内壁应齐平；对口的平直度为1/100，全长不大于10mm。

c. 管道的固定焊口应远离设备，且不宜与设备接口中心线相重合。管道对接焊缝与支、吊架的距离应大于50mm。

d. 管道焊缝表面应清理干净并进行外观质量的检查。焊缝外观质量不得低于现行国家标准《现场设备、工业管道焊接工程施工及验收规范》（GB 50236—2011）中第11.3.3条的Ⅳ级规定。

④ 法兰连接

a. 管道与法兰焊接要双面满焊，法兰面应与管道中心线垂直并同心。焊接时管道插入法兰深度以法兰厚度的二分之一为宜，以便进行内口焊接，内口焊缝不允许超出法兰面。

b. 法兰对接应平行，其偏差不应大于其外径的1.5/1000，且不得大于2mm。法兰的密封面应平整、光洁，不得有毛刺和径向凹槽。

c. 法兰连接螺栓长度应一致，螺母在同侧，均匀拧紧，螺栓紧固后不应低于螺母平面。

⑤ 管道支、吊架

a. 固定支架时，支架横梁应牢固固定在墙、柱子或其他结构物上，长度方向应水平，顶面应与管子中心线平行。

b. 金属管道支、吊架的形式、位置、间距、标高应符合设计或有关技术标准的要求。

c. 支、吊架的安装应平整牢固，与管道接触紧密，管道与设备连接处，应设独立支、吊架。

d. 冷（热）介质水、冷却水系统管道，机房内总、干管的支、吊架应采用承重防晃管架；与设备连接的管道管架宜有减振措施。当水平支管的吊架采用单杆吊架时，应在管道起始点、阀门、三通、弯头及长度每隔15m处设防晃支、吊架。

钢管道支、吊架的最大间距见表5-37。

表5-37 钢管道支、吊架的最大间距

管道直径/mm		15	20	25	32	40	50	70	80	100	125	150	200	250	300
支架最大间距/m	保温管	1.5	2	2.5	2.5	3	3.5	4	5	5	5.5	6.5	7.5	8.5	9.5
	非保温管	2.5	3	3.5	4	4.5	5	6	6.5	6.5	7.5	7.5	9	9.5	10.5

注：适用于工作压力不大于2.0MPa，不保温或保温材料密度不大于200kg/m³的管道系统。对大于300mm的管道可参考300mm管道。

⑥ 阀部件安装

a. 阀门的安装位置、高度、进出口方向必须符合要求，连接牢固紧密。成排阀门的排列应整齐美观，在同一平面上允许偏差3mm。

b. 阀门的阀杆应朝向便于开启的位置，但不得朝下。

c. 安装阀门时，要注意阀体上的介质流动方向箭头，不得装反。

d. 对于各种电动阀或电磁阀，要配合电气专业进行安装，安装前应进行单体的调试。

e. 水过滤器一般装在水泵和设备吸入管道上。安装时注意水流流动方向，不得装反。

f. 自动排气阀应安装在系统的最高处，在自动排气阀前应装设一闸阀便于检修。

g. 在空调水管最低处设置排水管或排水阀，以便于泄水。

(5) 管道试压

管道安装后，应根据系统的大小采取分区、分层试压和系统试压相结合的方法。对于大型或高层建筑垂直位差较大的冷（热）介质水、冷却水管道系统宜采用分区、分层试压和系统试压相结合的方法。一般建筑可采用系统试压方法。

① 管网注水点应设在管段的最低处，由低向高将各个用水的管末端封堵，关闭入口总阀门和所有泄水阀门及低处泄水阀门，打开各分路及主管阀门，水压试验时不连接配水器具。注水时打开系统排气阀，排净空气后将其关闭。

② 充满水后进行加压，升压采用试压泵。冷（热）介质水、冷却水系统的试验压力，当工作压力小于或等于1.0MPa时，为1.5倍工作压力，但最低不得小于0.6MPa；当工作压力大于1.0MPa时，为工作压力加0.5MPa。

③ 分区、分层试压。对相对独立的局部区域的管道进行试压。在试验压力下，稳压10min，压力不得下降，再将系统压力降至工作压力，在60min内压力不得下降、外观检查无渗漏为合格。

④ 系统试压。在各分区管道与系统主、干管全部连通后，对整个系统的管道进行系统的试压。试验压力以最低点的压力为准，但最低点的压力不得超过管道与组件的承受压力。压力试验升至试验压力后，稳压10min，压力下降不得大于0.02MPa，再将系统压力降至工作压力，外观检查无渗漏为合格。

⑤ 系统如有漏水则在该处做好标记，泄压后进行修理，修好后再充满水进行试压，试压合格后由有关人员验收，办理相关手续。对起伏较大和管线较长的试验管段，可在管段最高处进行2～3次充水排气，确保充分排气。

⑥ 水压试验合格后把水泄净。

⑦ 试压合格后应尽快联系相关人员验收确认，办理相关手续。

（6）管道冲洗

① 冲洗前应根据系统的具体情况制定冲洗方案，保证不将冲洗的污物冲入冷水机组和空调的末端装置内。

② 管道冲洗进水口及排水口应选择在适当位置，并能保证将管道系统内的杂物冲洗干净为宜。排水管截面积不应小于被冲洗管道截面的60%，排水管应接至排水井或排水沟内。

③ 管道系统在验收前，应进行冲洗。冲洗水流速不应小于1.5m/s，冲洗时应不留死角，系统最低点应设放水口。冲洗时，直到出口处的水色和透明度与入口处目测一致为合格。

5.2.7.3 质量标准

（1）保证项目

① 空调工程水系统的设备与附属设备、管道、管配件及阀门的型号、规格、材质及连接形式应符合设计规定。

检查数量：按总数抽查10%，且不少于5件。

检查方法：观察检查。

② 管道安装应符合下列规定。

a. 隐蔽管道前必须经监理人员验收与认可。

b. 焊接钢管、镀锌钢管不得采用热煨弯。

c. 管道与设备的连接，应在设备安装完毕后进行，与设备接口处必须是柔性接口。柔性短管不得强行对口连接，与其连接的管道应设置独立支架。

d. 冷（热）介质水及冷却水系统应在系统冲洗、排污合格（目测：排出口的水色和透明度与入水口对比相近，无可见杂物），再循环试运行2h以上，且水质正常后才能与设备相贯通。

e. 固定在建筑结构上的管道支、吊架，不得影响结构的安全。管道穿越墙体处应设钢制套管，管道接口不得置于套管内，钢制套管应与墙体饰面或楼板底部平齐，上部应高出楼层地面 50mm，并不得将套管作为管道支撑。

f. 保温管道与套管四周间隙应使用不燃绝热材料填充紧密。

检查数量：按每个系统管道、部件数量抽查 10%，且不少于 5 件。

检查方法：尺量、观察检查。

③ 管道系统安装完毕，外观检查合格后，按设计或规范要求进行水压试验。水压试验的方法和步骤应符合下列规定。

a. 冷（热）介质水、冷却水系统的试验压力，工作压力小于或等于 1.0MPa 时，为 1.5 倍工作压力，但最低不小于 0.6MPa；工作压力大于 1.0MPa 时，为工作压力加 0.5MPa。

b. 根据本工程特点，应分系统进行试压。当压力升至试验压力后，稳压 10min，压力降不得大于 0.02MPa，再将系统压力降至工作压力，在 60min 内压力不得下降，外观检查无渗漏为合格。

c. 对于空调凝结水系统采用充水试验，以不渗漏为合格。

检查数量：系统全数检查。

检查方法：旁站、观察检查。

④ 阀门的安装应符合下列规定。

a. 阀门的安装位置、高度、进出口方向必须符合设计要求，连接应牢固紧密。

b. 安装在保温管道上的各类手动阀门，手柄不得向下。

c. 阀门安装前必须进行外观检查，对于工作压力大于 1.0MPa 及在主管道上起切断作用的阀门，应进行强度和严密性试验，合格后方准使用。其他阀门可不单独进行试验，在系统试压中检验。

强度试验时，试验压力为公称压力的 1.5 倍，持续时间不少于 5min，阀门的壳体、填料应无渗漏。

严密性试验时，试验压力为公称压力的 1.1 倍；试验压力在试验持续时间内应保持不变，时间应符合表 5-38 中的规定，以阀瓣密封面无渗漏为合格。

表 5-38　阀门压力持续时间

公称直径 DN/mm	最短试验持续时间/s		公称直径 DN/mm	最短试验持续时间/s	
	严密性试验			严密性试验	
	金属密封	非金属密封		金属密封	非金属密封
≤50	15	15	250～450	60	30
65～200	30	15	≥500	120	60

检查数量：1、2 款抽查 5%，且不得少于 1 个，水压试验以每批（同牌号、同规格、同型号）数量中抽查 20%，且不得少于 1 个；对于安装在主干管上起切断作用的闭路阀门，全数检查。

检查方法：观察检查。

（2）基本项目

① 金属管道焊接应符合下列规定。

a. 管道焊接材料的品种、规格、性能应符合设计要求。对口的平直度为 1/100，全长不大于 10mm。管道的固定焊口应远离设备，且不宜与设备接口中心线相重合。管道对接焊缝与支、吊架的距离大于 50mm。

b. 管道焊缝表面应清理干净，并进行外观检查。

检查数量：按总数抽查 20%，且不得少于 1 处。

检查方法：尺量、观察检查。

② 螺纹连接的管道，螺纹应清洁、规整，断丝或缺丝不大于螺纹扣数的10%；连接牢固；接口处根部外露螺纹为2～3扣，不露填料；镀锌管道的镀锌层应注意保护，对局部的破损处，应进行防腐处理。

检查数量：按总数抽查5%，且不得少于5处。

检查方法：尺量、观察检查。

③ 法兰连接的管道，法兰面应与管道中心线垂直，并同心。法兰对接应平行，其偏差不应大于其外径的1.5/1000，且不得大于2mm；连接螺栓长度应一致，螺母在同侧，均匀拧紧。法兰的衬垫规格、品种与厚度应符合设计要求。

检查数量：按总数抽查5%，且不得少于5处。

检查方法：尺量、观察检查。

④ 管道安装应符合下列规定。

a. 管道和管件在安装前，应将其内外壁的污物和锈蚀清除干净。当管道安装间断时，应及时封闭敞开的管口。

b. 冷凝水排水管坡度，应符合设计文件的规定。当设计无规定时，其坡度宜大于或等于8‰。软管连接长度不宜大于150mm。

c. 冷热水管道与支、吊架之间，应有绝热衬垫（承压强度满足管道重力的不燃、难燃硬质绝热材料或经防腐处理的木衬垫），其厚度不应小于绝热层厚度，宽度应大于支、吊架承面的宽度。衬垫的表面应平整，衬垫接合面的空隙应填实。

⑤ 风机盘管机组及其他空调设备与管道的连接，宜采用弹性接管或软接管（金属或非金属软管），其耐压值应大于或等于1.5倍的工作压力。软管的连接应牢固，不应有强扭和瘪管。

检查数量：按总数抽查10%，且不得少于5处。

检查方法：观察检查。

⑥ 金属管道的支、吊架的形式、位置、间距、标高应符合设计或有关技术标准的要求。设计无规定时，应符合下列规定。

a. 支、吊架的安装应平整牢固，与管道接触紧密。管道与设备连接处，应设独立支、吊架。

b. 冷（热）介质水及冷却水系统管道机房内总、干管的支、吊架，应采用承重防晃管架；与设备连接的管道管架宜有减振措施。当水平支管的管架采用单杆吊架时，应在管道起始点、阀门、三通、弯头及长度每隔15m设置承重防晃支、吊架。

c. 无热位移的管道吊架，其吊杆应垂直安装；有热位移的，其吊杆应向热膨胀（或冷收缩）的反方向偏移，偏移量按计算确定。

d. 滑动支架的滑动面应清洁、平整，其安装位置应从支撑面中心向位移反方向偏移1/2位移值或符合设计文件规定。

e. 竖井内的立管，每隔2～3层应设导向支架。

f. 管道支、吊架的焊接应由合格持证焊工施焊，并不得有漏焊、欠焊或焊接裂纹等缺陷。支架与管道焊接时，管道侧的咬边量，应小于10%管壁厚。

检查数量：按系统支架数量抽查5%，且不得少于5处。

检查方法：尺量、观察检查。

⑦ 阀门、自动排气装置、水过滤器等管道部件的安装应符合设计要求，并应符合下列规定。

a. 阀门安装的位置、进出口方向应正确并便于操作；连接应牢固紧密，启闭灵活；成排阀门的排列应整齐美观，在同一平面上的允许偏差为3mm。

b. 电动、气动等自控阀门在安装前应进行单体的调试，包括开启、关闭等动作试验。

c. 冷冻水和冷却水的除污器（水过滤器）应安装在进机组的管道上，方向正确且便于清洁；与管道连接牢固、严密，其安装位置应便于滤网的拆装和清洗。过滤器滤网的材质、规格和包扎方法应符合设计要求。

d. 闭式系统管道应在系统最高处及所有可能积聚空气的高点设置排气阀，在管道的最低点设置排水管及排水阀。

检查数量：按规格、型号抽查10%，且不得少于2个。

检查方法：尺量、观察和操作检查。

(3) 允许偏差项目

管道安装的坐标、标高和纵、横向的弯曲度应符合表5-39中的规定，在吊顶内等暗装管道的位置应正确，无明显偏差。

表5-39 管道安装的允许偏差和检查方法

项目		允许偏差/mm	检查方法
坐标	室外	25	按系统检查管道的起点、终点、分支点和变向点及各点之间的直管。用经纬仪、水准仪、液体连通器、水平仪、拉线和尺量检查
	室内	15	
标高	室外	±20	
	室内	±15	
水平管道的平直度	≤DN100	2‰L，最大40	用直尺、拉线和尺量检查
	>DN100	3‰L，最大60	
立管垂直度		5‰L，最大25	
成排管段间距		15	用直尺尺量检查
成排管段或成排阀门在同一平面上		3	用直尺、拉线和尺量检查

注：L为管道的有效长度。

5.2.7.4 成品保护

① 管道预制加工、防腐、安装、试压等工序应紧密衔接，如施工有间断，应及时将敞开的管口封闭，以免进入杂物堵塞管子。

② 吊装重物不得利用已安装好的管道作为吊点，也不得在管道上放脚手板踩蹬。

③ 安装用的管洞修补工作，必须在面层粉饰之前全部完成。粉饰工作结束后，不得碰坏墙、地面建筑成品。

④ 粉饰工程期间，必要时应设专人监护已安装完的管道、阀部件、仪表等，防止其他施工工序碰坏成品。

5.2.7.5 应注意的质量问题

① 除锈不净，刷漆遗漏。操作人员按规程规范要求认真作业，加强自检、互检，保证质量。

② 阀门不严密。阀门安装前按设计规定做好检查、清洗、试压工作，施工班组要做好自检、互检和验收记录。

③ 随意用气焊切割型钢、螺栓孔及管子等。

a. 直径DN50以下的管子切断和DN40以下的管子同径三通开口，均不得用气焊割口，可用砂轮锯或手锯割口。

b. 支、吊架钢结构上的螺栓孔小于或等于ϕ13mm的不允许用气焊割口，应用电钻打孔。

c. 支、吊架金属材料均用砂轮锯或手锯断口。

思考题

1. 金属风管安装工艺流程是怎样的?
2. 风机盘管安装以后可能会出现的质量问题有哪些?如何解决?
3. 空调水系统管道连接方式有几种?

第6章　通风工程施工

通风工程的常用管材以及风管制作和部件安装请参见本书第 5 章 5.1 节和 5.2 节的内容。通风系统安装工艺流程如图 6-1 所示。

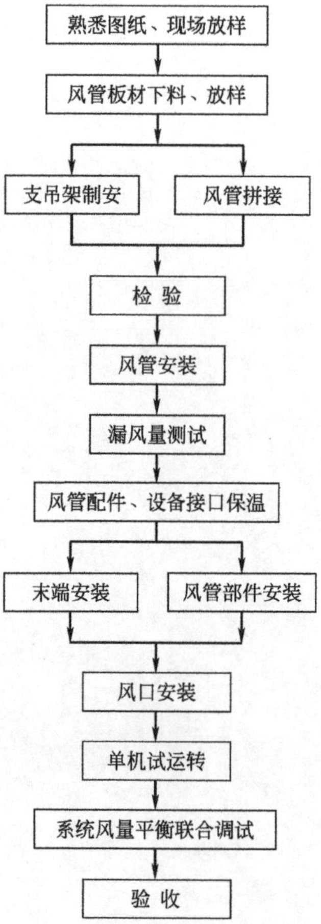

图 6-1　通风系统安装工艺流程

6.1　消声器制作及安装、通风机安装、除尘器制作与安装

6.1.1　消声器制作与安装

6.1.1.1　施工准备

(1) 材料要求及主要机具：

① 各种板材、型钢应具有出厂合格证明书或质量鉴定文件。

② 除上述证明文件外，应进行外观检查。板材表面应平整，厚度均匀，无凸凹及明显压伤现象，并不得有裂纹、分层、麻点及锈蚀情况。型钢应等型，不应有裂纹、划痕、麻点及其他影响质量的缺陷。

③ 吸声材料应严格按照设计要求选用，并满足对防火、防潮和耐腐蚀性能的要求。

④ 其他材料不能因具有缺陷而导致成品强度的降低或影响其使用效果。

⑤ 龙门剪板机、振动式曲线剪板机、手动电动剪、倒角机、咬口机、析方机、咬口压实机、合缝机、型钢切割机、冲孔机、台钻、手电钻、液压铆钉钳、电动拉铆枪、空气压缩机、涂料喷枪、钢直尺、角尺、量角器、划规、划针、洋冲、铁锤、木锤、拍板、滑轮、倒链、绳索、活动扳手、钢丝钳、螺丝刀、钢锯、线锤、钢卷尺、水平尺等。

(2) 作业条件

① 应具有宽敞、明亮、地面平整、洁净的厂房。

② 作业地点要有满足加工工艺要求的机具、设施、电源、安全防护装置及消防器材。

③ 消声器制作应按照设计图纸和标准图的要求进行，并有施工员书面的质量、技术、安全交底。

④ 消声器制作所运用的材料，应符合设计规定的防火、防腐、防潮和卫生的要求。

6.1.1.2 操作工艺

① 工艺流程

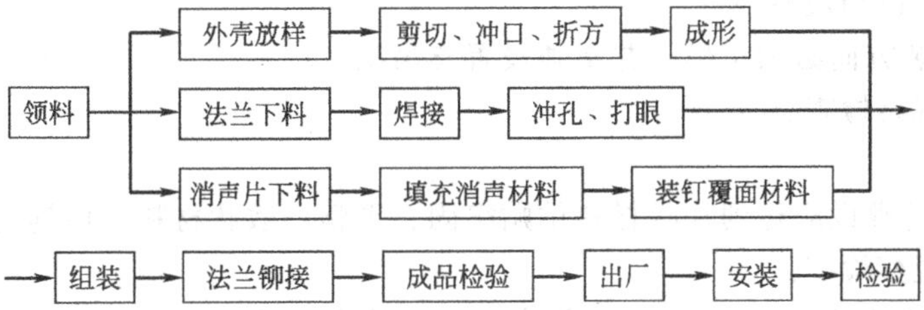

② 消声器制作。各种金属板材加工应采用机械加工，如剪切、折方、折边、咬口等，做到一次成型，减少手工操作。镀锌钢板施工时，应注意使镀锌层不受破坏，尽量采用咬接或铆接。

③ 消声器框架应牢固，壳体不得漏风。消声器外管、内管、盖板、隔板制作，法兰制作及铆接等要求参照 6.1.1.3 的内容。

④ 消声风管、消声静压箱及消声弯头内所衬的消声材料应均匀贴紧，不能脱落，并且拼缝要密实，表面平整，不能凹凸不平。

⑤ 消声器内的消声材料覆面层不得破损，搭接时应顺气流且界面不得有毛边。消声器内直接逆风面布质要有保护措施。

⑥ 消声弯管的平面边长大于 800mm 时，应加设导流吸声片。导流吸声片表面应平滑、圆弧均匀，与弯管连接紧密牢固。不得有松动现象。

⑦ 消声百叶窗框架应牢固，叶片的片距应均匀，吸声面方向应符合设计要求。

⑧ 消声器内外金属构件表面应涂刷红丹防锈漆两道（优质镀锌板材可不涂防锈漆）。涂刷前，金属表面应按需要做好处理，清除铁锈、油脂等杂物。涂刷时要求无漏涂、起泡、露底等现象。

⑨ 组装后的成品应按照设计文件及施工验收规范要求进行检验，产品达到要求方可出厂。

⑩ 消声器、消声弯头等在安装时应单独设支、吊架，使风管不承受其重量。

⑪ 支吊架应根据消声器的型号、规格和建筑物的结构情况，按照国标或设计图纸的规定

选用。消声器在安装前应检查支、吊架等固定件的位置是否正确，预埋件或膨胀螺栓是否安装牢固、可靠。支、吊架必须保证所承担的载荷。

⑫ 消声器支、吊架托铁上穿吊杆的螺孔距离，应比消声器稍宽 40～50mm。为了便于调节标高，可在吊杆端部套有 50～60mm 的丝扣，以便找平、找正。也可用在托铁上加垫的方法找平、找正。

⑬ 消声器的安装方向必须正确，与风管或管件的法兰连接应保证严密、牢固。

⑭ 当空调系统为恒温，要求较高时，消声器外壳应与风管同样进行保温处理。

⑮ 消声器安装后，可用拉线或吊线的方法进行检查，不符合要求的应进行修整。

⑯ 消声器安装就位后，应加强管理，采取防护措施。严禁其他支、吊架固定在消声器法兰及支吊架上。

6.1.1.3 质量标准

(1) 保证项目

① 消声器的型号、尺寸必须符合设计要求，并标明气流方向。

检验方法：尺量和观察检查。

② 消声器框架必须牢固，共振腔的隔板尺寸正确，隔板与壁板结合处紧贴，外壳严密不漏。

检验方法：手扳和观察检查。

③ 消声片单体安装，固定端必须牢固，片距均匀。

检验方法：手扳和观察检查。

④ 消声器安装方向必须正确，并单独设置支吊架。

检验方法：观察检查。

(2) 基本项目

① 消声材料的敷设应达到片状材料粘贴牢固、平整；散状材料充填均匀、无下沉。

检验方法：观察检查。

② 消声材料的覆盖面应顺气流向拼接，拼接整齐，无损坏；穿孔板无毛刺，孔距排列均匀。

检验方法：观察检查。

6.1.1.4 成品保护

① 消声器成品应在平整、无积水的室内场地上码放整齐，下部设有垫托，并有必要的防水措施。

② 成品应按规格、型号进行编号。妥善保管，不得遭受雨雪、泥土、灰尘和潮气的侵蚀。

③ 消声器在装卸、运输和安装过程中应轻拿轻放，以防损坏成品。

④ 消声器在安装前应进行检查，充填的吸声材料不应有明显下沉。发现质量缺陷要进行修复。

⑤ 消声器安装后如遇暂停工阶段，应将端口包扎严密，以免损坏或进入碴土等。

6.1.1.5 应注意的质量问题

① 消声器的覆面材料容易破损，使吸声材料外露或脱落，影响功能。制作时，钉覆面材料的泡钉应加垫片。发现覆面材料有破损现象，应根据情况及时修复或更换。

② 消声片敷设的消声材料容易下沉，出现空隙而影响吸声效果。制作时对容积较大的吸声片可在容腔内装设适当的托挡板，搬运及安装时应轻拿轻放。安装前应进行检查，消声材料不得有明显下沉。

③ 消声器外壳拼接处及角部易产生孔洞而漏风，制作时应加以注意，发现孔洞后应及时

用锡焊或密封胶堵严。

④ 穿孔板经钻孔后产生的毛刺易划破覆面材料或产生噪声，应将孔口的毛刺锉平。

⑤ 消声材料填充不均匀、覆面层不紧，消声孔分布不均匀、孔径小、总面积不足等使性能降低，要根据设计或规范严格工艺操作。

⑥ 消声弯头弧形片的弧度不均匀、消声片片距不相等，应认真执行工艺标准，缺陷予以消除。

6.1.1.6 质量记录

① 消声器制作与安装分项工程质量检验评定表。

② 自检、互检记录。

③ 预检工程检查记录单。

6.1.2 通风机安装

6.1.2.1 施工准备

（1）材料及主要机具

① 通风、空调的风机安装所使用的主要材料，成品或半成品应有出厂合格证或质量鉴定文件。

② 风机开箱检查，皮带轮，皮带，电机滑轨及地脚螺栓是否齐备，符合设计要求。有无缺损等情况。

③ 风机轴承清洗，充填润滑剂其黏度应符合设计要求，不应使用变质或含有杂物的润滑剂。

④ 地脚螺栓灌注时，应使用与混凝土基础同等级混凝土，不能使用失效水泥灌注。

⑤ 倒链、滑轮、绳索、撬棍、活动扳手，铁锤、钢丝钳、螺丝刀、水平尺、钢板尺、钢卷尺、线坠、平板车、高凳、电锤、油桶、刷子、棉布、棉丝等。

（2）作业条件

① 施工现场环境，除机房内的装修和地面未完外，基本具备安装条件。

② 风机安装应按照设计要求进行，并有施工员书面的质量、技术和安全交底。

6.1.2.2 操作工艺

（1）工艺流程

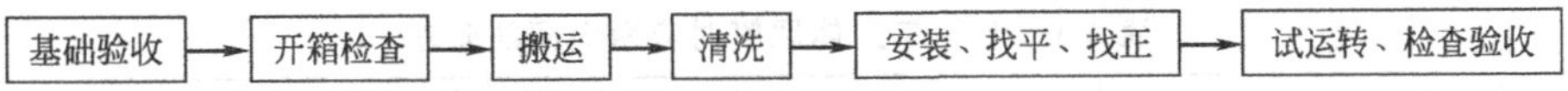

（2）基础验收

① 风机安装前应根据设计图纸对设备基础进行全面检查，是否符合尺寸要求。

② 风机安装前、应在基础表面铲出麻面，以使二次浇灌的混凝土或水泥砂浆能与基础紧密结合。

（3）通风机开箱检查应符合下列规定

① 按设备装箱清单，核对叶轮、机壳和其他部位的主要尺寸，进、出风口的位置方向是否符合设计要求，做好检查记录。

② 叶轮旋转方向应符合设备技术文件的规定。

③ 进、出风口应有盖板严密遮盖。检查各切削加工面、机壳的防锈情况和转子是否发生变形或锈蚀、碰损等。

④ 风机设备搬运应配起重工专人指挥使用的工具，绳索必须符合安全要求。

（4）设备清洗

① 风机设备安装前，应将轴承、传动部位及调节机构进行拆卸、清洗，装配后使其转动，调节灵活。

② 用煤油或汽油清洗轴承时严禁吸烟或用火，以防发生火灾。

（5）风机安装

① 风机设备安装就位前，按设计图纸并依据建筑物的轴线、边线及标高线放出安装基准线。将设备基础表面的油污、泥土等杂物清除和地脚螺栓预留孔内的杂物清除干净。

② 整体安装的风机，搬运和吊装的绳索不得捆缚在转子和机壳或轴承盖的吊环上。

③ 整体安装风机吊装时直接放置在基础上，用垫铁找平找正，垫铁一般应放在地脚螺栓两侧，斜垫铁必须成对使用。设备安装好后，同一组垫铁应点焊在一起，以免受力时松动。

④ 风机安装在无减振器支架上，应垫上4～5mm厚的橡胶板，找平找正后固定牢。

⑤ 风机安装在有减振器的机座上时，地面要平整，各组减振器承受的荷载压缩量应均匀，不偏心。安装后采取保护措施，防止损坏。

⑥ 通风机的机轴必须保持水平度，风机与电动机用联轴节连接时，两轴中心线应在同一直线上。

⑦ 通风机与电动机用三角皮带传动时进行找正，以保证电动机与通风机的轴线互相平行，并使两个皮带轮的中心线相重合。三角皮带拉紧程度一般可用手敲打已装好的皮带中间，以稍有弹跳为准。

⑧ 通风机与电动机安装皮带轮时，操作者应紧密配合，防止将手碰伤。挂皮带时不要把手指插入皮带轮内，防止发生事故。

⑨ 风机与电动机的传动装置外露部分应安装防护罩，风机的吸入口或吸入管直通大气时，应加装保护网或其他安全装置。

⑩ 通风机出口的接出风管应顺叶轮旋转方向接出弯管。在现场条件允许的情况下，应保证出口至弯管的距离A大于或等于风口出口长边尺寸1.5～2.5倍。如果受现场条件限制达不到要求，应在弯管内设导流叶片弥补。

⑪ 现场组装的风机、绳索的捆缚不得损伤机件表面，转子、轴颈和轴封等处均不应作为捆缚部位。

⑫ 输送特殊介质的通风机转子和机壳内如涂有保护层，应严加保护，不得损坏。

⑬ 对大型轴流风机组装，叶轮与机壳的间隙应均匀分布并符合设备技术文件要求。叶轮与主体风筒对应两侧间隙允差见表6-1。

表6-1 叶轮与主体风筒对应两侧间隙允差

叶轮直径/mm	对应两侧半径间隙之差不应超过/mm
≤600	0.5
＞600～1200	1
＞1200～2000	1.5
＞2000～3000	2
＞3000～5000	3.5
＞5000～8000	5
＞8000	6.5

⑭ 通风机附属的自控设备应按设备技术文件规定执行。

⑮ 风机试运转：经过全面检查手动盘车，供应电源相序正确后方可送电试运转，运转前必须加上适度的润滑油并检查各项安全措施。叶轮旋转方向必须正确。在额定转速下试运转时间不得少于2h。运转后，再检查风机减振基础有无移位和损坏现象，做好记录。

6.1.2.3 质量标准

（1）保证项目

① 风机叶轮严禁与壳体碰擦。

检验方法：盘动叶轮检查。

② 散装风机进风斗与叶轮的间隙必须均匀并符合技术要求。

检验方法：尺量和观察检查。

③ 地脚螺栓必须拧紧，并有防松装置；垫铁放置位置必须正确，接触紧密，每组不超过3块。

检验方法：小锤轻击，扳手拧拭和观察检查。

④ 试运转时，叶轮旋转方向必须正确。经不少于2h的运转后，滑动轴承温升不超过35℃，最高温度不超过70℃，滚动轴承温升不超过40℃，最高温度不超过80℃。

检验方法：检查试运转记录或试车检查。

（2）允许偏差项目

通风机安装的允许偏差和检验方法应符合表6-2的规定。

表6-2 通风机安装的允许偏差和检验方法

项次	项目		允许偏差/mm	检验方法
1	中心线的平面位移		10	经纬仪或拉线和尺量检查
2	标高		±10	水准仪或水平仪、直尺、拉线和尺量检查
3	皮带轮轮宽中心平面位移		1	在主、从动皮带轮端面拉线和尺量检查
4	传动轴水平度		纵向 0.2/1000 横向 0.3/1000	在轴或皮带轮0°和180°的两个位置上，用水平仪检查
5	联轴器	两轴芯径向位移	0.05	在联轴器互相垂直的四个位置上，用百分表检查
		两轴线倾斜	0.2/1000	

6.1.2.4 成品保护

① 整体安装的通风机、搬运和吊装时，与机壳边接触的绳索，在棱角处应垫好柔软的材料，防止磨损机壳及绳索被切断。

② 解体安装的通风机，绳索捆绑不能损坏主轴、轴衬表面和机壳、叶轮等部件。

③ 风机搬动时，不应将叶轮和齿轮轴直接放在地上滚动或移动。

④ 通风机的进排气管、阀件、调节装置应设有单独支撑；各种管路与通风机连接时，法兰面应对中贴平，不应硬拉使设备受力。风机安装后，不应承受其他机件的重量。

6.1.2.5 应注意的质量问题

① 风机运转中皮带滑下或产生跳动。应检查两皮带轮是否找正，并在一条中线上，或调整两皮带轮的距离；如皮带过长应更换。

② 风机产生与转速相符的振动。应检查叶轮重量是否对称或叶片上是否有附着物；双进通风机应检查两侧过气量是否相等。如不等，可调节挡板，使两侧进气口负压相等。

③ 通风机和电动机整体振动。应检查地脚螺栓是否松动，机座是否紧固；与通风机相连的风管是否加支撑固定；柔性短管是否过紧。

④ 用型钢制作的风机支座，焊接后应保证支座的平整，若有扭曲，校正好后方能安装。

⑤ 风机减振器所承受压力不均。应适当调整减振器的位置，或检查减振器的底板是否同基础固定。

6.1.2.6 质量记录

① 通风机安装质量检验评定表。
② 进场设备检验记录表。
③ 预检工程检查记录单。
④ 设备基础工程验收记录。
⑤ 一般通风系统试运行记录。
⑥ 单位工程观感质量评定表。
⑦ 中间验收记录。
⑧ 自检互检记录。

6.1.3 除尘器制作与安装

6.1.3.1 施工准备

(1) 材料要求及主要机具
① 所使用的主要材料应具有出厂合格证明书或质量鉴定文件，板材应薄厚均匀，板面光滑。
② 除尘器制作的板厚应按设计要求、标准样本材料明细表执行。
③ 龙门剪板机、震动式曲线剪板机、卷圆机、型钢切割机、角钢卷圆机、冲孔机、台钻、电焊设备、涂料喷枪、小吊车、倒链、扳手、水平尺、线坠等。
(2) 作业条件
① 除尘器制作应有宽敞、明亮、洁净、地面平整、不潮湿的厂房。
② 加工地点要有相应加工工艺的机具、设施及电源安全防护装置、消防器材等。
③ 除尘器制作应有设计图纸、大样图，并有施工员书面的技术、质量、安全交底。
④ 土建施工完毕已具备安装条件，无障碍及杂物。

6.1.3.2 操作工艺

① 工艺流程

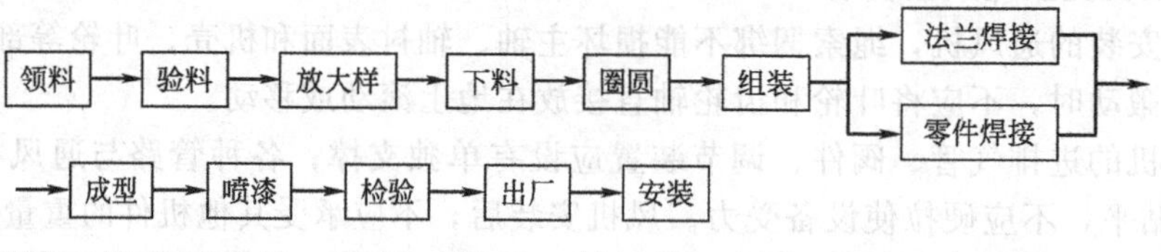

② 常用划线工具有钢板尺、角尺、划规、划针等。根据不同规格型号的除尘器样本要求分别进行放样展开。
③ 板材剪切时必须先进行复核尺寸，以免有误，按划线形状尺寸用切板机及震动剪进行剪切。
④ 除尘器筒体外径或矩形外边尺寸的允许偏差不应大于5‰，其内外表面应平整光滑，弧度均匀。
⑤ 除尘器壳体拼接应平整，纵向拼缝应错开；法兰连接处及装有检查门的部位应严密。整体除尘器的漏风率，在设计工作压力下为5%，其中离心式除尘器为3%。
⑥ 卷圆时，注意左右回旋的方向，以免卷错方向。

⑦ 组装时除尘器的进出口应平直，筒体排出管与锥体下口应同轴，其偏心不得大于2mm。

⑧ 旋风除尘器的进口短管应与筒体内壁成切线方向；螺旋导流板应垂直于筒体，螺距应均匀一致。

⑨ 焊接时应先段焊然后满焊，避免通焊后变形。

⑩ 除尘器成型后应外刷防锈漆二遍，再刷灰色调和漆一遍。

⑪ 除尘器安装时，按说明书的安装方式进行安装、找平找正。引风机入口要连接除尘器芯管法兰（即净化气体出口），引风机出口连接至烟道，通过烟囱排入大气，切勿接反。

⑫ 安装连接各部位法兰时密闭垫应加在螺栓内侧，以保证密封。

⑬ 除尘器蜗旋方向要与风机蜗旋方向一致，即右旋除尘器配用右旋引风机，左旋除尘器配用左旋引风机。

⑭ 组装除尘器主体与牛角锥体的连接大法兰和牛角锥体的小法兰与储灰罐法兰连接时必须保证密封。

6.1.3.3 质量标准

（1）保证项目

① 除尘器的规格和尺寸必须符合设计要求。

检验方法：尺量和观察检查。

② 除尘器组装及各部件的连接处必须严密，进出口方向必须符合设计要求。

检验方法：观察检查。

（2）基本项目

① 除尘器制作内表面平整，无凹凸、圆弧均匀、拼缝错开；焊缝表面无裂纹、夹渣、砂眼、气孔等缺陷。

检验方法：观察检查。

② 除尘器的活动或转动件应灵活可靠，松紧适度。

检验方法：手板动检查。

（3）允许偏差项目

除尘器安装的允许偏差和检验方法应符合表6-3的规定。

表6-3 除尘器安装的允许偏差和检验方法

项次	项　目		允许偏差/mm	检验方法
1	平面位移		≤10	用经纬仪或拉线，尺量检查
2	标高		±10	用水准仪或水平尺、直尺、拉线和尺量检查
3	垂直度	每1米	≤2	吊线尺量检查
		总偏差	≤10	

6.1.3.4 成品保护

① 除尘器的成品要放在宽敞、干燥的地方排放整齐。

② 除尘器搬运装卸应轻拿轻放、防止损坏成品。

6.1.3.5 应注意的质量问题

除尘器制作应注意的质量问题见表6-4。

表 6-4 除尘器制作应注意的质量问题

序号	质量通病	防治措施
1	异形排出管与筒体连接不平	在圈圆时用各种样板找准各段弧度
2	芯子的螺旋叶片角度不对	组装时边点焊边检查

6.1.3.6 质量记录

① 现场组装除尘器、空调机漏风检测记录表。

② 除尘器制作与安装分项工程质量检验评表。

6.2 通风与空调系统调试

6.2.1 施工准备

6.2.1.1 仪器仪表要求及主要仪表工具

① 通风与空调系统调试所使用的仪器仪表应有出厂合格证明书和鉴定文件。

② 严格执行计量法，不准在调试工作岗位上使用无检定合格印、证或超过检定周期以及经检定不合格的计量仪器仪表。

③ 必须了解各种常用测试仪表的构造原理和性能，严格掌握它们的使用和校验方法，按规定的操作步骤进行测试。

④ 综合效果测定时，所使用的仪表精度级别应高于被测对象的级别。

⑤ 搬运和使用仪器、仪表要轻拿轻放，防止振动和撞击；不使用仪表时应放在专用工具仪表箱内，防潮、防污秽等。

⑥ 测量温度的仪表；测量湿度的仪表；测量风速的仪表；测量风压的仪表。其他常用的有：电工仪表、转数表、粒子计数器、声级仪、钢卷尺、手电钻、活扳子、改锥、克丝钳子、铁锤、高凳、手电筒、对讲机、计算器、测杆等。

6.2.1.2 作业条件

(1) 通风空调系统必须安装完毕，运转调试之前会同建设单位进行全面检查；全部符合设计、施工及验收规范和工程质量检验评定标准的要求，才能进行运转和调试。

(2) 通风空调系统运转所需用的水、电、水蒸气及压缩空气等，应具备使用条件，现场清理干净。

(3) 运转调试之前做好下列工作准备。

① 应有运转调试方案，内容包括调试目的要求、时间进度计划、调试项目及程序和采取的方法等。

② 按运转调试方案，备好仪表和工具及调试记录表格。

③ 熟悉通风空调系统的全部设计资料、计算的状态参数，领会设计意图，掌握风管系统、冷源和热源系统、电系统的工作原理。

④ 风道系统的调节阀、防火阀、排烟阀、造风口和回风口内的阀板、叶片应在开启的工作状态位置。

⑤ 通风空调系统风量调试之前，先应对风机单机试运转，设备完好符合设计要求后，方可进行调试工作。

6.2.2 操作工艺

6.2.2.1 调试工艺程序

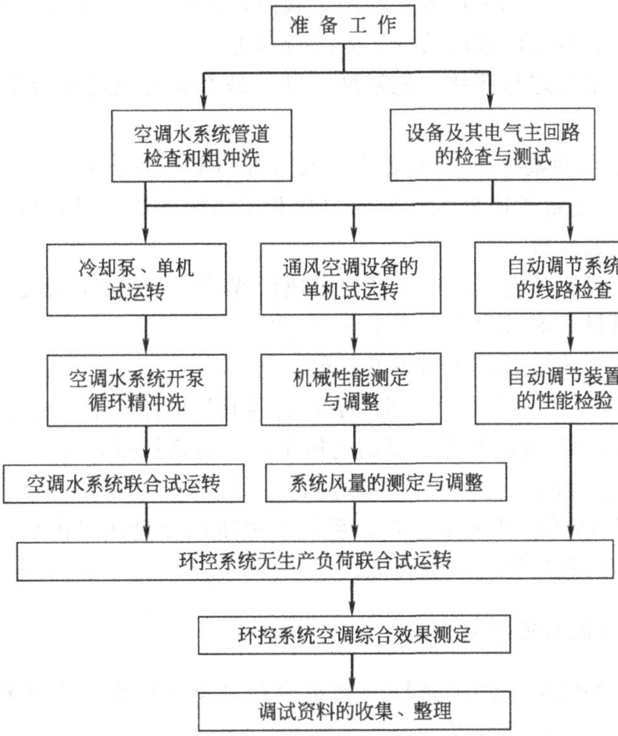

6.2.2.2 准备工作

① 空调系统设计图纸和有关技术文件，室内、外空气计算参数，风量、冷热负荷、恒温精度要求等，弄清送（回）风系统、供冷和供热系统、自动调节系统的全过程。

② 空调系统的透视示意图。

③ 人员会同设计、施工和建设单位深入现场，查清空调系统安装质量不合格的地方，查清施工与设计不符的地方，记录在缺陷明细表中，限期修改完。

④ 调试所需的仪器仪表和必要工具，消除缺陷明细表中的各种毛病。电源、水源、冷、热源准备就位后，即可按计划进行运转和调试。

6.2.2.3 通风空调系统运转前的检查

① 核对通风机、电动机的型号、规格是否与设计相符。

② 检查地脚螺栓是否拧紧、减振台座是否平，皮带轮或联轴器是否找正。

③ 检查轴承处是否有足够的润滑油，加注润滑油的种类和数量应符合设备技术文件的规定。

④ 检查电机及有接地要求的风机、风管接地线连接是否可靠。

⑤ 检查风机调节阀门，开启应灵活、定位装置可靠。

⑥ 风机启动可连续运转，运转应不少于 2h。

⑦ 通风空调设备单机试运转和风管系统漏风量测定合格后，方可进行系统联动试运转，并不少于 8h。

6.2.2.4　通风空调系统的风量测定与调整

(1) 按工程实际情况，绘制系统单线透视图，应标明风管尺寸，测点截面位置，送（回）风口的位置，同时标明设计风量及风速、截面面积、风口外框面积。

(2) 开风机之前，将风道和风口本身的调节阀门，放在全开位置，三通调节阀门放在中间位置空气处理室中的各种调节门也应放在实际运行位置。

(3) 开风机进行风量测定与调整，先粗测总风量是否满足设计风量要求，做到心中有数，有利于下步调试工作。

(4) 系统风量测定与调整，干管和支管的风量可用皮托管、微压计仪器进行测试。对送（回）风系统调整采用“流量等比分配法”或“基准风口调整法”等，从系统的最远、最不利的环路开始，逐步调向通风机。

(5) 风口风量测试可用热电风速仪、叶轮风速仪或转杯风速仪，用定点法或匀速移动法测出平均风速，计算出风量。测试次数不少于3～5次。

(6) 系统风量调整平衡后，应达到以下要求。

① 风口的风量、新风量、排风量、回风量的实测值与设计风量的允许值不大于10%。

② 新风量与回风量之和应近似等于总的送风量，或各送风量之和。

③ 总的送风量应略大于回风量与排风量之和。

④ 系统风量测定包括风量及风压测定，系统总风压以测量风机前后的全压差为准；系统总风量以风机的总风量或总风管的风量为准。

6.2.2.5　空调器设备性能测定与调整

(1) 喷水量的测定和喷水室热工特性的测定应在夏季或接近夏季室外计算参数条件下进行，它的冷却能力是否符合设计要求。

(2) 过滤器阻力的测定、表冷器阻力的测定、冷却能力和加热能力的测定等应计算出阻力值及空气失去的热量值和吸收的热量值是否符合设计要求。

(3) 在测定过程中，保证供水、供冷、供热源，做好详细记录，与设计数据进行核对是否有出入，如有出入时应进行调整。

6.2.2.6　自动调节系统及检测仪表联动校验

① 自动调节系统在未正式投入联动之前，应进行模拟试验，以校验系统的动作是否正确，是否符合设计要求，无误时，可投入自动调节运行。

② 自动调节系统投入运行后，应查明影响系统调节品质的因素，进行系统正常运行效果的分析并判断能否达到预期效果。

③ 自动调节系统各环节的运行调整，应使空调系统的“露点”、二次加热器和室温的各控制点经常保持所规定的空气参数，符合设计精度要求。

6.2.2.7　空调系统综合效果测定

空调系统综合效果测定是在各分项调试完成后，测定系统联动运行的综合指标是否满足设计与生产工艺要求。如果达不到规定要求时，应在测定中进一步调整。

6.2.2.8　资料整理编制交工调试报告

将测定和调整后的大量原始数据进行计算和整理，应包括下列内容。

① 通风或空调工程概况。

② 电气设备及自动调节系统设备的单体试验及检测、信号，联锁保护装置的试验和调整数据。

③ 空调处理性能测定结果。

④ 系统风量调整结果。

⑤ 房间气流组织调试结果。

⑥ 自动调节系统的整定参数。

⑦ 综合效果测定结果。

⑧ 对空调系统做出结论性的评价和分析。

6.2.3 质量标准

① 测定系统总风量、风压及风机转数，将实测总风量值与设计值进行对比，偏差值不应大于10%。

② 风管系统的漏风率应符合设计要求或不应大于10%。

③ 系统与风口的风量必须经过调整达到平衡，各风口风量实测值与设计值偏差不应大于15%。

④ 洁净系统高效过滤器及高效过滤器与框架连接处的渗漏率必须符合设计要求。

⑤ 无负荷联合运转试验调整后，应使空气的各项参数维持在设计给定的范围内。

⑥ 风机风量为吸入端风量和压出端风量的平均值，且风机前后的风量之差不应大于5%。

6.2.4 成品保护

① 通风空调机房的门、窗必须严密，应设专人值班，非工作人员严禁入内，工作需要进入时，应由保卫部门发放通行工作证方可进入。

② 风机、空调设备动力的开动、关闭，应配合电工操作，坚守工作岗位。

③ 系统风量测试调整时，不应损坏风管保温层。调试完成后，应将测点截面处的保温层修复好，测孔应堵好，调节阀门固定好，划好标记以防变动。

④ 自动调节系统的自控仪表元件，控制盘箱等应进行特殊保护措施，以防电气自控元件丢失及损坏。

⑤ 空调系统全部测定调整完毕后，及时办理交接手续，由使用单位负责运行、启用，负责空调系统的成品保护。

6.2.5 应注意的质量问题

通风空调系统调试后产生的问题和解决办法见表6-5。

6.2.6 应具备的质量记录

① 预检记录。

② 烟（风）道检查记录。

③ 现场组装除尘器，空调机漏风检测记录。

④ 风管漏风检测记录。

⑤ 各房间室内风量测量数据表。

表 6-5　通风空调系统调试后产生的问题和解决方法

序号	产生的问题	原因分析	解决办法
1	实际风量过大	系统阻力偏小	调节风机风板或阀门，增加阻力
		风机有问题	降低风机转速，或更换风机
2	实际风量过小	系统阻力偏大	放大部分管段尺寸，改进部分部件，检查风道或设备有无堵塞
		风机有问题	调紧传动皮带，提高风机转速或改换风机
		漏风	堵严法兰接缝，人孔、检查门或其他存在的漏缝
3	气流速度过大	风口风速过大，送风量过大，气流组织不合理	改大送风口面积，减少送风量，改变风口形式或加挡板使气流组织合适
4	噪声超过规定	风机、水泵噪声传入，风道风速偏大，局部部件引起，消声器质量不好	做好风机平衡，风机和水泵的隔振；改小风机转速；放大风速偏大的风道尺寸；改进局部部件；在风道中增贴消声材料

⑥ 管网风量平衡记录表。
⑦ 空调系统试验调整报告。
⑧ 一般通风系统试运行记录。
⑨ 冷冻机组试车记录。
⑩ 设备安装工程单机试运转记录。
⑪ 暖卫通风空调工程设备系统运转试验记录表。

思考题

1. 消声器主要有几种分类？
2. 除尘器制作应注意的质量问题有哪些？
3. 通风系统调试工艺流程是如何的？

第 7 章　水暖空调管道与设备的防腐和保温

7.1　水暖管道及构筑物的防腐

7.1.1　施工准备

7.1.1.1　材料要求

① 防锈漆、面漆、沥青等应有出厂合格证，其质量符合有关规范和设计要求。

② 稀释剂：汽油、煤油、醇酸稀料、松香水、酒精等。

③ 其他材料：高岭土、石棉、石灰石粉或滑石粉、玻璃丝布、矿棉纸、油毡、牛皮纸、塑料布等。

7.1.1.2　主要机具

① 机具：喷枪、空压机、金刚砂轮、除锈机等。

② 工具：刮刀、锉刀、钢丝刷、砂布、砂纸、刷子、棉丝、沥青锅等。

7.1.1.3　作业条件

① 有码放管材、设备、容器及进行防腐操作的场地。

② 施工环境温度在5℃以上且通风良好，无煤烟、灰尘及水汽等。气温在5℃以下施工要采取冬季施工措施。

7.1.2　操作工艺

7.1.2.1　工艺流程

管道、设备及容器清理、除锈 → 管道、设备及容器防腐刷油

7.1.2.2　管道、设备及容器清理、除锈

（1）人工除锈

用刮刀、锉刀将管道、设备及容器表面的氧化皮、铸砂除掉，再用钢丝刷将管道、设备及容器表面的浮锈除去，然后用砂纸磨光，最后用棉丝将其擦净。

（2）机械除锈

先用刮刀、锉刀将管道表面的氧化皮、铸砂去掉。然后一人在除锈机前，一人在除锈机后，将管道放在除锈机内反复除锈，直至露出金属本色为止。在刷油前，用棉丝再擦一遍，将其表面的浮灰等去掉。

7.1.2.3　管道、设备及容器防腐刷油

① 管道、设备及容器阀门，一般按设计要求进行防腐刷油，当设计无要求时，应按下列

规定进行。

a. 明装管道、设备及容器必须先刷一道防锈漆，待交工前再刷两道面漆。如有保温和防结露要求应刷两道防锈漆。

b. 暗装管道、设备及容器刷两道防锈漆，第二道防锈漆必须待第一道漆干透后再刷。且防锈漆稠度要适宜。

c. 埋地管道做防腐层时，其外壁防腐层的做法可按表 7-1 的规定进行。

表 7-1　管道防腐层种类

防腐层层次(从金属表面起)	正常防腐层	加强防腐层	特加强防腐层
1	冷底子油	冷底子油	冷底子油
2	沥青涂层	沥青涂层	沥青涂层
3	外包保护层	加强包扎层(封闭层)	加强保护层(封闭层)
4		沥青涂层	沥青涂层
5		外包保护层	加强包扎层(封闭层)
6			沥青涂层
7			外包保护层
防腐层厚度不小于/mm	3	6	9
厚度允许偏差/mm	−0.3	−0.5	−0.5

注：1. 用玻璃丝布做加强包扎层，需涂一道冷底子油封闭层。
2. 做防腐内包扎层，接头搭接长度为 30～50mm，外包保护层，搭接长度为 10～20mm。
3. 未连接的接口或施工中断处，应制成每层收缩为 80～100mm 的阶梯式接茬。
4. 涂刷防腐冷底子油应均匀一致，厚度一般为 0.1～0.15mm。
5. 冷底子油的质量配合比为沥青：汽油＝1：2.25。

当冬季施工时，宜用橡胶溶剂油或航空汽油溶解石油沥青，其质量比为沥青∶汽油＝1∶2。

② 防腐涂漆的方法有两种。

a. 手工涂刷：应分层涂刷，每层应往复进行，纵横交错并保持涂层均匀，不得漏涂或流坠。

b. 机械喷涂：喷涂时喷射的漆流应和喷漆面垂直，喷漆面为平面时，喷嘴与喷漆面应相距 250～350mm，喷漆面如为圆弧面，喷嘴与喷漆面的距离应为 400mm 左右。喷涂时，喷嘴的移动应均匀，速度宜保持在 10～18m/min，喷漆使用的压缩空气压力为0.2～0.4MPa。

③ 埋地管道的防腐。

埋地管道的防腐层主要由冷底子油、石油沥青玛蹄脂、防水卷材及牛皮纸等组成。

a. 冷底子油的成分见表 7-2。

表 7-2　冷底子油的成分

使用条件	沥青：汽油(质量比)	沥青：汽油(体积比)
气温在 5℃以上	1：2.25～2.5	1：3
气温在 5℃以下	1：2	1：2.5

调制冷底子油的沥青是牌号为 30 号甲建筑石油沥青。熬制前，将沥青打成 1.5kg 以下的小块，放入干净的沥青锅中，逐步升温和搅拌，并使温度保持在 180～200℃范围内（最高不超过 220℃），一般应在这种温度下熬制 1.5～2.5h，直到不产生气泡，即表示脱水完毕。按配合比将冷却至 100～120℃的脱水沥青缓缓倒入计量好的无铅汽油中，并不断搅拌至完全均匀混合为止。

在清理管道表面后 24h 内刷冷底子油，涂层应均匀，厚度为 0.1～0.15mm。

b. 沥青玛蹄脂的配合比为沥青：高岭土＝3：1。

沥青应采用 30 号甲建筑石油沥青或其与 10 号建筑石油沥青的混合物。将温度在 180～

200℃的脱水沥青逐渐加入干燥并预热到120～140℃的高岭土中，不断搅拌，使其混合均匀。然后测定沥青玛蹄脂的软化点、延伸度、针入度三项技术指标，达到表7-3中的规定时为合格。

表7-3 沥青玛蹄脂技术指标

施工气温/℃	输送介质温度/℃	软化点(环球法)/℃	延伸度(25℃)/cm	针入度/0.1mm
-25～5	-25～25	56～75	3～4	—
	25～56	80～90	2～3	25～35
	56～70	85～90	2～3	20～25
5～30	-25～25	70～80	2.5～3.5	15～25
	25～56	80～90	2～3	10～20
	56～70	90～95	1.5～2.5	10～20
30以上	-25～25	80～90	2～3	—
	25～56	90～95	1.5～2.5	10～20
	56～70	90～95	1.5～2.5	10～20

涂抹沥青玛蹄脂时，其温度应保持在160～180℃，施工气温高于30℃时，温度可降低到150℃。热沥青玛蹄脂应涂在干燥清洁的冷底子油层上，涂层要均匀。最内层沥青玛蹄脂如用人工或半机械化涂抹时，应分成两层，每层各厚1.5～2mm。

c. 防水卷材一般采用矿棉纸油毡或浸有冷底子油的玻璃网布，呈螺旋形缠包在热沥青玛蹄脂层上，每圈之间允许有不大于5mm的缝隙或搭边，前后两卷材的搭接长度为80～100mm并用热沥青玛蹄脂将接头粘接。

④ 缠包牛皮纸时，每圈之间应有15～20mm搭边，前后两卷的搭接长度不得小于100mm，接头用热沥青玛蹄脂或冷底子油粘接。牛皮纸也可用聚氯乙烯塑料布或没有冷底子油的玻璃网布带代替。

⑤ 制作特强防腐层时，两道防水卷材的缠绕方向宜相反。

⑥ 已做了防腐层的管子在吊运时，应采用软吊带或不损坏防腐层的绳索，以免损坏防腐层。管子下沟前，要清理管沟，使沟底平整，无石块、砖瓦或其他杂物。上层如很硬时，应先在沟底铺垫100mm松软细土，管子下沟后，不允许用撬杠移管，更不得直接推管下沟。

⑦ 防腐层上的一切缺陷、不合格处以及检查和下沟时弄坏的部位，都应在管沟回填前修补好，回填时，宜先用人工回填一层细土，埋过管顶，然后再用人工或机械回填。

7.1.3 质量标准

① 埋地管道的防腐层应符合以下规定：材质和结构符合设计要求和施工规范规定，卷材与管道以及各层卷材间粘贴牢固，表面平整，无折皱、空鼓、滑移和封口不严等缺陷。

检验方法：观察或切开防腐层检查。

② 管道、箱类和金属支架涂漆应符合以下规定：油漆种类和涂刷遍数符合设计要求，附着良好，无脱皮、起泡和漏涂，漆膜厚度均匀，色泽一致，无流坠及污染现象。

7.1.4 成品保护

① 已做好防腐层的管道及设备之间要隔开，不得粘连，以免破坏防腐层。

② 刷油前先清理好周围环境，防止尘土飞扬，保持清洁，如遇大风、雨、雾、雪不得露天作业。

③ 涂漆的管道、设备及容器，漆层在干燥过程中应防止冻结、撞击、震动和温度剧烈变化。

7.1.5 应注意的质量问题

① 管材表面脱皮、返锈。主要原因是管材除锈不净。

② 管材、设备及容器表面油漆不均匀，有流坠或有漏涂现象，主要是刷子蘸油漆太多和刷油不认真。

7.2 水暖管道及设备保温

7.2.1 施工准备

7.2.1.1 材料要求

① 保温材料的性能、规格应符合设计要求，并具有合格证。

② 常用的材料如下。

a. 预制瓦块：泡沫混凝土、珍珠岩、蛭石、石棉瓦块等。

b. 管壳制品：岩棉、矿渣棉、玻璃棉、硬聚氨酯泡沫塑料、聚苯乙烯泡沫塑料管壳等。

c. 卷材：聚苯乙烯泡沫塑料、岩棉等。

d. 其他材料：铅丝网、石棉灰或用以上预制板块砌筑或粘接等。

③ 保护壳材料有麻刀、白灰或石棉、水泥；玻璃丝布、塑料布、浸沥青油的麻袋布、油毡、工业棉布、铝箔纸、铁皮等。

7.2.1.2 主要机具

① 机具：砂轮锯、电焊机。

② 工具：钢筋、剪子、手锤、剁子、弯钩、铁锹、灰桶、平抹子、圆弧抹子等。

③ 其他：钢卷尺、钢针、靠尺、楔形塞尺等。

7.2.1.3 作业条件

① 管道及设备的保温应在防腐及水压试验合格后方可进行，如需先做保温层，应将管道的接口及焊缝处留出，待水压试验合格后再将接口处保温。

② 建筑物的吊顶及管井内需要进行保温的管道，必须在防腐试压合格，保温完成隐检合格后，土建才能最后封闭，严禁颠倒工序施工。

③ 保温前必须将地沟管井内的杂物清理干净，施工过程遗留的杂物，应随时清理，确保地沟畅通。

④ 湿作业的灰泥保护壳，冬季施工时要有防冻措施。

7.2.2 操作工艺

7.2.2.1 工艺流程

(1) 预制瓦块

散瓦 → 断镀锌钢丝 → 和灰 → 抹填充料 → 合瓦 → 钢丝绑扎 → 填缝 → 抹保护壳

(2) 管壳制品

散管壳→合管壳→缠裹保护壳

(3) 缠裹保温

裁料→缠裹保温材料→包扎保护层

(4) 设备及箱罐钢丝网石棉灰保温

焊钩钉→刷油→绑扎钢丝网→抹石棉灰→抹保护层

7.2.2.2 施工方法

① 各种预制瓦块运至施工地点，在沿管线散瓦时必须确保瓦块的规格尺寸与管道的管径相配套。

② 安装保温瓦块时，应将瓦块内侧抹 5～10mm 的石棉灰泥，作为填充料。瓦块的纵缝搭接应错开，横缝应朝上下。

③ 预制瓦块根据直径大小选用 18 号至 20 号镀锌钢丝进行绑扎固定，绑扎接头不宜过长，并将接头插入瓦块内。

④ 预制瓦块绑扎完后，应用石棉灰泥填充缝隙，勾缝抹平。

⑤ 外抹石棉水泥保护壳（其配比为石棉灰：水泥＝3：7），按设计规定厚度抹平压光，设计无规定时，其厚度为 10～15mm。

⑥ 立管保温时，其层高小于或等于 5m，每层应设一个支撑托盘，层高大于 5m，每层应不少于 2 个，支撑托盘应焊在管壁上，其位置应在立管卡子上部 200mm 处，托盘直径不大于保温层的厚度。

⑦ 管道附件的保温除寒冷地区室外架空管道及室内防结露保温的法兰、阀门等附件按设计要求保温外，一般法兰、阀门、套管伸缩器等不应保温，并在其两侧应留 70～80mm 的间隙，在保温端部抹 60°～70°的斜坡。设备容器上的人孔、手孔及可拆卸部件的保温层端部，应做成 5mm 斜坡。

⑧ 用管壳制品做保温层，其操作方法一般由两人配合，一人将管壳缝剖开对包在管上，两手用力挤住，另外一人缠裹保护壳，缠裹时用力要均匀，压茬要平整，粗细要一致。若采用不封边的玻璃丝布做保护壳时，要将毛边折叠，不得外露。

⑨ 块状保温材料采用缠裹式保温（如聚乙烯泡沫塑料），按照管径留出搭茬余量，将料裁好，为确保其平整美观，一般应将搭茬留在管子内侧，其他要求同⑧。

⑩ 待保温层完成，并有一定的强度，再抹保护壳，要求抹光压平。

7.2.3 质量标准

7.2.3.1 保证项目

保温材料的强度、密度、热导率、规格及保温做法应符合设计要求及施工规范的规定。

检验方法：检查保温材料出厂合格证及说明书。

7.2.3.2 基本项目

保温层表面平整，做法正确，搭茬合理，封口严密，无空鼓及松动。

检验方法：观察检查。

7.2.3.3 允许偏差项目

允许偏差项目见表 7-4。

表 7-4 保温层允许偏差

项目		允许偏差/mm	检验方法
厚度		$+0.1\delta$ -0.05δ	用钢针刺入保温层和尺量检查
表面平整度	卷材或板材	5	用 2m 靠尺和楔形塞尺检查
	涂抹或其他	10	

注：δ 为保温层厚度。

7.2.4 成品保护

① 管道及设备的保温工序，必须在地沟及管井内已进行清理，不再有下道工序损坏保温层的前提下，方可进行保温操作。

② 一般管道保温应在水压试验合格，防腐已完方可施工，不能颠倒工序。

③ 保温材料进入现场不得雨淋或存放在潮湿场所。

④ 保温施工后留下的碎料，应由负责施工的班组自行清理。

⑤ 明装管道的保温层，土建若喷浆在后，应有防止污染保温层的措施。

⑥ 如有特殊情况需拆下保温层进行管道处理或其他工种在施工中损坏保温层时，应及时按原要求进行修复。

7.2.5 应注意的质量问题

① 保温材料使用不当、交底不清、做法不明。应熟悉图纸，了解设计要求，不允许擅自变更保温做法，严格按设计要求施工。

② 保温层厚度不按设计要求规定施工。主要是凭经验施工，对保温的要求理解不深。

③ 表面粗糙不美观。主要是操作不认真，要求不严格。

④ 空鼓、松动、不严密。主要是保温材料大小不合适，缠裹时用力不均匀，搭茬位置不合理。

7.3 通风与空调工程的防腐与绝热

7.3.1 施工准备

7.3.1.1 材料要求

① 所用保温材料要具备出厂合格证明书并附有相关管理部门的认证及有关法定检测单位的证明。

② 使用的保温材料应符合空调设计参数要求和消防防火规范要求，具体如下。

a. 设计参数要求：热导率为 0.022～0.047W/(m・K)（玻璃棉板或毡）；热导率为 0.042～0.064W/(m・K)（岩棉板或毡）。

b. 防火要求：不燃或阻燃。

③ 常用保温材料一般有两大类。

a. 纤维状：岩棉板、铝箔岩棉板、超细玻璃棉毡、铝箔玻璃棉板等。

b. 多孔状：自熄性聚苯乙烯泡沫塑料、聚氨酯泡沫塑料、矿物棉泡沫保温材料。

④ 保温附属材料如玻璃丝布、防火涂料，黏结剂、铁皮、保温钉，应符合设计要求及有关规定。

⑤ 制冷管道保温材料应符合设计规定并具有制造厂合格证明或检验报告；保温材质应热导率小，具有一定的强度，能承受来自内侧和外侧的水湿或气体渗透，不含有腐蚀性的物质，不燃或不易燃烧，便于施工；保温材料在贮存、运输、现场保管过程中不应受潮及机械损伤。

7.3.1.2 主要机具

圆盘锯或平板锯、手锯、钢板尺、盒尺、毛刷子、打包钳、手电钻、多用刀、手锯、剪子、克丝钳、螺丝刀、腻子刀、油刷子、抹子、小桶、弯钩等。

7.3.1.3 作业条件

① 现场土建结构已完工，无大量施工用水情况发生。

② 风管、部件安装符合质量标准，需防腐部件已做好刷漆工作后方可进行保温工作。

③ 风管与部件及空调设备绝热工程施工应在风管系统漏风试验合格及质量检验合格后进行。

④ 空调工程的制冷系统和空调水系统绝热工程的施工，应在管道系统强度与严密性检验合格和防腐处理结束后进行。

⑤ 管道保温层施工必须在系统压力试验检漏合格、防腐处理结束后进行。

⑥ 有难燃要求的绝热材料必须对其耐燃性能进行验证，合格后方能使用。

⑦ 场地应干净，有良好的照明设施。冬、雨期施工应有防冻、防雨雪设施。

⑧ 管道支、吊架处的木衬垫缺损或漏装的应补齐。仪表接管部件等均已安装完毕。

⑨ 应有施工员的书面技术、质量、安全交底。保温前应进行隐检。

7.3.2 操作工艺

7.3.2.1 风管及部件防腐操作工艺

① 工艺流程如下。

风管及部件清理、除锈 → 风管及部件防腐刷油

② 风管刷油前，为了增强其表面涂料的附着力，保证涂料质量，必须将其表面的杂物、铁锈、油脂和氧化皮等处理干净，使表面呈现金属光泽。

③ 表面处理方法有人工除锈和喷砂除锈。人工除锈就是用钢丝刷、钢丝布和砂布等擦拭，并用棉纱等将表面擦干净。对于要求较严格的通风系统（包括制冷等管道），可采取喷砂除锈的方法，效果比较好。喷砂除锈时，所用的压缩空气不得含有油脂和水分，空气压缩机出口处，应装设油水分离器；喷砂所用砂粒，应坚硬且有棱角，筛除其中的泥土杂质，并经过干燥清洗。清除油污一般可采用碱性溶剂进行清洗。

④ 贮存涂料的房间应与存有其他易燃易爆品及有火源的房间隔开，不得在涂料房内安放火源和吸烟，同时还要有防火设施。

⑤ 薄钢板风管的涂料如设计无规定时，可参照表 7-5 的规定选用。

⑥ 刷涂料时，要在周围温度 5℃以上，相对湿度 85%以下的条件下进行。防止温度过低出现厚薄不均，难于干燥；也要防止湿度过高而附着力差，容易出现气孔等。

⑦ 刷第二道涂料，要在底漆完全干燥后进行。刚刷好涂料的风管配件不能曝晒、雨淋，以免影响油漆质量和观感。

⑧ 风管咬口前，应刷一道防锈漆，以保证咬口处的防腐能力，延长使用寿命。

表 7-5　薄钢板风管油漆

风管所输送的气体介质	涂料类别	油漆遍数
不含有灰尘且温度不高于 70℃的空气	内表面涂防锈底漆	2
	外表面涂防锈底漆	1
	外表面涂面漆（调和漆等）	2
不含有灰尘且温度高于 70℃的空气	内、外表面各涂耐热漆	2
含有粉尘或粉屑的空气	内表面涂防锈底漆	1
	外表面涂防锈底漆	1
	外表面涂面漆	2
含有腐蚀性介质的空气	内外表面涂耐酸底漆	≥2
	内外表面涂耐酸面漆	≥2

注：需保温的风管外表面不涂黏结剂时，宜涂防锈漆两道。

⑨ 室内风管、送风口、回风口等外表面的颜色漆，如设计无规定时，应与室内墙壁颜色相协调。

⑩ 油漆工程要与通风施工交叉进行，如通风零、部件组装前的涂料。风管外表面最后一道面漆，应在风管安装完毕后进行涂刷。

⑪ 保温风管外表面的涂料，如保温层用热沥青粘于风管上，其底漆应刷冷汽油沥青；如保温层无粘接料直接铺于风管上时，应刷红丹防锈漆。

⑫ 翻动风管及部件时，要观察周围环境并要轻起轻放，以免碰坏风管或发生事故。

⑬ 耐腐蚀系统的风机进行防腐处理时，要将壳体与叶轮分离，进行刷漆，待干燥后再进行组装。

⑭ 空气净化系统的涂料，如设计无具体规定时，要参照表 7-6 的规定进行。

表 7-6　空气净化系统的油漆

风管部位	涂料类别	油漆遍数	系统部位
内表面	醇酸类底漆	2	①中效过滤器前的送风管及回风管 ②中效过滤器后和高效过滤器前的送风管
	醇酸类磁漆	2	
外表面（保温）	铁红底漆	2	
外表面（非保温）	铁红底漆	1	
	调和漆	2	

⑮ 制冷系统管道的涂料，应符合设计要求。如无具体要求时，可按表 7-7 的要求进行涂漆。制冷系统的紫铜管，一般不涂漆。

表 7-7　制冷管道涂料

管道类别		油漆类别	油漆遍数
低压系统	保温层以沥青为黏结剂	沥青漆	2
	保温层不以沥青为黏结剂	防锈底漆	2
高压系统		防锈底漆	2
		色漆	2

⑯ 在刷漆时，如果油漆对人体健康有影响，应戴好防毒、防异味口罩。

⑰ 涂料稠度较大时，要用稀释剂稀释，稀释剂要按产品说明书的要求配用。稀释剂加入量要根据施工方法要求确定。喷漆时，稀释剂和油漆比例可按 1∶（1～2）调配。红丹含有大量的铅，有毒性，不宜用喷漆方法。

⑱ 防腐用涂料要有出厂合格证明，要在保存期内使用，不合格的涂料不能使用，在有效

期内有明显变质的涂料也不能使用。

⑲ 喷、刷好的漆膜，不得有堆积、漏涂、起皱、产生气泡、掺杂和混色等缺陷。

⑳ 使用各种涂料时，应先了解其特点和使用要求，并严格按技术安全操作规程进行作业，防止出现事故。

㉑ 空调制冷各系统管道的外表面，应按设计规定做色标。

㉒ 安装在室外的硬聚氯乙烯板风管，外表面宜涂铝粉漆两道。

7.3.2.2 风管及部件保温操作工艺

① 工艺流程如下。

a. 一般材料保温：

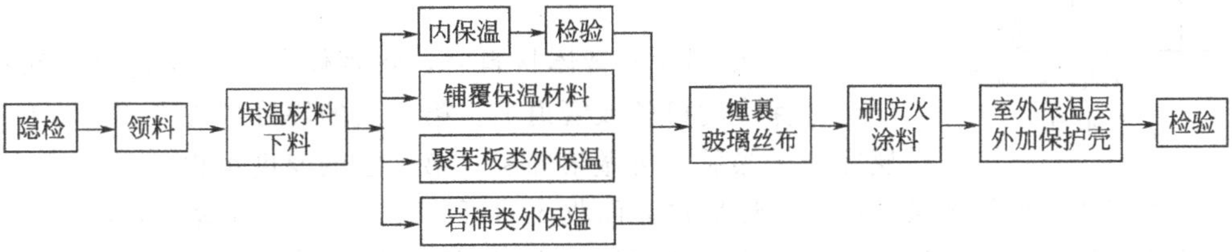

b. 铝镁质保温：

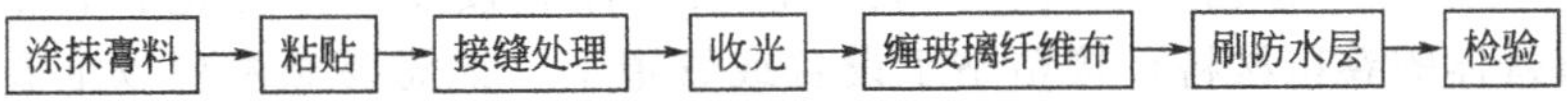

② 保温材料下料要准确，切割面要平齐，在裁料时要使水平、垂直面搭接处以短面两头顶在大面上，如图 7-1 所示。

③ 粘接保温钉前要将风管壁上的尘土、油污擦净，将黏结剂分别涂抹在管壁和保温钉的粘接面上，稍后再将其粘上。

④ 矩形风管及设备保温钉在每个面上分布应均匀。保温钉粘上后应待 12～24h 后再铺覆保温材料。

⑤ 保温材料铺覆应使纵、横缝错开，如图 7-2 所示。

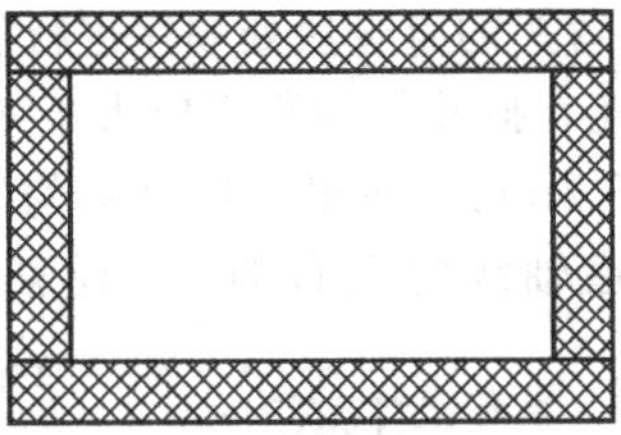

图 7-1　裁料示意

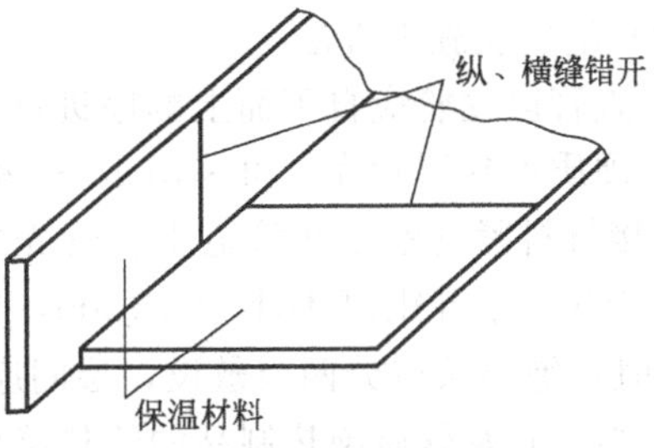

图 7-2　保温材料铺覆示意

小块保温材料应尽量铺覆在水平面上。

岩棉板保温材料每块之间的搭头采取图 7-3 所示的做法。

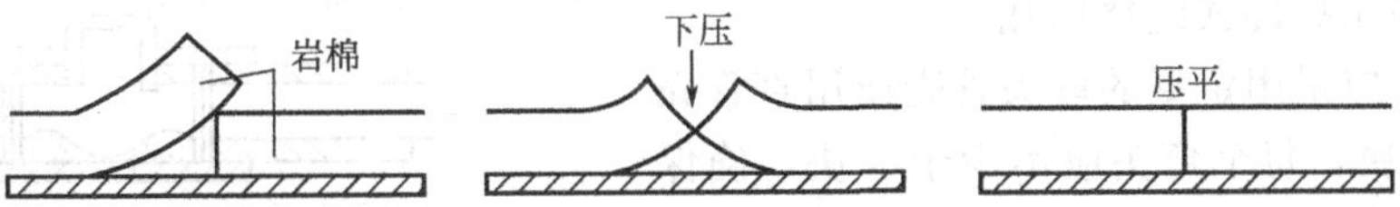

图 7-3　搭头示意

⑥ 各类保温材料做法如下。

a. 岩棉类内保温。保温材料如采用岩棉类，铺覆后应在法兰处保温材料断面上涂抹固定胶，防止纤维被吹起。岩棉内表面应涂有固化涂层。

b. 聚苯板类外保温。聚苯板铺好后，用薄钢带做箍，然后用打包钳卡紧。钢带箍每隔500mm 打一道。

c. 岩棉类外保温。明管保温后应用玻璃丝布缠紧。

⑦ 缠玻璃丝布。缠绕时应使其互相搭接，使保温材料外表形成两层玻璃丝布缠绕，同时操作时应将外露的一边内折，以避免毛边出现，如图 7-4 所示。玻璃丝布甩头要用卡子卡牢或用胶粘牢。

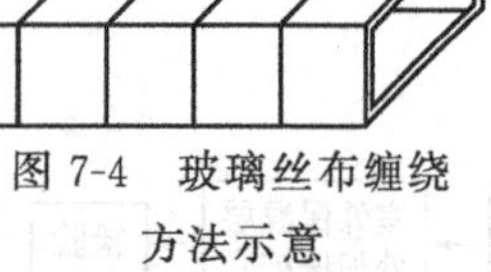

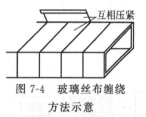

图 7-4　玻璃丝布缠绕方法示意

⑧ 玻璃丝布外表面要刷两道防火涂料，涂层应严密均匀。

⑨ 室外明露风道在保温层外应根据设计要求加上一层保护外壳。

⑩ 全用铝镁质膏体材料时，将膏体一层一层地直接涂抹于需要保温保冷的设备或管道上。第一层的厚度应在 5mm 以下，第一层完全干燥后，再做第二层（第二层的厚度可以 10mm 左右），以此类推，直到达到设计要求的厚度，然后再表面收光即可。表面收光层干燥后，即可进行特殊要求的处理，如涂刷防水涂料、油漆或包裹玻璃纤维布、复合铝箔等。

⑪ 有铝镁质标准型卷毡材料时，先将铝镁质膏体直接涂抹于卷毡材料上，厚度为 2～5mm，将涂有膏体的卷毡材料直接粘贴于设备或管道上。如需要做两层以上卷毡材料时，将涂有膏体的卷毡材料分层粘贴上去，直到达到设计要求的保温厚度，表面再用 2mm 左右的膏体材料收光即可。表面收光层干燥后，就可进行特殊要求的处理，如涂刷防水涂料、油漆或包裹玻璃纤维布、复合铝箔等。

7.3.2.3　制冷管道保温操作工艺

（1）工艺流程

隐检 → 绝热层 → 防潮层 → 保护层 → 检验

（2）绝热层施工方法

① 直管段立管应自下而上顺序进行，水平管应从一侧或弯头的直管段处顺序进行。

② 硬质绝热层管壳，可采用 16～18 号镀锌铁丝双股捆扎，捆扎的间距不应大于 400mm，并用粘接材料紧密粘贴在管道上。管壳之间的缝隙不应大于 2mm，并用粘接材料勾缝填满，环缝应错开，错开距离不小于 75mm，管壳纵缝应设在管道轴线的左右侧，当绝热层大于80mm 时，绝热层应分两层敷设，层间应压缝。

③ 半硬质及软质绝热制品的绝热层可采用包装钢带，14～16 号镀锌铁丝进行捆扎。其捆扎间距，对半硬质绝热制品不应大于 300mm，对软质不大于 200mm。

④ 每块绝热制品上的捆扎箍，不得少于两道。

⑤ 不得采用螺旋式缠绕捆扎。

⑥ 弯头处应采用定型的弯头管壳或用直管壳加工成虾米腰块，每个弯头应不少于 3 块，确保管壳与管壁紧密结合，美观平滑。

⑦ 设备管道上的阀门、法兰及其他可拆卸部件保温两侧应留出螺栓长度加 25mm 的空隙。阀

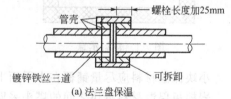

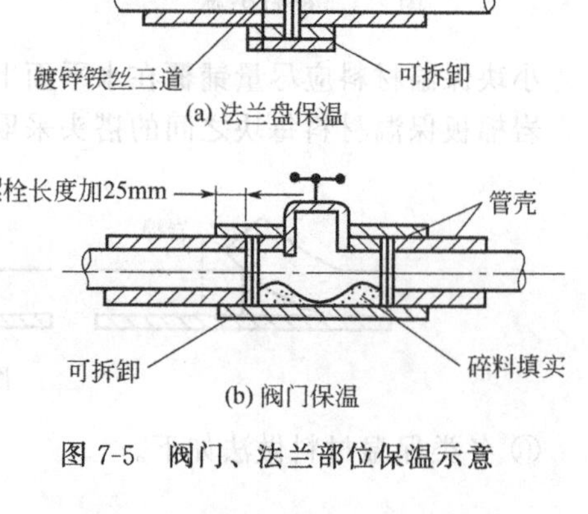

图 7-5　阀门、法兰部位保温示意

门、法兰部位则应单独进行保温，如图 7-5 所示。

⑧ 遇到三通处应先做主干管，后分支管。凡穿过建筑物的保温管道套管与管子四周间隙应用保温材料填塞紧密。

⑨ 管道上的温度计插座宜高出所设计的保温层厚度，保温管道应与建筑物保持足够的距离。

(3) 防潮层施工方法

① 垂直管应自下而上，水平管应从低点向高点顺序进行，环向搭缝口应朝向低端。

② 防潮层应紧密粘贴在绝热层上，封闭良好，厚度均匀，无气泡、折皱、裂缝等缺陷。

③ 用卷材做防潮层，可用螺旋形缠绕的方式牢固粘贴在隔热层上，起始处应缠 2 圈后再呈螺旋形缠绕，搭接宽度宜为 30～50mm。

④ 用油毡纸做防潮层，可用包卷的方式包扎，搭接宽度为 50～60mm。油毡接口应朝下，并用沥青玛蹄脂密封，每 300mm 扎镀锌铁丝或铁箍一道。

(4) 保护层施工方法

保温结构的外表必须设置保护层（护壳），一般采用玻璃丝布、塑料布、油毡包缠或采用金属护壳。

① 用玻璃丝布、塑料布缠裹，垂直管应自下而上，水平管则应从最低点向最高点顺序进行。开始应缠裹 2 圈后再呈螺旋状缠裹，搭接宽度应为二分之一布宽，起点和终点应用黏结剂粘接或镀锌铁丝捆扎。

应缠裹严密，搭接宽度均匀一致，无松脱、翻边、折皱和鼓包，表面应平整。

玻璃丝布刷涂防火涂料或油漆，刷涂前应清除上面的尘土、油污。油刷上蘸的涂料不宜太多，以防滴落在地上或其他设备上。

② 金属保护层的材料，宜采用镀锌薄钢板或铝合金板。当采用普通钢板时，其内外表面必须涂覆防锈涂料。

立管应自下而上，水平管应从管道低点向高处顺序进行，使横向搭接缝口朝顺坡方向。纵向搭接缝应放在管子两侧，缝口朝下。如采用平搭缝，其搭缝宜为 30～40mm。搭缝处用自攻螺钉或拉拔铆钉、扎带紧固，螺钉间距应不大于 200mm。不得有脱壳或凹凸不平现象。有防潮层的保温不得使用自攻螺钉，以免刺破防潮层。保护层端头应封闭。

(5) 综合性工艺要求

① 管道穿墙、穿楼板套管处的绝热，应用相近效果的软散材料填实。

② 绝热层采用绝热涂料时，应分层涂抹，厚度均匀，不得有气泡和漏涂，表面固化层应光滑，牢固无缝隙并且不得影响阀门正常操作。

7.3.3 质量标准

7.3.3.1 保证项目

① 风管和管道的绝热，应采用不燃或难燃材料，其材质、密度、规格与厚度应符合设计要求。如采用难燃材料时，应对其难燃性进行检查，合格后方可使用。

检验方法：观察检查、检查材料合格证，并进行点燃试验。

② 防腐涂料和油漆，必须是在有效保质期限内的合格产品。

检验方法：观察、检查材料合格证。

③ 在下列场合必须使用不燃绝热材料。

a. 电加热器前后 800mm 的风管和绝热层。

b. 穿越防火隔墙两侧 2m 范围内风管、管道和绝热层。

检验方法：观察、检查材料合格证，并进行点燃试验。

④ 输送介质温度低于周围空气露点温度的管道，当采用非闭孔性绝热材料时，隔气层（防潮层）必须完整且封闭良好。

检验方法：观察检查。

⑤ 位于洁净室内的风管及管道的绝热，不应采用易产尘的材料（如玻璃纤维、短纤维矿棉等）。

检验方法：观察检查。

⑥ 阀门、法兰及其他可拆卸部件的两侧必须留出空隙，再以相同的隔热材料填补整齐。

检验方法：观察检查。

⑦ 保温层的端部和收头处必须进行封闭处理。

检验方法：观察检查。

7.3.3.2 基本项目

① 喷、涂油漆的漆膜，应均匀、无堆积、折皱、气泡、掺杂、混色与漏涂等缺陷。

检验方法：观察检查。

② 各类空调设备、部件的油漆喷、涂，不得遮盖铭牌标志和影响部件的功能使用。

检验方法：观察检查。

③ 风管系统部件的绝热，不得影响其操作功能。

检验方法：观察检查。

④ 绝热材料层应密实，无裂缝、空隙等缺陷，表面应平整，当采用卷材或板材时，允许偏差为5mm，采用涂抹或其他方式时，允许偏差为10mm。防潮层（包括绝热层的端部）应完整，且封闭良好；其搭接缝应顺水。

检验方法：观察检查、用钢丝刺入保温层、尺量。

⑤ 风管绝热层采用粘接方法固定时，施工应符合下列规定。

a. 黏结剂的性能应符合使用温度和环境卫生的要求，并与绝热材料相匹配。

b. 粘接材料宜均匀地涂在风管、部件或设备的外表面上，绝热材料与风管、部件及设备表面应紧密贴合，无空隙。

c. 绝热层纵、横向的接缝应错开。

d. 绝热层粘贴后，如进行包扎或捆扎，包扎的搭接处应均匀、贴紧，捆扎的应松紧适度，不得损坏绝热层。

检验方法：观察检查和检查材料合格证。

⑥ 风管绝热层采用保温钉连接固定时，应符合下列规定。

a. 保温钉与风管、部件及设备表面的连接，可采用粘接或焊接，结合应牢固，不得脱落；焊接后应保持风管的平整，并不应影响镀锌钢板的防腐性能。

b. 矩形风管或设备保温钉的分布应均匀，其数量底面每平方米不应少于16个，侧面不应少于10个，顶面不应少于8个。首行保温钉至保温材料边沿的距离应小于120mm。

c. 风管法兰部位绝热层的厚度不应低于风管绝热层的80%。

d. 有防潮隔气层绝热材料的拼缝处，应用胶带封严。胶带的宽度不应小于50mm。胶带应牢固地粘贴在防潮面层上，不得有胀裂和脱落。

检验方法：观察检查。

⑦ 绝热涂料做绝热层时，应分层涂抹，厚度均匀，不得有气泡和漏涂等缺陷，表面固化层应光滑，牢固无缝隙。

检验方法：观察检查。

⑧ 当采用玻璃纤维布做绝热保护层时，搭接的宽度应均匀，宜为 30～50mm 且松紧适度。

检验方法：尺量、观察检查。

⑨ 管道阀门、过滤器及法兰部位的绝热结构应能单独拆卸。

检验方法：观察检查。

⑩ 管道绝热层的施工，应符合下列规定。

a. 绝热产品的材质和规格，应符合设计要求，管壳的粘贴应牢固，敷设应平整，绑扎应紧密，无滑动、松弛与断裂现象。

b. 硬质或半硬质绝热管壳的拼接缝隙，保温时不应大于 5mm，保冷时不应大于 2mm，并用粘接材料勾缝填满；纵缝应错开，外层的水平接缝应设在侧下方。当绝热层的厚度大于 100mm 时，应分层敷设，层间应压缝。

c. 硬质或半硬质绝热管壳应用金属丝或难腐织带捆扎，其间距为 300～350mm，且每节至少捆扎 2 道。

d. 松散或软质绝热材料应按规定的密度压缩其体积，疏密应均匀。毡类材料在管道上包扎时，搭接处不应有空隙。

检验方法：尺量、观察检查及查阅施工记录。

⑪ 管道防潮层的施工应符合下列规定。

a. 防潮层应紧密粘贴在绝热层上，封闭良好，不得有虚粘、气泡、折皱、裂缝等缺陷。

b. 立管的防潮层，应由管道的低端向高端敷设，环向搭接的缝口应朝向低端，纵向的搭接缝应位于管道的侧面，并顺水。

c. 卷材防潮层采用螺旋形缠绕的方式施工时，卷材的搭接宽度宜为 30～50mm。

检验方法：尺量、观察检查。

⑫ 金属保护壳的施工，应符合下列规定。

a. 应紧贴绝热层，不得有脱壳、强行接口等现象。接口的搭接应顺水，并有凸筋加强，搭接尺寸为 20～25mm。采用自攻螺钉固定时，螺钉间距应匀称，并不得刺破防潮层。

b. 户外金属保护壳的纵、横向接缝，应顺水；其纵向接缝应位于管道的侧面。金属保护壳与外墙面或屋顶的交接处应加设泛水。

检验方法：观察检查。

⑬ 冷热源机房内制冷系统管道的外表面，应做色标。

检验方法：观察检查。

7.3.3.3 允许偏差项目

保温层平整度、保温厚度的允许偏差和检验方法见表 7-8。

表 7-8 保温层平整度、保温厚度的允许偏差和检验方法

项次	项目		允许偏差/mm	检验方法
1	保温层表面平整度	卷材或板材	5	用 1m 直尺和楔形塞尺检查
		散材或软质材料	10	
2	保温层厚度		$+0.10\delta$ -0.05δ	用钢针刺入隔热层和尺量检查

注：δ 为隔热层厚度。

7.3.4 成品保护

① 保温材料应放在干燥处妥善保管，露天堆放应有防潮、防雨、防雪措施，防止挤压损

伤变形（如矿纤材料）。

② 镀锌铁丝、玻璃丝布、保温钉及保温胶等材料应放在库房内保管。

③ 保温用料应合理使用，尽量节约用材，收工时未用尽的材料应及时带回保管或堆放在不影响施工的地方，防止丢失和损坏。

④ 施工时要严格遵循先上后下、先里后外的施工原则，以确保施工完的保温层不被损坏。

⑤ 操作人员在施工中不得脚踏挤压或将工具放在已施工好的绝热层上。

⑥ 拆移脚手架时不得碰坏保温层，由于脚手架或其他因素影响，当时不能施工的地方应及时补好，不得遗漏。

⑦ 当与其他工种交叉作业时要注意共同保护好成品，已装好门窗的场所下班后应关窗锁门。

⑧ 地沟及管井内管道及设备的绝热必须在其清理后，不再有下道工序损坏绝热层的前提下方可进行绝热施工；对于明装管道的绝热，土建若喷浆在后，应有防止污染绝热层的措施。

7.3.5 应注意的质量问题

风管及部件保温过程中应注意的质量问题见表7-9。

表7-9 风管及部件保温过程中应注意的质量问题

常出现的质量问题	防治措施
保温钉粘接不牢，造成保温材料脱落	严格按工艺要求操作，避免磕碰
保温外表不美	保温材料裁剪要准确，四角要适当加铁皮包角，玻璃布缠绕松紧要适度
玻璃丝布松散	玻璃布甩头要卡牢或粘牢
系统保温有遗漏	隐蔽处阀部件及与末端装置连接部位均应严格保温

制冷管道保温过程中应注意的质量问题见表7-10。

表7-10 制冷管道保温过程中应注意的质量问题

常产生的质量问题	防治措施	常产生的质量问题	防治措施
镀锌铁丝结头松脱	严禁螺旋形缠绕	玻璃布、塑料布结头松脱	粘接绑扎应牢固，加强检查
隔热层严密、平整不够	加强责任心，按工艺操作	防火涂料漏刷	加强责任心，经常检查
管道穿楼板墙处结露	隔热材料填满填实		

第 8 章　电气变配电所及相关设施的施工

8.1　变配电所概述

本标准适合于20kV变配电所。

8.1.1　变配电所所址和形式选择

8.1.1.1　变配电所所址的选择

① 变配电所所址选择应根据下列要求经技术经济等因素综合分析和比较后确定。

a. 宜接近负荷中心。

b. 宜接近电源侧。

c. 进出线方便。

d. 运输设备应方便。

e. 不应设在有剧烈震动或高温场所。

f. 不宜设在多尘或有腐蚀性气体的场所。当如无法远离时，不应设在污染源盛行的下风侧，或应采取有效的防护措施。

g. 不应设在厕所、浴室或其他经常积水场所的正下方（指楼房的正下方），也不宜与上述场所相贴临。当贴临时，相邻的隔墙应做无渗漏、无结露的防水处理。

h. 不应设在地势低洼和可能积水的场所。

i. 不宜设在对防电磁干扰有较高要求的设备机房的正上方、正下方或其相邻的场所，当需要设在上述场所时，应采取防电磁干扰措施。

② 变配电所如果与火灾危险区域的建筑物毗连时，应符合下列要求。

a. 电压为1～10kV配电所可通过走廊或套间与火灾危险环境的建筑物相通，通向走廊或套间的门应为难燃烧体。

b. 变电所与火灾危险环境建筑物共用的隔墙应是密实的非燃烧体。管道和楼道穿过墙和楼板处，应采用非燃性材料严密堵塞。

c. 变压器室的门窗应通向无火灾危险的环境。

③ 在多层建筑物或高层建筑物的裙房中，不宜设置油浸变压器的变电所。当受条件限制必须设置时，应将油浸变压器的变电所设置在建筑物首层靠外墙的部位，且不得设置在人员密集场所正上方、正下方、贴临处以及疏散出口的两旁。高层主体建筑物内不应设置油浸变压器的变电所。

④ 在多层或高层建筑物的地下层设置非充油电气设备的变配电所时，应符合规定。

⑤ 露天或半露天的变电所，不应设置在下列场所。

a. 有腐蚀性气体的场所。

b. 挑檐为燃烧体或难燃体和耐火等级为四级的建筑物旁。

c. 有可燃粉尘、可燃纤维的场所，容易沉积灰尘或导电尘埃，且严重影响变压器安全运行的场所。

d. 附近有粮、棉及其他易燃、易爆物品集中的露天场所。

8.1.1.2 变配电所形式的选择

① 配电所一般为独立建筑物，也可与所带10(6)kV变电所一起敷设于负荷较大的建筑物内。

② 变电所的形式应根据用电负荷的状况和周围环境情况综合考虑确定。

a. 高层和大型民用建筑内，宜设户内变电所或预装式变电站。

b. 民用建筑和城市居民区，宜设独立变电所或户外预装式变电站，当条件许可时，也可设附设变电站。

c. 城镇居民区、农村居民区，直设户外预装式变电站，当环境允许且变压器容量小于或等于400kV·A时，可设杆上式变电站。

8.1.2 变配电所的布置要求

① 布局紧凑合理，便于设备的操作、搬运、检修、试验和巡视，还要考虑发展的可能性。

② 适当安排建筑物内各房间的相对位置，使配电室的位置便于出线。低压配电室应靠近变压器室。电容器室宜与变压器室及相应等级的配电室相毗连。控制室和辅助房间的位置便于运行人员工作和管理等。

③ 尽量利用自然采光和自然通风。变压器室和电容器室尽量避免西晒，控制室尽可能朝南。

④ 配电室、控制室、值班室的地面宜高出室外地面150～300mm。

⑤ 10(6)kV变配电所宜单层布置。当采用双层布置时变压器室应设在底层。

⑥ 不带可燃性油的高、低压配电装置和非油浸的电力变压器可设在同一房间内。

⑦ 户内变电所的每台油量100kg及以上的三相变压器应设在单独的变压器室内。并应有储油或挡油、排油等防火设施。

⑧ 有人值班的变配电所应设单独的值班室（可兼作控制室）。值班室与高压配电室宜通过通道相通，值班室应有门直接通向户外或通向走道。

⑨ 变配电所各房间经常开启的门、窗不宜直接通向相邻的酸、碱、蒸汽、粉尘和噪声严重的场所。

⑩ 配电室、变压器室、电容器室的门应向外开。相邻配电室之间有门时，该门应双向开启或向低压方向开启。

⑪ 当地震设防烈度为7级及以上时，安装在室内二层及以上的电气设备应采取防震措施。

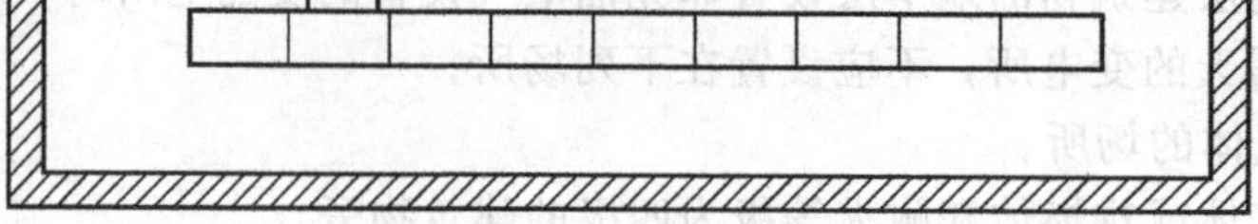

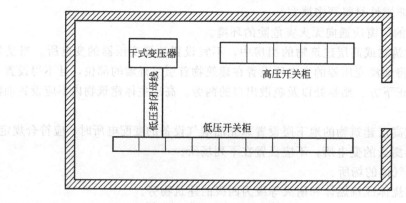

图8-1 变配电所布置方案（一）

常见变配电所布置方案如图 8-1 和图 8-2 所示。

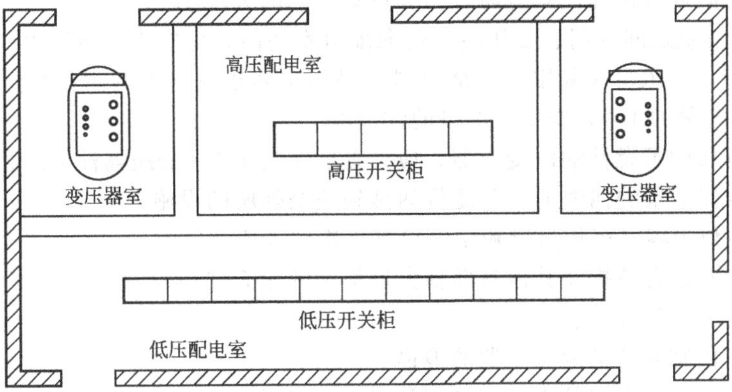

图 8-2　变配电所布置方案（二）

8.2　电力变压器安装

8.2.1　电力变压器在室内安装的一般要求

① 每台油量为 100kg 及以上的三相变压器，应装设在单独的变压器室内。宽面推进的变压器低压侧宜向外；窄面推进的变压器油枕宜向外。

② 油浸变压器外廓与变压器室墙壁和门的净距不应小于表 8-1 所列数据。

表 8-1　油浸变压器外廓与变压器室墙壁和门的最小净距　　单位：m

项　目	变压器容量/kV·A	
	100～1000	≥1250
与后壁和侧壁的净距	0.6	0.8
与门的净距	0.8	1.0

③ 室内安装的干式变压器，其外廓与四周墙壁的净距不应小于 0.6m；干式变压器之间的距离不应小于 1m，并应满足巡视、维修的要求。干式变压器（有防护外罩）与墙壁和门的净距不应小于表 8-2 所列数据。

表 8-2　干式变压器（有防护外罩）与墙壁和门的最小净距　　单位：m

项　目	变压器容量/kV·A		
	100～1000	1250～1600	2000～2500
干式变压器带有 IP2X 及以上防护等级金属外壳距侧墙及后墙净距	0.6	0.8	1.0
干式变压器有金属网状遮栏距侧墙及后墙净距	0.6	0.8	1.0
干式变压器带有 IP2X 及以上防护等级金属外壳与门净距	0.8	1.0	1.2
干式变压器有金属网状遮栏与门净距	0.8	1.0	1.2

④ 变压器室内可安装与变压器有关的负荷开关、隔离开关和熔断器。在考虑变压器布置及高低压进出线位置时，应尽量使负荷开关或隔离开关的操作机构装在近门处。

⑤ 在确定变压器室面积时，应考虑多带负荷发展的可能性，一般按能装设大一级容量的变压器考虑。

⑥ 有下列情况之一时，可燃性油浸变压器室的门应为甲级防火门。

a. 变压器室位于高层主体建筑物内。

b. 变压器室下边有地下室。

c. 变压器室位于容易沉积可燃粉尘、可燃纤维的场所。

d. 变压器室附近有粮棉及其他易燃物大量集中的露天堆场。

此外，变压器室之间的门、变压器室通向配电室的门，也应为甲级防火门。

⑦ 变压器室的通风窗应采用非燃烧材料。民用主体建筑物内的附设变电所的可燃性油浸变压器室应设置容量为100%变压器油量的贮油池。

⑧ 在下列场所的可燃性油浸变压器，应设置容量为100%变压器油量的挡油设施，或设置容量为20%变压器油量的挡油池，并能将油排到安全处所的设施。

a. 变压器室位于容易沉积可燃粉尘、可燃纤维的场所。

b. 变压器室附近有粮棉及其他易燃物大量集中的露天堆场。

c. 变压器室下边有地下室。

⑨ 变压器室内宜安装搬运变压器的地锚。

⑩ 变压器室内不应有与其无关的管道和明敷线路通过。

⑪ 变压器室的大门一般按变压器外形尺寸加 0.5m。当一扇门的宽度为 1.5m 及以上时，应在大门上开一小门，小门宽 0.8m、高 1.8m。

8.2.2 露天安装的变压器、预装式变电站和杆上变电所的一般要求

① 露天或半露天变压器的安装要求如下。

a. 靠近建筑物外墙安装的普通型变压器不应设在倾斜屋面的低侧，以防止屋面冰块或水落到变压器上。

b. 10(6)kV 变压器四周应设不低于 1.7m 的固定围栏（或墙）。变压器外廓与围栏的净距不应小于 0.8m，其底部距地面的距离不应小于 0.3m。相邻变压器之间的净距不应小于 1.5m。

c. 供给一级负荷用电或油量为 2500kg 以上的相邻可燃性油浸变压器的防火净距不应小于 5m，否则应设置防火墙，墙应高出油枕顶部，其长度应大于挡油设施两侧各 0.5m。

d. 建筑物的外墙距室外可燃性油浸变压器外廓不足 5m 时，在变压器高度以上 3m 的水平线以下及外廓两侧各加 3m[10(6)kV 变压器油量在 1000kg 以下时，两侧各加 1.5m] 的外墙范围内，不应有门、窗或通风孔。当建筑物外墙与变压器外廓的距离为 5～10m 时，可在外墙上设防火门，并可在变压器高度以上设非燃烧性的固定窗。

e. 当油量为 1000kg 以上时，应设置容纳 100%变压器油量的贮油池，或设置 20%油量的挡油池或挡油墙。

② 预装式变电站单台变压器的容量不宜大于 800kV·A，预装式变电站的进出线宜采用电缆。

③ 城镇居民区、农村居民区，直设户外预装式变电站，当环境允许且变压器容量小于或等于 400kV·A 时，可设杆上式变电站。

8.2.3 电力变压器的安装

8.2.3.1 施工准备

(1) 设备及材料要求

① 变压器应装有铭牌。铭牌上应注明制造厂名，额定容量，一、二次额定电压，电流，阻抗电压及接线组别等技术数据。

② 变压器的容量、规格及型号必须符合设计要求。附件、备件齐全，并有出厂合格证及技术文件。

③ 干式变压器的试验 PC 值及噪声测试器 dB(A) 值应符合设计及标准要求。

④ 带有防护罩的干式变压器，防护罩与变压器的距离应符合标准的规定，不小于表 8-2 的尺寸。

⑤ 各种规格型钢应符合设计要求并无明显锈蚀。

⑥ 除地脚螺栓及防震装置螺栓外，均应采用镀锌螺栓，并配相应的平垫圈和弹簧垫。

⑦ 其他材料如蛇皮管、耐油塑料管、电焊条、防锈漆、调和漆及变压器油，均应符合设计要求，并有产品合格证。

（2）主要机具

① 搬运吊装机具：汽车吊、汽车、卷扬机、三步搭、道木、钢丝绳、带子绳、滚杠。

② 安装机具：台钻、砂轮、电焊机、气焊工具、电锤、台虎钳、活扳手、榔头、套丝板。

③ 测试器具：钢卷尺、钢板尺、水平尺、线坠、摇表、万用表、电桥及试验仪器。

（3）作业条件

① 施工图及技术资料齐全无误。

② 土建工程基本施工完毕，标高、尺寸、结构及预埋件焊件强度均符合设计要求。

③ 变压器轨道安装完毕，并符合设计要求（此项工作应由土建做，安装单位配合）。

④ 墙面、屋顶喷浆完毕，屋顶无漏水，门窗及玻璃安装完好。

⑤ 室内地面工程结束，场地清理干净，道路畅通。

⑥ 安装干式变压器室内应无灰尘，相对湿度宜保持在 70％以下。

8.2.3.2 施工工艺

（1）工艺流程

（2）设备检查

① 设备检查应由安装单位、供货单位会同建设单位代表共同进行，并做好记录。

② 按照设备清单、施工图纸及设备技术文件核对变压器本体及附件、备件的规格型号是否符合设计图纸要求，是否齐全，有无丢失及损坏。

③ 变压器本体外观检查无损伤及变形，油漆完好无损伤。

④ 油箱封闭是否良好，有无漏油、渗油现象，油标处油面是否正常，发现问题应立即处理。

⑤ 绝缘瓷件及环氧树脂铸件有无损伤、缺陷及裂纹。

（3）变压器二次搬运

① 变压器二次搬运应由起重工作业，电工配合。最好采用汽车吊吊装，也可采用吊链吊装。距离较长最好用汽车运输，运输时必须用钢丝绳固定牢固，并应行车平稳，尽量减少震动；距离较短且道路良好时，可用卷扬机、滚杠运输。变压器质量及吊装点高度可参照表 8-3 及表 8-4。

② 变压器吊装时，索具必须检查合格，钢丝绳必须挂在油箱的吊钩上，上盘的吊环仅作吊芯用，不得用此吊环吊装整台变压器。

表 8-3 树脂浇铸干式变压器质量

容量/kV·A	质量/t	容量/kV·A	质量/t
100～200	0.71～0.92	1250～1600	3.39～4.22
250～500	1.16～1.90	2000～2500	5.14～6.30
630～1000	2.08～2.73		

表 8-4 油浸式电力变压器质量

容量/kV·A	总质量/t	吊点高/m	容量/kV·A	总质量/t	吊点高/m
100～180	0.6～1.0	3.0～3.2	750～800	3.0～3.8	5.0
200～420	1.0～1.8	3.2～3.5	1000～1250	3.5～4.6	5.2
500～630	2.0～2.8	3.8～4.0	1600～1800	5.2～6.1	5.2～5.8

③ 变压器搬运时，应注意保护瓷瓶，最好用木箱或纸箱将高、低压瓷瓶罩住，使其不受损伤。

④ 变压器搬运过程中，不应有冲击或严重震动情况，利用机械牵引时，牵引的着力点应在变压器重心以下，以防倾斜，运输倾斜角不得超过15°，防止内部结构变形。

⑤ 用千斤顶顶升大型变压器时，应将千斤顶放置在油箱专门部位。

⑥ 大型变压器在搬运或装卸前，应核对高、低压侧方向，以免安装时调换方向发生困难。

(4) 变压器稳装

① 变压器就位可用汽车吊直接吊入变压器室内，或用道木搭设临时轨道，用三步搭、吊链吊至临时轨道上，然后用吊链拉入室内合适位置。

② 油浸变压器就位时，其方位和距离墙的尺寸应与表 8-1 相符，并适当照顾屋内吊环的垂线位于变压器中心，以便于吊芯；干式变压器安装距离应与表 8-2 相符。

③ 变压器基础的轨道应水平，轨距与轮距应配合，装有气体继电器的变压器应使其顶盖沿气体继电器气流方向有 1%～1.5%的升高坡度（制造厂规定不需安装坡度者除外）。变压器基础轨道参见图 8-3 和表 8-5。

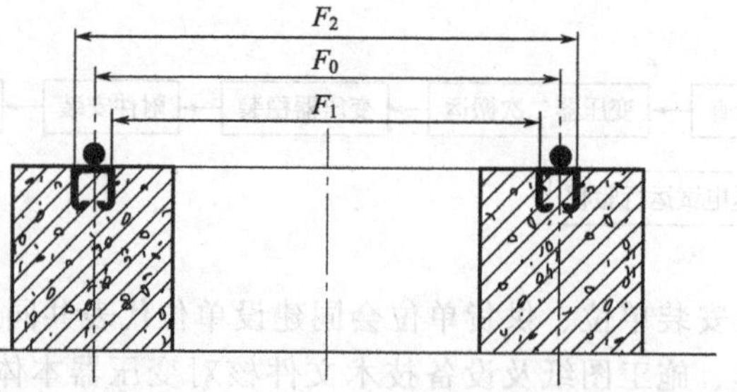

图 8-3 变压器基础轨道

表 8-5 不同容量变压器（S9）的基础轨道尺寸

变压器容量/kV·A	尺寸/mm			变压器重量/kg
	F_1	F_2	F_0	
200～400	550	660	605	1530
500～800	660	820	740	2560
1000～1600	820	1070	945	4160
2000	1070	1475	1273	5865

④ 变压器宽面推进时，低压侧应向外；窄面推进时，油枕侧一般应向外。

⑤ 油浸变压器的安装，应考虑能在带电的情况下，便于检查油枕和套管中的油位、上层油温、瓦斯继电器等。

⑥ 装有滚轮的变压器，滚轮应能转动灵活，在变压器就位后，应将滚轮用能拆卸的制动装置加以固定。

⑦ 变压器的安装应采取抗地震措施。

变压器室常见布置方案如图 8-4 和图 8-5 所示。

(5) 附件安装

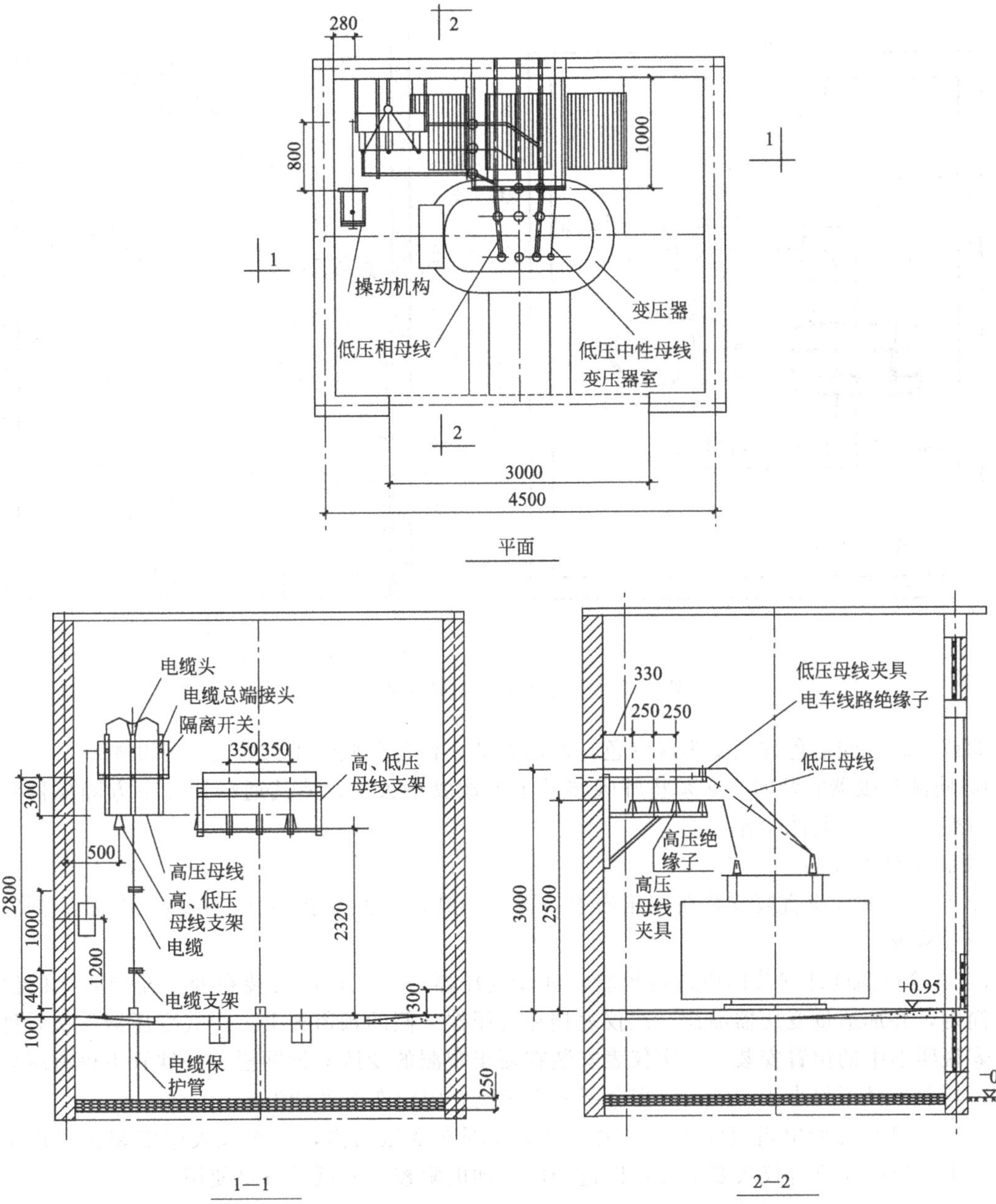

图 8-4　变压器室常见布置方案（一）

① 气体继电器安装

a. 气体继电器安装前应经检验鉴定。

b. 气体继电器应水平安装，观察窗应装在便于检查的一侧，箭头方向应指向油枕，与连通管的连接应密封良好。截油阀应位于油枕和气体继电器之间。

c. 打开放气嘴，放出空气，直到有油溢出时将放气嘴关上，以免有空气使继电保护器误动作。

d. 当操作电源为直流时，必须将电源正极接到水银侧的接点上，以免接点断开时产生飞弧。

e. 事故喷油管的安装方位，应注意到事故排油时不致危及其他电气设备；喷油管口应换为割划有“十”字线的玻璃，以便发生故障时气流能顺利冲破玻璃。

② 防潮呼吸器的安装

a. 防潮呼吸器安装前，应检查硅胶是否失效，如已失效，应在 115～120℃下烘烤 8h，使

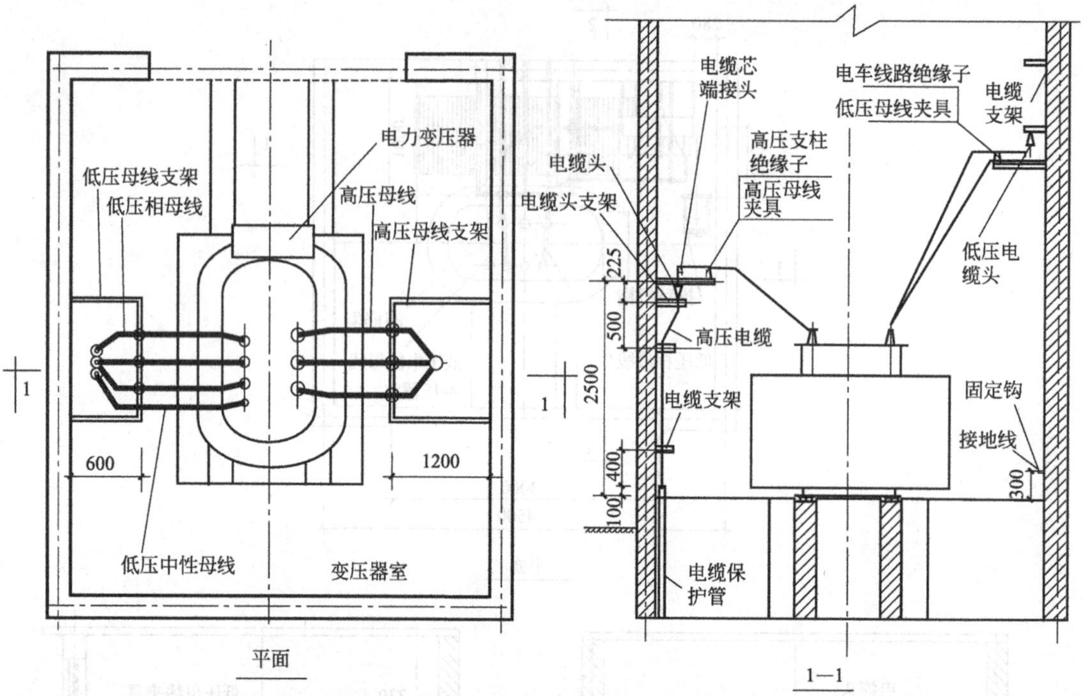

图 8-5　变压器室常见布置方案（二）

其复原或更新。浅蓝色硅胶变为浅红色，即已失效；白色硅胶，不加鉴定一律烘烤。

b. 防潮呼吸器安装时，必须将呼吸器盖子上橡胶垫去掉，使其通畅并在下方隔离器具中装适量变压器油，起滤尘作用。

③ 温度计的安装

a. 套管温度计应直接安装在变压器上盖的预留孔内，并在孔内加适量变压器油。刻度方向应便于检查。

b. 电接点温度计安装前应进行校验，油浸变压器一次元件应安装在变压器顶盖上的温度计套筒内，并加适量变压器油；二次仪表挂在变压器一侧的预留板上。干式变压器一次元件应按厂家说明书中的位置安装，二次仪表安装在便于观测的变压器护网栏上。软管不得有压扁或死弯，弯曲半径不得小于 50mm，富余部分应盘圈并固定在温度计附近。

c. 干式变压器的电阻温度计，一次元件应预埋在变压器内，二次仪表应安装在值班室或操作台上，导线应符合仪表要求并加以适当的附加电阻校验调试后方可使用。

④ 电压切换装置的安装

a. 变压器电压切换装置各分接点与线圈的连线应紧固正确且接触紧密良好。转动点应正确停留在各个位置上，并与指示位置一致。

b. 电压切换装置的拉杆、分接头的凸轮、小轴销子等应完整无损；转动盘应动作灵活，密封良好。

c. 电压切换装置的传动机构（包括有载调压装置）的固定应牢靠，传动机构的摩擦部分应有足够的润滑油。

d. 有载调压切换装置调换开关的触头及铜辫子软线应完整无损，触头间应有足够的压力（一般为 8～10kgf）❶。

❶ 1kgf=9.80665N。

e. 有载调压切换装置转动到极限位置时，应装有机械联锁与带有限位开关的电气联锁。

f. 有载调压切换装置的控制箱一般应安装在值班室或操作台上，连线应正确无误，并应调整好，手动、自动工作正常，挡位指示正确。

g. 电压切换装置吊出检查调整时，暴露在空气中的时间应符合表 8-6 的规定。

表 8-6 调压切换装置露空时间

环境温度/℃	>0	>0	>0	<0
空气相对湿度/%	<65	65～75	75～85	不控制
持续时间不大于/h	24	16	10	8

⑤ 变压器连线

a. 变压器的一、二次连线、地线、控制管线均应符合相应的规定。

b. 变压器一、二次引线的施工，不应使变压器的套管直接承受应力。

c. 变压器工作零线与中性点接地线应分别敷设。工作零线宜用绝缘导线。

d. 变压器中性点的接地回路中，靠近变压器处，宜做一个可拆卸的连接点。

e. 油浸变压器附件的控制导线，应采用具有耐油性能的绝缘导线。靠近箱壁的导线，应用金属软管保护并排列整齐，接线盒应密封良好。

(6) 变压器吊芯检查及交接试验

① 变压器吊芯检查

a. 变压器安装前应进行吊芯检查。制造厂有特殊规定者，1000kV·A 以下、运输过程中无异常情况者，短途运输、事先参与了厂家的检查并符合规定、运输过程中确认无损伤者，可不进行吊芯检查。

b. 吊芯检查应在气温不低于 0℃、芯子温度不低于周围空气温度、空气相对湿度不大于 75%的条件下进行（器身暴露在空气中的时间不得超过 16h）。

c. 所有螺栓应紧固，并应有防松措施。铁芯无变形、表面漆层良好且应接地良好。

d. 线圈的绝缘层应完整，表面无变色、脆裂、击穿等缺陷。高、低压线圈无移动变位情况。

e. 线圈间及线圈与铁芯、铁芯与轭铁间的绝缘层应完整无松动。

f. 引出线绝缘良好，包扎紧固无破裂情况。引出线固定应牢固可靠，其固定支架应紧固。引出线与套管连接牢靠，接触良好紧密。引出线接线正确。

g. 所有能触及的穿心螺栓应连接紧固。用摇表测量穿心螺栓与铁芯和轭铁以及铁芯与轭铁之间的绝缘电阻，并进行 1000V 的耐压试验。

h. 油路应畅通，油箱底部清洁，无油垢杂物，油箱内壁无锈蚀。

i. 芯子检查完毕后，应用合格的变压器油冲洗，并从箱底油堵将油放净。吊芯过程中，芯子与箱壁不应碰撞。

j. 吊芯检查后如无异常，应立即将芯子复位并注油至正常抽位。吊芯、复位、注油必须在 16h 内完成。吊芯检查完成后，要对油系统密封进行全面仔细检查，不得有漏油渗油现象。

② 变压器的交接试验

a. 变压器的交接试验应由当地供电部门许可的试验室进行。试验标准应符合规范要求、当地供电部门规定及产品技术资料的要求。

b. 变压器交接试验的内容如下。

ⅰ. 测量绕组连同套管的直流电阻。

ⅱ. 检查所有分接头的变压比。

ⅲ. 检查变压器的三相接线组别和单相变压器引出线的极性。

ⅳ. 测量绕组连同套管的绝缘电阻、吸收比或极化指数。

ⅴ. 测量绕组连同套管的介质损耗角正切值 $\tan\delta$。

ⅵ. 测量绕组连同套管的直流泄漏电流。

ⅶ. 绕组连同套管的交流耐压试验。

ⅷ. 绕组连同套管的局部放电试验。

ⅸ. 测量与铁芯绝缘的各紧固件及铁芯接地线引出套管对外壳的绝缘电阻。

ⅹ. 非纯瓷套管的试验。

ⅺ. 绝缘油试验。

ⅻ. 有载调压切换装置的检查和试验。

xⅲ. 额定电压下的冲击合闸试验。

xⅳ. 检查相位。

xⅴ. 测量噪声。

(7) 变压器送电前的检查

① 变压器试运行前应进行全面检查，确认符合试运行条件时方可投入运行。

② 变压器试运行前，必须由质量监督部门检查合格。

③ 变压器试运行前的检查内容如下。

a. 各种交接试验单据齐全，数据符合要求。

b. 变压器应清理、擦拭干净，顶盖上无遗留杂物，本体及附件无缺损且不渗油。

c. 变压器一、二次引线相位正确，绝缘良好。

d. 接地线良好。

e. 通风设施安装完毕，工作正常，事故排油设施完好；消防设施齐备。

f. 油浸变压器油系统油门应打开，油门指示正确，油位正常。

g. 油浸变压器的电压切换装置及干式变压器的分接头位置放置正常电压挡位。

h. 保护装置整定值符合规定要求；操作及联动试验正常。

i. 干式变压器护栏安装完毕。各种标志牌挂好，门装锁。

(8) 变压器送电试运行验收

① 送电试运行

a. 变压器第一次投入时，可全压冲击合闸，冲击合闸时一般可由高压侧投入。

b. 变压器第一次受电后，持续时间不应少于 10min，无异常情况。

c. 变压器应进行 3～5 次全压冲击合闸并无异常情况，励磁涌流不应引起保护装置误动作。

d. 油浸变压器带电后，检查油系统不应有渗油现象。

e. 变压器试运行要注意冲击电流、空载电流、一次电压、二次电压、温度，并做好详细记录。

f. 变压器并列运行前，应核对好相位。

g. 变压器空载运行 24h，无异常情况，方可投入负荷运行。

② 验收

a. 变压器开始带电起，24h 后无异常情况，应办理验收手续。

b. 验收时，应移交下列资料和文件。

ⅰ. 变更设计证明。

ⅱ. 产品说明书、试验报告单、合格证及安装图纸等技术文件。

ⅲ. 安装检查及调整记录。

8.2.3.3 质量标准

(1) 保证项目

① 电力变压器及其附件的试验调整和器身检查结果，必须符合施工规范规定。

检验方法：检查安装和调试记录。

② 并列运行的变压器必须符合并列条件。

检验方法：实测或检查定相记录。

③ 高、低压瓷件表面严禁有裂纹缺损和瓷釉损坏等缺陷。

检验方法：观察检查。

（2）基本项目

① 变压器本体安装应符合以下规定。

a. 位置准确，注油量、油号准确，油位清晰正常；油箱无渗油现象，轮子固定可靠；防震牢固可靠，器身表面干净清洁，油漆完整。

b. 装有气体继电器的变压器顶盖，沿气体继电器的气流方向有1%～1.5%的升高坡度。

检验方法：观察检查和实测或检查安装记录。

② 变压器附件安装应符合以下规定。

a. 与油箱直接连通的附件内部清洗干净，安装牢固，连接严密，无渗油现象。

b. 膨胀式温度计至细管的弯曲半径不小于 50mm 且管子无压扁和急剧扭折现象，毛细管过长部分盘放整齐，温包套管充油饱满。

c. 有载调压开关的传动部分润滑良好，动作灵活、准确。

d. 附件与油箱间的连接垫圈、管子和引线等整齐美观。

检验方法：观察检查和检查安装记录。

③ 变压器与线路连接应符合下列规定。

a. 连接紧密，连接螺栓的锁紧装置齐全，瓷套管不受外力。

b. 零线沿器身向下接至接地装置的线路，固定牢靠。

c. 器身各附件间的连接导线有保护管，保护管、接线盒固定牢靠，盒盖齐全。

d. 引向变压器的母线及其支架、电线保护管和接零线等均应便于拆卸，不妨碍变压器检修时的移动。各连接用的螺栓螺纹露出螺母 2～3 扣。保护管颜色一致，支架防腐完整。

e. 变压器及其附件外壳和其他非带电金属部件均应接地，并符合有关要求。

检验方法：观察检查。

8.2.3.4 成品保护

① 变压器门应加锁，未经安装单位许可，闲杂人员不得入内。

② 对就位的变压器高、低压瓷套管及环氧树脂铸件，应有防砸及防碰撞措施。

③ 变压器器身要保持清洁干净，油漆面无碰撞损伤。干式变压器就位后，要采取保护措施，防止铁件掉入线圈内。

④ 在变压器上方作业时，操作人员不得蹬踩变压器，并带工具袋，以防工具材料掉下砸坏、砸伤变压器。

⑤ 变压器发现漏油、渗油时应及时处理，防止油面太低，潮气侵入，降低线圈绝缘程度。

⑥ 对安装完的电气管线及其支架应注意保护，不得碰撞损伤。

⑦ 在变压器上方操作电、气焊时，应对变压器进行全方位保护，防止焊渣掉下，损伤设备。

8.2.3.5 应注意的质量问题

变压器安装应注意的质量问题及防治措施参见表 8-7。

表 8-7 变压器安装应注意的质量问题及防治措施

易产生的质量问题	防治措施
铁件焊渣清理不净，除锈不净，刷漆不均匀，有漏刷现象	加强工作责任心，做好工序搭接的自、互检
防震装置安装不牢	加强对防震的认识，按照工艺标准进行施工
变压器一、二次瓷套管损坏	瓷套管在变压器搬运到安装完毕期间应加强保护
变压器中性点、零线及中性点接地线不分开敷设	认真学习安装标准，参照电气施工图册
变压器一、二次引线及螺栓不紧，压按不牢；母带与变压器连接间隙不符合规范要求	提高质量意识，加强自、互检，母带与变压器连接时应锉平
变压器附件安装后，有渗油现象	附件安装时，应垫好密封圈，螺栓应拧紧

8.3 预装式变电站(箱式)安装

8.3.1 施工准备

(1) 设备及材料要求

① 变压器应装有铭牌。铭牌上应注明制造厂名，变压器额定容量，一、二次额定电压，电流，阻抗电压及接线组别等技术数据。

② 附件、备件齐全，并有出厂合格证及试验报告等技术文件。

③ 绝缘件无缺损、裂纹。

④ 变电站的内外涂层完整、无损伤，有通风口的风口防护网完好。

⑤ 变电站的高低压柜内部接线完整，回路名称准确、标示清楚。

⑥ 除地脚螺栓及防震装置螺栓外，均应采用镀锌螺栓，并配相应的平垫圈和弹簧垫。

⑦ 各种规格型钢应符合设计要求，并无明显锈蚀。

⑧ 其他材料如蛇皮管、电焊条、防锈漆、调和漆及变压器油，均应符合设计要求，并有产品合格证。

(2) 主要机具

① 搬运吊装机具：汽车吊、汽车、卷扬机、三步搭、道木、钢丝绳、带子绳、滚杠。

② 安装机具：台钻、砂轮、电焊机、气焊工具、电锤、台虎钳、活扳手、榔头、套丝板。

③ 测试器具：钢卷尺、钢板尺、水平尺、线坠、摇表、万用表、电桥及试验仪器。

(3) 作业条件

① 施工图及技术资料齐全无误。

② 变电站的基础（土建工程）基本施工完毕，标高、尺寸、结构及预埋管件齐全且均符合设计要求。

8.3.2 施工工艺

(1) 工艺流程

开箱检查 → 稳装 → 接线 → 接地

(2) 设备开箱检查

① 设备检查应由安装单位、供货单位会同建设单位代表共同进行，并做好记录。

② 按照设备清单、施工图纸及设备技术文件核对箱式变电所本体及附件、备件的规格型号是否符合设计图纸要求，是否齐全，有无丢失及损坏。

③ 变电站本体外观检查无损伤及变形，涂料完好无损伤。

(3) 预装式变电站的稳装

① 变电站可在基础上用地脚螺栓固定，也可自由安放。

② 变电站就位安装，吊装时应吊底座的吊装孔。用地脚螺栓固定的，就位后在底座安装就位孔的基础预留洞处安放好螺栓，待二次灌浆混凝土强度达到要求后再紧固地脚螺栓。YB系列预装式变电站基础做法参见图 8-6。

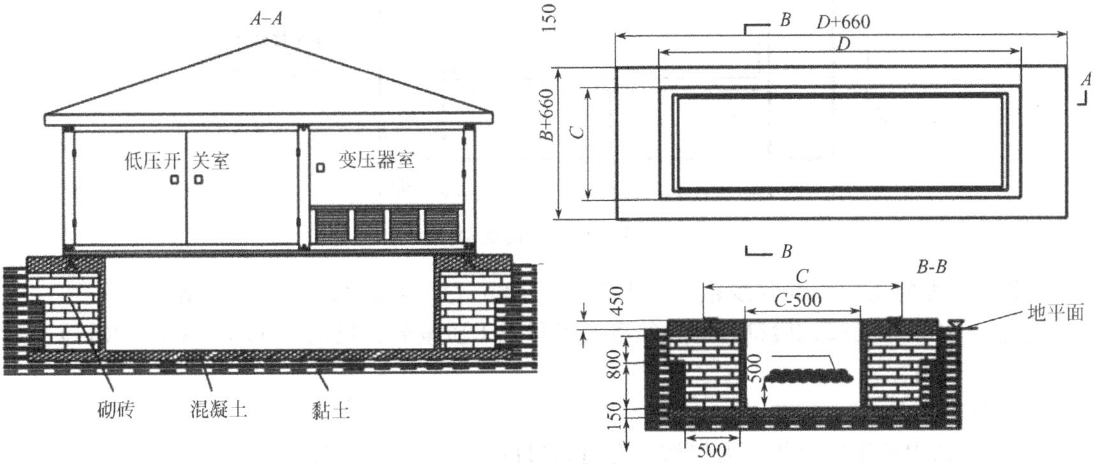

图 8-6　YB 系列预装式变电站基础做法

(4) 预装式变电站的接线

① 变电站的接线应按设计要求进行连接。高压可以是专用回路、双路干线式、环网供电方式。

② 变电站的进出线宜采用电缆方式，进出电缆由电缆保护管引至箱体底部基础内，再由箱体底部进线孔引至高、低压室内。电缆芯线的连接宜采用压接方式，压接面应满足电气和机械强度要求。进出线电缆的端头按有关要求制作。

③ 变电站内每个回路应标记明确、清晰。

(5) 预装式变电站的接地

① 接地装置埋设深度不小于 0.7m。

② 所有电气设备外壳绝缘子底座均应与接地网可靠相连。

③ 变电站中变压器底座应与接地网直接，接点不少于 2 处。

④ 所有接地装置均应进行热镀锌处理。

⑤ 地网敷设完毕应实测接地电阻，其值不应大于 4Ω，否则应附加垂直接地极。

⑥ 所有水平均压带交叉处或 T 形相交处要求按规定可靠焊接，接地线连接处的搭接长度必须为扁钢宽度的 2 倍或圆钢直径的 6 倍。

⑦ 接地网边缘经常有人出入的通道处应铺砾石混凝土路面。

⑧ 变电站接地网做法如图 8-7 所示。

8.3.3 质量标准

(1) 保证项目

① 接地装置引出的接地干线与变电站的 N 母线和 PE 线直接相连，所有连接应可靠，紧固件和防松件齐全。

② 变电站的基础应高于室外地坪，周围排水通畅。用地脚螺栓固定的螺母齐全、拧紧。自由安放的应垫平放正。

③ 变电站的交接试验，必须符合下列规定。

a. 由高压开关柜、低压开关柜和变压器三个独立单元组合成的变电站高压电气设备按

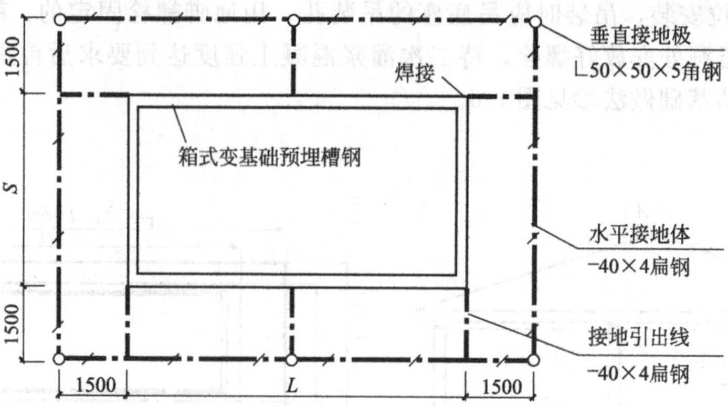

图 8-7 变电站接地网做法

《建筑电气工程施工质量验收规范》（GB 50303—2011）中相关规定验收合格。

b. 低压开关柜交接试验符合《建筑电气工程施工质量验收规范》（GB 50303—2011）中相关规定验收合格。

（2）基本项目

① 变电站内外涂层完整、无损伤，有通风口的风口防护网完好。

② 变电站的高低压柜内部接线完整，低压每个输出回路应标记明确、清晰、准确。

8.3.4 成品保护

① 变电站的安装地点和周围环境以及使用条件均应符合规范要求和产品的标准。

② 变电站周围应保证排水通畅，防止底部积水入侵。

8.3.5 应注意的质量问题

预装式变电站安装应注意的质量问题及防治措施参见表 8-8。

表 8-8 预装式变电站安装应注意的质量问题及防治措施

易产生的质量问题	防 治 措 施
铁件焊渣清理不净，除锈不净，刷漆不均匀，有漏刷现象	加强工作责任心，做好工序搭接的自、互检
箱式变电所只有一处与接地干线连接	按图施工，参照电气施工图册
螺栓松动，按压不牢	提高质量意识，加强自、互检

8.4 成套配电柜、配电屏及动力配电箱安装

8.4.1 高压配电柜室内布置

8.4.1.1 一般要求

① 带有可燃性油的高压配电装置，宜装设在单独的高压配电室内；当 10(6)kV 高压开关柜的数量为 6 台及以下时，可和低压配电屏装设在同一房间内。

② 在同一配电室内单列布置的高低压配电装置，当高压开关柜或低压配电屏顶面有裸露带电体时，两者之间的净距不应小于 2m；当高压开关柜和低压配电屏的顶面外壳和防护等级符合 IP2X 时，两者可靠近布置。

③ 由同一配电所供给一级负荷用电时，母线分断处应有防火隔墙。供给一级负荷用电的

两路电缆不应通过同一电缆通道，当无法分开时，则该电缆通道内的两路电缆应采用绝缘和护套均为非延燃性材料的电缆，且应分别布置于电缆通道两侧支架上。

8.4.1.2 安全净距、通道

① 配电装置的布置应便于设备的搬运、检修、试验和操作。

② 高压开关柜靠墙布置时，侧面离墙不应小于200mm，背面离墙不应小于50mm。高压配电室内各种通道最小宽度（净距）应不小于表8-9中的数值。

表8-9 高压配电室内各种通道最小宽度（净距）

通道布置方式	柜后维护通道/mm	柜前操作通道/mm	
		固定式	手车式
单列布置	800(1000)	1500	单车长+1200
双列面对面布置	800	2000	双车长+900
双列背对背布置	1000	1500	单车长+1200

③ 当电源从柜后进线且需在柜正背后墙上另设隔离开关及其手动操动机构时，柜后通道净宽不应小于1.5m；当柜背面的防护等级为IP2X时，可减为1.2m。

④ 配电室内裸带电部分上方不应布置灯具，若必须布置时，灯具与裸导体的水平净距应大于1m。灯具不得采用吊链或软线吊装。

⑤ 室内配电装置裸露带电部分上方不应有明敷的照明或电力线路跨越。

⑥ 配电装置室内通道应保证畅通无阻，不得设立门栏并不应有与配电装置无关的管道通过。

8.4.2 低压配电屏在室内布置

一般要求如下。

① 低压配电屏的布置应便于安装、操作、搬运、检修、试验和监测。

② 成排布置的低压配电屏的长度超过6m时，其屏后通道应设两个通向本室或其他房间的出口。如果两个出口间的距离超过15m时还应增加出口。由同一低压配电室供给一级负荷用电的两路电缆不应通过同一电缆通道。当无法分开时，则该电缆通道内的两路电缆应采用阻燃电缆，且应分别敷设在通道的两侧支架上。

③ 低压配电室内各种通道宽度不应小于表8-10所列数值。

表8-10 低压配电室内各种通道宽度

布置方式	屏前操作通道/mm	屏后操作通道/mm	屏后维护通道/mm
固定式屏单列布置	1500	1200	1000
固定式屏双列面对面布置	2000	1200	1000
固定式屏双列背对背布置	1500	1500	1000
单面抽屉式屏单列布置	1800		1000
单面抽屉式屏双列面对面布置	2300		1000
单面抽屉式屏双列背对背布置	1800		1000

8.4.3 成套配电柜、配电屏及动力配电箱安装工艺

8.4.3.1 施工准备

(1) 设备及材料要求

① 设备及材料均符合国家或部颁现行技术标准，符合设计要求，并有出厂合格证。设备应有铭牌，并注明厂家名称，附件、备件齐全。

② 安装使用的材料如下。

a. 型钢应无明显锈蚀，并有材质证明，二次接线导线应有合格证。

b. 镀锌螺栓、螺母、垫圈、弹簧垫、地脚螺栓。

c. 其他材料：铅丝、酚醛板、相色漆、防锈漆、调和漆、塑料软管、异形塑料管、尼龙卡带、小白线、绝缘胶垫、标志牌、电焊条、锯条、氧气、乙炔气等均应符合质量要求。

(2) 主要机具

① 吊装搬运机具：汽车、汽车吊、手推车、卷扬机、倒链、钢丝绳、麻绳索具等。

② 安装工具：台钻、手电钻、电锤、砂轮、电焊机、气焊工具、台虎钳、锉刀、扳手、钢锯、克丝钳、螺丝刀、电工刀等。

③ 测试检验工具：水准仪、兆欧表、万用表、水平尺、试电笔、高压测试仪器、钢直尺、钢卷尺、塞尺、线坠等。

④ 送电运行安全用具：高压验电器、高压绝缘靴、绝缘手套、编织接地线、粉末灭火器。

(3) 作业条件

① 土建施工条件如下。

a. 土建工程施工标高、尺寸、结构及埋件均符合设计要求。

b. 墙面、屋顶喷浆完毕，无漏水，门窗玻璃安装完，门上锁。

c. 室内地面工程完，场地干净，道路畅通。

② 施工图纸、技术资料齐全。技术、安全、消防措施落实。

③ 设备、材料齐全，并运至现场库。

8.4.3.2 施工工艺

(1) 工艺流程

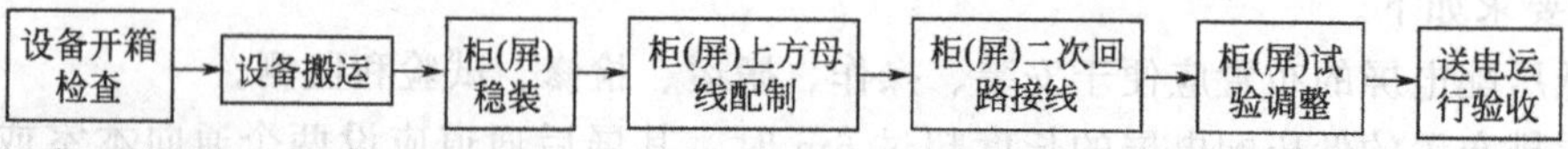

(2) 设备开箱检查

① 安装单位、供货单位或建设单位共同进行，并做好检查记录。

② 按照设备清单、施工图纸及设备技术资料，核对设备本体及附件、备件的规格型号应符合设计图纸要求；附件、备件齐全；产品合格证件、技术资料、说明书齐全。

③ 柜（屏）本体外观检查应无损伤及变形，油漆完整无损。

④ 柜（屏）内部检查：电器装置及元件、绝缘瓷件齐全，无损伤、裂纹等缺陷。

(3) 设备搬运

① 设备运输由起重工作业，电工配合。根据设备总重、距离长短可采用汽车、汽车吊配合运输及人力推车运输或卷扬机滚杠运输。

② 设备运输、吊装时注意事项如下。

a. 道路要事先清理，保证平整畅通。

b. 设备吊点。柜（屏）顶部有吊环者，吊索应穿在吊环内，无吊环者应挂在四角主要承力结构处，不得将吊索吊在设备部件上。吊索的绳长应一致，以防柜体变形或损坏部件。

c. 汽车运输时，必须用麻绳将设备与车身固定牢，行车要平稳。

(4) 柜（屏）安装

① 基础型钢安装

a. 将弯的型钢调直，然后按图纸要求预制加工基础型钢架，并刷好防锈漆。

b. 按施工图纸所标位置，将预制好的基础型钢架放在预留铁件上，用水准仪或水平尺找平、找正。找平过程中，需用垫片的地方最多不能超过 3 片。然后，将基础型钢架、预埋铁件、垫片用电焊焊牢。最终基础型钢顶部宜高出抹平地面 10mm，手车柜按产品技术要求执行。基础型钢安装允许偏差见表 8-11。

c. 基础型钢与地线连接。基础型钢安装完毕后，将室外地线扁钢分别引入室内（与变压器安装地线配合）与基础型钢的两端焊牢，焊接面为扁钢宽度的 2 倍。然后，将基础型钢刷两道灰漆。

表 8-11 基础型钢安装允许偏差

项目	允许偏差		项目	允许偏差	
	mm/m	mm/全长		mm/m	mm/全长
直线度	<1	<5	位置误差及平行度	<1	<5
水平度	<1	<5			

注：环形布置按设计要求。

② 柜（屏）稳装

a. 柜（屏）安装。应按施工图纸的布置，按顺序将柜放在基础型钢上。单独柜（屏）只找柜面和侧面的垂直度。成列柜（屏）各台就位后，先找正两端的柜，再从柜下至上三分之二高的位置绷上小线，逐台找正，柜不标准以柜面为准。找正时采用 0.5mm 铁片进行调整，每处垫片最多不能超过 3 片。然后，按柜固定螺孔尺寸，在基础型钢架上用手电钻钻孔。一般无要求时，低压柜钻 ϕ12.2mm 孔，高压柜钻 ϕ16.2mm 孔，分别用 M12、M16 镀锌螺栓固定。允许偏差见表 8-12。

表 8-12 屏、柜安装的允许偏差

项目		允许偏差/mm
垂直度(每米)		<1.5
水平偏差	相邻两屏顶部	<2
	成列屏顶部	<5
	相邻两屏边	<1
屏面偏差	成列屏面	<5
屏间接缝		<2

b. 柜（屏）就位，找正、找平后，除柜体与基础型钢固定，柜体与柜体、柜体与侧挡板均用镀锌螺栓连接。

c. 柜（屏）接地：每台柜（屏）单独与基础型钢连接，每台柜在后面左下部的基础型钢侧面上焊上鼻子，用 6mm^2 铜线与柜上的接地端子连接牢固。

(5) 柜（屏）上方母线配制

按照母线安装要求。

(6) 柜（屏）二次回路接线

① 按原理图逐台检查柜（屏）上的全部电器元件是否相符，其额定电压和控制、操作电源电压必须一致。

② 按图敷设相与柜之间的控制电缆连接线。

③ 控制线校线后，将每根芯线煨成圆圈，用镀锌螺栓、眼圈、弹簧垫连接在每个端子板上。端子板每侧一般一个端子压一根线，最多不能超过两根，并且两根线间加眼圈。多股线应涮锡，不允许有断股。

(7) 柜（屏）试验调整

① 高压试验应由当地供电部门许可的试验单位进行。试验标准符合国家规范、当地供电部门的规定及产品技术资料要求。

② 试验内容：高压柜框架、母线、避雷器、高压瓷瓶、电压互感器、电流互感器、高压

开关等。

③ 调整内容：过流继电器调整，时间继电器、信号继电器调整以及机械联锁调整。

④ 二次控制小线调整及模拟试验。

a. 将所有的接线端子螺栓再紧一次。

b. 绝缘摇测：用 500V 摇表在端子板处测试每条回路的电阻，电阻必须大于 0.5MΩ。

c. 二次小线回路如有晶体管、集成电路及其他电子元件时，该部位的检查不允许使用摇表和试铃测试，使用万用表测试回路是否接通。

d. 接通临时的控制电源和操作电源。将柜（屏）内的控制、操作电源回路熔断器上端相线拆掉，接上临时电源。

e. 模拟试验：按图纸要求，分别模拟试验控制、联锁、操作、继电保护和信号动作，正确无误，灵敏可靠。

f. 拆除临时电源，将被拆除的电源线复位。

(8) 送电运行验收

① 送电前的准备工作

a. 一般应由建设单位备齐试验合格的验电器、绝缘靴、绝缘手套、临时接地编织铜线、绝缘胶垫、粉末灭火器等。

b. 彻底清扫全部设备及变配电室、控制室的灰尘。用吸尘器清扫电器、仪表元件。另外，室内除送电需用的设备用具外，其他物品不得堆放。

c. 检查母线上、设备上有无遗留下的工具、金属材料及其他物件。

d. 试运行的组织工作，明确试运行指挥者、操作者和监护人。

e. 安装作业全部完毕，质量检查部门检查全部合格。

f. 试验项目全部合格，并有试验报告单。

g. 继电保护动作灵敏可靠，控制、联锁、信号等动作准确无误。

② 送电

a. 由供电部门检查合格后，将电源送进室内，经过验电、校相无误。

b. 由安装单位合进线柜开关，检查 PT 柜上电压表三相电压是否正常。

c. 合变压器柜开关，检查变压器是否有电。

d. 合低压柜进线开关，查看电压表三相电压是否正常。

e. 按上述 b.～d. 项，送其他柜的电。

f. 在低压联络柜内，在开关的上下侧（开关未合状态）进行同相校核。用电压表或万用表 800V 电压挡，用表的两个测针，分别接触两路的同相，此时电压表无读数，表示两路电同一相。用同样方法，检查其他两相。

g. 验收。送电空载运行 24h，无异常现象，办理验收手续，交建设单位使用。同时提交变更洽商记录、产品合格证、说明书、试验报告单等技术资料。

8.4.3.3 质量标准

(1) 保证项目

① 柜（屏）的试验调整结果必须符合施工规范规定。

检验方法：检查试验调整记录。

② 高压瓷件表面严禁有裂纹、缺损和瓷釉损坏等缺陷，低压绝缘部件完整。

检验方法：观察检查。

③ 柜（屏）内设备的导电接触面与外部母线连接处必须按触紧密。应用力矩扳手紧固。紧固力矩按照母线安装要求。

检验方法：实测与检查安装记录。

(2) 基本项目

① 柜（屏）安装。

a. 柜（屏）与基础型钢间连接紧密，固定牢固，接地可靠，柜（屏）间接缝平整。

b. 屏面标志牌、标志框齐全，正确并清晰。

c. 小车、抽屉式柜推拉灵活，无卡阻碰撞现象；接地触头接触紧密调整正确，投入时接地触头比主触头先接触，退出时接地触头比主触头后脱开。

d. 小车、抽屉式柜动、静触头中心线调整一致，接触紧密；二次回路的切换接头或机械、电气联锁装置的动作正确、可靠。

e. 油漆完整均匀，屏面清洁，小车或抽屉互换性好。

检验方法：观察检查。

② 柜（屏）内的设备及接线。

a. 完整齐全，固定牢靠。操动部分动作灵活准确。

b. 有两个电源的柜（屏）母线的相序排列一致，相对排列的柜（屏）母线的相序排列对称，母线色标正确。

c. 二次小线接线正确，固定牢靠，导线与电器或端子排的连接紧密，标志清晰、齐全。

d. 屏内母线色标均匀完整；二次接线排列整齐，回路编号清晰、齐全，采用标准端子头编号，每个端子螺栓上接线不超过两根。柜（屏）的引入、引出线路整齐。

检验方法：观察和试操作检查。

③ 柜（屏）及其支架接地（零）支线敷设，连接紧密、牢固，接地（零）线截面选用正确，需防腐的部分涂漆均匀无遗漏。线路走向合理，色标准确，涂刷后不污染设备和建筑物。

检验方法：观察检查。

(3) 允许偏差项目

柜（屏）安装的允许偏差见表 8-12。

8.4.3.4 成品保护

① 设备运到现场后，暂不安装就位，应及时用苫布盖好，并把苫布绑扎牢固，防止设备风吹、日晒或雨淋。

② 设备搬运过程中，不允许将设备倒立，防止设备油漆、电器元件损坏。

③ 设备安装完毕后，暂时不能送电运行，变配电室门、窗要封闭，设人看守。

④ 未经允许不得拆卸设备零件及仪表等，防止损坏或丢失。

8.4.3.5 应注意的质量问题

成套配电柜（屏）及动力开关柜安装应注意的质量问题见表 8-13。

表 8-13 常产生的质量问题和防治措施

常产生的质量问题	防治措施
基础型钢焊接处焊渣清理不净，除锈不净，有漏刷现象	提高质量意识，加强作业者责任心，做好工序搭接和自、互检检查
柜(屏)内，电器元件、瓷件油漆损坏	加强责任心，保护措施具体
手车式柜二次小线回路辅助开关切换失灵，机械性能差	反复试验调整，达不到要求的部件要求厂方更换

思考题

1. 变电所所址的选择有哪些要求？依据是什么？
2. 户内变电所每台油量大于或等于多少的油浸三相变压器应设在单独的变压器室内？

第 9 章　建筑物电气线路及照明等相关设施的施工

9.1　屋内、外布线

9.1.1　屋内、外布线的一般要求

① 布线方式应按下列条件选择。

a. 符合场所的环境特征。

b. 符合建筑物和构筑物的特征。

c. 符合人与布线之间可接近的程度。

d. 应考虑短路可能出现的机械应力。

e. 在安装期间或运行中，布线可能遭受的其他应力。

② 选择布线方式时，应避免下列外部环境带来的损害或有害影响。

a. 应避免由外部热源产生的有害影响。

b. 应防止在使用过程中因水的侵入或因进入固体物而带来的损害。

c. 应防止外部的机械损害。

③ 线路敷设方式应按环境条件选择，见表 9-1。

④ 线路敷设，图纸的标注方式参见表 9-2。

9.1.2　硬质阻燃管明敷

9.1.2.1　施工准备

（1）材料要求

① 凡所使用的阻燃型（PVC）塑料管，其材质均应具有阻燃、耐冲击性能，氧指数不应低于 27 的阻燃指标，并应有检定检验报告单和产品出厂合格证。

② 阻燃型塑料管，其外壁应有间距不大于 1m 的连续阻燃标记和制造厂厂标，管里外应光滑，无凸棱、凹陷、针孔、气泡；内外径尺寸应符合国家统一标准，管壁厚度应均匀一致。

③ 所用阻燃型塑料管附件及明配阻燃型塑料制品，如各种灯头盒、开关盒、接线盒、插座盒、管箍等，必须使用配套的阻燃型塑料制品。

④ 黏结剂必须使用与阻燃型塑料管配套的产品，黏结剂必须在使用限期内使用。

（2）主要机具

① 铅笔、皮尺、水平尺、卷尺、尺杆、角尺、线坠、小线、粉线袋等。

② 手锤、錾子、钢锯、锯条、刀锯、半圆锉、活扳手、灰桶、水桶等。

③ 弯管弹簧（简称弯簧）、剪管器、手电钻、钻头、压力案子、台钻等。

④ 电锤、热风机、电炉子、开孔器、绝缘手套、工具袋、工具箱、煨管器、高凳等。

表 9-1　线路敷设方式选择

导线类型	敷设方式	常用导线型号	环境性质																	
			干燥		潮湿	特别潮湿	高温	多尘	化学腐蚀	火灾危险区			爆炸危险区				户外	高层建筑	一般民用	进户线
			生活	生产						21	22	23	1	2	10	11				
塑料护套线	直敷配线	BLVV、BLV	√	√	×	×	×	×	×	×	×	×	×	×	×	×	×	+	√	×
绝缘线	瓷夹(塑料卡)	BLV、BV、BLX、BX	√	√	×	×	×	×	×	×	×	×	×	×	×	×	×		+	×
	鼓形绝缘子		+	√	√		√	√	×	+	+	+	×	×	×	×	+			×
	碟针式绝缘子		×	√	√	√	√	√	+	+	+	+	×	×	×	×	√			√
	钢管明敷			+	+	+	√	+	+	√	√	√	√	√	√	√	+	√	√	√
	钢管埋地			√	√	√	√	√	+	√	√	√	√	√	√	√	+	√	√	√
	电线管明敷		+	+	+	×	+	+	×	+	+	+	×	×	×	×		√	√	×
	硬塑料管明敷		+	√	√	√	+	√	√	+	+	+	×	×	×	×		+	+	+
	硬塑料管埋地		+	+	+	+		+	√				×	×	×	×	+	+	+	+
	波纹管敷设		√		+	+	+		+	+	+	+	×	×	×	×	×		√	×
	线槽配线		√	√	×	×	×	×	×	×	×	×	×	×	×	×	×	√	√	×
裸导体	瓷瓶明敷	LJ、TJ、LMYT、MY	×	√	+		√	+		+	+	+	×	×	×	×	√			×
母线槽	支架明敷	各型号		√	+		+	+	×	+	+	+	+	+	+	+	+			+
电缆	地沟内敷设			√	+		√	+		+	+	+	+	+			+	√	√	√
	支架明敷			√	√	√	+	√	√	+	+	+	+	+	+	+				+
	直埋地																√			√
	桥架敷设			√	+		+	√	+	+	+	+	+	+	+	+	+	√		+
架空电缆	支架明敷																√			√

注：表中“√”推荐采用，“+”可以采用，无记号建议不用，“×”不允许采用。

表 9-2　线路敷设方式标注

符　　号	说　　明	符　　号	说　　明
导线敷设方式的标注			
SC	穿镀锌焊接钢管敷设	CT	用电缆桥架敷设
TC	穿电线管敷设	SR	用线槽敷设
FPC	穿阻燃半硬塑料管敷设	PC	穿阻燃硬塑料管敷设
导线敷设部位的标注			
CE	明敷设在屋面或顶板	FC	暗敷设在地面或地板内
WS	沿墙面敷设	CC	暗敷设在屋面或顶板内
WC	暗敷设在墙内	SCE	暗敷设在不能进人的吊顶内
导线的标注			
WP	电力干线	W	电力分支线
WL	常用照明干线	W	常用照明分支线
WEL	应急照明干线	WE	应急照明分支线

(3) 作业条件

① 配合混凝土结构施工时，根据设计图在梁、板、柱中预下过管及各种埋件。

② 在配合砖结构施工时，预埋大型埋件、角钢支架及过管。

③ 在装修前根据土建水平线及抹灰厚度与管路走向，按设计图进行弹线浇注埋件及稳装角钢支架。

④ 喷浆完成后，才能进行管路及各种盒、箱安装，并应防止污染。

9.1.2.2　操作工艺

（1）工艺流程

预制支架、吊架铁件及管弯 → 测定盒、箱及管路固定点位置 → 管路固定 → 管路敷设 → 管路入盒、箱

（2）按照设计图加工好支架、吊架、抱箍、铁件及管弯

预制管弯可采用冷煨法和热煨法。阻燃塑料管敷设与煨弯对环境温度的要求如下：阻燃塑料管及其配件的敷设、安装和煨弯制作，均应在原材料规定的允许环境温度下进行，其温度不能低于－15℃。

① 冷煨法　管径在25mm及其以下可以用冷煨法。

a. 使用手扳弯管器煨弯，将管子插入配套的弯管器内，手扳一次煨出所需的弯度，如图9-1所示。

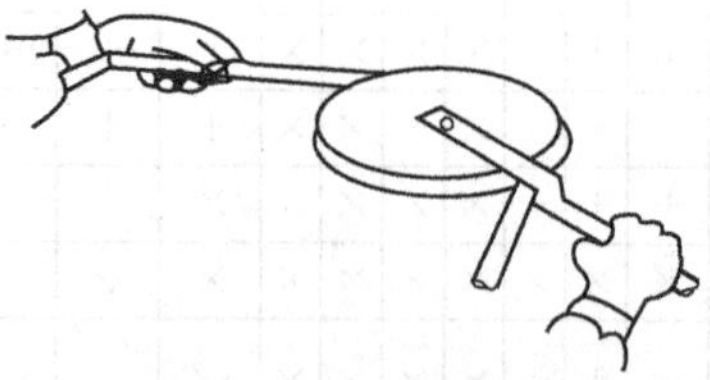

图 9-1　用弯管器煨弯

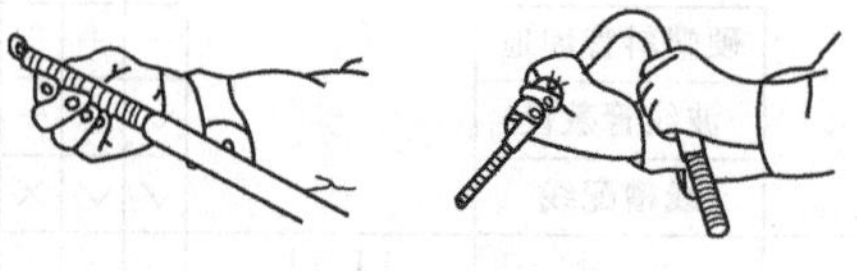

图 9-2　用弯管弹簧煨弯

b. 将弯管弹簧插入（PVC）管内需煨弯处，两手抓住弯簧两端头，膝盖顶在被弯处，用手扳逐步煨出所需弯度，然后抽出弯簧（当弯曲较长管时，可将弯簧用铁丝或尼龙线拴牢上一端，待煨完弯后抽出），如图9-2所示。

② 热煨法　用电炉子、热风机等加热均匀，烘烤管子煨弯处，待管被加热到可随意弯曲时，立即将管子放在木板上，固定管子一头，逐步煨出所需管弯度，并用湿布抹擦使弯曲部位冷却定型，然后抽出弯簧。不得因煨弯使管出现烤伤、变色、破裂等现象。

（3）测定盒、箱及管路固定点位置

① 按照设计图测出盒、箱、出线口等准确位置。测量时，应使用自制尺杆，弹线定位。

② 根据测定的盒、箱位置，把管路的垂直点水平线弹出，按照要求标出支架、吊架固定点具体尺寸位置。

（4）管路固定方法

① 胀管法：先在墙上打孔，将胀管插入孔内，再用螺钉（栓）固定。

② 木砖法：用木螺钉直接固定在预埋木砖上。

③ 预埋铁件焊接法：随土建施工，按测定位置预埋铁件。拆模后，将支架、吊架焊在预埋铁件上。

④ 稳注法：随土建砌砖墙，将支架固定好。

⑤ 剔注法：按测定位置，剔出墙洞（洞内端应剔大些），用水把洞内浇湿，再将和好的高标号砂浆填入洞内，填满后，将支架、吊架或螺栓插入洞内，校正埋入深度和平直度，无误后，将洞口抹平。

⑥ 抱箍法：按测定位置，遇到梁柱时，用抱箍将支架、吊架固定好。

无论采用何种固定方法，均应先固定两端支架、吊架，然后拉直线固定中间的支架、吊架。

（5）管路敷设

① 断管：小管径可使用剪管器，大管径使用钢锯锯断，断口后将管口锉平齐。

② 敷管时，先将管卡一端的螺钉（栓）拧紧一半，然后将管敷设于管卡内，逐个拧紧。

③ 支架、吊架位置正确、间距均匀、管卡应平正牢固；埋入支架应有燕尾，埋入深度不应小于120mm；用螺栓穿墙固定时，背后加垫圈和弹簧垫用螺母紧牢固。

④ 管水平敷设时，高度应不低于2000mm；垂直敷设时，不低于1500mm（1500mm以下应加保护管保护）。

⑤ 敷设管路较长时，超过下列情况时，应加接线盒。

a. 管路无弯时，30m。

b. 管路有一个弯时，20m。

c. 管路有两个弯时，15m。

d. 管路有三个弯时，8m。

e. 如无法加装接线盒时，应将管直径加大一号。

⑥ 管线明敷时固定点间的最大距离应符合表9-3的规定。

⑦ 配线与管路间最小距离见表10-6。

表9-3　管线明敷时固定点间最大间距　　单位：m

管子类别	管径/mm				
	15～20	25～32	38～40	50～51	63～100
钢管	1.5	2	2	2.5	3.5
电线管	1	1.5	2	2	2
硬塑料管	1	1.5	1.5	2	2

⑧ 管路连接。

a. 管口应平整光滑；管与管、管与盒（箱）等器件应采用插入法连接，连接处接合面应涂专用黏结剂，接口应牢固密封。

b. 管与管之间采用套管连接时，套管长度宜为管外径的1.5～3倍；管与管的对口应位于套管中间处且应对平齐。

c. 管与器件连接时，插入深度宜为管外径的1.1～1.8倍。

⑨ 管路敷设。

a. 配管及支架、吊架应安装平直、牢固、排列整齐，管子弯曲处无明显折皱，凹扁现象。

b. 弯曲半径和弯扁度应符合规范规定。

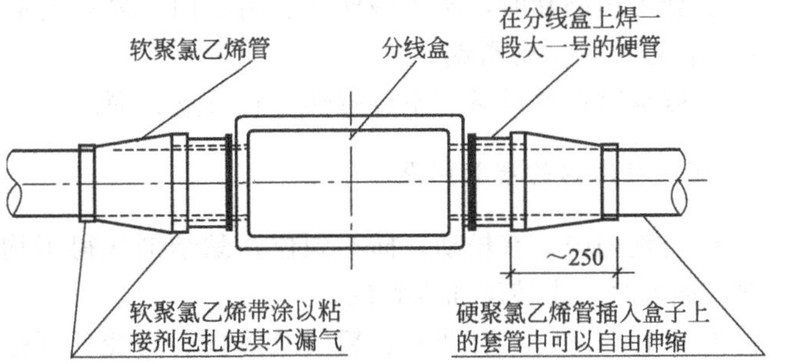

图9-3　补偿装置安装示意

⑩ 直管每隔30m应加装补偿装置，补偿装置接头的大头与直管套入并粘牢，另一端PVC管套上一节小头并粘牢，然后将此小头一端插入卡环中，小头可在卡环内滑动。补偿装置安装示意如图9-3所示。

⑪ PVC管引出地面一段，可以使用一节钢管引出，但需制作合适的过渡专用接箍，并把钢管接箍埋在混凝土中，钢管外壳作接地或接零保护。PVC管与钢管连接如图9-4所示。

（6）管路入盒、箱

盒、箱设置正确，固定可靠，管子插入盒、箱时，应用黏结剂，粘接严密、牢固，采用端接头与内锁紧螺母时，应拧紧盒壁不松动。

检查方法：观察和尺量检查。

9.1.2.3　质量标准

（1）保证项目

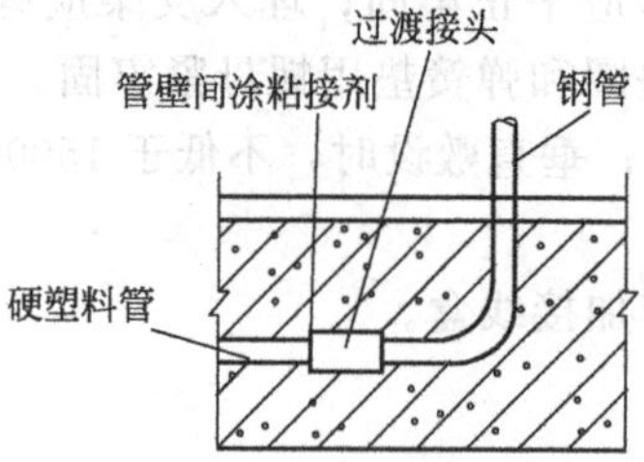

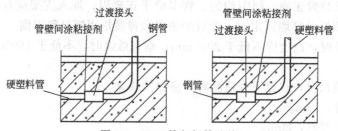

图 9-4　PVC 管与钢管连接

阻燃型塑料管及其附件材质氧指数应达到 27 以上的性能指标。阻燃型塑料管不得在室外高温和易受机械损伤的场所明敷设。

检查方法：检查测试资料，观察检查。

(2) 基本项目

① 管路连接紧密，管口光滑，保护层大于 15mm，使用黏结剂连接紧密、牢固。

② 盒、箱内设置正确，固定可靠，管子进入盒、箱处顺直，一孔一管，用端接头与内锁紧螺母将管固定在盒、箱管孔处，牢固不松动。

③ 管路保护应符合以下规定：穿过变形缝处有补偿装置，补偿装置能活动自如，穿过建筑物和设备基础处，应加保护管；补偿装置平正，管口光滑，内锁紧螺母与管子连接可靠，加套保护管在隐蔽工程记录中标示正确。

检查方法：观察检查，检查隐蔽工程记录。

9.1.2.4　*成品保护*

敷设管路时，保持墙面、顶棚、地面的清洁完整。修补铁件漆时，不得污染建筑物。

① 施工用高凳时，不得碰撞墙、角、门、窗；更不得靠墙面立高凳；高凳脚应有包扎物，既防划伤地板，又防滑倒。

② 搬运物件及设备时不得砸伤管路及盒、箱。

9.1.2.5　*应注意的质量问题*

① 套箍偏中，有松动，插不到位，黏结剂抹得不均匀，应用小刷均匀涂抹配套供应的黏结剂，插入时用力转动插入到位。

② 大管煨弯时，有凹扁、裂痕及烤伤、烤变色现象。因烤烘面积小，加热不均匀，应灌砂用电炉间接烤，或用水烤，面积要大，加热要均匀，并用型具一次煨成。

③ 管路敷设出现垂直与水平超偏，管卡间距不均匀。固定管卡前未拉线，造成水平误差；使用卷尺测量有误，应使用水平仪复核，让始、终点水平，然后弹线再固定管卡，先固定始、终两点，中间加挡管卡，选择规格产品，并要用尺杆测量使管卡固定高度一致。

9.1.3　硬质阻燃管暗敷

9.1.3.1　*施工准备*

(1) 材料要求

① 凡所使用的阻燃型（PVC）塑料管，其材质均应具有阻燃、耐冲击性能，其氧指数不应低于 27 的阻燃指标，并应有检定检验报告单和产品出厂合格证。

② 阻燃型塑料管，其外壁应有间距不大于 1m 的连续阻燃标记和制造厂厂标，管内外应光滑，无凸棱、凹陷、针孔、气泡；内外径尺寸应符合国家统一标准，管壁厚度应均匀一致。

③ 所用阻燃型塑料管附件及暗配阻燃型塑料制品，如各种灯头盒、开关盒、接线盒、插座盒、端接头、管箍等，必须使用配套的阻燃型塑料制品。

④ 阻燃型塑料灯头盒、开关盒、接线盒，均应外观整齐、开孔齐全，无劈裂损坏等现象。

⑤ 辅助材料：镀锌铁丝、专用黏结剂等。

(2) 主要机具

① 铅笔、皮尺、卷尺、尺杆、线坠、小线、水平尺。

② 手锤、錾子、钢锯、锯条、刀锯、半圆锉、活扳手、水桶、灰桶、灰铲。

③ 弯管弹簧（简称弯簧）、剪管器、手电钻、钻头、压力案子、台钻等。

④ 电锤、热风机、电炉子、开孔器、绝缘手套、工具袋、工具箱、煨管器、高凳等。

(3) 作业条件

① 配合土建砌体（如砖混结构加气砖、矿渣砖等）施工时，根据电气设计图要求与土建墙上弹出的水平线，安装管路和盒、箱。

② 配合土建混凝土结构施工时，大模板、滑模板施工混凝土墙、在钢筋绑扎过程中，根据设计图要求预埋套盒及管路，同时办理隐检手续。

③ 加气混凝土楼板、圆孔板、应配合土建调整好吊装楼板的板缝时，同时根据设计图进行配管。

9.1.3.2 操作工艺

(1) 工艺流程

弹线定位 → 加工管弯 → 稳注盒、箱 → 暗敷管路 → 扫管、穿带线

(2) 弹线定位

① 根据设计图要求，在砖墙、大模板混凝土墙、滑模板混凝土墙、木模板混凝土墙、组合钢模板混凝土墙等处，确定盒、箱位置，进行弹线定位，按弹出的水平线用小线和水平尺测量出盒、箱准确位置并标出尺寸。

② 根据设计图灯位要求，在加气混凝土板、预制圆孔板（垫层内或极孔内暗敷管路）、现浇混凝土楼板、预制薄混凝土楼板上，进行测量后，标注出灯头盒的准确位置尺寸。

③ 各种隔墙剔槽稳埋开关盒弹线。根据设计图要求，在砖墙、泡沫混凝土墙、石膏孔板墙、焦砟砖墙等，需要稳埋开关盒的位置，进行测量确定开关盒准确位置尺寸。

(3) 加工管弯

预制管弯可采用冷煨法和热煨法。阻燃塑料管敷设与煨弯对环境温度的要求如下：阻燃塑料管及其配件的敷设、安装和煨弯制作，均应在原材料规定的允许环境温度下进行，其温度不宜低于−15℃。

① 冷煨法　管径在25mm及其以下可以用冷煨法。

a. 断管：小管径可使用剪管器，大管径可使用钢锯断管，断口应锉平、铣光。

b. 用膝盖煨弯：将弯管弹簧（简称弯簧）插入PVC管内需要煨弯处，两手抓牢管子两头，顶在膝盖上用手扳，逐步煨出所需弯度，然后，抽出弯簧（当弯曲较长的管子时，可将弯簧用镀锌铁丝拴牢，以便拉出弯簧），如图9-2所示。

c. 使用手扳弯管器煨弯，将管子插入配套的弯管器，手扳一次煨出所需弯度，如图9-1所示。

② 热煨法　用电炉子、热风机等加热均匀，烘烤管子煨弯处，待管子被加热到可随意弯曲时，立即将管子放在木板上，固定管子一头，逐步煨出所需管弯度，并用湿布抹擦使弯曲部

位冷却定型，然后抽出弯簧。不得因煨弯使管出现烤伤、变色、破裂等现象。

(4) 稳埋盒、箱

① 盒、箱固定应平正牢固，灰浆饱满，收口平整，纵、横坐标准确，符合设计图和施工验收规范规定。

② 砖墙稳埋盒、箱。

a. 预留盒、箱孔洞：根据设计图规定的盒、箱预留具体位置，随土建砌体电工配合施工，在约 300mm 处预留出进入盒、箱的管子长度，将管子甩在盒、箱预留孔外，管端头堵好，等待最后一管一孔进入盒、箱稳埋完毕。

b. 剔洞稳埋盒、箱，再接短管。按弹出的水平线，对照设计图找出盒、箱的准确位置，然后剔洞，所剔孔洞应比盒、箱稍大一些。洞剔好后，先用水把洞内四壁浇湿，并将洞中杂物清理干净。依照管路的走向敲掉盒子的敲落孔，再用高标号水泥砂浆填入洞内将盒、箱稳端正，待水泥砂浆凝固后，再接短管入盒、箱。

c. 组合钢模板、大模板混凝土墙稳埋盒、箱。

ⅰ. 在模板上打孔，用螺栓将盒、箱固定在模板上；拆模前及时将固定盒、箱的螺栓拆除。

ⅱ. 利用穿筋盒，直接固定在钢筋上，并根据墙体厚度焊好支撑钢筋，使盒口或箱口与墙体平面平齐。

d. 滑模板混凝土墙稳埋盒、箱。

ⅰ. 预留盒、箱孔洞，采取下盒套、箱套，待滑模板过后再拆除盒套或箱套，同时稳埋盒或箱体。

ⅱ. 用螺栓将盒、箱固定在扁铁上，然后将扁铁焊在钢筋上，或直接用穿筋盒固定在钢筋上，并根据墙厚度焊好支撑钢筋，使盒口平面与墙体平面平齐。

e. 顶板稳埋灯头盒。

ⅰ. 加气混凝土板、圆孔板稳埋灯头盒。根据设计图标注出灯位的位置尺寸，先打孔，然后由下向上剔洞，洞口下小上大。将盒子配上相应的固定体放入洞中，并固定好吊板，待配管后用高标号水泥砂浆稳埋牢固。

ⅱ. 现浇混凝土楼板等，需要安装吊扇、花灯或吊装灯具超过 3kg 时，应预埋吊钩或螺栓，其吊挂力矩应保证承载要求和安全。

ⅲ. 隔墙稳埋开关盒、插座盒。如在砖墙、泡沫混凝土墙等，剔槽前应在槽两边先弹线，槽的宽度及深度均应比管外径大，开槽宽度与深度以大于 1.5 倍管外径为宜。砖墙可用錾子沿槽内边进行剔槽；泡沫混凝土墙可用刀锯锯成槽的两边后，再剔成槽。

剔槽后应先稳埋盒，再接管，每隔 1m 左右用镀锌铁丝固定好管路，最后抹灰并抹平齐。如为石膏圆孔板时，宜将管穿入板孔内并敷至盒或箱处。

(5) 暗敷管路

① 管路连接

a. 管路连接应使用套箍连接（包括端接头接管）。用小刷子蘸配套供应的塑料管黏结剂，均匀涂抹在管外壁上，将管子插入套箍，管口应到位。黏结剂性能要求粘接后 1min 内不移位，黏性保持时间长，并具有防水性。

b. 管路垂直或水平敷设时，每隔 1m 距离应有一个固定点，在弯曲部位应以圆弧中心点为始点，距两端 300～500mm 处各加一个固定点。

c. 管进盒、箱，一管一孔，先接端接头，然后用内锁紧螺母固定在盒、箱上，在管孔上用顶帽护口堵好管口，最后用纸或泡沫塑料块堵好盒口（堵盒口的材料可采用现场现有柔软物件，如水泥纸袋等）。

② 管路暗敷设

a. 现浇混凝土墙板内管路暗敷设。管路应敷设在两层钢筋中间，管进盒、箱时应煨成灯叉弯，管路每隔 1m 处用镀锌铁丝绑扎牢，弯曲部位按要求固定，向上引管不宜过长，以能煨弯为准，向墙外引管可使用管帽预留管口，待拆模后取出管帽再接管。

b. 滑升模板敷设管路时，灯位管可先引至牛腿墙内，滑模过后支好顶板，再敷设管至灯位。

c. 现浇混凝土楼板管路暗敷设。根据建筑物内房间四周墙的厚度，弹十字线确定灯头盒的位置，将端接头、内锁紧螺母固定在盒子的管孔上，使用顶帽护口堵好管口，并堵好盒口，固定好盒子，用机螺钉或短钢筋固定在底筋上。再敷管，管路应敷设在弓筋的下面底筋的上面，管路每隔 1m 用镀锌铁丝绑扎牢。引向隔断墙的管子，可使用管帽预留管口，拆模后取出管帽再接管。

d. 预制薄型混凝土模板管路暗敷设。确定好灯头盒尺寸位置，先用电锤在板上面打孔，然后在板下面扩孔，孔大小应比盒子外口略大一些。利用高桩盒上安装好卡铁（轿杆）将端接头、内锁紧螺母把管固定在盒子孔处，并将高桩盒用水泥砂浆埋好，然后敷设管路。管路保护层应不小于 80mm 为宜。

e. 预制圆孔板内管路暗敷设。土建吊装圆孔板时，电工应及时配合敷设管路，及时找好灯位位置尺寸，打灯位盒孔。管子可以从圆孔板板孔内一端穿入至灯头盒处，将管固定在灯头盒上，然后将盒子用卡铁放好位置，同时用水泥砂浆固定好盒子。

f. 灰土层内管路暗敷设。灰土层夯实后进行挖管路槽，接着敷设管路，然后在管路上面用混凝土砂浆埋护，厚度不宜小于 80mm。

g. 墙内敷设方法如图 9-5 所示。

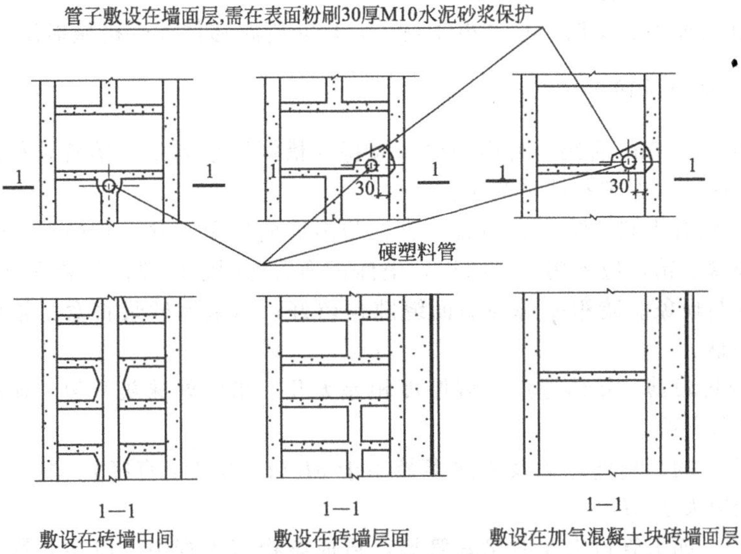

图 9-5　墙内敷设方法

（6）扫管穿带线

对于现浇混凝土结构，如墙、楼板应及时进行扫管，即随拆模随扫管，这样能够及时发现堵管不通现象，便于处理因为在混凝土未终凝时修补管路。

对于砖混结构墙体，在抹灰前进行扫管，有问题时修改管路，便于土建修复。经过扫管后确认管路畅通，及时穿好带线，并将管口、盒口、箱口堵好，加强成品配管保护，防止出现二次堵塞管路现象。

9.1.3.3　质量标准

（1）保证项目

阻燃型塑料管及其附件材质氧指数应达到27以上的性能指标。阻燃型塑料管不得在室外高温和易受机械损伤的场所明敷设。

检查方法：检查测试资料，观察检查。

（2）基本项目

① 管路连接紧密，管口光滑，保护层大于15mm，使用黏结剂连接紧密、牢固。

② 盒、箱内设置正确，固定可靠，管子进入盒、箱处顺直，一孔一管，以端接头与内锁紧螺母将管固定在盒、箱管孔处，且牢固不松动。

③ 管路保护应符合以下规定：穿过变形缝处有补偿装置，补偿装置能活动自如，穿过建筑物和设备基础处，应加保护管；补偿装置平正，管口光滑，内锁紧螺母与管子连接可靠，加套保护管在隐蔽工程记录中标示正确。

检查方法：观察检查，检查隐蔽工程记录。

9.1.3.4 成品保护

① 剔槽打洞时，应预先画好线，避免用力猛剔，造成洞口或槽剔得过大、过宽，甚至影响土建结构质量。

② 管路敷设完毕后注意成品保护，特别是在现浇混凝土结构施工中，电工配合土建施工关系密切，在合模和拆模时，应注意保护管路不要出现移位、砸扁或踩坏等现象。

③ 在混凝土板、加气板上剔洞时，注意不要剔断钢筋，剔洞时应先用钻打孔，再扩孔，不允许用大锤由上面砸孔洞。

④ 配合土建浇灌混凝土时，应派电工看护，以防管路移位或受机械损伤。

9.1.3.5 应注意的质量问题

① 保护层小于15mm管路有外露现象。应将管槽深度剔到1.5倍管外径的深度，并将管子固定好后用水泥砂浆保护并抹平灰层。

② 稳埋盒、箱有歪斜；暗盒、箱有凹进、凸出墙面现象；盒、箱破口；坐标超出允许偏差值。对于稳埋盒、箱，应先用线坠找正，坐标正确后再固定稳埋；暗装盒口或箱口应与墙面平齐，不出现凹凸现象。暗箱贴脸与墙面缝隙预留好；用水泥砂浆将盒、箱底部四周填实抹平，盒子收口平整。

③ 由于墙厚度较薄，箱体厚度与墙厚度相差无几，箱底处抹灰开裂。在箱底处加金属网固定后，再抹灰找平齐。

④ 管子煨弯处的凹扁度过大及弯曲半径小于$6D$（D为管子直径）。煨弯应按要求进行操作，其弯曲半径应大于$6D$。

⑤ 管路不通，朝上管口未及时堵好管堵，造成杂物落入管中。应在立管时，随时堵好管堵，其他工种作业时，应注意不要碰坏已经敷设完毕的管路，避免造成管路堵塞。

⑥ PVC管用火煨弯时，容易出现烤变色、凹扁过大、煨弯倍数不够等现象。因此在用热煨弯时，应注意避免出现以上问题。

9.1.4 钢管敷设

9.1.4.1 施工准备

（1）材料要求

① 镀锌钢管（或电线管）壁厚均匀，焊缝均匀，无劈裂、砂眼、棱刺和凹扁现象。除镀锌钢管外其他管材需预先除锈、刷防腐漆（埋入现浇混凝土时，可不刷防腐漆，但应除锈）。

镀锌钢管或刷过防腐漆的钢管外表层完整，无剥落现象，应具有产品材质单和合格证。

② 管箍使用通丝管箍。螺纹清晰不乱扣，镀锌层完整无剥落，无劈裂，两端光滑无毛刺，并有产品合格证。

③ 锁紧螺母外形完好无损，螺纹清晰，并有产品合格证。

④ 护口有用于薄、厚管的区别，护口要完整无损，并有产品合格证。

⑤ 铁制灯头盒、开关盒、接线盒等，金属板厚度应不小于 1.2mm，镀锌层无剥落，无变形开焊，敲落孔完整无缺，面板安装孔与地线焊脚齐全，并有产品合格证。

⑥ 面板、盖板的规格、高与宽、安装孔距应与所用盒配套，外形完整无损，板面颜色均匀一致，并有产品合格证。

⑦ 圆钢、扁钢、角钢等材质应符合国家有关规范要求，镀锌层完整无损，并有产品合格证。

⑧ 螺栓、螺钉、胀管螺栓、螺母、垫圈等应采用镀锌件。

⑨ 其他材料（如铅丝、电焊条、防锈漆、水泥、机油等）无过期变质现象。

（2）主要机具

① 煨管器、液压煨管器、液压开孔器、压力案子、套丝板、套管机。

② 手锤、錾子、钢锯、扁锉、半圆锉、圆锉、活扳手、鱼尾钳。

③ 铅笔、皮尺、水平尺、线坠，灰铲、灰桶、水壶、油桶、油刷、粉线袋等。

④ 手电钻、台钻、钻头、射钉枪、拉铆枪、绝缘手套、工具袋、工具箱、高凳等。

（3）作业条件

① 暗管敷设

a. 各层水平线和墙厚度线弹好，配合土建施工。

b. 预制混凝土板上配管，在做好地面以前弹好水平线。

c. 现浇混凝土板内配管，在底层钢筋绑扎完后，上层钢筋未绑扎前，根据施工图尺寸位置配合土建施工。

d. 预制大楼板就位完毕，及时配合土建在整理板缝锚固筋时，将管路弯曲连接部位按要求做好。

e. 预制空心板，配合土建就位同时配管。

f. 随墙（砌体）配合施工立管。

g. 随大模板现浇混凝土墙配管，土建钢筋网片绑扎完毕，按墙体线配管。

② 明管敷设

a. 配合土建结构安装好预埋件。

b. 配合土建内装修漆，浆活完成后进行明配管。

c. 采用胀管安装时，必须在土建抹灰完后进行。

③ 吊顶内或护墙板内管路敷设

a. 结构施工时，配合土建安装好预埋件。

b. 内部装修施工时，配合土建做好吊顶灯位及电气器具位置翻样图，并在预制板或地面弹出实际位置。

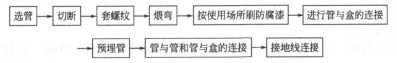

9.1.4.2 操作工艺

（1）钢管暗敷设工艺流程

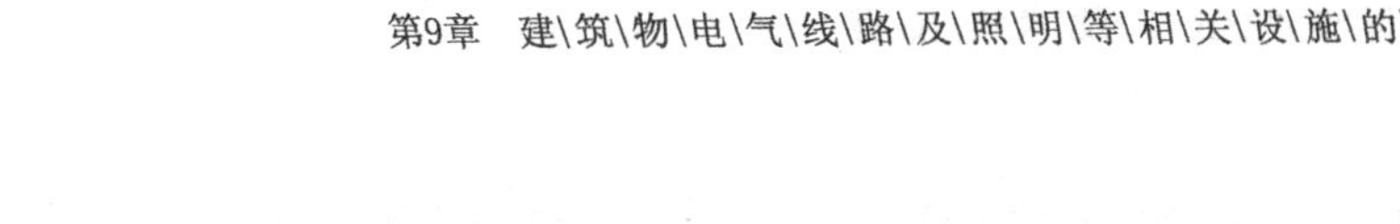

(2) 钢管明敷设工艺流程

定位 → 支架、吊架制作 → 箱、盒支架、吊架安装 → 管子敷设

(3) 暗敷设基本要求

① 敷设于多尘和潮湿场所的电线管路、管口、管子连接处均应进行密封处理。

② 暗配的电线管路宜沿最近的路线敷设并应减少弯曲；埋入墙或混凝土内的管子，离表面的净距不应小于15mm。

③ 进入落地式配电箱的电线管路，排列应整齐，管口应高出基础面不小于50mm。

④ 埋入地下的电线管路不宜穿过设备基础，在穿过建筑物基础时，应加保护管。

(4) 预制加工

根据设计图，加工好各种盒、箱、管弯。钢管煨弯可采用冷煨法或热煨法。

① 冷煨法　一般管径为20mm及以下时，用手扳煨管器。先将管子插入煨管器，逐步煨出所需弯度。管径为25mm及以上时，使用液压煨管器，即先将管子放入模具，然后扳动煨管器，煨出所需弯度。

② 热煨法　首先炒干砂子，堵住管子一端，将干砂子灌入管内，用手锤敲打，直至砂子灌实，再将另一端管口堵住放在火上转动加热，烧红后煨成所需弯度，随煨弯随冷却。要求管路的弯曲处不应有折皱、凹穴和裂缝现象，弯扁程度不应大于管外径的1/10；暗配管时，弯曲半径不应小于管外径的6倍；埋设于地下或混凝土楼板内时，不应小于管外径的10倍。

③ 管子切断　常用钢锯、割管器、无齿锯、砂轮锯进行切管，将需要切断的管子长度量准确，放在钳口内卡牢固，断口处平齐不歪斜，管口刮铣光滑，无毛刺，管内铁屑除净。

④ 管子套螺纹　采用套丝板、套管机，根据管外径选择相应板牙。将管子用台虎钳或龙门压架钳紧牢固，再把绞板套在管端，均匀用力，不得过猛，随套随浇冷却液，螺纹不乱扣、不过长，消除渣屑，螺纹干净清晰。管径20mm及其以下时，应分两板套成；管径在25mm及其以上时，应分三板套成。

(5) 测定盒、箱位置

根据设计图要求确定盒、箱轴线位置，以土建弹出的水平线为基准，挂线找平，线坠找正，标出盒、箱实际尺寸位置。

(6) 稳注盒、箱

① 稳注盒、箱要求发浆饱满，平整牢固，坐标正确。盒、箱安装要求见表9-4。现制混凝土板墙固定盒、箱加支铁固定，盒、箱底距外墙面小于30mm时，需加金属网固定后再抹灰，防止空裂。

表9-4　盒、箱安装要求

实测项目	要求	允许偏差/mm	实测项目	要求	允许偏差/mm
盒、箱水平、垂直位置	正确	10(砖墙)、30(大模板)	箱子固定	垂直	3
盒、箱1m内相邻标高	一致	2	盒、箱口与墙面	平齐	10(最大凹进深度)
盒子固定	垂直	2			

② 托板稳注灯头盒　预制圆孔板（或其他顶板）打灯位洞时，找好位置后，用尖錾子由下往上剔，洞口大小比灯头盒外口略大10～20mm，灯头盒焊好卡铁（可用桥杆盒）后，用高标号砂浆稳注好，并用托板托牢，待砂浆凝固后，即可拆除托板。现浇混凝土楼板，将盒子堵好随底板钢筋固定牢，管路配好后，随土建浇灌混凝土施工同时完成。

(7) 管路连接

① 管路连接方法

a. 管箍螺纹连接。套螺纹不得有乱扣现象；管箍必须使用通丝管箍。上好管箍后，管口

应对严。外露螺纹应不多于2扣。

b. 套管连接宜用于暗配管，套管长度为连接管径的1.5～3倍；连接管口的对口处应在套管的中心，焊口应焊接牢固和严密。

c. 坡口（喇叭口）焊接。管径80mm以上钢管，先将管口除去毛刺，找平齐。用气焊加热管端，边加热边用手锤沿管周边，逐点均匀向外敲打出坡口，把两管坡口对平齐，周边焊严密。

② 管与管的连接　管径20mm及以下钢管以及各种管径电线管，必须用管箍连接。管口锉光滑平整，接头应牢固紧密。管径25mm及以上钢管，可采用管箍连接或套管焊接。

a. 管路超过下列长度，应加装接线盒，其位置应便于穿线：无弯时，30m；有一个弯时，20m；有两个弯时，15m；有三个弯时，8m。

b. 管路垂直敷设时，根据导线截面设置接线盒距离：$50mm^2$及以下，长度大于30m；$50mm^2$以上，长度大于20m。

c. 电线管路与其他管路最小距离见表10-6。

③ 管进盒、箱连接

a. 盒、箱开孔应整齐并与管径相吻合，要求一管一孔，不得开长孔。铁制盒、箱严禁用电、气焊开孔，并应刷防锈漆。如用定型盒、箱，其敲落孔大而管径小时，可用铁皮垫圈垫严或用砂浆加石膏补平齐，不得露洞。

b. 管口入盒、箱，暗配管可用跨接地线焊接固定在盒棱边上，严禁管口与敲落孔焊接，管口露出盒、箱应小于5mm。有锁紧螺母者与锁紧螺母平齐，露出锁紧螺母的螺纹为2～4扣。两根以上管入盒、箱要长短一致，间距均匀，排列整齐。

（8）暗管敷设方式

① 随墙（砌体）配管　砖墙、加气混凝土块墙、空心砖墙配合砌墙立管时，该管最好放在墙中心；管口向上者要堵好。为使盒子平整，标高准确，可将管先立偏高200mm左右，然后将盒子稳好，再接短管。短管入盒、箱端可不套螺纹，可用跨接线焊接固定，管口与盒、箱里口平。往上引管有吊顶时，管上端应煨成90°弯直进吊顶内。由顶板向下引管不宜过长，以达到开关盒上口为准。等砌好隔墙，先稳盒后接短管。

② 大模板混凝土墙配管　可将盒、箱焊在该墙的钢筋上，接着敷管。每隔1m左右，用铅丝绑扎牢。管进盒、箱要煨灯叉弯。往上引管不宜过长，以能煨弯为准。

③ 现浇混凝土楼板配管　先找灯位，根据房间四周墙的厚度，弹出十字线，将堵好的盒子固定牢后敷管。有两个以上盒子时，要拉直线。如为吸顶灯或日光灯，应预下木砖。管进盒、箱长度要适宜，管路每隔1m左右用铅丝绑扎牢。如有吊扇、花灯或超过3kg的灯具应焊好吊杆。

④ 预制圆孔板上配管　如为焦砟垫层，管路需用混凝土砂浆保护。素土内配管可用混凝土砂浆保护，也可缠两层玻璃布，刷三道沥青油加以保护。在管路下先用石块垫起50mm，尽量减少接头，管箍螺纹连接处抹油、缠麻、拧牢。

（9）变形缝处理

① 变形缝处理做法　变形缝两侧各预埋一个接线箱，先把管的一端固定在接线箱上，另一侧接线箱底部的垂直方向开长孔，其孔长宽尺寸不小于被接入管直径的2倍。两侧连接好补偿跨接接地线，如普通接线箱在地板上（下）部做法。

② 普通接线箱在地板上（下）部做法

a. 普通接线箱在地板上（下）部做法一式：箱体底口距离地面应不小于300mm，管路弯曲90°后，管进箱应加内外锁紧螺母；在板下部时，接线箱距顶板距离应不小于150mm。

b. 普通接线箱在地板上（下）部做法二式：基本做法同一式，二式采用的是直筒式接线箱。

(10) 地线焊接

① 管路应进行整体接地连接，穿过建筑物变形缝时，应有接地补偿装置。如采用跨接方法连接，跨接地线两端焊接面不得小于该跨接线截面的6倍。焊缝均匀牢固，焊接处要清除药皮，刷防腐漆。跨接地线的规格见表9-5。

表 9-5 跨接地线规格

单位：mm

管 径	圆 钢	扁 钢	管 径	圆 钢	扁 钢
15～25	$\phi 5$	—	50～63	$\phi 10$	25×3
32～38	$\phi 6$	—	≥70	$\phi 8\times 2$	(25×3)×2

② 卡接：镀锌钢管或可挠金属电线保护管，应用专用接地线卡连接，不得采用熔焊连接地线。

(11) 明管敷设基本要求

根据设计图加工支架、吊架、抱箍等铁件以及各种盒、箱、弯管。明管敷设工艺与暗管敷设工艺相同处请见相关部分。在多粉尘、易爆等场所敷管，应按设计和有关防爆规程施工。

① 管弯、支架、吊架预制加工　明配管弯曲半径一般不小于管外径6倍。如有一个弯时，可不小于管外径的4倍。加工方法可采用冷煨法和热煨法，支架、吊架应按设计图要求进行加工。支架、吊架的规格设计无规定时，应不小于以下规定：扁铁支架30mm×3mm；角钢支架25mm×25mm×3mm；埋注支架应有燕尾，埋注深度应不小于120mm。

② 测定盒、箱及固定点位置

a. 根据设计首先测出盒、箱与出线口等的准确位置。测量时最好使用自制尺杆。

b. 根据测定的盒、箱位置，把管路的垂直、水平走向弹出线来，按照安装标准规定的固定点间距的尺寸要求，计算确定支架、吊架的具体位置。

c. 固定点的距离应均匀，管卡与终端、转弯中点、电气器具或接线盒边缘的距离为150～500mm。

③ 固定方法　有胀管法、木砖法、预埋铁件焊接法、稳注法、剔注法、抱箍法。

④ 盒、箱固定　由地面引出管路至自制明盘、箱时，可直接焊在角钢支架上，采用定型盘、箱，需在盘、箱下侧100～150mm处加稳固支架，将管固定在支架上。盒、箱安装应牢固平整，开孔整齐并与管径相吻合。要求一管一孔，不得开长孔。铁制盒、箱严禁用电、气焊开孔。

⑤ 管路敷设与连接

a. 管路敷设。水平或垂直敷设明配管允许偏差值，管路在2m以内时，偏差为3mm，全长不应超过管子内径的1/2。

ⅰ. 检查管路是否畅通，内侧有无毛刺，镀锌层或防锈漆是否完整无损，管子不顺直者应调直。

ⅱ. 敷管时，先将管卡一端的螺钉拧进一半，然后将管敷设在管卡内，逐个拧牢。使用铁支架时，可将钢管固定在支架上，不允许将钢管焊接在其他管路上。

b. 管路连接：应采用螺纹连接，或采用扣压式管连接。

⑥ 钢管与设备连接　应将钢管敷设到设备内，如不能直接进入时，应符合下列要求。

a. 在干燥房屋内，可在钢管出口处加保护软管引入设备，管口应包扎严密。

b. 在室外或潮湿房间内，可在管口处装设防水弯头，由防水弯头引出的导线应套绝缘保护软管，经弯成防水弧度后再引入设备。

c. 管口距地面高度一般不宜低于 200mm。

d. 埋入土层内的钢管，应刷沥青包缠玻璃丝布后，再刷沥青油，或采用水泥砂浆全面保护。

⑦ 金属软管引入设备时应符合的要求

a. 金属软管与钢管或设备连接时，应采用金属软管接头连接，长度不宜超过 1m。

b. 金属软管用管卡固定，其固定间距不应大于 1m。

c. 不得利用金属软管作为接地导体。

⑧ 变形缝处理　地线焊接及处理办法见有关部分。明配管跨接线应紧贴管箍，焊接处均匀、美观、牢固。管路敷设应保证畅通，刷好防锈漆、调和漆，无遗漏。

(12) 吊顶内、护墙板内管路敷设的操作工艺及要求

材质、固定参照明配管工艺；连接、弯度、走向等可参照暗敷工艺要求施工，接线盒可使用暗盒。

① 会审图纸要与通风、暖卫等专业协调，并绘制翻样图，经审核无误后，在顶板或地面进行弹线定位。如吊顶是有格块线条的，灯位必须按相块分均。护墙板内配管应按设计要求，测定盒、箱位置、弹线定位。

② 灯位测定后，用不少于 2 个螺钉把灯头盒固定牢。如有防火要求，可用防火材料或其他防火措施处理灯头盒。无用的敲落孔不应敲掉，已脱落的要补好。

③ 管路应敷设在主龙骨的上边，管入盒、箱必须煨灯叉弯，并应里外带锁紧螺母。采用内护口，管进盒、箱以内锁紧螺母平为准。

④ 固定管路时，如为木龙骨，可在管的两侧钉钉，用铅丝绑扎后再把钉钉牢。如为轻钢龙骨，可采用配套管卡和螺钉固定，或用拉铆钉固定。直径 25mm 以上和成排管路应单独设架。

⑤ 花灯、大型灯具、吊扇等超过 3kg 的电气器具的固定，应在结构施工时预埋铁件或钢筋吊钩，要根据吊重考虑吊钩直径，一般按吊重的 5 倍来计算，达到牢固可靠。圆钢最小直径不应小于 6mm，钩做好防腐处理。潜入式灯头盒距灯箱不应大于 1m，以便于观察和维修。

⑥ 管路敷设应牢固通顺，禁止做拦腰管或拌脚管。遇有长丝接管时，必须在管箍后面加锁紧螺母。管路固定点的间距不得大于 1.5m。受力灯头盒应用吊杆固定，在管进盒处及弯曲部位两端 150～300mm 处加固定卡固定。

⑦ 吊顶内灯头盒至灯位可采用阻燃型普里卡金属软管过渡，长度不宜超过 1m，其两端应使用专用接头。吊顶各种盒、箱的安装盒、箱口的方向应朝向检查口，以利于维修检查。

9.1.4.3　质量标准

(1) 保证项目

① 导线间和导线对地间的绝缘电阻必须大于 0.5MΩ。检验方法：实测或检查绝缘电阻测试记录。

② 薄壁钢管严禁熔焊连接。检验方法：明设的观察检查，暗设的检查隐蔽工程记录。

(2) 基本项目

① 连接紧密，管口光滑，护口齐全，明配管及其支架、吊架应平直牢固、排列整齐，管子弯曲处无明显折皱，油漆防腐完整，暗配管保护层大于 15mm。

② 盒、箱设置正确，固定可靠，管子进入盒、箱处顺直，在盒、箱内露出的长度小于 5mm；用锁紧螺母固定的管口，管子露出锁紧螺母的螺纹为 2～4 扣。线路进入电气设备和器具的管口位置正确。检验方法：观察和尺量检查。

③ 管路的保护应符合以下规定：穿过变形缝处有补偿装置，补偿装置能活动自如；穿过建筑物和设备基础处加保护套管。补偿装置平整，管口光滑，护口牢固，与管子连接可靠；加

保护套管处在隐蔽工程记录中标示正确。检验方法：观察检查和检查隐蔽工程记录。

④ 金属电线保护管、盒、箱及支架接地（接零）。电气器具和非带电金属部件的接地（接零）、支线敷设应符合以下规定：连接紧密牢固，接地（接零）线截面选用正确，需防腐的部分涂漆均匀无遗漏，线路走向合理，色标准确，涂刷后不污染设备和建筑物。检验方法：观察检查。

9.1.4.4 成品保护

① 剔槽不得过大、过深或过宽。预制梁柱和预应力楼板均不得随意剔槽打洞。混凝土楼板、墙等均不得私自断筋。

② 现浇混凝土楼板上配管时，注意不要踩坏钢筋，土建浇注混凝土时，应留人看守，以免振捣时损坏配管及盒、箱移位。遇有管路损坏时，应及时修复。

③ 明配管路及电气器具时，应保持顶棚、墙面及地面的清洁完整。搬运材料和使用高凳机具时，不得碰坏门窗、墙面等。电气照明器具安装完后，不要再喷浆，必须喷浆时，应将电气设备及器具保护好后再喷浆。

④ 吊顶内稳盒配管时，不要踩坏龙骨。严禁踩电线管行走，刷防锈漆不得污染墙面、吊顶和护墙板等。

⑤ 其他专业在施工中，注意不得碰坏电气配管。严禁私自改动电线管及电气设备。

9.1.4.5 应注意的质量问题

① 煨弯处出现凹扁过大或弯曲半径不够倍数的现象。其原因及解决办法有以下几种。

a. 使用手扳煨管器时，移动要适度，用力不要过猛。

b. 使用油压煨管器或煨管机时，模具要配套，管子的焊缝应在正反面。

c. 热煨时，砂子要灌满，受热均匀，煨弯冷却要适度。

② 暗配管路弯曲过多。敷设管路时，应按设计图要求及现场情况，沿最近的路线敷设，不绕行弯曲处可明显减少。

③ 预埋盒、箱、支架、吊杆歪斜，或者盒、箱里进外出严重，应根据具体情况进行修复。

④ 剔注盒、箱出现空洞、收口不好，应在稳注盒、箱时，其周围灌满灰浆，盒、箱口应及时收好后再穿线上器具。

⑤ 预留管口的位置不准确。配管时未按设计图要求，找出轴线尺寸位置，造成定位不准。应根据设计图要求进行修复。

⑥ 电线管在焊跨接地线时，将管焊漏，焊接不牢、漏焊、焊接面不够倍数，主要是操作者责任心不强，或者技术水平太低，应加强操作者责任心和技术教育，严格按照规范要求进行焊接。

⑦ 明配管、吊顶内或护墙板内配管固定点不牢，螺钉松动，铁卡子、固定点间距过大或不均匀。应采用配套管卡，固定牢固，档距应找均匀。

⑧ 暗配管路堵塞，配管后应及时扫管，发现堵管及时修复。配管后应及时加管堵，把管口堵严实。

⑨ 管口不平齐，有毛刺，断管后未及时铣口，应用锉把管口锉平齐，去掉毛刺再配管。

⑩ 焊口不严破坏镀锌层，应将焊口焊严，受到破坏的镀锌层处，应及时补刷防锈漆。

9.1.5 管内穿绝缘导线安装

9.1.5.1 施工准备

(1) 材料要求

① 绝缘导线：导线的型号、规格必须符合设计要求，并有产品出厂合格证。

② 镀锌铁丝或钢丝：应顺直无背扣、扭接等现象，并具有相应的机械拉力。

③ 护口：应根据管径的大小选择相应规格的护口。

④ 螺旋接线钮：应根据导线截面和导线的根数选择相应型号的加强型绝缘钢壳螺旋接线钮。

⑤ LC 型压线帽：具有阻燃性能，氧指数为 27 以上，适用于铝导线 2.5mm^2、4mm^2 两种，适用于铜导线 1～4mm^2 接头压接，分为黄、白、红、绿、蓝五种颜色，可根据导线截面和根数选择使用（铝导线用绿、蓝；铜导线用黄、白、红）。

⑥ 套管：有铜套管、铝套管、铜铝过渡套管三种，选用时应采用与导线材质、规格相应的套管。

⑦ 接线端子（接线鼻）：应根据导线的根数和总截面选择相应规格的接线端子。

⑧ 焊锡：由锡、铅和锑等元素组合的低熔点（185～260℃）合金。焊锡制成条状或丝状。

⑨ 焊剂：能清除污物和抑制工件表面氧化。一般焊接应采用松香液，松香液是将天然松香溶解在酒精中制成乳状液体，适用于铜及铜合金焊件。

⑩ 辅助材料：橡胶（或粘塑料）绝缘带、黑胶布、滑石粉、布条等。

(2) 主要机具

① 克丝甜、尖嘴钳、剥线钳、压接钳、放线架、放线车。

② 电炉、锡锅、锡斗、锡勺、电烙铁。

③ 一字螺丝刀、十字螺丝刀、电工刀、高凳、万用表、兆欧表。

(3) 作业条件

① 配管工程或线槽安装工程配合土建结构施工完毕。

② 高层建筑中的强电竖井、弱电竖井、综合布线竖井内，配管及线槽安装完毕。

③ 配合土建工程顶棚施工配管或线槽安装完毕。

9.1.5.2 操作工艺

(1) 工艺流程

选择导线 → 扫管 → 穿带线 → 放线与断线 → 导线的绑扎 → 管内穿线 → 导线连接 → 线路绝缘摇测

(2) 选择导线

① 应根据设计图规定选择导线。进出户的导线宜使用橡胶绝缘导线。

② 相线、中性线及保护地线的颜色应加以区分，用淡蓝色的导线作为中性线，用黄绿颜色相间的导线作保护地线。

(3) 清扫管路

① 清扫管路的目的是清除管路中的灰尘、泥水等杂物。

② 清扫管路的方法：将布条的两端牢固地绑扎在带线上，两人来回拉动带线，将管内杂物清净。

(4) 穿带线

① 穿带线的目的是检查管路是否畅通，管路的走向及盒、箱的位置是否符合设计及施工图的要求。

② 穿带线的方法如下。

a. 带线一般均采用 ϕ1.2～2.0mm 的铁丝。先将铁丝的一端弯成不封口的圆圈，再利用穿线器将带线穿入管路内，在管路的两端均应留有 100～150mm 的余量。

b. 在管路较长或转弯较多时，可以在敷设管路的同时将带线一并穿好。

c. 穿带线受阻时，应用两根铁丝同时搅动，使两根铁丝的端头互相钩绞在一起，然后将带线拉出。

d. 阻燃型塑料波纹管的管壁呈波纹状，带线的端头要弯成圆形。

(5) 放线及断线

① 放线

a. 放线前应根据施工图对导线的规格、型号进行核对。

b. 放线时导线应置于放线架或放线车上。

② 断线　剪断导线时，导线的预留长度应按以下四种情况考虑。

a. 接线盒、开关盒、插销盒及灯头盒内导线的预留长度应为150mm。

b. 配电箱内导线的预留长度应为配电箱箱体周长的1/2。

c. 出户导线的预留长度应为1.5m。

d. 公用导线在分支处，可不剪断导线而直接穿过。

(6) 导线的绑扎

① 当导线根数较少时，如2～3根导线，可将导线前端的绝缘层削去，然后将线芯直接插入带线的盘圈内并折回压实，绑扎牢固，使绑扎处形成一个平滑的锥形过渡部位。

② 当导线根数较多或导线截面较大时，可将导线前端的绝缘层削去，然后将线芯斜错排列在带线上，用绑线缠绕绑扎牢固，使绑扎接头处形成一个平滑的锥形过渡部位，便于穿线。

(7) 管内穿线

① 钢管（电线管）在穿线前，应首先检查各个管口的护口是否齐整，如有遗漏和破损，均应补齐和更换。

② 当管路较长或转弯较多时，要在穿线的同时往管内吹入适量的滑石粉。

③ 两人穿线时，应配合协调，一拉一送。

④ 穿线时应注意下列问题。

a. 同一交流回路的导线必须穿于同一管内。

b. 不同回路、不同电压和交流与直流的导线，不得穿入同一管内，但以下几种情况除外。

ⅰ. 标称电压为50V以下的回路。

ⅱ. 同一设备或同一流水作业线设备的电力回路和无特殊防干扰要求的控制回路。

ⅲ. 同一花灯的几个回路。

ⅳ. 同类照明的几个回路，但管内的导线总数不应多于8根。

c. 导线在变形缝处，补偿装置应活动自如。导线应留有一定的余量。

d. 敷设于垂直管路中的导线，当超过下列长度时，应在管口处和接线盒中加以固定：截面积为$50mm^2$及以下的导线为30m；截面积为$70\sim95mm^2$的导线为20m；截面积为$180\sim240mm^2$的导线为18m。

(8) 导线连接

① 导线连接应具备的条件

a. 导线接头不能增加电阻值。

b. 受力导线不能降低原机械强度。

c. 不能降低原绝缘强度。

为了满足上述要求，在导线作为电气连接时，必须先削掉绝缘再进行连接，然后加焊，包缠绝缘。

② 剥削绝缘使用工具及方法

a. 剥削绝缘使用工具。由于各种导线截面、绝缘层薄厚程度、分层多少都不同，因此使用剥线的工具也不同。常用的工具有电工刀、克丝钳和剥线钳，可进行削、勒及剥绝缘层。一

般 $4mm^2$ 以下的导线原则上使用剥线钳，但使用电工刀时，不允许采用刀在导线周围转圈剥绝缘层的方法。

b. 剥削绝缘方法如下。

ⅰ. 单层剥法：不允许采用电工刀转圈剥绝缘层，应使用剥线钳。

ⅱ. 分段剥法：一般适用于多层绝缘导线剥削，加编织橡胶绝缘导线，用电工刀先削去外层编织层，并留有约 12mm 的绝缘台，线芯长度随结线方法和要求的机械强度而定。

c. 斜削法：用电工刀以 45°角倾斜切入绝缘层，当切近线芯时就应停止用力，接着应使刀面的倾斜角度改为 15°左右，沿着线芯表面向前头端部推出，然后把残存的绝缘层剥离线芯，用刀口插入背部以 45°角削断。

③ 单芯铜导线的直线连接

a. 铰接法：适用于 $4mm^2$ 及以下的单芯线连接。将两线互相交叉，用双手同时把两芯线互绞 2 圈后，将两个线芯在另一个线芯上缠绕 5 圈，剪掉余头。

b. 缠卷法：有加辅助线和不加辅助线两种，适用于 $6mm^2$ 及以上的单芯线的直线连接，将两线相互并合，加辅助线后用绑线在并合部位中间向两端缠绕（即公卷），其长度为导线直径 10 倍，然后将两线芯端头折回，在此向外单独缠绕 5 圈，与辅助线捻绞 2 圈，将余线剪掉。

④ 单芯铜导线的分支连接

a. 铰接法：适用于 $4mm^2$ 以下的单芯线，用分支线路的导线往干线上交叉，先打好 1 个圈以防止脱落，然后再密绕 5 圈，分线缠绕完后，剪去余线。

b. 缠卷法：适用于 $6mm^2$ 及以上的单芯线的分支连接，将分支线折成 90°紧靠干线，其公卷的长度为导线直径的 10 倍，单卷缠绕 5 圈后剪断余下线头。

⑤ 多芯铜导线直接连接　多芯铜导线的连接共有三种方法，即单卷法、缠卷法和复卷法。首先用细砂布将线芯表面的氧化膜除去，将两线芯导线的接合处的中心线剪掉三分之二，将外侧线芯伞状张开，相互交错叉成一体，并将已张开的线端合成一体。

a. 单卷法：取任意一侧的两根相邻的线芯，在接合处中央交叉，用其中的一根线芯作为绑线，在导线上缠绕 5～7 圈后，再用另一根线芯与绑线相绞后把原来的绑线压住上面，继续按上述方法缠绕，其长度为导线直径的 10 倍，最后缠卷的线端与一条线捻绞 2 圈后剪断。另一侧的导线依次进行。注意应把线芯相绞处排列在一条直线上。

b. 缠卷法：与单芯铜导线直线缠绕连接法相同。

c. 复卷法：适用于多芯软导线的连接，把合拢的导线一端用短绑线作临时绑扎，以防止松散，将另一端线芯全部紧密缠绕 3 圈，多余线端依次阶梯形剪掉，另一侧也按此方法处理。

⑥ 多芯铜导线分支连接

a. 单卷法：将分支线破开（或劈开两半），根部折成 90°紧靠干线，用分支线其中的一根在干线上缠圈，缠绕 3～5 圈后剪断，再用另一根线芯继续缠绕 3～5 圈后剪断，按此方法直至连接到双根导线直径的 5 倍时为止，应保证各剪断处在同一直线上。

b. 缠卷法：将分支线折成 90°紧靠干线，在绑线端部适当处弯成半圆形，将绑线短端弯成与半圆形成 90°角，并与连接线靠紧，用较长的一端缠绕，其长度应为导线接合处直径 5 倍，再将绑线两端捻绞 2 圈，剪掉余线。

c. 复卷法：将分支线端破开劈成两半后与干线连接处中央相交叉，将分支线向干线两侧分别紧密缠绕后，余线按阶梯形剪断，长度为导线直径的 10 倍。

⑦ 铜导线在接线盒内的连接

a. 单芯线并接头：导线绝缘台并齐合拢，在距绝缘台约 12mm 处用其中一根线芯在其连接端缠绕 5～7 圈后剪断，把余头并齐折回压在缠绕线上。

b. 不同直径导线接头：如果是单根（导线截面小于 $2.5mm^2$）或多芯软线时，则应先进行涮锡处理，再将细线在粗线上距离绝缘层15mm处交叉，并将线端部向粗导线（单根）端缠绕5～7圈，将粗导线端折回压在细线上。

c. LC安全型压线帽。

ⅰ. 铜导线压线帽分为黄、白、红三种颜色，分别适用于1.0mm²、1.5mm²、2.5mm²、4mm²的2～4条导线的连接。操作方法是：将导线绝缘层剥去12～10mm（按帽的型号决定），清除氧化物，按规格选用适当的压线帽，将线芯插入压线帽的压接管内，若填不实，可将线芯折回头（剥长加倍），填满为止；线芯插到底后，导线绝缘应和压接管平齐，并包在帽壳内，用专用压接钳压实即可。注意，采用LC安全型压线帽一般优于结焊包老工艺，目前已被广泛应用，取代导线连接使用多年的结焊包工艺（结即导线连接，焊即导线涮锡焊接，包即导线连接涮锡焊接后的导线绝缘包扎）。

ⅱ. 铝导线压接帽分为绿、蓝两种，适用于2.5mm²和4mm²的2～4条导线连接，操作方法同上。

采用圆形套管时，将要连接的铝芯线分别在铝套管的两端插入，各插到套管一半处；当采用椭圆形套管时，应使两线对插后，线头分别露出套管两端4mm；然后用压接钳和压模压接，压接模数和深度应与套管尺寸相对应。

⑧ 接线端子压接　多股导线（铜或铝）可采用与导线同材质且规格相应的接线端子。削去导线的绝缘层，不要碰伤线芯，将线芯紧紧地绞在一起，清除套管、接线端子孔内的氧化膜，将线芯插入，用压接钳压紧。导线外露部分应小于1～2mm。

⑨ 导线与平压式接线柱连接（单芯线连接）　用一字或十字机螺钉压接时，导线要顺着螺钉旋进方向紧绕一圈后再紧固。不允许反圈压接，盘圈开口不宜大于2mm。

a. 单芯导线盘圈压接：用一字或十字机螺钉压接时，导线要顺着螺钉旋进方向紧绕一圈后再紧固。不允许反圈压接，盘圈开口不宜大于2mm。

b. 多股铜芯软线用螺钉压接时，先将软线芯做成单眼圈状，涮锡后，将其压平再用螺钉加垫紧牢固。

注意：以上两种方法压接后外露线芯的长度不宜超过1～2mm。

⑩ 导线与针孔式接线桩连接（压接）　把要连接的导线线芯插入接线桩头针孔内，导线裸露出针孔1～2mm，针孔大于导线直径1倍时需要折回头插入压接。

(9) 导线焊接

① 铝导线的焊接　焊接前将铝导线线芯破开顺直合拢，用绑线把连接处作临时缠绑。导线绝缘层处用浸过水的石棉绳包好，以防烧坏。铝导线焊接所用的焊剂有两种：一种是含锌58.5%、铅40%、铜5%的焊剂；另一种是含锌80%、铜1.5%、铅20%的焊剂。焊剂成分均按质量比。

② 铜导线的焊接　由于导线的线径及敷设场所不同，因此焊接的方法有如下两种。

a. 电烙铁加焊：适用于线径较小的导线的连接及用其他工具焊接困难的场所，导线连接处加焊剂，用电烙铁进行锡焊。

b. 喷灯加热（或用电炉加热）：将焊锡放在锡勺（或锡锅）内，然后用喷灯（或电炉）加热，焊锡熔化后即可进行焊接。加热时要掌握好温度；温度过高涮锡不饱满；温度过低涮锡不均匀。因此要根据焊锡的成分、质量及外界环境温度等诸多因素，随时掌握好适宜的温度进行焊接。

焊接完后必须用布将焊接处的焊剂及其他污物擦净。

(10) 导线包扎

首先用橡胶（或粘塑料）绝缘带从导线接头处始端的完好绝缘层开始，缠绕1～2个绝缘带幅宽度，再以半幅宽度重叠进行缠绕。在包扎过程中应尽可能地收紧绝缘带。最后在绝缘层上缠绕1～2圈后，再进行回缠。采用橡胶绝缘带包扎时，应将其拉长2倍后再进行缠绕。然后再用黑胶布包扎，包扎时要衔接好，以半幅宽度边压边进行缠绕，同时在包扎过程中收紧胶布，导线接头处两端应用黑胶布封严密。包扎后应呈枣核形。

(11) 线路检查及绝缘摇测

① 线路检查　接、焊、包全部完成后，应进行自检和互检；检查导线接、焊、包是否符合设计要求及有关施工验收规范和质量验评标准的规定。不符合规定时应立即纠正，检查无误后再进行绝缘摇测。

② 绝缘摇测　照明线路的绝缘摇测一般选用500V，量程为1～500MΩ的兆欧表。

测量线路绝缘电阻时，兆欧表上有三个分别标有“接地”(E)、“线路”(L)、“保护环”(G)的端钮，可将被测两端分别接于E和L两个端钮上。

一般照明绝缘线路绝缘摇测有以下两种情况。

a. 电气器具未安装前进行线路绝缘摇测时，首先将灯头盒内导线分开，开关盒内导线连通。摇测应将干线和支线分开，一人摇测，一人应及时读数并记录。摇动速度应保持在120r/mim左右，读数应采用1min后的读数为宜。

b. 电气器具全部安装完在送电前进行摇测时，应先将线路上的开关、刀闸、仪表、设备等用电开关全部置于断开位置，摇测方法同上所述，确认绝缘摇测无误后再进行送电试运行。

9.1.5.3　质量标准

(1) 保证项目

① 导线的规格、型号必须符合设计要求和国家标准的规定。

② 照明线路的绝缘电阻不小于0.5MΩ，动力线路的绝缘电阻不小于1MΩ。

检验方法：实测或检查绝缘摇测记录。

(2) 基本项目

① 管内穿线：盒、箱内清洁无杂物，护口、护线套管齐全无脱落，导线排列整齐，并留有适当的余量；导线在管子内无接头，不进入盒、箱的垂直管子上口穿线后密封处理良好，导线连接牢固，包扎严密，绝缘良好，不伤线芯。

② 保护接地线、中性线截面选用正确，线色符合规定，连接牢固紧密。

检验方法：观察检查或检查记录。

(3) 允许偏差

检查导线截面。

检验方法：观察或用卡尺、千分尺测量。

检查安装记录。

9.1.5.4　成品保护

① 穿线时不得污染设备和建筑物，应保持周围环境清洁。

② 使用高凳及其他工具时，应注意不得碰坏其他设备和门窗、墙面、地面等。

③ 在接、焊、包全部完成后，应将导线的接头盘入盒、箱内，并用纸封堵严实，以防污染。同时应防止盒、箱内进水。

④ 穿线时不得遗漏带护线套管或护口。

9.1.5.5　应注意的质量问题

① 在施工中存在护口遗漏、脱落、破损及与管径不符等现象。因操作不慎而使护口遗漏或脱落者应及时补齐，护口破损与管径不符者应及时更换。

② 铜导线连接时，导线的缠绕圈数不足 5 圈。未按工艺要求连接的接头均应拆除重新连接。

③ 导线连接处的焊锡不饱满，出现虚焊、夹渣等现象。焊锡的温度要适当，涮锡要均匀。涮锡后应用布条及时擦去多余的焊剂，保持接头部分的洁净。

④ 导线线芯受损是由于用力过猛和剥线钳使用不当而造成的。剥线时应根据线径选用剥线钳相应的刀口。

⑤ 多股软铜线涮锡遗漏，应及时进行补焊锡。

⑥ 接头部分包扎不平整、不严密。应按工艺要求重新进行包扎。

⑦ 螺旋接线钮松动和线芯外露。接线钮不合格及线芯剪得余量过短都会造成松动，线芯剪得太长就会造成线芯外露。应选用与导线截面和导线根数相应的合格产品，同时线芯的预留长度取 1.2mm 为宜。

⑧ 套管压接后，压模的位置不在中心线上，压模不配套或深度不够。应选用合格的压模进行压接。

⑨ 线路的绝缘电阻值偏低。管路内进水或者绝缘层受损都将造成线路的绝缘电阻值偏低。应将管路中的泥水及时清干净或更换导线。

⑩ LC 型压线帽需注意伪劣产品，即塑料帽氧指数低于 27 的性能指标，不阻燃；压接管管径尺寸误差过大，未经过镀银处理。出现上述现象不得使用，必须使用合格的产品。

⑪ LC 型压线帽使用不符导线线径规格要求或填充不实、压接不实，使用 LC 型压线帽与线径配套的产品，压接前应填充实，压接牢固，线芯不得外露。

9.1.6 塑料护套线配线安装

9.1.6.1 施工准备

(1) 材料要求

① 塑料护套线：导线的规格、型号必须符合设计要求，并有出厂合格证。

② 螺旋接线钮：应根据导线截面和导线的根数选择相应型号的加强型绝缘钢壳螺旋接线钮。

③ 套管：有铜套管、铝套管及铜铝过渡套管三种，选用时应采用与导线材质规格相应的套管。

④ 接线端子：选用时应根据导线的根数和总截面选择相应规格的接线端子。

⑤ 辅助材料：镀锌木螺钉、焊锡、焊剂、木砖、钉子、铝卡子、橡胶绝缘带、粘塑料绝缘带、黑胶布、接线盒、瓷接头等。

(2) 主要机具

① 铅笔、卷尺、水平尺、线坠、水桶、灰铲、粉线袋。

② 常用电工工具、手锤、錾子、钢锯、锯条、手电钻、冲击钻（电锤）。

③ 兆欧表、万用表、工具袋、工具箱、高凳等。

(3) 作业条件

① 配合土建结构施工阶段，根据设计图尺寸位置，预埋好木砖和过墙管。

② 内装修工程全部结束。

9.1.6.2 操作工艺

① 工艺流程：

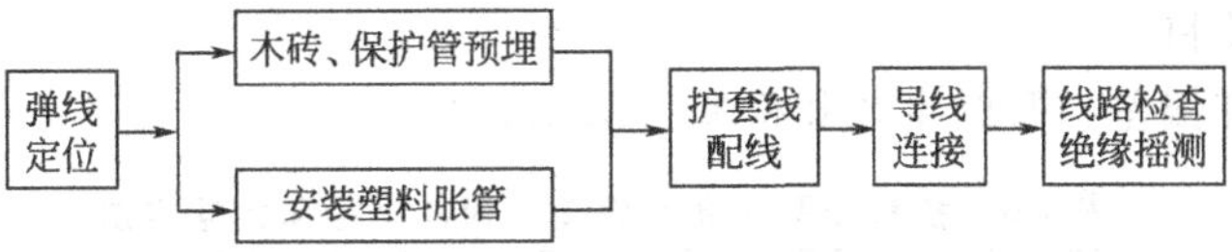

② 弹线定位时塑料护套线配线应符合下列规定。

a. 线卡距离木台、接线盒及转角处不得大于50mm。线卡最大间距为300mm，间距均匀，允许偏差5mm。

b. 线路与其他管路相遇时，应加套保护管且绕行；与其他包管路之间的最小距离见表10-6。

③ 预埋木砖和保护管。

④ 弹线定位。

⑤ 安装塑料胀管。

⑥ 护套线配线。

根据原先预埋好的木砖和塑料胀管的位置，弹出粉线，确定固定档距。将铝卡子用钉子固定在木砖上，用木螺钉将接线盒、电门盒、插销盒等固定在塑料胀管上。根据线路的实际长度量好导线长度并剪断。应从线路的一端开始逐段地敷设，边敷设边固定，然后将导线理顺调直。

⑦ 导线连接。

根据接线盒的大小预留导线的长度，剥去绝缘包层。按导线绝缘层颜色区分相线、中性线或保护地线，用万用表测试。

a. 螺旋接线钮连接。

b. LC安全型压线帽连接。

c. 铜导线焊接。剥出线芯，用砂布擦光，对齐绝缘层，用其中一根线芯在其余的线芯上紧密缠绕5～7圈。缠好后将其余的线芯顶端折回压实。抹上少许焊剂，放在热锡斗里进行锡焊。焊完后擦去残留的焊剂，进行包扎。

d. 铝套管压接。

e. 线路检查及绝缘摇测。

9.1.6.3 质量标准

(1) 保证项目

① 护套线的品种、规格、质量符合设计要求。导线之间和导线对地间的绝缘电阻必须大于0.5MΩ。

检验方法：实测或检查摇测记录。

② 导线严禁有扭绞、死弯、绝缘层损坏和护套管开裂等现象。塑料护套线严禁直接埋入抹灰内敷设。

检验方法：观察检查。

(2) 基本项目

① 护套线敷设平直、整齐且固定可靠，穿过梁、墙、楼板和跨越线路等处有保护管。跨越建筑物变形缝的导线两端固定牢固，应留有补偿余量。

② 导线明敷部分紧贴建筑物表面，多根平行敷设间距一致，分支和弯头处整齐。

③ 导线连接牢固，包扎严密，绝缘良好，不伤线芯，接头设在接线盒或电气器具内；板孔内无接头；接线盒位置正确，盒盖齐全、平整，导线进入接线盒或电气器具内留有适当余量。

检验方法：观察检查。

(3) 允许偏差项目

护套线配线允许偏差、弯曲半径和检验方法见表9-6。

表9-6 护套线配线允许偏差、弯曲半径和检验方法

项 目	允许偏差或弯曲半径	检验方法
固定点间距	5mm	尺量检查
平直度	5mm	拉线、尺量检查
垂直度	5mm	吊线、尺量检查
最小弯曲半径	$\geqslant 3b$	尺量检查

注：b为平弯时护套线厚度或侧弯时护套线宽度。

9.1.6.4 成品保护

① 配线时，应保持顶棚、墙面整洁，找木砖不得损坏墙体，弹粉线应采用淡黄色或其他浅色。

② 配线完成后，不得喷浆和刷油，以防污染导线及电气器具，搬运物件时不要碰松导线。

9.1.6.5 应注意的质量问题

① 线卡间距不均匀，超出允许偏差，且有松动、不平整等现象。应重新进行调整、固定。

② 导线松弛、有弯，平直度、垂直度超差，应重新将导线调直、抻紧，按照要求将导线用线卡子固定好。

③ 变形缝处的导线未留补偿余量，应补做补偿装置并预留补偿余量。

④ 导线在过楼板、墙、梁及与其他管路交错时未做保护管，应及时地予以补做。

⑤ 导线连接的结、焊、包不符合要求，应按前述有关内容去做。

⑥ 接线盒开口过大，与护套线不吻合，应修补开口或换新接线盒，按要求重新开孔。

9.1.7 金属线槽配线安装

9.1.7.1 施工准备

(1) 材料要求

① 金属线槽及其附件 应采用经过镀锌处理的定型产品。其型号、规格应符合设计要求。线槽内外应光滑平整，无棱刺，不应有扭曲、翘边等变形现象。

② 绝缘导线 其型号、规格必须符合设计要求，并有产品合格证。

③ 螺旋接线钮 适用于6mm² 以下的铝导线压接。选用时应根据导线截面和导线根数选择相应型号的加强型绝缘钢壳螺旋接线钮。

④ 套管 有铜套管、铝套管及铜铝过渡套管三种，选用时应采用与导线的材质相同且规格相应的套管。

⑤ 金属膨胀螺栓 应根据允许拉力和剪力进行选择。

⑥ 接线端子 选用时应根据导线截面及根数选用相应规格的接线端子。

⑦ 镀锌材料 采用钢板、圆钢、扁钢、角钢、螺栓、螺母、螺钉、垫圈、弹簧垫等金属材料做电工工件时，都应经过镀锌处理。

⑧ 辅助材料 钻头、电焊条、氧气、乙炔气、调和漆、焊锡、焊剂、橡胶绝缘带、塑料绝缘带、黑胶布等。

(2) 主要机具

① 铅笔、卷尺、线坠、粗线袋、锡锅、喷灯。

② 电工工具、手电钻、冲击钻、兆欧表、万用表、工具袋、工具箱、高凳等。

(3) 作业条件

① 配合土建的结构施工，预留孔洞、预埋铁和预埋吊杆、吊架等全部完成。

② 顶棚和墙面的喷浆、油漆及壁纸全部完成后，方可进行线槽敷设及槽内配线。

③ 高层建筑竖井内土建作业全部完成。

④ 地面线槽应及时配合土建施工。

9.1.7.2 操作工艺

(1) 工艺流程

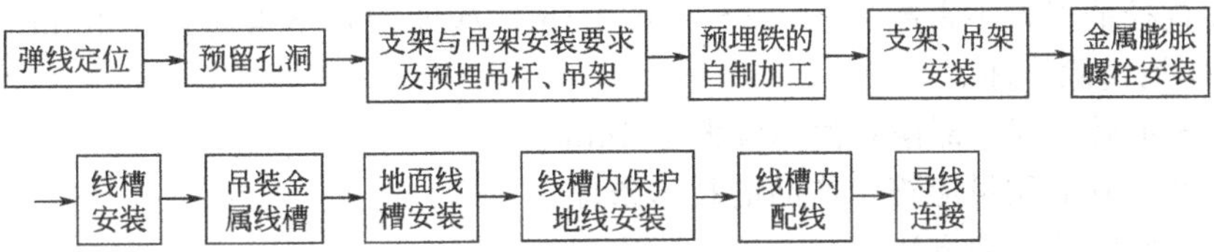

(2) 弹线定位

根据设计图确定出进户线及盒、箱、柜等电气器具的安装位置，从始端至终端（先干线后支线）找好水平或垂直线，用粉线袋沿墙壁、顶棚和地面等处，在线路的中心线进行弹线，按照设计图要求及施工验收规范规定，分匀档距并用笔标出具体位置。

(3) 预留孔洞

根据设计图标注的轴线部位，将预制加工好的木质或铁制框架，固定在标出的位置上，并进行调直找正，待现浇混凝土凝固模板拆除后，拆下框架，并抹平孔洞口（收好孔洞口）。

(4) 支架与吊架安装要求及预埋吊杆、吊架

① 支架与吊架安装要求

a. 支架与吊架所用钢材应平直，无显著扭曲。下料后长短偏差应在 5mm 范围内，切口处应无卷边、毛刺。

b. 钢支架与吊架应焊接牢固，无显著变形，焊缝均匀平整，焊缝长度应符合要求，不得出现裂纹、咬边、气孔、凹陷、漏焊、焊漏等缺陷。

c. 支架与吊架应安装牢固，保证横平竖直，在有坡度的建筑物上安装支架与吊架应与建筑物有相同坡度。

d. 支架与吊架的规格一般不应小于：扁铁 30mm×3mm；角钢 25mm×25mm×3mm。

e. 严禁用电、气焊切割钢结构或轻钢龙骨任何部位，焊接后均应进行防腐处理。

f. 万能型吊具应采用定型产品，对线槽进行吊装，并应有各自独立的吊装卡具或支撑系统。

g. 固定支点间距一般不应大于 1.5～2m。在进出接线盒、箱、柜、转角、转弯和变形缝两端及丁字接头的三端 500mm 以内应设置固定支点。

h. 支架与吊架距离上层楼板不应小于 150～200mm；距地面高度不应低于100～150mm。

i. 严禁用木砖固定支架与吊架。

j. 轻钢龙骨上敷设线槽应各自有单独卡具吊装或支撑系统，吊杆直径不应小于 5mm；支撑应固定在主龙骨上，不允许固定在辅助龙骨上。

② 预埋吊杆、吊架　采用直径不小于 5mm 的圆钢，经过切割、调直、煨弯及焊接等步骤制作成吊杆、吊架。其端部应攻螺纹以便于调整。在配合土建结构中，应随着钢筋上配筋的同时，将吊杆或吊架锚固在所标出的固定位置。在混凝土浇注时，要留有专人看护，以防吊杆或吊架移位。拆模板时不得碰坏吊杆端部的螺纹。

(5) 预埋铁的自制加工

预埋铁的自制加工尺寸不应小于 120mm×60mm×6mm；其锚固圆钢的直径不应小于

5mm。紧密配合土建结构的施工，将预埋铁的平面放在钢筋网片下面，紧贴模板，可以采用绑扎或焊接的方法将锚固圆钢固定在钢筋网上。模板拆除后，预埋铁的平面应明露，或吃进深度一般为10～20mm，再将用扁钢或角钢制成的支架、吊架焊在上面固定。

（6）支架、吊架安装

可将支架或吊架直接焊在钢结构上的固定位置处，也可利用万能吊具进行安装。

（7）金属膨胀螺栓安装

① 金属膨胀螺栓安装要求

a. 适用于C5以上混凝土构件及实心砖墙上，不适用于空心砖墙。

b. 钻孔直径的误差不得超过＋0.5～－0.3mm；深度误差不得超过＋3mm；钻孔后应将孔内残存的碎屑清除干净。

c. 螺栓固定后，其头部偏斜值不应大于2mm。

d. 螺栓及套管的质量应符合产品的技术条件。

② 金属膨胀螺栓安装方法

a. 首先沿着墙壁或顶板根据设计图进行弹线定位，标出固定点的位置。

b. 根据支架或吊架承受的载荷，选择相应的金属膨胀螺栓及钻头，所选钻头长度应大于套管长度。

c. 打孔的深度应以将套管全部埋入墙内或顶板内后，表现平齐为宜。

d. 应先清除干净打好的孔洞内的碎屑，然后再用木锤或垫上木块后，用铁锤将膨胀螺栓敲进洞内，应保证套管与建筑物表面平齐，螺栓端部外露，敲击时不得损伤螺栓的螺纹。

e. 埋好螺栓后，可用螺母配上相应的垫圈将支架或吊架直接固定在金属膨胀螺栓上。

（8）线槽安装

① 线槽安装要求

a. 线槽应平整，无扭曲变形，内壁无毛刺，各种附件齐全。

b. 线槽的接口应平整，接缝处应紧密平直。槽盖装上后应平整，无翘角，出线口的位置准确。

c. 在吊顶内敷设时，如果吊顶无法上人，应留有检修孔。

d. 不允许将穿过墙壁的线槽与墙上的孔洞一起抹死。

e. 线槽的所有非导电部分的铁件均应相互连接和跨接，使之成为一连续导体，并做好整体接地。

f. 当线槽的底板对地距离低于2.4m时，线槽本身和线槽盖板均必须加装保护地线。2.4m以上的线槽盖板可不加保护地线。

g. 线槽经过建筑物的变形缝（伸缩缝、沉降缝）时，线槽本身应断开，槽内用内连接板搭接，不需固定。保护地线和槽内导线均应留有补偿余量。

h. 敷设在竖井、吊顶、通道、夹层及设备层等处的线槽应符合《高层民用建筑设计防火规范》（GB 50045）的有关防火要求。

② 线槽敷设安装

a. 线槽直线段连接应采用连接板，用垫圈、弹簧垫圈、螺母紧固，接茬处缝隙应严密平齐。

b. 线槽进行交叉、转弯、丁字连接时，应采用单通、二通、三通、四通或平面二通、平面三通等进行变通连接，导线接头处应设置接线盒或将导线接头放在电气器具内。

c. 线槽与盒、箱、柜等接茬时，进线口和出线口等处应采用抱脚连接，并用螺栓紧固，末端应加装封堵。

d. 建筑物的表面如有坡度时，线槽应随其变化坡度。待线槽全部敷设完毕后，应在配线之前进行调整检查。确认合格后，再进行槽内配线。

（9）吊装金属线槽

万能型吊具一般应用在钢结构中，如工字钢、角钢、轻钢龙骨等结构，可预先将吊具、卡具、吊杆、吊装器组装成一整体，在标出的固定点位置处进行吊装，逐件地将吊装卡具压接在钢结构上，将顶丝拧牢。

① 线槽直线段组装时，应先做干线，再做分支线，将吊装器与线槽用蝶形夹卡固定在一起，按此方法，将线槽逐段组装成型。

② 线槽与线槽可采用内连接头或外连接头，配上平垫和弹簧垫用螺母紧固。

③ 线槽交叉、丁字、十字应采用二通、三通、四通进行连接，导线接头处应设置接线盒或放置在电气器具内，线槽内绝对不允许有导线接头。

④ 转弯部位应采用立上弯头和立下弯头，安装角度要适宜。

⑤ 出线口处应利用出线口盒进行连接，末端部位要装上封堵，在盒、箱、柜进出线处应采用抱脚连接。

(10) 地面线槽安装

地面线槽安装时，应及时配合土建地面工程施工。根据地面的形式不同，先找平，然后测定固定点位置，将上好螺栓和压板的线槽水平放置在垫层上，然后进行线槽连接，如线槽与管连接、线槽与分线盒连接、分线盒与管连接、线槽出线口连接、线槽末端处理等，都应安装到位，螺栓紧固牢靠。地面线槽及附件全部上好后，再进行一次系统调整，主要根据地面厚度，仔细调整线槽干线、分支线、分线盒接头，转弯、转角、出口等处，水平高度要求与地面平齐，将各种盒盖盖好或堵严实，以防止水泥砂浆进入，直至配合土建地面施工结束为止。

(11) 线槽内保护地线安装

① 保护地线应根据设计图要求敷设在线槽内一侧，接地处螺栓直径不应小于 6mm；并且需要加平垫圈和弹簧垫圈，用螺母压接牢固。

② 金属线槽的宽度在 100mm 以内（含 100mm），两段线槽用连接板连接处（即连接板作地线时），每端螺栓固定点不少于 4 个；宽度在 200mm 以上（含 200mm）两端线槽用连接板连接的保护地线每端螺栓固定点不少于 6 个。

③ 线槽盖板保护接地。

(12) 线槽内配线

① 线槽内配线要求

a. 线槽内配线前应消除线槽内的积水和污物。

b. 在同一线槽内（包括绝缘在内）的导线截面积总和应该不超过内部截面积的 40%。

c. 线槽底向下配线时，应将分支导线分别用尼龙绑扎带绑扎成束，并固定在线槽底板下，以防导线下坠。

d. 不同电压、不同回路、不同频率的导线应加隔板放在同一线槽内。下列情况时，可直接放在同一线槽内：电压在 50V 及以下；同一设备或同一流水线的动力和控制回路；照明花灯的所有回路；三相四线制的照明回路。

e. 导线较多时，除采用导线外皮颜色区分相序外，也可利用在导线端头和转弯处做标记的方法来区分。

f. 在穿越建筑物的变形缝时，导线应留有补偿余量。

g. 接线盒内的导线预留长度不应超过 150mm；盘、箱内的导线预留长度应为其周长的二分之一。

h. 从室外引入室内的导线，穿过墙外的一段应采用橡胶绝缘导线，不允许采用塑料绝缘导线。穿墙保护管的外侧应有防水措施。

② 线槽内配线方法

a. 清扫线槽。清扫明敷线槽时，可用抹布擦净线槽内残存的杂物和积水，使线槽内外保持清洁；清扫暗敷于地面内的线槽时，可先将带线穿通至出线口，然后将布条绑在带线一端，从另一端将布条拉出，反复多次就可将线槽内的杂物和积水清理干净。也可用空气压缩机将线槽内的杂物和积水吹出。

b. 放线。

ⅰ. 放线前应先检查管与线槽连接处的护口是否齐全；导线和保护地线的选择是否符合设计图的要求；管进入盒时内外根母是否锁紧，确认无误后再放线。

ⅱ. 放线方法：先将导线抻直、捋顺，盘成大圈或放在放线架（车）上，从始端到终端（先干线后支线）边放边整理，不应出现挤压背扣、扭结、损伤导线等现象；每个分支应绑扎成束，绑扎时应采用尼龙绑扎带，不允许使用金属导线进行绑扎。

ⅲ. 地面线槽放线：利用带线从出线一端至另一端，将导线放开、抻直、捋顺，剥去端部绝缘层，并做标记，再把芯线绑扎在带线上，然后从另一端抽出即可。放线时应逐段进行。

（13）导线连接

导线连接的目的是使连接处的接触电阻最小，机械强度和绝缘强度均不降低。连接时应正确区分相线、中性线、保护地线。区分方法是：用绝缘导线的外皮颜色区分，使用仪表测试对号并做标记，确认无误后方可连接。

9.1.7.3　质量标准

（1）保证项目

① 导线及金属线槽的规格必须符合设计要求和有关规范规定。

② 导线之间和导线对地的绝缘电阻必须大于0.5MΩ。

检查方法：观察检查，测量检查。

（2）基本项目

① 线槽敷设　线槽应紧贴建筑物表面，固定牢靠，横平竖直，布置合理，盖板无翘角，接口严密整齐，拐角、转角、丁字连接、转弯连接正确严实，线槽内外无污染。

检验方法：观察检查。

② 支架与吊架安装　可用金属膨胀螺栓固定或焊接支架与吊架，也可采用万能型吊具固定线槽，支架与吊架应布置合理、固定牢固、平整。

检验方法：观察检查。

③ 线路保护　线路穿过梁、墙、楼板等处时，线槽不应被抹死在建筑物上；跨越建筑物变形缝处的线槽底板应断开，导线和保护地线均应留有补偿余量；线槽与电气器具连接严密，导线无外露现象。

检验方法：观察检查。

④ 导线的连接　连接牢固，包扎严密，绝缘良好，不伤线芯，接头应设置在电气器具或接线盒内，线槽内无接头。

检验方法：观察检查。

（3）允许偏差项目

线槽水平或垂直敷设直线部分的平直度和垂直度允许偏差不应超过5mm。

检验方法：吊线、拉线、尺量检查。

9.1.7.4　成品保护

① 安装金属线槽及槽内配线时，应注意保持墙面的清洁。

② 接、焊、包完成后，接线盒盖、线槽盖板应齐全平实，不得遗漏，导线不允许裸露在线槽之外，并防止损坏和污染线槽。

③ 配线完成后，不得再进行喷浆和刷油，以防止导线和电气器具受到污染。

④ 使用高凳时，注意不要碰坏建筑物的墙面及门窗等。

9.1.7.5 应注重的质量问题

① 支架与吊架固定不牢，主要原因是金属膨胀螺栓的螺母未拧紧，或者是焊接部位开焊，应及时将螺栓上的螺母拧紧，将开焊处重新焊牢。金属膨胀螺栓固定不牢，或吃墙过深或出墙过多，钻孔偏差过大造成松动，应及时修复。

② 支架式吊架的焊接处未进行防腐处理，应及时补刷遗漏处的防锈漆。

③ 保护地线的线径和压接螺钉的直径不符合要求，应全部按规范要求执行。

④ 线槽穿过建筑物的变形缝时未进行处理，过变形缝的线槽应断开底板，并在变形缝的两端加以固定，保护地线和导线留有补偿余量。

⑤ 线槽接茬处不平齐，线槽盖板有残缺，线槽与管连接处的护口破损遗漏，暗敷线槽未做检修人孔。应调整加以完善。

⑥ 导线连接时，线芯受损，缠绕圈数和倍数不符合规定要求，涮锡不饱满，绝缘层包扎不严密，应按照导线连接的要求重新进行导线连接。

⑦ 线槽内的导线放置杂乱无章，应将导线理顺平直，并绑扎成束。

⑧ 竖井内配线未采取防坠落措施，应按要求予以补做。

⑨ 不同电压等级的线路，敷设于同一线槽内时应分开。

⑩ 切割钢结构或轻钢龙骨，应及时采取补救措施，进行补焊加固。

9.1.8 塑料线槽配线安装

9.1.8.1 施工准备

(1) 材料要求

① 塑料线槽　由槽底、槽盖及附件组成，它是由难燃型硬聚氯乙烯工程塑料挤压成型，严禁使用非难燃型材料加工。选用塑料线槽时，应根据设计要求选择型号、规格相应的定型产品。其敷设场所的环境温度不得低于－15℃，其氧指数不应低于27。线槽内外应光滑无棱刺，不应有扭曲、翘边等变形现象，并有产品合格证。

② 绝缘导线　导线的型号、规格必须符合设计要求，线槽内敷设导线的线芯最小允许截面：铜导线为1.0mm^2；铝导线为2.5mm^2。

③ 螺旋接线钮　应根据导线截面和导线根数，选择相应型号的加强型绝缘钢壳螺旋接线钮。

④ 套管　有铜套管、铝套管及铜铝过渡套管三种，选用时应采用与导线规格相应的同材质套管。

⑤ 接线端子　选用时应根据导线的根数和总截面，选用相应规格的接线端子。

⑥ 木砖　用木材制成梯形，使用时应进行防腐处理。

⑦ 塑料胀管　选用时，其规格应与被紧固的电气器具载荷相对应，并选择相同型号的圆头木螺钉与垫圈配合使用。

⑧ 镀锌材料　选择金属材料时，应选用经过镀锌处理的圆钢、扁钢、角钢、螺钉、螺栓、螺母、垫圈、弹簧垫圈等。非镀锌金属材料需进行除锈和防腐处理。

⑨ 辅助材料　钻头、焊锡、焊剂、电焊条、氧气、乙炔气、调和漆、防锈漆、橡胶绝缘带或粘塑料绝缘带、黑胶布、石膏等。

(2) 主要机具

① 铅笔、卷尺、线坠、粉线袋、电工常用工具、活扳手、手锤、錾子。

② 钢锯、钢锯条、喷灯、锡锅、锡勺、焊锡、焊剂。

③ 手电钻、电锤、万用表、兆欧表、工具袋、工具箱、高凳等。

(3) 作业条件

① 配合土建结构施工，预埋保护管、木砖及预留孔洞。

② 屋顶、墙面及地面油漆、浆活全部完成。

9.1.8.2 操作工艺

① 工艺流程：

弹线定位 → 线槽固定 → 线槽连接 → 槽内放线 → 导线连接 → 线路检查、绝缘摇测

② 弹线定位。

a. 弹线定位应符合以下规定。

ⅰ. 线槽配线在穿过楼板或墙壁时，应用保护管，而且穿楼板处必须用钢管保护，其保护高度距地面不应低于1.8m；装设开关的地方可引至开关的位置。

ⅱ. 过变形缝时应进行补偿处理。

b. 弹线定位方法如下。

按设计图确定进户线、盒、箱等电气器具固定点的位置，从始端至终端（先干线后支线）找好水平或垂直线，用粉线袋在线路中心弹线，分均档，用笔画出加档位置后，再细查木砖是否齐全，位置是否正确，否则应及时补齐。然后在固定点位置进行钻孔，埋入塑料胀管或伞形螺栓。弹线时不应弄脏建筑物表面。

③ 线槽固定。

a. 木砖固定线槽：配合土建结构施工时预埋木砖，加气砖墙或砖墙剔洞后再埋木砖，梯形木砖较大的一面应朝洞里，外表面与建筑物的表面平齐，然后用水泥砂浆抹平，待凝固后，再把线槽底板用木螺钉固定在木砖上。

b. 塑料胀管固定线槽：混凝土墙、砖墙可采用塑料胀管固定塑料线槽。根据胀管直径和长度选择钻头，在标出的固定点位置上钻孔，不应歪斜、豁口，应垂直钻好孔后，将孔内残存的杂物清净，用木锤把塑料胀管垂直敲入孔中，并与建筑物表面平齐为准，再用石膏将缝隙填实抹平。用半圆头木螺钉加垫圈将线槽底板固定在塑料胀管上，紧贴建筑物表面。应先固定两端，再固定中间，同时找正线槽底板，要横平竖直，并沿建筑物形状表面进行敷设。

c. 伞形螺栓固定线槽：在石膏板墙或其他护板墙上，可用伞形螺栓固定塑料线槽，根据弹线定位的标记，找出固定点位置，把线槽的底板横平竖直地紧贴建筑物的表面，钻好孔后将伞形螺栓的两伞叶掐紧合拢插入孔中，待合拢伞叶自行张开后，再用螺母紧固即可，露出线槽的部分应加套塑料管。固定线槽时，应先固定两端再固定中间。

④ 线槽连接。

线槽及附件连接处应严密平整，无缝隙，紧贴建筑物。

a. 槽底和槽盖直线段对接：槽底固定点的间距应不小于500mm，盖板应不小于300mm，底板距离终点50mm及盖板距离终点30mm处均应固定；三线槽的槽底应用双钉固定；槽底对接缝与槽盖对接缝应错开并不小于100mm。

b. 线槽分支接头，线槽附件如直通、三通转角、接头、插口、盒、箱应采用相同材质的定型产品。槽底、槽盖与各种附件相对接时，接缝处应严实平整，固定牢固。

c. 线槽各种附件安装要求如下。

ⅰ. 盒子均应两点固定，各种附件角、转角及三通等固定点不应少于两点（卡装式除外）。

ⅱ. 接线盒、灯头盒应采用相应插口连接。

ⅲ. 线槽的终端应采用终端头封堵。

ⅳ. 在线路分支接头处应采用相应接线箱。

ⅴ. 安装铝合金装饰板时，应牢固、平整、严实。

⑤ 槽内放线。

a. 清扫线槽：放线时，先用布清除槽内的污物，使线槽内外清洁。

b. 放线：先将导线放开抻直、捋顺后盘成大圈，置于放线架上，从始端到终端（先干线后支线）边放边整理，导线应顺直，不得有挤压、背扣、扭结和受损等现象。绑扎导线时应采用尼龙绑扎带，不允许采用金属丝进行绑扎。在接线盒处的导线预留长度不应超过 150mm。线槽内不允许出现接头，导线接头应放在接线盒内；从室外引进室内的导线在进入墙内一段用橡胶绝缘导线，严禁使用塑料绝缘导线，同时，穿墙保护管的外侧应有防水措施。

⑥ 导线连接。

导线连接应使连接处的接触电阻值最小，机械强度不降低，并恢复其原有的绝缘强度。连接时，应正确区分相线、中性线、保护地线。可采用绝缘导线的颜色区分，或使用仪表测试对号，检查正确方可连接。

⑦ 线路检查、绝缘摇测。

9.1.8.3 质量标准

（1）保证项目

导线间和导线对地间的绝缘电阻必须大于 0.5MΩ。

检验方法：实测或检查绝缘电阻测试记录。

（2）基本项目

① 槽板敷设应符合以下规定：槽板紧贴建筑物的表面，布置合理，固定可靠，横平竖直；直线段的盖板接口与底板接口应错开，其间距不小于 100mm；盖板无扭曲和翘角变形现象，接口严密整齐，槽板表面色泽均匀无污染。

检验方法：观察检查。

② 槽板线路的保护应符合以下规定：线路穿过梁、柱、墙和楼板有保护管，跨越建筑物变形缝处槽板断开，导线加套保护软管并留有适当余量，保护软管应放在槽板内；线路与电气器具、塑料圆台连接紧密，导线无裸露现象，固定牢固。

检验方法：观察检查。

③ 导线的连接应符合以下规定：连接牢固，包扎严密，绝缘良好，不伤线芯，槽板内无接头，接头放在电气器具或接线盒内。

检验方法：观察检查。

（3）允许偏差项目

槽板配线允许偏差和检验方法应符合表 9-7 的规定。

表 9-7 槽板配线允许偏差和检验方法

项　目		允许偏差/mm	检验方法
水平或垂直敷设的直线段	平直度	5	拉线、尺量检查
	垂直度	5	拉线、尺量检查

9.1.8.4 成品保护

① 安装塑料线槽配线时，应注意保持墙面整洁。

② 接、焊、包完成后，盒盖、槽盖应全部盖严实平整，不允许有导线外露现象。

③ 塑料线槽配线完成后，不得再次喷浆、刷油，以防止导线和电气器具被污染。

9.1.8.5 应注意的质量问题

① 线槽内有灰尘和杂物。配线前应先将线槽内的灰尘和杂物清净。

② 线槽底板松动和有翘边观象，胀管或木砖固定不牢、螺钉未拧紧；槽板本身的质量有问题。固定底板时，应先将木砖或胀管固定牢，再将固定螺钉拧紧；线槽应选用合格产品。

③ 线槽盖板接口不严，缝隙过大并有错台。操作时应仔细地将盖板接口对好，避免有错台。

④ 线槽内的导线放置杂乱。配线时，应将导线理顺，绑扎成束。

⑤ 不同电压等级的电路放置在同一线槽内。操作时应按照图纸及规范要求将不同电压等级的线路分开敷设。同一电压等级的导线可放在同一线槽内。

⑥ 线槽内导线截面和根数超出线槽的允许规定。应按要求配线。

⑦ 接、焊、包不符合要求。应按要求及时改正。

9.2 灯具、吊扇安装

9.2.1 施工准备

(1) 材料要求

① 各型灯具　灯具的型号、规格必须符合设计要求和国家标准的规定。灯内配线严禁外露，灯具配件齐全，无机械损伤、变形、漆剥落、灯罩破裂、灯箱歪翘等现象。所有灯具应有产品合格证。

② 灯具导线　照明灯具使用的导线其电压等级不应低于交流 500V，其最小线芯截面应符合表 9-8 所列的要求。

③ 吊扇　其型号、规格必须符合设计要求，扇叶不得有变形现象，有吊杆时应考虑吊杆长短、平直度问题，并有产品合格证。

④ 塑料（木）台　塑料台应有足够的强度，受力后无弯翘变形等现象；木台应完整，无劈裂，涂料完好无脱落。

表 9-8　线芯最小允许截面

项　目	类　别	线芯最小截面/mm²		
		铜芯软线	铜　线	铝　线
照明用灯头线	民用建筑室内	0.4	0.5	2.5
	工业建筑室内	0.5	0.8	2.5
	室外	1.0	1.0	2.5
	生活用	0.4	—	—
	生产用	1.0	—	—

⑤ 吊管　采用钢管作为灯具的吊管时，钢管内径一般不小于 10mm。

⑥ 吊钩　花灯的吊钩其圆钢直径不小于吊挂销钉的直径，且不得小于 6mm；吊扇的吊钩不应小于悬挂销钉的直径，且不得小于 10mm。

⑦ 瓷接头　应完好无损，所有配件齐全。

⑧ 支架　必须根据灯具重选用相应规格的镀锌材料做成支架。

⑨ 灯卡具（爪子）　塑料灯卡具（爪子）不得有裂纹和缺损现象。

⑩ 其他材料　胀管、木螺钉、螺栓、螺母、垫圈、弹簧、灯头铁件、铅丝、灯架、灯口、

日光灯脚、灯泡、灯管、镇流器、电容器、启辉器、启辉器座、熔断器、吊盒（法兰盘）、软塑料管、吊链、线卡子、灯罩、尼龙丝网、焊锡、焊剂（松香、酒精）、橡胶绝缘带、粘塑料带、黑胶布、砂布、抹布、石棉布等。

(2) 主要机具

① 红铅笔、卷尺、小线、线坠、水平尺、手套、安全带、扎锥。

② 手锤、錾子、钢锯、锯条、压力案子、扁锉、圆锉、剥线钳、扁口钳、尖嘴钳、丝锥、一字螺丝刀、十字螺丝刀。

③ 活扳手、套丝板、电炉、电烙铁、锡锅、锡勺、台钳等。

④ 台钻、电钻、电锤、射钉枪、兆欧表、万用表、工具袋、工具箱、高凳等。

(3) 作业条件

① 在结构施工中做好预埋工作，混凝土楼板应预埋螺栓，吊顶内应预下吊杆。

② 盒子口修好，木台、木板油漆完。

③ 对灯具安装有影响的模板、脚手架已拆除。

④ 棚、墙面的抹灰工作、室内装饰浆活及地面清理工作均已结束。

9.2.2 操作工艺

(1) 工艺流程

检查灯具、吊扇 → 组装灯具、吊扇 → 安装灯具、吊扇 → 通电试运行

(2) 灯具、吊扇检查

① 灯具检查

a. 根据灯具的安装场所检查灯具是否符合要求。

ⅰ. 在易燃和易爆场所应采用防爆式灯具。

ⅱ. 有腐蚀性气体及特别潮湿的场所应采用封闭式灯具，灯具的各部件应做好防腐处理。

ⅲ. 潮湿的厂房内和户外的灯具应采用有泄水孔的封闭式灯具。

ⅳ. 多尘的场所应根据粉尘的浓度及性质，采用封闭式或密闭式灯具。

ⅴ. 灼热多尘场所（如出钢、出铁、轧钢等场所）应采用投光灯。

ⅵ. 易受机械损伤的厂房内，应采用有保护网的灯具。

ⅶ. 震动场所（如有锻锤、空压机、桥式起重机等），灯具应有防震措施（如采用吊链软性连接）。

ⅷ. 除开敞式外，其他各类灯具的灯泡容量在100W及以上者均应采用瓷灯口。

b. 灯内配线检查。

ⅰ. 灯内配线应符合设计要求及有关规定。

ⅱ. 穿入灯箱的导线在分支连接处不得承受额外应力和磨损，多股软线的端头需盘圈、涮锡。

ⅲ. 灯箱内的导线不应过于靠近热光源，应采取隔热措施。

ⅳ. 使用螺纹灯口时，相线必须压在灯芯柱上。

c. 特征灯具检查。

ⅰ. 各种标志灯的指示方向正确无误。

ⅱ. 应急灯必须灵敏可靠。

ⅲ. 事故照明灯具应有特殊标志。

ⅳ. 供局部照明的变压器必须是双圈的，初次级均应装有熔断器。

ⅴ. 携带式局部照明灯具用的导线，宜采用橡套导线，接地或接零线应在同一护套内。

② 吊扇检查

a. 吊扇的各种零配件是否齐全。

b. 扇叶有无变形和受损现象。

c. 吊杆上的悬挂销钉必须装设防震橡胶垫及防松装置。

(3) 灯具、吊扇组装

① 灯具组装

a. 组合式吸顶花灯的组装。

ⅰ. 首先将灯具的托板放平，如果托板为多块拼装而成，就要将所有的边框对齐，并用螺钉固定，将其连成一体，然后按照说明书及示意图把各个灯口装好。

ⅱ. 确定出线和走线的位置，将端子板（瓷接头）用机螺钉固定在托板上。

ⅲ. 根据已固定好的端子板（瓷接头）至各灯口的距离掐线，把掐好的导线剥出线芯，盘好圈后，进行涮锡。然后压入各个灯口，理顺各灯头的相线和零线，用线卡子分别固定，并且按供电要求分别压入端子板。

b. 吊顶花灯组装。首先将导线从各个灯口穿到灯具本身的接线盒里。一端盘圈、涮锡后压入各个灯口。理顺各个灯头的相线和零线，另一端涮锡后根据相序分别连接，包扎并甩出电源引入线，最后将电源引入线从吊杆中穿出。

② 吊扇的组装要求

a. 严禁改变扇叶角度。

b. 扇叶的固定螺钉应有防松装置。

c. 吊杆之间、吊杆与电动机之间，螺纹连接的啮合长度不得小于 20mm，并且必须有防松装置。

(4) 灯具、吊扇安装

① 灯具安装

a. 普通灯具安装。

ⅰ. 塑料（木）台的安装。将接灯线从塑料（木）台的出线孔中穿出，将塑料（木）台紧贴住建筑物表面，塑料（木）台的安装孔对准灯头盒螺孔，用机螺钉将塑料（木）台固定牢固。

ⅱ. 把从塑料（木）台甩出的导线留出适当维修长度，剥出线芯，然后推入灯头盒内，线芯应高出塑料（木）台的台面。用软线在接灯线芯上缠绕 5～7 圈后，将灯线芯折回压紧。用粘塑料带和黑胶布分层包扎紧密。将包扎好的接头调顺，扣于法兰盘内，法兰盘（吊盒、平灯口）应与塑料（木）台的中心找正，用长度小于 20mm 的木螺钉固定。

ⅲ. 自在器吊灯安装。首先根据灯具的安装高度及数量，把吊线全部预先掐好，应保证在吊线全部放下后，其灯泡底部距地面高度为 800～1100mm 之间。剥出线芯，然后盘圈、涮锡、砸扁。根据已掐好的吊线长度断取软塑料管，并将塑料管的两端管头剪成两半，其长度为 20mm，然后把吊线穿入塑料管。把自在器穿套在塑料管上。将吊盒盖和灯口盖分别套入吊线两端，挽好保险扣，再将剪成两半的软塑料管端头紧密搭接，加热粘接，然后将灯线压在吊盒和灯口螺柱上。如为螺纹灯口，找出相线，并做标记，最后按塑料（木）台安装接头方法将吊线灯安装好。

b. 日光灯安装。

ⅰ. 吸顶日光灯安装。根据设计图确定出日光灯的位置，将日光灯贴紧建筑物表面，日光灯的灯箱应完全遮盖住灯头盒，对着灯头盒的位置打好进线孔，将电源线甩入灯箱，在进线孔处应套上塑料管以保护导线。找好灯头盒螺孔的位置，在灯箱的底板上用电钻打好孔，用机螺钉拧牢固，在灯箱的另一端应使用胀管螺栓加以固定。如果日光灯是安装在吊顶上的，应该用自攻螺钉将灯箱固定在龙骨上。灯箱固定好后，将电源线压入灯箱内的端子板（瓷接头）上。

把灯具的反光板固定在灯箱上，并将灯箱调整顺直，最后把日光灯管装好。

ⅱ. 吊链日光灯安装。根据灯具的安装高度，将全部吊链编好，把吊链挂在灯箱挂钩上，在建筑物顶棚上安装好塑料（木）台，将导线依顺序编叉在吊链内，并引入灯箱，在灯箱的进线孔处应套上软塑料管以保护导线，压入灯箱内的端子板（瓷接头）内。将灯具导线和灯头盒中甩出的电源线连接，并用粘塑料胶带和黑胶布分层包扎紧密。理顺接头扣于法兰盘内，法兰盘（吊盒）的中心应与塑料（木）台的中心对正，用木螺钉将其拧牢固。将灯具的反光板用机螺钉固定在灯箱上，调整好灯脚，最后将灯管装好。

c. 各型花灯安装。

ⅰ. 组合式吸顶花灯安装。根据预埋的螺栓和灯头盒的位置，在灯具的托板上用电钻开好安装孔和出线孔，安装时将托板托起，将电源线和从灯具甩出的导线连接并包扎严密。应尽可能地把导线塞入灯头盒内，然后把托板的安装孔对准预埋螺栓，使托板四周和顶棚贴紧，用螺母将其拧紧，调整好各个灯口，悬挂好灯具的各种装饰物，并上好灯管和灯泡。

ⅱ. 吊式花灯安装。将灯具托起，并把预埋好的吊杆插入灯具内，把吊挂销钉插入后要将其尾部掰开成燕尾状，并且将其压平。导线接好头，包扎严实，理顺后向上推起灯具上部的扣碗，将接头扣于其内，且将扣碗紧贴顶棚，拧紧固定螺钉。调整好各个灯口，上好灯泡，最后再配上灯罩。

d. 光带的安装。根据灯具的外形尺寸确定其支架的支撑点，再根据灯具重经过认真核算，选用支架的型材制作支架。做好后，根据灯具的安装位置，用预埋件或用胀管螺栓把支架固定牢固。轻型光带的支架可以直接固定在主龙骨上；大型光带必须先下好预埋件，将光带的支架用螺钉固定在预埋件上，固定好支架，将光带的灯箱用机螺钉固定在支架上，再将电源线引入灯箱与灯具的导线连接并包扎紧密。调整各个灯口和灯脚，装上灯泡或灯管，上好灯罩，最后调整灯具的边框与顶棚面的装修直线平行。如果灯具对称安装，其纵向中心轴线应在同一直线上，偏斜不应大于5mm。

e. 壁灯的安装。先根据灯具的外形选择合适的木台（板）或灯具底托，把灯具摆放在上面，四周留出的余量要对称，然后用电钻在木板上开好出线孔和安装孔，在灯具的底板上也开好安装孔，将灯具的灯头线从木台（板）的出线孔中甩出，在墙壁上的灯头盒内接头，并包扎严密，将接头塞入盒内。把木台或木板对正灯头盒，贴紧墙面，可用机螺钉将木台直接固定在盒子耳朵上，如为木板就应该用胀管固定。调整木台（板）或灯具底托使其平正不歪斜，再用机螺钉将灯具拧在木台（板）或灯具底托上，最后配好灯泡、灯管或灯罩。安装在室外的壁灯，其台板或灯具底托与墙面之间应加防水胶垫，并应打好泄水孔。

② 特殊灯具的安装　应符合下列规定。

a. 行灯安装。

ⅰ. 电压不得超过36V。

ⅱ. 灯体及手柄应绝缘良好，坚固耐热，耐潮湿。

ⅲ. 灯头与灯体结合紧固，灯头应无开关。

ⅳ. 灯泡外部应有金属保护网。

ⅴ. 金属网、反光罩及悬吊挂钩，均应固定在灯具的绝缘部分上。

在特别潮湿的场所或导电良好的地面上，或工作地点狭窄、行动不便的场所（如在锅炉内、金属容器内工作），行灯电压不得超过12V。

b. 携带式局部照明灯具所用的导线宜采用橡套软线，接地或接零线应在同一护套内。

c. 手术台无影灯安装。

ⅰ. 固定螺栓的数量，不得少于灯具法兰盘上的固定孔数且螺栓直径应与孔径配套。

ⅱ. 在混凝土结构上，预埋螺栓应与主筋相焊接或将挂钩末端弯曲与主筋绑扎锚固。

ⅲ. 固定无影灯底座时，均需采用双螺母。

d. 安装在重要场所的大型灯具的玻璃罩，应有防止其碎裂后向下溅落的措施（除设计要求外），一般可用透明尼龙丝编织的保护网，网孔的规格应根据实际情况决定。

e. 金属卤化物灯（钠铊铟灯、镝灯等）安装。

ⅰ. 灯具安装高度在5m以上，电源线应经接线柱连接，并不得使电源线靠近灯具的表面。

ⅱ. 灯管必须与触发器和限流器配套使用。

f. 投光灯的底座应固定牢固，按需要的方向将驱轴拧紧固定。

g. 事故照明的线路和白炽灯泡容量在100W以上的密封安装时，均应使用BV-105型的耐温线。

h. 36V及其以上照明变压器安装。

ⅰ. 变压器应采用双圈的，不允许采用自耦变压器。初级与次级应分别在两盒内接线。

ⅱ. 电源侧应有短路保护，其熔丝的额定电流不应大于变压器的额定电流。

ⅲ. 外壳、铁芯和低压侧的一端或中性点均应接保护地线。

i. 手术室工作照明回路要求。

ⅰ. 照明配电箱内应装有专用的总开关及分路开关。

ⅱ. 室内灯具应分别接在两条专用的回路上。

j. 固定在移动结构（如活动托架等）上的局部照明灯具的敷线要求。

ⅰ. 导线的最小截面应符合规定。

ⅱ. 导线应敷于托架的内部。

ⅲ. 导线不应在托架的活动连接处受到拉力和磨损，应加套塑料套予以保护。

③ 吊扇安装　将吊扇托起，并把预埋的吊钩将吊扇的耳环挂牢。然后接好电源接头，注意多股软铜导线盘圈涮锡后包扎严密，向上推起吊杆上的扣碗，将接头扣于其内，紧贴建筑物表面，拧紧固定螺钉，如图9-6所示。

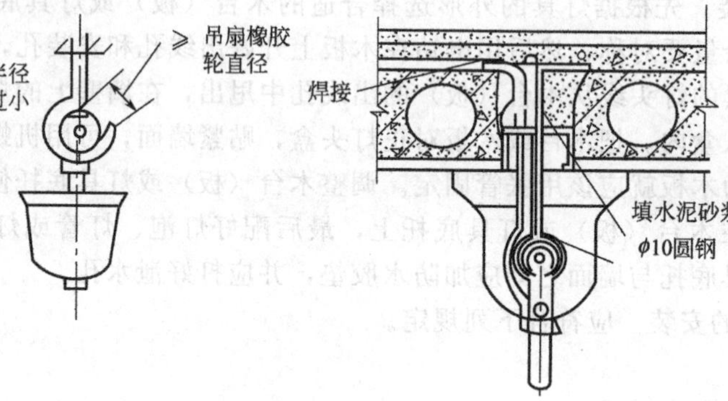

图9-6　吊扇安装

（5）通电试运行

灯具、吊扇、配电箱（盘）安装完毕，且各条支路的绝缘电阻摇测合格后，方允许通电试运行。通电后应仔细检查和巡视，检查灯具的控制是否灵活、准确；开关与灯具控制顺序相对应，吊扇的转向及调速开关是否正常。如果发现问题必须先断电，然后查找原因进行修复。

9.2.3　质量标准

（1）保证项目

① 灯具、吊扇的规格、型号及使用场所必须符合设计要求和施工规范的规定。

② 吊扇和3kg以上的灯具，必须预埋吊钩或螺栓，预埋件必须牢固可靠。

③ 低于2.4m以下的灯具的金属外壳部分应做好接地或接零保护。

④ 吊扇的防松装置齐全可靠，扇叶距地不应小于2.5m。

检验方法：观察检查和检查安装记录。

(2) 基本项目

① 灯具、吊扇的安装　灯具、吊扇安装牢固端正，位置正确，灯具安装在木台的中心。器具清洁干净，吊杆垂直，吊链日光灯的双链平行，平灯口、马路弯灯、防爆弯管灯固定可靠，排列整齐。

检验方法：观察检查。

② 导线与灯具、吊扇的连接　导线进入灯具、吊扇处的绝缘保护良好，留有适当余量。连接牢固紧密，不伤线芯。压板连接时压紧无松动，螺栓连接时，在同一端子上导线不超过两根，吊扇的防松垫圈等配件齐全。吊链灯的引下线整齐美观。

检验方法：观察、通电检查。

(3) 允许偏差项目

器具成排安装的中心线允许偏差为5mm。

检验方法：拉线、尺量检查。

9.2.4　成品保护

① 灯具、吊扇进入现场后应码放整齐、稳固，并要注意防潮，搬运时应轻拿轻放，以免碰坏表面的镀锌层、油漆及玻璃罩。

② 安装灯具、吊扇时不要碰坏建筑物的门窗及墙面。

③ 灯具、吊扇安装完毕后不得再次喷浆，以防止器具污染。

9.2.5　应注意的质量问题

① 成排灯具、吊扇的中心线偏差超出允许范围。在确定成排灯具、吊扇的位置时，必须拉线，最好拉十字线。

② 木台固定不牢，与建筑物表面有缝隙。木台直径在150mm及以下时，应用两个螺钉固定；木台直径在150mm以上时，应用三个螺钉成三角形固定。

③ 法兰盘、吊盒、平灯口不在塑料（木）台的中心上，其偏差超过1.5mm。安装时应先将法兰盘、吊盒、平灯口的中心对正塑料（木）台的中心。

④ 吊链日光灯的吊链选用不当。应按下列要求进行更换。

a. 单管无罩日光灯链长不超过1m时，可使用爪子链。

b. 带罩或双管日光灯以及单管无罩日光灯链长超过1m时，应使用铁吊链。

⑤ 采用木结构明（暗）装灯具时，导线接头和普通塑料导线裸露。应采取防火措施，导线接头应放在灯头盒内或电气器具内，塑料导线应改用护套线进行敷设，或放在阻燃型塑料线槽内进行明配线。

9.3　开关、插座安装

9.3.1　施工准备

(1) 材料要求

① 各型开关　规格型号必须符合设计要求，并有产品合格证。

② 各型插座　规格型号必须符合设计要求，并有产品合格证。

③ 塑料（台）板　应具有足够的强度。塑料（台）板应平整，无弯翘变形等现象，并有产品合格证。

④ 木制（台）板　其厚度应符合设计要求和施工验收规范的规定。其板面应平整，无劈裂和弯翘变形现象，油漆层完好无脱落。

⑤ 其他材料　金属膨胀螺栓、塑料胀管、镀锌木螺钉、镀锌机螺钉、木砖等。

（2）主要机具

① 红铅笔、卷尺、水平尺、线坠、绝缘手套、工具袋、高凳等。

② 手锤、錾子、剥线钳、尖嘴钳、扎锥、丝锥、套管、电钻、电锤、钻头、射钉枪等。

（3）作业条件

① 各种管路、盒子已经敷设完毕，盒子收口平整。

② 线路的导线已穿完，并已做完绝缘摇测。

③ 墙面的浆活、油漆及壁纸等内装修工作均已完成。

9.3.2　操作工艺

（1）工艺流程

清理→接线→安装

（2）清理

用錾子轻轻地将盒子内残存的灰块剔掉，同时将其他杂物一并清出盒外，再用湿布将盒内灰尘擦净。

（3）接线

一般接线规定如下。

a. 开关接线。

ⅰ. 同一场所的开关切断位置应一致，且操作灵活，接点接触可靠。

ⅱ. 电器、灯具的相线应经开关控制。

ⅲ. 多联开关不允许拱头连接，应采用LC型压接帽压接总头后，再进行分支连接。

b. 插座接线。

ⅰ. 单相两孔插座有横装和竖装两种。横装时，面对插座的右极接相线，左极接中性线；竖装时，面对插座的上极接相线，下极接中性线。

ⅱ. 单相三孔及三相四孔插座接线示意见图9-7，保护接地线注意应接在上方。

ⅲ. 交、直流或不同电压的插座安装在同一场所时，应有明显区别，且其插头与插座配套，均不能互相代用。

ⅳ. 插座箱多个插座导线连接时，不允许拱头连接，应采用LC型压接帽压接总头后，再进行分支线连接。

ⅴ. 插座安装接线如图9-7所示。

ⅵ. 暗装扳把开关安装如图9-8所示。

（4）安装开关、插座

先将盒内甩出的导线留出维修长度，剥出线芯，注意不要碰伤线芯。将导线按顺时针方向盘绕在开关、插座对应的接线柱上，然后旋紧压头。如果是独芯导线，也可将线芯直接插入接线孔内，再用顶丝将其压紧。注意线芯不得外露。

① 一般安装规定

a. 开关安装规定。

ⅰ. 拉线开关距地面的高度一般为2～3m；距门口为150～200mm；且拉线的出口应

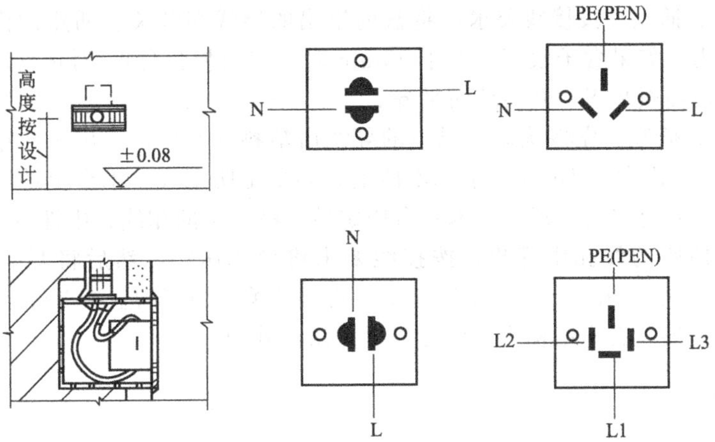

图 9-7　插座安装接线

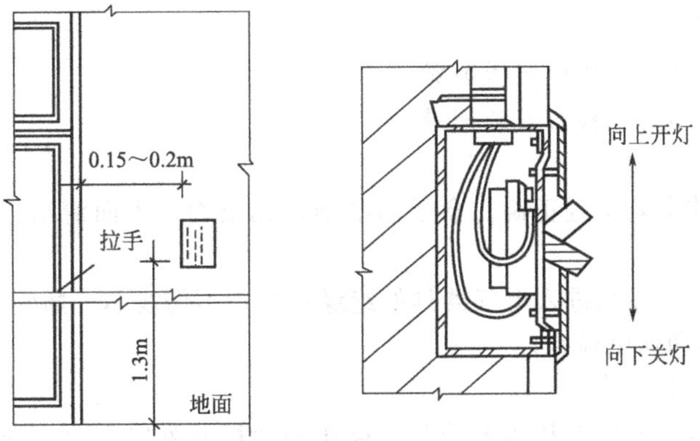

图 9-8　暗装扳把开关安装

向下。

ⅱ. 扳把开关距地面的高度为 1.4m，距门口为 150～200mm；开关不得置于单扇门后。

ⅲ. 暗装开关的面板应端正、严密并与墙面平齐。

ⅳ. 开关位置应与灯位相对应，同一室内开关方向应一致。

ⅴ. 成排安装的开关高度应一致，高低差不大于 2mm，拉线开关相邻间距一般不小于 20mm。

ⅵ. 多尘、潮湿场所和户外应选用防水瓷制拉线开关或加装保护箱。

ⅶ. 在易燃、易爆和特别潮湿的场所，开关应分别采用防爆型、密闭型或安装在其他处所控制。

ⅷ. 民用住宅严禁装设床头开关。

ⅸ. 明线敷设的开关应安装在不少于 15mm 厚的木台上。

b. 插座安装规定。

ⅰ. 暗装和工业用插座距地面不应低于 300mm。

ⅱ. 在儿童活动场所应采用安全型插座。采用普通插座时，其安装高度不应低于 1.5m。

ⅲ. 同一室内安装的插座高低差不应大于 5mm；成排安装的插座高低差不应大于 2mm。

ⅳ. 暗装的插座应有专用盒，盖板应端正严密并与墙面平齐。

ⅴ. 落地插座应有保护盖板。

ⅵ. 在特别潮湿和有易燃、易爆气体及粉尘的场所不应装设插座。

② 开关、插座安装

a. 暗装开关、插座。按接线要求，将盒内甩出的导线与开关、插座的面板连接好，将开关或插座推入盒内（如果盒子较深，大于 25mm 时，应加装套盒），对正盒眼，用机螺钉固定牢固。固定时要使面板端正，并与墙面平齐。

b. 明装开关、插座。先将从盒内甩出的导线由塑料（木）台的出线孔中穿出，再将塑料（木）台紧贴于墙面用螺钉固定在盒子或木砖上，如果是明配线，木台上的隐线槽应先顺对导线方向，再用螺钉固定牢固。塑料（木）台固定后，将甩出的相线、中性线、保护地线按各自的位置从开关、插座的线孔中穿出，按接线要求将导线压牢。然后将开关或插座贴于塑料（木）台上，对中找正，用木螺钉固定牢。最后再把开关、插座的盖板上好。

c. 开关、插座安装在木结构内，应注意做好防火处理。

9.3.3 质量标准

（1）保证项目

插座连接的保护接地线措施及相线与中性线的连接导线位置必须符合施工验收规范的有关规定。

插座使用的漏电开关动作应灵敏可靠。

检验方法：观察检查和检查安装记录。

（2）基本项目

① 开关、插座的安装位置正确。盒子内清洁，无杂物，表面清洁、不变形，盖板紧贴建筑物的表面。

② 开关切断相线。导线进入电气器具处绝缘良好，不伤线芯。插座的接地线单独敷设。

检验方法：观察和通电检查。

（3）允许偏差项目

① 明装开关、插座的底板和暗装开关、插座的面板并列安装时，开关、插座的高度差允许为 0.5mm。

② 同一场所的高度差为 5mm。

③ 面板垂直允许偏差为 0.5mm。

检验方法：吊线、尺量检查。

9.3.4 成品保护

① 安装开关、插座时不得碰坏墙面，要保持墙面的清洁。

② 开关、插座安装完毕后，不得再次进行喷浆，以保持面板的清洁。

③ 其他工种在施工时，不要碰坏和碰歪开关、插座。

9.3.5 应注意的质量问题

① 开关、插座的面板不平整，与建筑物表面之间有缝隙。应调整面板后再拧紧固定螺钉，使其紧贴建筑物表面。

② 开关未断相线，插座的相线、零线及地线压接混乱。应按要求进行改正。

③ 多灯房间开关与控制灯具顺序不对应。在接线时应仔细分清各路灯具的导线，依次压接，并保证开关方向一致。

④ 固定面板的螺钉不统一（有一字和十字螺钉）。为了美观，应选用统一的螺钉。

⑤ 同一房间的开关、插座的安装高度之差超出允许偏差范围。应及时更正。

⑥ 铁管进盒护口脱落或遗漏。安装开关、插座接线时，应注意把护口带好。

⑦ 开关、插座面板已经上好，但盒子过深（大于 25mm），未加套盒处理。应及时补上。

⑧ 开关、插销箱内拱头接线。应改为鸡爪接导线总头，再分支导线接各开关或插座端头，或者采用LC安全型压线帽压接总头后，再分支进行导线连接。

9.4 配电箱（盘）安装

9.4.1 施工准备

（1）材料要求

① 铁制配电箱（盘） 箱体应有一定的机械强度，周边平整无损伤，油漆无脱落，二层底板厚度不小于1.5mm，不得采用阻燃型塑料板做二层底板，箱内各种器具应安装牢固，导线排列整齐，压接牢固，应为定点厂产品，并有产品合格证。

② 塑料配电箱（盘） 箱体应有一定的机械强度。周边平整无损伤，塑料二层底板厚度不应小于5mm，并有产品合格证。

③ 木制配电箱（盘） 应刷防腐、防火涂料，木制板盘面厚度不应小于20mm。

④ 镀锌材料 角钢、扁铁、铁皮、机螺钉、木螺钉、螺栓、垫圈、圆钉等。

⑤ 绝缘导线 导线的型号规格必须符合设计要求，并有产品合格证。

⑥ 其他材料 电器仪表、熔丝（或熔片）、端子板、绝缘嘴、铝套管、卡片框、软塑料管、木砖射钉、塑料带、黑胶布、防锈漆、灰漆、焊锡、焊剂、电焊条（或电石、氧气）、水泥、砂子。

（2）主要机具

① 铅笔、卷尺、方尺、水平尺、钢板尺、线坠、桶、刷子、灰铲等。

② 手锤、錾子、钢锯、锯条、木锉、扁锉、圆锉、剥线钳、尖嘴钳、压接钳、活扳手、套筒扳手、锡锅、锡勺等。

③ 台钻、手电钻、钻头、木钻、台钳、案子、射钉枪、电炉、电气焊工具、绝缘手套、铁剪子、点冲子、兆欧表、工具袋、工具箱、高凳等。

（3）作业条件

① 随土建结构预留好暗装配电箱的安装位置。

② 预埋铁架或螺栓时，墙体结构应弹出施工水平线。

③ 安装配电箱盘面时，抹灰、喷浆及油漆应全部完成。

9.4.2 操作工艺

（1）配电箱（盘）安装要求

① 配电箱（盘）应安装在安全、干燥、易操作的场所。配电箱（盘）暗装时，其底口距地一般为1.5m；明装时底口距地1.2m；明装电度表箱底口距地不得小于1.8m。在同一建筑物内，同类盘的高度应一致，允许偏差为10mm。

② 安装配电箱（盘）所需的木砖及铁件等均应预埋。挂式配电箱（盘）应采用金属膨胀螺栓固定。

③ 铁制配电箱（盘）均需先刷一道防锈漆，再刷灰漆两道。预埋的各种铁件均应刷防锈漆，并做好明显可靠的接地。导线引出面板时，面板线孔应光滑无毛刺，金属面板应装设绝缘保护套。

④ 配电箱（盘）带有器具的铁制盘面和装有器具的门及电器的金属外壳均应有明显可靠的PE保护地线（PE线为黄绿相间的双色线，也可采用编织软铜线），但PE保护地线不允许利用箱体或盒体串接。

⑤ 配电箱（盘）配线排列整齐，并绑扎成束，在活动部位应固定。盘面引出及引进的导线应留有适当余量，以便于检修。

⑥ 导线剥开处不应伤线芯，线芯不应过长，导线压头应牢固可靠，多股导线不应盘圈压接，应加装压线端子（有压线孔者除外）。如必须穿孔，用顶丝压接时，多股线应涮锡后再压接，不得减少导线股数。

⑦ 配电箱（盘）的盘面上安装的各种刀闸及自动开关等当处于断路状态时，刀片可动部分均不应带电（特殊情况除外）。

⑧ 垂直装设的刀闸及熔断器等电器上端接电源，下端接负荷。横装者左侧（面对盘面）接电源，右侧接负荷。

⑨ 配电箱（盘）上的电源指示灯，其电源应接至总开关的外侧，并应装单独熔断器（电源侧）。盘面电器位置应与支路相对应，其下面应装设卡片框，标明路别及容量。

⑩ TN-C低压配电系统中的中性线N应在箱体或盘面上，引入接地干线处做好重复接地。

⑪ 照明配电箱内的交流、直流或不同电压等级的电源，应具有明显标志。

⑫ 照明配电箱不应采用可燃材料制作，在干燥无尘场所采用的木制配电箱，应进行阻燃处理。

⑬ 照明配电箱内，应分别设置中性线N和保护地线（PE线）汇流排，中性线N和保护地线应在汇流排上连接，不得铰接，并应有编号。

⑭ 磁插式熔断器底座中心明露螺钉孔应填充绝缘物，以防止对地放电，磁插保险不得裸露金属螺钉，应填满火漆。

⑮ 照明配电箱内装设的螺旋熔断器，电源线应接在中间触点的端子上，负荷线应接在螺纹的端子上。

⑯ 当PE线所用材质与相线相同时，应按热稳定要求选择截面，不应小于表9-9中的规定。

表9-9 PE线最小截面

相线线芯截面 S/mm^2	PE线最小截面/mm^2	相线线芯截面 S/mm^2	PE线最小截面/mm^2
$S<16$	S	$16\leqslant S\leqslant 35$	16
$S>35$	$S/2$		

注：用此表若得出非标准截面时，应选用与之最接近的标准截面导体，但不得小于：裸铜线 $4mm^2$，裸铝线 $6mm^2$，绝缘铜线 $1.5mm^2$，绝缘铝线 $2.5mm^2$。

⑰ PE保护地线若不是供电电缆或电缆外护层的组成部分时，按机械强度要求，截面不应小于下列数值：有机械性保护时为 $2.5mm^2$；无机械性保护时为 $4mm^2$。

⑱ 配电箱（盘）上的母线其相线应涂颜色：L_1 相涂黄色；L_2 相涂绿色；L_3 相涂红色；中性线N相应涂淡蓝色；保护地线（PE线）应涂黄绿相间双色。

⑲ 配电箱（盘）上电器、仪表应牢固、平正、整洁、间距均匀、铜端子无松动、启闭灵活、零部件齐全。

⑳ 照明配电箱应安装牢固、平正，其垂直偏差不应大于3mm；安装时，照明配电箱四周应无空隙，其面板四周边缘应紧贴墙面，箱体与建筑物、构筑物接触部分应涂防腐漆。

㉑ 木制盘面板应进行防腐、防火处理，并应包好铁皮，进行明显可靠的接地。

㉒ 固定面板的机螺钉，应采用镀锌圆帽机螺钉，其间距不得大于250mm，并应均匀地对称于四角。

㉓ 配电箱（盘）面板较大时，应有加强衬铁，当宽度超过500mm时，箱门应做双开门。

㉔ 立式盘背面距建筑物应不小于800mm；基础型钢安装前应调直后埋设固定，其水平误差每米应不大于1mm，全长总误差不大于5mm。盘面底口距地面不应小于500mm。铁架明装配电盘，距离建筑物应做到便于维修。

㉕ 立式盘应设在专用房间内或加装栅栏，铁栅栏应进行接地。

(2) 弹线定位

根据设计要求找出配电箱（盘）位置，并按照箱（盘）的外形尺寸进行弹线定位；弹线定位的目的是对有预埋木砖或铁件的情况，可以更准确地找出预埋件，或者可以找出金属胀管螺栓的位置。

(3) 明装配电箱（盘）

① 铁架固定配电箱（盘） 将角钢调直，量好尺寸，画好锯口线，锯断煨弯，钻孔位，焊接。煨弯时用方尺找正，再用电（气）焊，将对口缝焊牢，并将埋注端做成燕尾，然后除锈，刷防锈漆。再按照标高用水泥砂浆将铁架燕尾端埋注牢固，埋入时要注意铁架的平直程度和孔间距离，应用线坠和水平尺测量准确后再稳住铁架。待水泥砂浆凝固后，方可进行配电箱（盘）的安装。

② 金属膨胀螺栓固定配电箱（盘） 采用金属膨胀螺栓可在混凝土墙或砖墙上固定配电箱（盘）。其方法是根据弹线定位的要求找出准确的固定点位置，用电钻或冲击钻在固定点位置钻孔，其孔径应刚好将金属膨胀螺栓的胀管部分埋入墙内，且孔洞应平直不得歪斜。

(4) 配电箱（盘）的加工

盘面可采用厚塑料板、包铁皮的木板或钢板。以采用钢板做盘面为例，将钢板按尺寸用方尺量好，画好切割线后进行切割，切割后用扁锉将棱角锉平。

盘面的组装配线如下。

① 实物排列 将盘面板放平，再将全部电器、仪表置于其上，进行实物排列。对照设计图及电器、仪表的规格和数量，选择最佳位置使之符合间距要求，并保证操作维修方便及外形美观。

② 加工 位置确定后，用方尺找正，画出水平线，分均孔距。然后撤去电器、仪表，进行钻孔（孔径应与绝缘嘴吻合）。钻孔后除锈，刷防锈漆及灰漆。

③ 固定电器 漆干后装上绝缘嘴，并将全部电器、仪表摆平、找正，用螺钉固定牢固。

④ 电盘配线 根据电器、仪表的规格、容量和位置，选好导线的截面和长度，加以剪断进行组配。盘后导线应排列整齐，绑扎成束。压头时，将导线留出适当余量，剥出线芯，逐个压牢。多股线需用压线端子。如立式盘，开孔后应首先固定盘面板，然后再进行配线。

(5) 配电箱（盘）的固定

① 在混凝土墙或砖墙上固定明装配电箱（盘）时，采用暗配管及暗分线盒和明配管两种方式。如有分线盒，先将盒内杂物清理干净，然后将导线理顺，分清支路和相序，按支路绑扎成束。待箱（盘）找准位置后，将导线端头引至箱内或盘上，逐个剥开导线端头，再逐个压接在器具上，同时将PE保护地线压在明显的地方，并将箱（盘）调整平直后进行固定。在电器、仪表较多的盘面板安装完毕后，应先用仪表校对有无差错，调整无误后试送电，并将卡片框内的卡片填写好部位、编上号。

② 在木结构或轻钢龙骨护板墙上进行固定配电箱（盘）时，应采用加固措施。如配管在护板墙内暗敷设，并有暗接线盒时，要求盒口应与墙面平齐，在木制护板墙处应进行防火处理，可涂防火漆或加防火材料衬里进行防护。

a. 暗装配电箱的固定。根据预留孔洞尺寸，先将箱体找好标高及水平尺寸，并将箱体固定好，然后用水泥砂浆填实周边并抹平齐，待水泥砂浆凝固后再安装盘面和贴脸。如箱底与外墙平齐时，应在外墙固定金属网后再进行墙面抹灰。不得在箱底板上抹灰。安装盘面要求平整，周边间隙均匀对称，贴脸（门）平正，不歪斜，螺钉垂直受力均匀。

b. 绝缘摇测。配电箱（盘）全部电器安装完毕后，用500V兆欧表对线路进行绝缘摇测。摇测项目包括相线与相线之间，相线与中性线之间，相线与保护地线之间，中性线与保护地线之间。同时做好记录，作为技术资料存档。

9.4.3 质量标准

(1) 保证项目

低压配电器具的接地保护措施和其他安全要求必须符合施工验收规范规定。

检验方法：观察检查和检查安装记录。

(2) 基本项目

① 配电箱安装应符合以下规定：位置正确，部件齐全，箱体开孔合适，切口整齐；暗装配电箱箱盖紧贴墙面；中性线经汇流排（N线端子）连接，无铰接现象；油漆完整，盘内外清洁，箱盖、开关灵活，回路编号齐全，接线整齐，PE保护地线不串接，安装明显牢固，导线截面、线色符合规范规定。

检验方法：观察检查。

② 导线与器具连接应符合以下规定。

a. 连接牢固紧密，不伤线芯。压板连接时压紧无松动；螺栓连接时，在同一端子上导线不超过两根，防松垫圈等配件齐全。

b. 电气设备、器具和非带电金属部件的保护接地支线敷设应符合以下规定：连接紧密、牢固，保护接地线截面选用正确，需防腐的部分涂漆均匀无遗漏，线路走向合理，色标准确，涂刷后不污染设备和建筑物。

检验方法：观察检查。

(3) 允许偏差

配电箱（盘）体高 50mm 以下，允许偏差 1.5mm。

配电箱（盘）体高 50mm 以上，允许偏差 3mm。

检验方法：吊线、尺量检查。

9.4.4 成品保护

① 配电箱（盘）安装后，应采取成品保护措施，避免碰坏、弄脏电器、仪表。

② 安装箱（盘）面板时（或贴脸），应注意保持墙面整洁。

③ 土建二次喷浆时，注意不要污染配电箱（盘）。

9.4.5 应注意的质量问题

① 配电箱（盘）的标高或垂直度超出允许偏差。原因是测量定位不准确或者地面高低不平，应及时进行修正。

② 铁架不方正。原因是在安装铁架之前未进行调直找正，或安装时固定点位置偏移，应用吊线重新找正后再进行固定。

③ 盘面电器、仪表不牢固、不平正或间距不均，压头不牢、压头伤线芯，多股导线压头未装压线端子；电器下方未装卡片框。螺钉不紧的应拧紧，间距应按要求调整均匀，找平整，伤线芯的部分应剪掉重接，多股线应装上压线端子，卡片框应补装。

④ 接地导线截面不够或保护地线截面不够，保护地线串接。对这些不符合要求的应按有关规定进行纠正。

⑤ 盘后配线排列不整齐。应按支路绑扎成束，并固定在盘内。

⑥ 配电箱（盘）缺零部件，如合页、锁、螺钉等。应配齐各种安装所需零部件。

⑦ 配电箱体周边、箱底、管进箱处缝隙过大、空鼓严重。应用水泥砂浆将空鼓处填实抹平。

⑧ 木箱外侧无防腐，内壁粗糙。木箱内部应修理平整，内外进行防腐处理，并应考虑防火措施。

⑨ 铁箱内壁焊点锈蚀，应补刷防锈漆。铁箱不得用电、气焊进行开孔，应采用开孔器进行开孔。

⑩ 配电箱内二层板与进、出线配管位置处理不当，造成配线排列不整齐。在安装配电箱时应考虑进、出线配管管口位置应设置在二层板后面。

9.5 防雷及接地装置安装

9.5.1 施工准备

(1) 材料要求

① 镀锌钢材有扁钢、角钢、圆钢、钢管等，使用时采用冷镀锌还是热镀锌材料，应符合设计规定。产品应有材质检验证明及产品出厂合格证。

② 镀锌辅料有铅丝（即镀锌铁丝)、螺栓、垫圈、弹簧垫圈、U形螺栓、元宝螺栓、支架等。

③ 电焊条、氧气、乙炔、沥青漆、混凝土支架、预埋铁件、小线、水泥、砂子、塑料管、红漆、白漆、防腐漆、银粉、黑色漆等。

(2) 主要机具

① 常用电工工具、手锤、钢锯、锯条、压力案子、铁锹、铁镐、大锤、夯桶。

② 线坠、卷尺、大绳、粉线袋、绞磨（或倒链)、紧线器、电锤、冲击钻、电焊机、电焊工具等。

(3) 作业条件

① 接地体作业条件

a. 按设计位置清理好场地。

b. 底板筋与柱筋连接处已绑扎完。

c. 桩基内钢筋与柱筋连接处已绑扎完。

② 接地干线作业条件

a. 支架安装完毕。

b. 保护管已预埋。

c. 土建抹灰完毕。

③ 支架安装作业条件

a. 各种支架已运到现场。

b. 结构工程已经完成。

c. 室外必须有脚手架或爬梯。

④ 防雷引下线暗敷设作业条件

a. 建筑物（或构筑物）有脚手架或爬梯，达到能上人操作的条件。

b. 利用主筋作引下线时，钢筋绑扎完毕。

⑤ 防雷引下线明敷设作业条件

a. 支架安装完毕。

b. 建筑物（或构筑物）有脚手架或爬梯达到能上人操作的条件。

c. 土建外装修完成。

⑥ 避雷带与均压环安装作业条件　土建圈梁钢筋正在绑扎时，配合做此项工作。

⑦ 避雷网安装作业条件

a. 接地体与引下线必须做完。

b. 支架安装完毕。

c. 具备调直场地和垂直运输条件。

⑧ 避雷针安装作业条件

a. 接地体及引下线必须做完。

b. 需要脚手架处，脚手架搭设完毕。

c. 土建结构工程已完，并随结构施工做完预埋件。

9.5.2 操作工艺

(1) 工艺流程

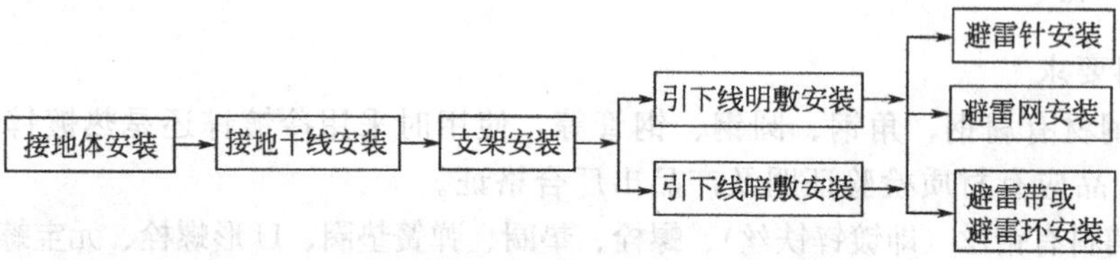

(2) 接地体安装要求

人工接地体（极）安装应符合以下规定。

① 人工接地体（极）的最小尺寸见表 9-10 所示。

② 接地体的埋设深度为其顶部距地面不小于 0.6m，角钢及钢管接地体应垂直配置。

③ 垂直接地体长度不应小于 2.5m，其相互之间间距一般不应小于 5m。

④ 接地体埋设位置距建筑物不宜小于 1.5m；遇垃圾灰渣等埋设接地体时，应换土，并分层夯实。

⑤ 当接地装置必须埋设在距建筑物出入口或人行道小于 3m 时，应采用均压带做法或在接地装置上面敷设 50～90mm 厚度沥青层，其宽度应超过接地装置 2m。

表 9-10 人工接地体（极）的最小尺寸

种类、规格及单位		地上		地下	
		室内	室外	交流电流回路	直流电流回路
圆钢直径/mm		6	8	10	12
扁钢	截面/mm²	24	48	48	100
	厚度/mm	3	4	4	6
角钢厚度/mm		2	2.5	4	6
钢管管壁厚度/mm		2.5	2.5	3.5/2.5	4.5

⑥ 接地体（线）的连接应采用焊接，焊接处焊缝应饱满并有足够的机械强度，不得有夹渣、咬肉、裂纹、虚焊、气孔等缺陷，焊接处的药皮敲净后，刷沥青进行防腐处理。

⑦ 采用搭接焊时，其焊接长度如下。

a. 镀锌扁钢不小于其宽度的 2 倍，三面施焊（当扁钢宽度不同时，搭接长度以宽的为准）。敷设前扁钢需调直，煨弯不得过死，直线段上不应有明显弯曲，并应立放。

b. 镀锌圆钢焊接长度为其直径的 6 倍，并应双面施焊（当直径不同时，搭接长度以直径大的为准）。

c. 镀锌圆钢与镀锌扁钢连接时，其长度为圆钢直径的 6 倍。

d. 镀锌扁钢与镀锌钢管（或角钢）焊接时，为了连接可靠，除应在其接触部位两侧进行焊接外，还应直接将扁钢弯成弧形（或直角形）与钢管（或角钢）焊接。

⑧ 当接地线遇有白灰焦砟层而无法避开时，应用水泥砂浆全面保护。

⑨ 采用化学方法降低土壤电阻率时，所用材料应符合下列要求。

a. 对金属腐蚀性弱。

b. 水溶性成分含量低。

⑩ 所有金属部件应镀锌，操作时，注意保护镀锌层。

(3) 人工接地体（极）安装

① 接地体的加工　根据设计要求的数量、材料规格进行加工，材料一般采用钢管和角钢切割，长度不应小于2.5m。如采用钢管打入地下应根据土质加工成一定的形状，遇松软土壤时，可切成斜面形。为了避免打入时受力不均使管子歪斜，也可加工成扁尖形；遇土质很硬时，可将尖端加工成锥形。如选用角钢时，应采用不小于40mm×40mm×4mm的角钢，切割长度不应小于2.5m，角钢的一端应加工成尖头形状。垂直接地体制作如图9-9所示。

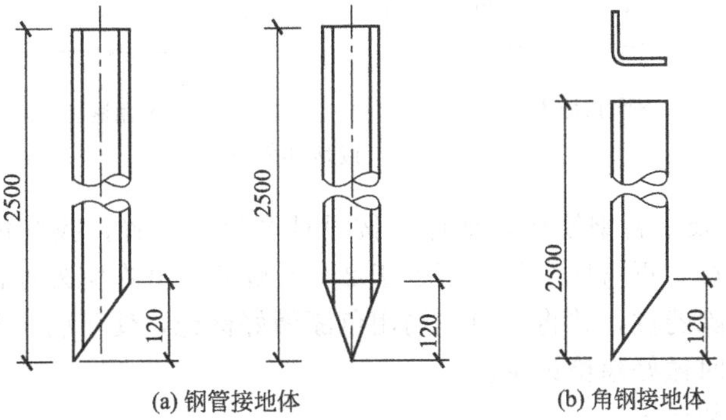

图9-9　垂直接地体制作

② 挖沟　根据设计图要求，对接地体（网）的线路进行测量弹线，在此线路上挖掘深为0.8～1m、宽为0.5m的沟，沟上部稍宽，底部如有石子应清除。

③ 安装接地体（极）　沟挖好后，应立即安装接地体和敷设接地扁钢，防止土方坍塌。先将接地体放在沟的中心线上，打入地中，一般采用手锤打入，一人扶着接地体，一人用大锤敲打接地体顶部。为了防止将接地钢管或角钢打劈，可加一护管帽套入接地管端，角钢接地可采用短角钢（约100mm）焊在接地角钢上即可。使用手锤敲打接地体时要平稳，锤击接地体正中，不得打偏，应与地面保持垂直，当接地体顶端距离地面600mm时停止打入。

④ 接地体间的扁钢敷设　扁钢敷设前应调直，然后将扁钢放置于沟内，依次将扁钢与接地体用电焊（气焊）焊接。扁钢应侧放，而不可平放，侧放时散流电阻较小。扁钢与钢管连接的位置距接地体最高点约100mm。焊接时应将扁钢拉直，焊好后清除药皮，刷沥青进行防腐处理，并将接地线引出至需要位置，留有足够的连接长度以待使用，如图9-10所示。

⑤ 核验接地体（线）　接地体连接完毕后，应及时请质检部门进行隐检，接地体材质、位置、焊接质量，接地体（线）的截面规格等均应符合设计及施工验收规范要求，经检验合格后方可进行回填，分层夯实。最后，将接地电阻摇测数值填写在隐检记录上。

(4) 自然基础接地体安装

① 利用无防水底板钢筋或深基础作接地体　按设计图尺寸位置要求，标好位置，将底板钢筋搭接焊好。再将柱主筋（不少于2根）底部与底板筋搭接焊好，并在室外地面以下将主筋与接地连接板焊好，清除药皮，并将两根主筋用色漆做好标记，便于引出和检查，并应及时请质检部门进行隐检，同时做好隐检记录。

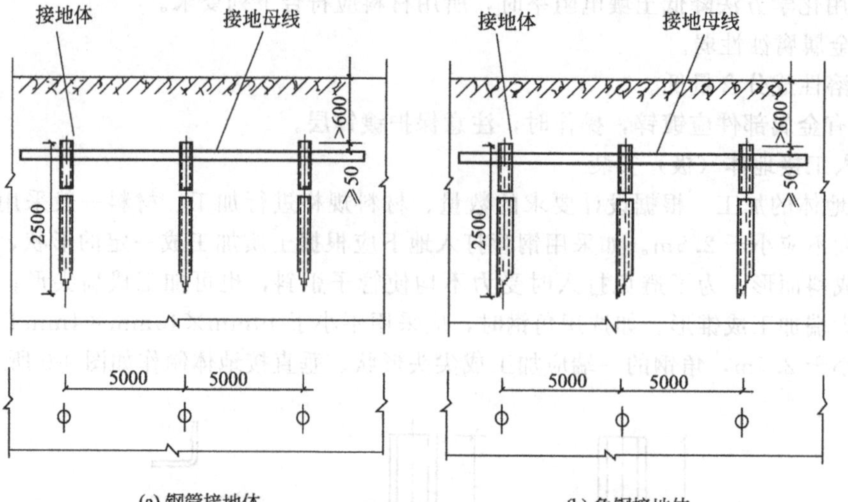

(a) 钢管接地体　　(b) 角钢接地体

图 9-10　接地体做法

② 利用柱形桩基及平台钢筋作接地体　按设计图尺寸位置，找好桩基组数位置，把每组桩基四角钢筋搭接封焊，再与柱主筋（不少于 2 根）焊好，并在室外地面以下，将主筋与预埋接地连接板焊好，清除药皮，并将两根主筋用色漆做好标记，便于引出和检查，并应及时请质检部门进行隐检，同时做好隐检记录。

(5) 接地干线安装要求

① 接地干线穿墙时，应加套管保护，跨越伸缩缝时，应进行煨弯补偿。

② 接地干线应设有为测量接地电阻而预备的断接卡子，一般采用暗盒装入，同时加装盒盖并做接地标记。

③ 接地干线跨越门口时应暗敷于地面内（做地面以前埋好）。

④ 接地干线距地面应不小于 200mm，距墙面应不小于 10mm，支持件应采用 40mm×4mm 的扁钢，尾端应制成燕尾状，入孔深度与宽度各为 50mm，总长度为 70mm。支持件间的水平直线距离一般为 1m，垂直部分为 1.5m，转弯部分为 0.5m。

⑤ 接地干线敷设应平直，水平度与垂直度允许偏差 2/1000，但全长不得超过 10mm。

⑥ 转角处接地干线弯曲半径不得小于扁钢厚度的 2 倍。

⑦ 接地干线应刷黑色油漆，油漆应均匀无遗漏，但断接卡子及接地端子等处不得刷油漆。

(6) 接地干线安装

接地干线应与接地体连接的扁钢相连接，它分为室内与室外连接两种，室外接地干线与支线一般敷设在沟内。室内的接地干线多为明敷，但部分设备连接的支线需经过地面，也可以埋设在混凝土内。具体安装方法如下。

① 室外接地干线敷设

a. 首先进行接地干线的调直、测位、打眼、煨弯，并将断接卡子及接地端子装好。

b. 敷设前按设计要求的尺寸位置先挖沟，然后将扁钢放平埋入。回填土应压实但不需打夯，接地干线末端露出地面应不超过 0.5m，以便接引地线。

② 室内接地干线明敷

a. 预留孔与埋设支持件。按设计要求尺寸位置，预留出接地线孔，预留孔的大小应比敷设接地干线的厚度、宽度各大出 6mm 以上。其方法有以下三种。

ⅰ. 施工时可按上述要求尺寸截一段扁钢预埋在墙壁内，当混凝土还未凝固时，抽动扁钢以便待凝固后易于抽出。

ⅱ. 将扁钢上包一层油毛毡或几层牛皮纸后埋设在墙壁内，预留孔距墙壁表面应为15～20mm。

ⅲ. 保护套可用厚1mm以上铁皮做成方形或圆形，大小应使接地线穿入时，每边有6mm以上的空隙。

b. 支持件固定。根据设计要求先在砖墙（或加气混凝土墙、空心砖墙）上确定坐标轴线位置，然后随砌墙将预制成50mm×50mm的方木样板放入墙内，待墙砌好后将方木样板剔出，然后将支持件放入孔内，同时洒水淋湿孔洞，再用水泥砂浆将支持件埋牢，待凝固后使用。现浇混凝土墙上固定支架，先根据设计图要求弹线定位、钻孔，支架做燕尾埋入孔中，找平正，用水泥砂浆进行固定。

c. 明敷接地线的安装要求。

ⅰ. 敷设位置不应妨碍设备的拆卸与检修，并便于检查。

ⅱ. 接地线应水平或垂直敷设，也可沿建筑物倾斜结构平行敷设在直线段上，不应有高低起伏及弯曲情况。

ⅲ. 接地线沿建筑物墙壁水平敷设时，离地面应保持250～300mm的距离，接地线与建筑物墙壁间隙应不小于10mm。

ⅳ. 明敷的接地线表面应涂以15～100mm宽度相等的绿色漆和黄色漆相间的条纹，其标志明显。

ⅴ. 在接地线引向建筑物内的入口处或检修用临时接地点处，均应刷白色底漆后标以黑色符号，其符号标为⏚，标志明显。

d. 明敷接地线安装。当支持件埋设完毕，水泥砂浆凝固后，可敷设墙上的接地线。将接地扁钢沿墙吊起，在支持件一端用卡子将扁钢固定，经过隔墙时穿跨预留孔，接地干线连接处应焊接牢固。末端预留或连接应符合设计要求。

（7）避雷针制作与安装

① 避雷针制作与安装的规定

a. 所有金属部件必须镀锌，操作时注意保护镀锌层。

b. 采用镀锌钢管制作针尖，管壁厚度不得小于3mm，针尖涮锡长度不得小于70mm。

c. 多节避雷针各节尺寸见表9-11。

表9-11　针体各节尺寸　　单位：mm

项　目	针　全　高/m				
	1.0	2.0	3.0	4.0	5.0
上节	1000	2000	1500	1000	1500
中节	—	—	1500	1500	1500
下节	—	—	—	1500	1200

d. 避雷针应垂直安装牢固，垂直度允许偏差为3/1000。

e. 焊接时要求清除药皮后刷防锈漆。

f. 避雷针一般采用圆钢或钢管制成，其直径不应小于下列数值。

ⅰ. 独立避雷针一般采用直径为20mm的镀锌圆钢。

ⅱ. 屋面上的避雷针一般采用直径为25mm的镀锌钢管。

ⅲ. 水塔顶部避雷针采用直径为25mm或40mm的镀锌钢管。

ⅳ. 烟囱顶上避雷针采用直径为25mm镀锌圆钢或直径为40mm的镀锌钢管。

ⅴ. 避雷环用直径为12mm镀锌圆钢或截面为100mm^{2}镀锌扁钢，其厚度应为4mm。

② 避雷针制作　按设计要求的材料所需的长度分上、中、下三节进行下料。如针尖采用钢管制作，可先将上节钢管一端锯成锯齿形，用手锤收尖后，进行焊缝磨尖，涮锡，然后将另

一端与中、下两节钢管找直、焊好。

③ 避雷针安装　先将支座钢板的底板固定在预埋的地脚螺栓上，焊上一块筋板，再将避雷针立起，找直、找正后，进行点焊，然后加以校正，焊上其他三块筋板。最后将引下线焊在底板上，清除药皮，刷防锈漆。

(8) 支架安装

① 支架安装的规定

a. 角钢支架应有燕尾，其埋注深度不小于 100mm，扁钢和圆钢支架埋注深度不小于 80mm。

b. 所有支架必须牢固，灰浆饱满，横平竖直。

c. 防雷装置的各种支架顶部一般应距建筑物表面 100mm；接地干线支架顶部应距墙面 20mm。

d. 支架水平间距不大于1m（混凝土支座不大于 2m）；垂直间距不大于 1.5m。各间距应均匀，允许偏差 30mm。转角处两边的支架距转角中心不大于 250mm。

e. 支架等铁件均应进行防腐处理。

f. 埋注支架所用的水泥砂浆，其配合比不应低于 1∶2。

② 支架安装

a. 应尽可能随结构施工预埋支架或铁件。

b. 根据设计要求进行弹线及分挡定位。

c. 用手锤、錾子进行剔洞，洞的大小应里外一致。

d. 首先埋注一条直线上的两端支架，然后用铅丝拉直线埋注其他支架。在埋注前应先把洞内用水浇湿。

e. 如用混凝土支座，将混凝土支座分挡摆好。先在两端支架间拉直线，然后将其他支架用砂浆找平找直。

f. 如果女儿墙预留有预埋铁件，可将支架直接焊在铁件上，支架的找直方法同前。

(9) 防雷引下线暗敷

① 防雷引下线暗敷的规定

a. 引下线扁钢截面不得小于 25mm×4mm；圆钢直径不得小于 12mm。

b. 引下线必须在距地面 1.5～1.8m 处做断接卡子或测试点（一条引下线者除外）。断接线卡子所用螺栓的直径不得小于 10mm，并需加镀锌垫圈和镀锌弹簧垫圈。

c. 利用主筋作暗敷引下线时，每条引下线不得少于两根主筋。

d. 现浇混凝土内敷设引下线不进行防腐处理。

e. 建筑物的金属构件（如消防梯、烟囱的铁爬梯等）可作为引下线，但所有金属部件之间均应连成电气通路。

f. 引下线应沿建筑的外墙敷设，从接闪器到接地体，引下线的敷设路径应尽可能短而直。根据建筑物的具体情况不可能直线引下时，也可以弯曲，但应注意弯曲开口处的距离不得等于或小于弯曲线段实际长度的 0.1 倍。引下线也可以暗装，但截面应加大一级，暗装时还应注意墙内其他金属构件的距离。

g. 引下线的固定支点间距离不应大于 2m，敷设引下线时应保持一定松紧度；引下线应躲开建筑物的出入口和行人较易接触到的地点，以免发生危险。

h. 在易受机械损坏的地方，地上约 1.7m 至地下 0.3m 的一段地线应加保护措施，为了减少接触电压的危险，也可用竹筒将引下线套起来或用绝缘材料缠绕。

i. 采用多根明装引下线时，为了便于测量接地电阻，以及检验引下线和接地线的连接状况，应在每条引下线距地 1.8～2.2m 处放置断接卡子。利用混凝土柱内钢筋作为引下线时，必须将焊接的地线连接到首层配电盘处并连接到接地端子上，可在地线端处测量接地电阻。

j. 每栋建筑物至少有两根引下线（投影面积小于 $50m^2$ 的建筑物除外）。防雷引下线最好为对称位置，例如两根引下线成“一”字形或“乙”字形，四根引下线要做成“工”字形，引下线间距离不应大于 20m，当大于 20m 时应在中间多引一根引下线。

② 防雷引下线暗敷做法

a. 首先将所需扁钢（或圆钢）用手锤（或钢筋扳子）进行调直。

b. 将调直的引下线运到安装地点，按设计要求随建筑物引上，挂好。

c. 及时将引下线的下端与接地体焊接好，或与断接卡子连接好。随着建筑物的逐步增高，将引下线敷设于建筑物内至屋顶为止。如需接头则应进行焊接，焊接后应敲掉药皮并刷防锈漆（现浇混凝土除外），并请有关人员进行隐检验收，做好记录。

d. 利用主筋（直径不小于 $\phi 16mm$）作引下线时，按设计要求找出全部主筋位置，用油漆做标记，距室外地坪 1.8m 处焊好测试点，随钢筋逐层串联焊接至顶层，焊接出一定长度的引下线，搭接长度不应小于 100mm，做完后请有关人员进行隐检，做好隐检记录。

e. 土建装修完毕后，将引下线在地面上 2m 的一段套上保护管，并用卡子将其固定牢固，刷上红白相间的油漆。

（10）防雷引下线明敷

① 防雷引下线明敷的规定

a. 引下线的垂直允许偏差为 2/1000。

b. 引下线必须调直后进行敷设，弯曲处不应小于 90°，并不得弯成死角。

c. 引下线除设计有特殊要求者外，镀锌扁钢截面不得小于 $48mm^2$，镀锌圆钢直径不得小于 8mm。

d. 有关断接卡子位置应按设计及规范要求执行。

e. 焊接及搭接长度应按有关规范执行。

② 防雷引下线明敷做法

a. 引下线如为扁钢，可放在平板上用手锤调直；如为圆钢，将圆钢放开，一端固定在牢固地锚的机具上，另一端固定在绞磨（或倒链）的夹具上进行冷拉直。

b. 将调直的引下线运到安装地点。

c. 将引下线用大绳提升到最高点，然后由上而下逐点固定，直至安装断接卡子处。如需接头或安装断接卡子，则应进行焊接。焊接后，清除药皮，局部调直，刷防锈漆。

d. 将接地线地面以上 2m 段，套上保护管，并用卡子将其固定牢固及刷上红白相间的油漆。

e. 用镀锌螺栓将断接卡子与接地体连接牢固。

（11）避雷网安装

① 避雷网安装的规定

a. 避雷线应平直、牢固，不应有高低起伏和弯曲现象，距离建筑物应一致，平直度每 2m 检查段允许偏差 3/1000，但全长不得超过 10mm。

b. 避雷线弯曲处不得小于 90°，弯曲半径不得小于圆钢直径的 10 倍。

c. 避雷线如用扁钢，截面不得小于 $48mm^2$；如为圆钢，直径不得小于 8mm。

d. 遇有变形缝处应进行煨管补偿。

② 避雷网安装

a. 避雷线如为扁钢，可放在平板上用手锤调直；如为圆钢，可将圆钢放开，一端固定在牢固地锚的夹具上，另一端固定在绞磨（或倒链）的夹具上，进行冷拉调直。

b. 将调直的避雷线运到安装地点。

c. 将避雷线用大绳提升到顶部，顺直、敷设、卡固、焊接连成一体，同引下线焊好，焊接处的药皮应敲掉，进行局部调直后刷防锈漆及铅油（或银粉）。

d. 建筑物屋顶上有凸出物，如金属旗杆、透气管、金属天沟、铁栏杆、爬梯、冷却水塔、电视天线等，这些部位的金属导体都必须与避雷网焊接成一体。顶层的烟囱应做避雷带或避雷针。

e. 在建筑物的变形缝处应进行防雷跨接处理。

f. 避雷网分明网和暗网两种，网格越密，其可靠性就越好。网格的密度应视建筑物的防雷等级而定，防雷等级高的建筑物可使用 10m×10m 的网格，防雷等级低的一般建筑物可使用 20m×20m 的网格，如果设计有特殊要求应按设计要求执行。

(12) 避雷带（或均压环）安装

① 避雷带（或均压环）安装的规定

a. 避雷带一般采用圆钢直径不小于 6mm，扁钢尺寸不小于 24mm×4mm。

b. 避雷带明敷时，支架的高度为 100～200mm，其各支点的间距不应大于 1.5m。

c. 建筑物高于 30m 以上的部位，每隔 3 层沿建筑物四周敷设一道避雷带并与各根引下线相焊接。

d. 铝制门窗与避雷装置连接。在加工定制铝制门窗时就应按要求甩出 300mm 的铝带或扁钢 2 处，如超过 3m 时，就需 3 处连接，以便进行压接或焊接。

② 避雷带（或均压环）安装

a. 避雷带可以暗敷在建筑物表面的抹灰层内，或直接利用结构钢筋，并应与暗敷的避雷网或楼板的钢筋相焊接，所以避雷带实际上也就是均压环。

b. 利用结构圈梁内的主筋或腰筋与预先准备好的约 200mm 的连接钢筋头焊接成一体，并与柱筋中引下线焊成一个整体。

c. 圈梁内各点引出钢筋头，焊完后，用圆钢（或扁钢）敷设在四周，圈梁内焊接好各点，并与周围各引下线连接后形成环形。同时在建筑物外沿金属门窗、金属栏杆处甩出 300mm 长 ϕ2mm 镀锌圆钢备用。

d. 金属门、窗、栏杆、扶手等金属部件的预埋焊接点不应少于 2 处，与避雷带预留的圆钢焊成整体。

e. 利用屋面金属扶手栏杆作为避雷带时，拐弯处应弯成圆弧活弯，栏杆应与接地引下线可靠焊接。

f. 节日彩灯沿避雷带平敷时，避雷带的高度应高于彩灯顶部，当彩灯垂直敷设时，吊挂彩灯的金属线应可靠接地，同时应考虑在彩灯控制电源箱处安装低压避雷器或采取其他防雷击措施。

9.5.3 质量标准

(1) 保证项目

① 材料的质量符合设计要求；接地装置的接地电阻必须符合设计要求。

② 接至电气设备、器具和可拆卸的其他非带电金属部件接地的分支线，必须直接与接地干线相连，严禁串联连接。

检验方法：实测或检查接地电阻测试记录。

(2) 基本项目

① 避雷针（网）及其支持件安装位置正确，固定牢靠，防腐良好；外体垂直，避雷网规格尺寸和弯曲半径正确；避雷针及支持件的制作质量符合设计要求。设有标志灯的避雷针灯具完整，显示清晰。避雷网支持间距均匀；避雷针垂直度的偏差不大于顶端外杆的直径。

检验方法：观察检查和实测或检查安装记录。

② 接地（接零）线敷设。

a. 平直、牢固，固定点间距均匀，跨越建筑物变形缝有补偿装置，穿墙有保护管，油漆防腐完整。

b. 焊接连接的焊缝平整、饱满，无明显气孔、咬肉等缺陷；螺栓连接紧密、牢固，有防松措施。

c. 防雷接地引下线的保护管固定牢靠；断线卡子设置便于检测，接触面镀锌或镀锡完整，螺栓等紧固件齐全，防腐均匀。

检验方法：观察检查。

③ 接地体安装。位置正确，连接牢固，接地体埋设深度距地面不小于0.6m。隐蔽工程记录齐全、准确。

检验方法：检查隐蔽工程记录。

（3）允许偏差项目

① 搭接长度：扁钢，$\geqslant 2b$；圆钢，$\geqslant 6D$；圆钢和扁钢，$\geqslant 6D$。其中，b 为扁钢宽度；D 为圆钢直径。

② 扁钢搭接焊接三个棱边，圆钢焊接双面。

检验方法：尺量检查和观察检查。

9.5.4 成品保护

（1）接地体

① 其他工种在挖土方时，注意不要损坏接地体。

② 安装接地体时，不得破坏散水和外墙装修。

③ 不得随意移动已经绑好的结构钢筋。

（2）支架

① 剔洞时，不应损坏建筑物的结构。

② 支架稳注后，不得碰撞松动。

（3）防雷引下线明（暗）敷设

① 安装保护管时，注意保护好土建结构及装修面。

② 拆架子时不要磕碰引下线。

（4）避雷网敷设

① 遇坡顶瓦屋面，在操作时应采取措施，以免踩坏屋面瓦。

② 不得损坏外檐装修。

③ 避雷网敷设后，应避免砸碰。

（5）避雷带与均压环

预甩扁铁或圆钢不得超过300mm。

（6）避雷针

① 拆除脚手架时，注意不要碰坏避雷针。

② 注意保护土建装修。

（7）接地干线安装

① 电气施工时，不得磕碰及弄脏墙面。

② 喷浆前，必须预先将接地干线用纸包扎好。

③ 拆除脚手架或搬运物件时，不得碰坏接地干线。

④ 焊接时注意保护墙面。

9.5.5 应注意的质量问题

① 接地体

a. 接地体埋深或间隔距离不够，按设计要求执行。

b. 焊接面不够，药皮处理不干净，防腐处理不好，焊接面按质量要求进行纠正，将药皮敲净，做好防腐处理。

c. 利用基础、梁柱钢筋搭接面积不够，应严格按质量要求去做。

② 支架安装

a. 支架松动，混凝土支座不稳固，将支架松动的原因找出来，然后固定牢靠，混凝土支座放平稳。

b. 支架（或预埋铁件）间距不均匀，直线段不直，超出允许偏差，重新修改好间距，将直线段校正平直，不得超出允许偏差。

c. 焊口有夹渣、咬肉、裂纹、气孔等缺陷，重新补焊，不允许出现上述缺陷。

d. 焊接处药皮处理不干净，漏刷防锈漆，应将焊接处药皮处理干净，补刷防锈漆。

③ 防雷引下线暗（明）敷

a. 焊接面不够，焊口有夹渣、咬肉、裂纹、气孔及药皮处理不干净等现象，应按规范要求修补更改。

b. 漏刷防锈漆，应及时补刷。

c. 引下线不垂直，超出允许偏差，引下线应横平竖直，超差应及时纠正。

④ 避雷网敷设

a. 焊接面不够，焊口有夹渣、咬肉、裂纹、气孔及药皮处理不干净等现象，应按规范要求修补更改。

b. 防锈漆不均匀或有漏刷处，应刷均匀，漏刷处补好。

c. 避雷线不平直，超出允许偏差，调整后应横平竖直，不得超出允许偏差。

d. 卡子螺钉松动，应及时将螺钉拧紧。

e. 变形缝处未进行补偿处理，应补做。

⑤ 避雷带与均压环

a. 焊接面不够，焊口有夹渣、咬肉、裂纹、气孔等，应按规范要求修补更改。

b. 钢门窗、铁栏杆接地引线遗漏，应及时补上。

c. 圈梁的接头未焊，应进行补焊。

⑥ 避雷针制作与安装

a. 焊接处不饱满，焊药处理不干净，漏刷防锈漆，应及时予以补焊，将药皮敲净，刷上防锈漆。

b. 针体弯曲，安装的垂直度超出允许偏差，应将针体重新调直，符合要求后再安装。

⑦ 接地干线安装

a. 扁钢不平直，应重新进行调整。

b. 接地端子漏垫弹簧垫，应及时补齐。

c. 焊口有夹渣、咬肉、裂纹、气孔及药皮处理不干净等现象，应按规范要求修补更改。

⑧ 漏刷防锈漆处，应及时补刷。

⑨ 独立避雷针及其接地装置与道路或建筑物的出入口保护距离不符合规定，其距离应大

于 3m，当小于 3m 时，应采取均压措施或铺卵石或沥青地。

⑩ 利用主筋作防雷引下线时，除主筋截面不得小于 $90mm^2$ 外，其焊接方法可采用压力埋弧焊、对焊等；机械方法可采用冷挤压、螺纹连接等，以上接头处可做防雷引下线，但需进行隐蔽工程检查验收。

9.6 电梯电气设备安装

9.6.1 施工准备

（1）设备、材料要求

① 各电气设备及部件的规格、数量、质量应符合有关要求，各种开关应动作灵活可靠；控制柜、励磁柜应有出厂合格证。

② 槽钢、角钢无锈蚀，膨胀螺栓、螺钉、射钉、射钉子弹、电焊条等的规格、性能应符合图纸及使用要求。

（2）主要机具

电焊机及电焊工具、线坠、钢板尺、扳手、钢锯、盒尺、射钉器、防护面罩、电锤、脱线钳、螺丝刀、克丝钳、电工刀、手电钻。

（3）作业条件

① 机房、井道的照明符合有关要求。

② 开慢车进行井道内安装工作时，各层厅门关闭，门锁良好、可靠，厅门不能用手扒开。

9.6.2 操作工艺

（1）工艺流程

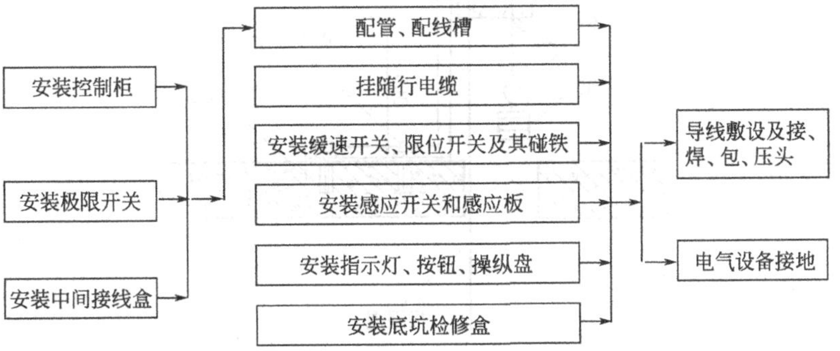

（2）安装控制柜

① 根据机房布置图及现场情况确定控制柜位置。一般应远离门窗，与门窗、墙的距离不小于 600mm，并考虑维修方便。

② 控制柜的过线盒要按安装图的要求用膨胀螺栓固定在机房地面上。若无控制柜过线盒，则要制作控制柜型钢底座或混凝土底座，如图 9-11 所示。控制柜与型钢底座采用螺钉连接固定。控制柜与混凝土底座采用地脚螺栓连接固定。

③ 控制柜安装固定要牢固。多台柜并排安装时，其间应无明显缝隙，且柜面应在同一平面上。

④ 小型的励磁柜安装在距地面高 1.2m 以上的金属支架上（以便调整）。

（3）安装极限开关

① 根据布置图，若极限开关选用墙上安装方式时，要安装在机房门入口处，要求开关底

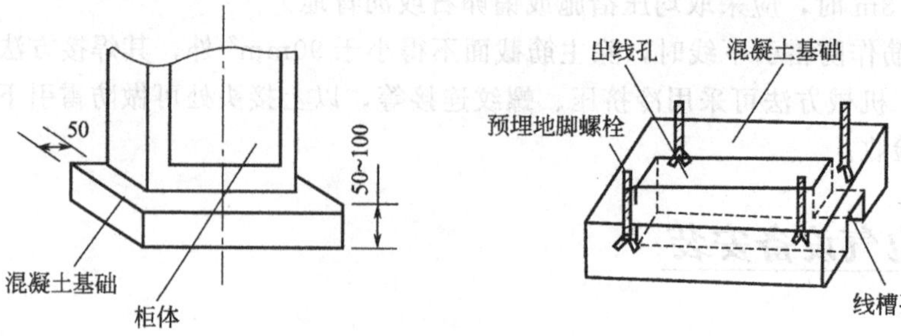

图 9-11　控制柜混凝土底座

部距地面高度 1.2～1.4m。

当梯井钢丝绳位置和极限开关不能上下对应时，可在机房顶板上装导向滑轮，导向轮位置应正确，动作灵活、可靠。

极限开关、导向滑轮支架分别用膨胀螺栓固定在墙上和楼板上。

钢丝绳在开关手柄轮上应绕 3～4 圈，其作用力方向应保证使闸门跳开，切断电源。

② 根据布置图位置，若在机房地面上安装极限开关时，要按开关和梯井极限绳上、下对应来确定安装位置。

极限开关支架用膨胀螺栓固定在梯房地面上。极限开关盒底面距地面 300mm。将钢丝绳按要求进行固定。极限开关在地面支架上安装如图 9-12 所示。

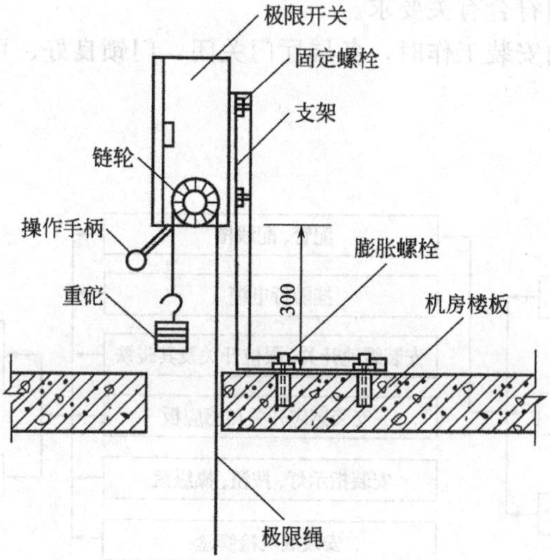

图 9-12　极限开关在地面支架上安装

(4) 安装中间接线盒

① 中间接线盒设在梯井内，其高度按下式确定。

高度（最底层厅门地坎至中间接线盒底的垂直距离）＝1/2 电梯行程＋1500mm＋200mm。

若中间接线盒设在夹层或机房内，其高度（盒底距夹层或机房地面垂直距离）不低于 300mm。

② 中间接线盒水平位置要根据随缆，既不能碰轨道支架，又不能碰厅门地坎。

若梯井较小，轿厢地坎和中间接线盒在水平位置上的距离较近时，要统筹计划，其间距不得小于 40mm，如图 9-13 所示。

③ 中间接线盒用膨胀螺栓固定于墙壁上。

在中间接线盒底面下方 200mm 处安装随缆架。固定随缆架要用不小于 ϕ16mm 的膨胀螺栓 2 条以上（视随缆重而定），以保证其牢度。

（5）配管、配线槽

① 机房配管除图纸规定沿墙敷设明管外，均要敷设暗管，梯井允许敷设明管。电线管的规格要根据敷设导线的数量决定。电线管内敷设导线总面积（包括绝缘层）不应超过管内净面积的 40%。

② 配 ϕ20mm 以下的管采用螺纹管箍连接，ϕ25mm 以上的管可采用焊接连接。管子连接处、出线口要用钢锉锉光，以免划伤导线。管子焊接接口要齐，不能有缝隙或错口。

③ 进入落地式配电箱（柜）的电线管路，应排列整齐，管口高于基础面不小于 50mm。

④ 明配管以下各处需设支架：直管每隔 2～2.5m，横管不大于 1.5m；金属软管不大于 1m，拐弯处及出入箱盒两端为 150mm；每根电线管不少于 2 个支架，支架可直埋墙内或用膨胀螺栓固定。

⑤ 钢管进入接线盒及配电箱，暗配管可用焊接固定，管口露出盒（箱）小于 5mm，明配管应用锁紧螺母固定，露出锁紧螺母的螺纹为 2～4 扣。

⑥ 钢管与设备连接，要把钢管敷设到设备外壳的进线口内，如有困难，可采用下述两种方法。

a. 在钢管出线口处加软塑料管引入设备，钢管出线口与设备进线口的距离应在 200mm 以内。

b. 设备进线口和钢管出线口用配套的金属软管和软管接头连接，软管应用管卡固定。

⑦ 设备表面上的明配管或金属软管应随设备外形敷设，以求美观，如抱闸配管（图 9-14）。

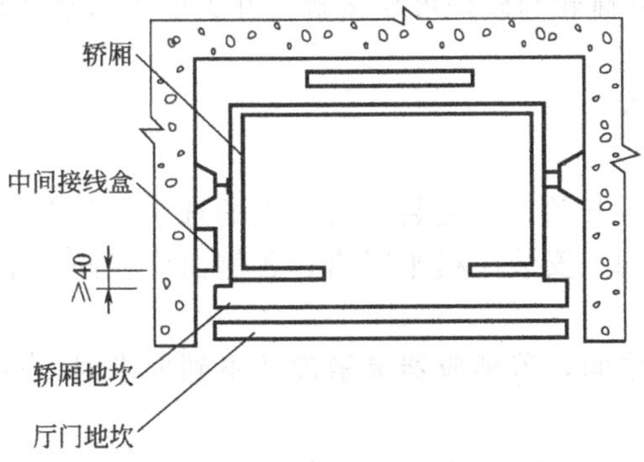

图 9-13 中间接线盒水平位置示意

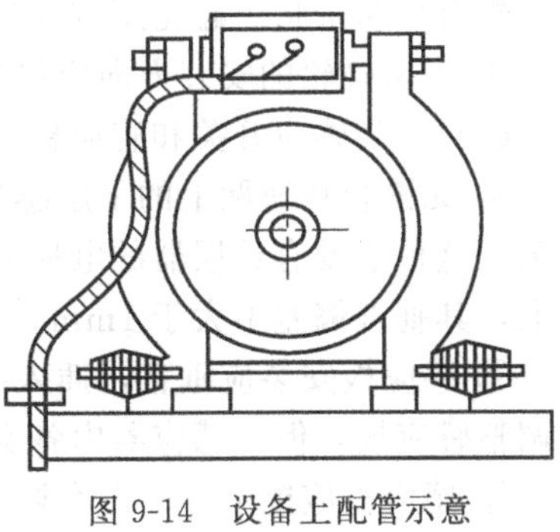

图 9-14 设备上配管示意

⑧ 井道内敷设电线管时，各层应装分支接线盒（箱）并根据需要加端子板。

⑨ 管盒要用开孔器开孔，孔径不大于管外径 1mm。

⑩ 机房配线槽除设计选定的厚线槽外，均应沿墙、梁或梯板下面敷设，线槽敷设应横平竖直。

⑪ 梯井线槽到每层的分支导线较多时，应设分线盒，并考虑加端子板。

⑫ 由线槽引出分支线，如果距指示灯、按钮盒较近，可用金属软管敷设；若距离超过 2m，应用钢管敷设。

⑬ 线槽应有良好的接地保护，线槽接头应严密并做好跨接地线。

⑭ 切断线槽需用手锯操作（不能用气焊），拐弯处不允许锯直口，应沿穿线方向弯成 90°保护口，以防伤线。

⑮ 线槽采用射钉或膨胀螺栓固定。

⑯ 线槽安装完后补刷沥青漆一道，以防锈蚀。

(6) 挂随行电缆

① 随行电缆的长度应根据中间接线盒及轿厢底接线盒实际位置，加上两头电缆支架绑扎长度及接线余量确定。保证在轿厢群底或撞顶时不使随行电缆拉紧，在正常运行时不蹭轿厢和地面；蹲底时随行电缆距地面100～200mm为宜。

② 轿底电缆支架和井道电缆支架的水平距离不小于：8芯电缆为500mm，16～24芯电缆为800mm。

③ 挂随行电缆前应将电缆自由悬垂，使其内应力消除。多根随行电缆不宜绑扎成排。

④ 用塑料绝缘导线（BV-1.5mm^2）将随行电缆牢固地绑扎在随行电缆支架上。

⑤ 电缆入接线盒应留出适当余量，压接牢固，排列整齐。

⑥ 当随行电缆距导轨支架过近时，为了防止随行电缆损坏，可自底坑沿导轨支架焊ϕ6mm圆钢至高于井道中部1.5m处，或设保护网。

(7) 安装缓速开关、限位开关及其碰铁

① 碰铁应无扭曲、变形，安装后调整其垂直度偏差不大于长度的1/1000，最大偏差不大于3mm（碰铁的斜面除外）。

② 缓速开关、限位开关的位置按下述要求确定。

a. 一般交流低速电梯（1m/s及以下），开关的第一级作为强迫减速，将快速转换为慢速运行；第二级应作为限位用，当轿厢因故超过上下端站50～100mm时，即切断顺方向控制电路。

b. 端站强迫减速装置有一级和多级减速开关，这些开关的动作时间略滞后于同级正常减速动作时间。当正常减速失效时，装置按照规定级别进行减速。

③ 开关安装应牢固，安装后要进行调整，使其碰轮与碰铁可靠接触，开关触点可靠动作，碰轮略有压缩余量。碰轮距碰铁边不小于5mm。

④ 开关碰轮的安装方向应符合要求，以防损坏。

(8) 安装感应开关和感应板

① 无论装在轿厢上的平层感应开关及开门感应开关，还是装在轨道上的选层、截车感应开关（这种是没有选层器的电梯），其形式基本相同。安装应横平竖直，各侧面应在同一垂直面上，其垂直偏差不大于1mm。

② 感应板安装应垂直，插入感应器时宜位于中间，若感应器灵敏度达不到要求时，可适当调整感应板，但与感应器内各侧间隙不小于7mm。

③ 感应板应能上下、左右调节，调节后螺栓应可靠锁紧，电梯正常运行时不得与感应器产生摩擦，严禁碰撞。

(9) 安装指示灯、按钮、操纵盘

① 指示灯盒、按钮盒、操纵盘安装应横平竖直，其误差应不大于4/1000。指示灯盒中心与门中线偏差不大于5mm。

② 指示灯、按钮、操纵盘的面板应盖平，遮光罩良好，不应有漏光和串光现象。

③ 按钮及开关应灵活可靠，不应有阻塞现象。

(10) 安装底坑检修盒

① 底坑检修盒的安装位置应选择在距线槽或接线盒较近、操作方便、不影响电梯运行的地方。

② 底坑检修盒用膨胀螺栓固定在井壁上。检修盒、电线管、线槽之间都要跨接地线。

(11) 导线敷设及接、焊、包、压头

① 穿线前将钢管或线槽内清扫干净，不得有积水、污物。

② 根据管路的长度留出适当余量进行断线，穿线时不能出现损伤线皮、扭结等现象并留出适当备用线（10～20根备1根，20～50根备2根，50～100根备3根）。

③ 线要按布线图敷设，电梯的供电电源必须单独敷设。动力和控制线路宜分别敷设。微信号及电子线路应按产品要求单独敷设或采取抗干扰措施。若在同一线槽中敷设，其间要加隔板。

④ 设备及盘柜压线前应将导线沿接线端子方向整理成束，然后用小线或尼龙卡子绑扎，以便故障检查。

⑤ 导线终端应设方向套或标记牌，并注明该线路编号。

⑥ 导线压接要严实，不能有松脱、虚接现象。

（12）电气设备接地

电梯电气设备的接地应符合整体建筑供电系统接地形式的要求。

9.6.3 质量要求

（1）保证项目

① 极限、限位、缓速装置的安装位置正确，功能必须可靠，开关安装牢固。

检验方法：观察和实际运行检查。

② 电梯的供电电源线必须单独敷设。

检验方法：观察检查。

③ 电气设备和配线的绝缘电阻必须大于 0.5MΩ。

检验方法：实测检查或检查安装记录。

④ 保护接地（接零）系统必须良好，电气设备外皮有良好的保护接地（接零）。电线管、槽及箱、盒连接处的跨接地线必须紧密牢固、无遗漏。

检验方法：观察检查和检查安装记录。

⑤ 电梯的随行电缆必须绑扎牢固、排列整齐，无扭曲，其敷设长度必须保证轿厢在极限位置时不受力、不拖地。

检验方法：观察检查。

（2）基本项目

① 机房内的配电、控制屏、柜、盘的安装应布局合理，横竖端正，整齐美观。

检验方法：观察检查。

② 配电盘、柜、箱、盒及设备配线应连接牢固，接触良好，包扎紧密，绝缘可靠，标志清楚，绑扎整齐美观。

检验方法：观察检查。

③ 电线管、槽安装应牢固，无损伤，布局走向合理，出线口准确，槽盖齐全平整，与箱、盒及设备连接正确。

检验方法：观察检查。

④ 电气装置的附属构架，电线管、槽等非带电金属部分的防腐处理应涂漆，均匀无遗漏。

检验方法：观察检查。

（3）允许偏差项目

电气装置安装的允许偏差、尺寸要求和检验方法见表 9-12。

表 9-12　电气装置安装的允许偏差、尺寸要求和检验方法

项　目	允许偏差或尺寸要求	检　验　方　法
机房内柜、屏的垂直度	1.5/1000	吊线、尺量检查
机房内	2/1000	吊线、尺量检查
井道内	5/1000	吊线、尺量检查
轿厢上配管的固定点间距/mm	≤500	尺量检查
金属软管的固定点间距/mm	≤1000	尺量检查

9.6.4 成品保护

① 施工现场要有防范措施，以免设备被盗或被破坏。

② 机房、脚手架上的杂物、尘土要随时清除，以免坠落井道砸伤设备或影响电气设备功能。

9.6.5 应注意的质量问题

① 暗装墙内、地面内的电线管、槽安装后要经有关部门验收合格，且有验收签证后才能封入墙内或地面内。

② 线槽不允许用气焊切割或开孔。

③ 对于易受外部信号干扰的电子线路，应有防干扰措施。

④ 电线管、槽及箱、盒连接处的跨接地线不可遗漏，若使用铜线跨接时，连接螺栓必须加弹簧垫。

⑤ 随行电缆敷设前必须悬挂松动后，方可固定。

9.7 综合布线系统安装

9.7.1 施工准备

（1）材料要求

① 对绞电缆和光缆型号规格、形式应符合设计的规定和购销合同的规定。电缆所附标志、标签内容应齐全、清晰。电缆外护套需完整无损，电缆应附有出厂质量检验合格证，并应附有本批量电缆的性能检验报告（电缆标志内容：在电缆的护套上约以1m的间隔标明生产厂厂名及电缆型号、规格，必要时还标明生产年份。标签内容包括电缆型号、规格，生产厂厂名或专用标志，制造年份，电缆长度）。

② 钢管（或电线管）型号规格，应符合设计要求，壁厚均匀，焊缝均匀，无劈裂、砂眼、棱刺和凹扁现象。除镀锌管外其他管材需预先除锈、刷防腐漆（现浇混凝土内敷钢管，可不刷防腐漆，但应除锈）。镀锌管或刷过防腐漆的钢管外表完整无剥落现象，并有产品合格证。

③ 管道采用水泥管块时，应符合相关规定。

④ 金属线槽及其附件：应采用经过镀锌处理的定型产品，其型号规格应符合设计要求，线槽内外应光滑平整，无棱刺，不应有扭曲、翘边等变形现象，并应有产品合格证。

⑤ 各种镀锌铁件表面处理和镀层应均匀完整，表面光洁，无脱落、气泡等缺陷。

⑥ 接插件：各类跳线、接线排、信息插座、光纤插座等型号规格、数量应符合设计要求，其发射、接收标志明显，并应有产品合格证。

⑦ 配线设备、电缆交接设备的型号规格应符合设计要求，光电缆交接设备的编排及标志名称应与设计相符。各类标志名称统一，标志位置正确、清晰，并应有产品合格证及相关技术文件资料。

⑧ 电缆桥架、金属桥架的型号规格、数量应符合设计要求，金属桥架镀锌层不应有脱落损坏现象，桥架应平整、光滑、无棱刺，无扭曲、翘边、铁损变形现象，并应有产品合格证。

⑨ 各种模块设备型号规格、数量应符合设计要求，并应有产品合格证。

⑩ 交接箱、暗线箱型号规格、数量应符合设计要求，并应有产品合格证。

⑪ 塑料线槽及其附件型号规格应符合设计要求，并选用相应的定型产品。其敷设场所的环境温度不得低于－15℃，其氧指数不应低于27。线槽内外应光滑无棱刺，不应有扭曲、翘

边等变形现象，并有产品合格证。

（2）主要机具与测试设备

① 煨管器、液压煨管器、液压开孔器、套丝机、套管机。

② 手锤、錾子、钢锯、扁锉、圆锉、活扳手、鱼尾钳。

③ 铅笔、皮尺、水平尺、线坠、灰铲、灰桶、水壶、油桶、油刷、粉线袋等。

④ 手电钻、台钻、钻头、射钉枪、拉铆枪、工具袋、工具箱、高凳等。

⑤ 测试仪表和设备、万用表、摇表、光时域反射仪、噪声测试仪、场强测试仪、电桥、网络分析仪等。

（3）作业条件

① 结构工程中预留地槽、过管、孔洞的位置尺寸、数量均应符合设计规定。

② 交接间、设备间、工作区土建工程已全部竣工。房屋内装饰工程完工，地面、墙面平整、光洁，门的高度和宽度应不妨碍设备和器材的搬运，门锁和钥匙齐全。

③ 设备间敷设活动地板时，板块敷设严密紧固，每平方米水平允许偏差不应大于 2mm，地板支柱牢固，活动地板防静电措施的接地应符合设计和产品说明要求。

④ 交接间、设备间提供可靠的施工电源和接地装置。

⑤ 交接间、设备间的面积、环境温度、湿度均应符合设计要求和相关规定。

⑥ 交接间、设备间应符合安全防火要求，预留孔洞采取防火措施，室内无危险物的堆放，消防器材齐全。

9.7.2 操作工艺

（1）工艺流程

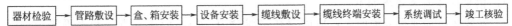

器材检验 → 管路敷设 → 盒、箱安装 → 设备安装 → 缆线敷设 → 缆线终端安装 → 系统调试 → 竣工核验

（2）器材检验

① 施工前应对所用器材进行外观检验，检查其型号规格、数量、标志、标签、产品合格证、产品技术文件资料，有关器材的电气性能、力学性能、使用功能及有关特殊要求，应符合设计规定。

② 电缆电气性能抽样测试，应符合产品出厂检验要求及相关规范规定。

③ 光纤特性测试应符合产品出厂检验要求及相关规范规定。有关器材检验具体要求，可参见《建筑与建筑群综合布线系统工程施工及验收规范》(CECS89：97) 相关部分。

（3）管路敷设

① 金属管或阻燃型硬质（PVC）塑料管暗敷设要求如下。

a. 暗配管宜采用金属管或阻燃型硬质（PVC）塑料管，预埋在墙体中间的暗管内径不宜超过 50mm，楼板中的暗管内径应为 15～25mm。直线布管超过 30m 处应设置拉线盒或接线箱。

b. 暗配管的转弯角度应大于 90°，在路径上每根暗管的转弯角度不得多于两个，并不应有 S 弯出现。在弯曲布管时每间隔 15m 处，应设置暗拉线盒或接线箱。

c. 暗配管转弯的弯曲半径不应小于该管外径的 6 倍，如暗管外径大于 50mm 时，不应小于 10 倍。

d. 金属管和阻燃型硬质塑料管具体施工工艺，请按有关章节进行施工。

② 金属线槽地面暗敷设要求如下。

a. 在建筑物中预埋线槽，可根据其尺寸不同，按一层或二层设置，应至少预埋两根以上，线槽截面高度不宜超过 25mm。

b. 线槽直埋长度超过 6m 或在线槽路由交叉、转弯时，宜设置拉线盒，以便于布放缆线和维修。

c. 拉线盒应能开启，并与地面齐平，盒盖处应采取防水措施。

d. 线槽宜采用金属管引入分线盒内。有关地面金属线槽安装施工工艺请按有关章节要求施工。

③ 格形楼板下暗敷设格形线槽和沟槽要求如下。

a. 沟槽和格形线槽必须沟通。

b. 沟槽盖板可开启，并与地面平齐，盖板和信息插座出口处应采取防水措施。

c. 沟槽的宽度宜小于 600mm。

④ 桥架敷设要求如下。

a. 桥架水平敷设时，吊（支）架间距一般为 1.5～3m，垂直敷设时固定在建筑物构体上的间距宜小于 2m。

b. 桥架及槽道的安装位置应符合设计图规定，左右偏差不应超过 50mm。

c. 桥架及槽道水平度每米偏差不应超过 2mm。

d. 垂直桥架及槽道应与地面保持垂直，并无倾斜现象，垂直度偏差不应超过 3mm。

e. 两槽道拼接处水平度偏差不应超过 2mm。

f. 吊（支）架安装应保持垂直平整，排列整齐，固定牢固，无歪斜现象。

g. 金属桥架及槽道节与节间应接触良好，安装牢固。

h. 金属桥架安装施工工艺请按有关章节要求施工。

⑤ 金属线槽敷设或阻燃型塑料线槽敷设有关安装施工工艺，请按有关章节要求施工。

(4) 盒、箱安装

① 信息插座安装要求如下。

a. 安装在活动地板或地面上，应固定在接线盒内，插座面板有直立和水平等形式，接线盒盖可开启，并应严密防水、防尘。接线盒盖面应与地面平齐。

b. 安装在墙体上，宜高出地面 300mm，如地面采用活动地板时，应加上活动地板内净高尺寸。

c. 信息插座底座的固定方法以施工现场条件而定，宜采用扩张螺钉、射钉等方式。

d. 固定螺钉需拧紧，不应产生松动现象。

e. 信息插座应有标签，以颜色、图形、文字表示所接终端设备类型。

f. 安装位置应符合设计要求。

② 交接箱宜暗设在墙体内，预留墙洞安装，箱底高出地面宜为 500～1000mm。

(5) 设备安装

① 机架安装要求

a. 机架安装完毕后，水平度、垂直度应符合厂家规定。如无厂家规定时，垂直度偏差不应大于 3mm。

b. 机架上的各种零件不得脱落或碰坏，漆面如有脱落，应予以补漆，各种标志完整清晰。

c. 机架的安装应牢固，应按设计图的防震要求进行加固。

d. 安装机架面板，架前应留有 1.5m 空间，机架背面离墙距离应大于 0.8m，以便于安装和施工。

e. 壁挂式机框底距地面宜为 300～800mm。

② 配线设备机架安装要求

a. 采用下走线方式，架底位置应与电缆上线孔相对应。

b. 各直列垂直倾斜误差不应大于 3mm，底座水平误差每平方米不应大于 2mm。

c. 接线端子各种标志应齐全。

③ 各类接线模块安装要求

a. 模块设备应完整无损，安装就位，标志齐全。

b. 安装螺钉应拧牢固，面板应保持在一个水平面上。

④ 接地要求　安装机架、配线设备及金属钢管、槽道、接地体，保护接地导线截面、颜色应符合设计要求，并保持良好的电气连接，压接处牢固可靠。

(6) 缆线敷设

① 缆线敷设一般应符合下列要求。

a. 缆线布放前应核对型号规格、路由及位置与设计规定相符。

b. 缆线的布放应平直，不得产生扭绞、打圈等现象，不应受到外力的挤压和损伤。

c. 缆线在布放前两端应贴有标签，以标明起始和终端位置，标签书写应清晰、端正和正确。

d. 电源线、信号电缆、对绞电缆、光缆及建筑物内其他弱电系统的缆线应分开布放。各缆线间的最小净距应符合设计要求。

e. 缆线布放时应有冗余。在交接间、设备间对绞电缆预留长度一般为 3～6m；工作区为 0.3～0.6m；光缆在设备端预留长度一般为 5～10m；有特殊要求的应按设计要求预留长度。

f. 缆线的弯曲半径应符合下列规定。

ⅰ. 非屏蔽对绞电缆的弯曲半径应至少为电缆外径的 4 倍，在施工过程中应至少为 8 倍。

ⅱ. 屏蔽对绞电缆的弯曲半径应至少为电缆外径的 6～10 倍。

ⅲ. 主干对绞电缆的弯曲半径应至少为电缆外径的 10 倍。

ⅳ. 光缆的弯曲半径应至少为光缆外径的 1.5 倍，在施工过程中应至少为 20 倍。

g. 缆线布放，在牵引过程中，吊挂缆线的支点相隔间距不应大于 1.5m。

h. 布放缆线的牵引力，应小于缆线允许张力的 80%，对光缆瞬间最大牵引力不应超过光缆允许的张力。在以牵引方式敷设光缆时，主要牵引力应加在光缆的加强芯上。

i. 缆线布放过程中为避免受力和扭曲，应制作合格的牵引端头。如果用机械牵引时，应根据缆线牵引的长度、布放环境、牵引张力等因素选用集中牵引或分散牵引等方式。

j. 布放光缆时，光缆盘转动应与光缆布放同步，光缆牵引的速度一般为 15m/s。光缆出盘处要保持松弛的弧度，并留有缓冲的余量，又不宜过多，避免光缆出现背扣。

② 预埋线槽和暗管敷设缆线应符合下列规定。

a. 敷设管道的两端应有标志，表示出序号和长度。

b. 管道内应无阻挡，管口应无毛刺，并安置牵引线或拉线。

c. 敷设暗管宜采用钢管或阻燃硬质（PVC）塑料管。布放双护套缆线和主干缆线时，直线管道的管径利用率应为 50%～60%，弯管道为 40%～50%；暗管布放 4 对对绞电缆时，管道的截面利用率应为 25%～30%。预埋线槽宜采用金属线槽，线槽的截面利用率不应超过 40%。

d. 光缆与电缆同管敷设时，应在暗管内预置塑料子管，将光缆设在子管内，使光缆和电缆分开布放，子管的内径应为光缆外径的 1.5 倍。

③ 设置电缆桥架和线槽敷设缆线应符合下列规定。

a. 电缆桥架宜高出地面 2.2m 以上，桥架顶部距顶棚或其他障碍物不应小于 300mm。桥架宽度不宜小于 100mm，桥架内横断面的填充率不应超过 50%。

b. 电缆桥架内缆线垂直敷设时，在缆线上端和每间隔 1.5m 处，应固定在桥架的支架上，水平敷设时，直线部分间隔距离在 3～5m 处设固定点。在缆线距离首端、尾端、转弯中心点处 300～500mm 处设置固定点。

c. 电缆线槽高出地面 2.2m。在吊顶内设置时，槽盖开启面应保持 80mm 的垂直净空，线槽截面利用率不应超过 50%。

d. 布放线槽缆线可以不绑扎，槽内缆线应顺直，尽量不交叉，缆线不应溢出线槽，在缆线进出线槽部位、转弯处应绑扎固定。垂直线槽布放缆线应每间隔 1.5m 处固定在缆线支架上。

e. 在水平、垂直桥架和垂直线槽中敷设缆线时，应对缆线进行绑扎。4 对对绞电缆以 24 根为束，25 对或以上主干对绞电缆、光缆及其他信号电缆应根据缆线的类型、缆径、缆线芯数分束绑扎。绑扎间距不宜大于 1.5m，扣间距应均匀、松紧适度。

④ 顶棚内敷设缆线时，应考虑防火要求，缆线敷设应单独设置吊架，不得布放在顶棚吊架上，宜放置在金属线槽内布线。缆线护套应阻燃，缆线截面选用应符合设计要求。

⑤ 在竖井内采用明配管、桥架、金属线槽等方式敷设缆线，并应符合以上有关条款要求。竖井内楼板孔洞周边应设置 50mm 的防水台，洞口用防火材料封堵严实。

⑥ 建筑群子系统采用架空管道、直埋、墙壁明配管（槽）或暗配管（槽）敷设电缆，光缆施工技术要求应参照《市内电话线路工程施工及验收技术规范》、《电信网光纤数字传输系统工程施工及验收暂行技术规定》的相关规定执行。

（7）缆线终端安装

① 缆线终端的一般要求如下。

a. 缆线在终端前，必须检查标签颜色和数字含义是否正确。

b. 缆线中间不得产生接头现象。

c. 缆线终端处必须卡接牢固、接触良好。

d. 缆线终端应符合设计和厂家安装手册要求。

e. 对绞电缆与接插件连接应认准线号、线位色标，不得颠倒和错接。

② 对绞电缆芯线终端应符合下列要求。

a. 终端时，每对对绞线应尽量保持扭绞状态，非扭绞长度对于 5 类线不应大于 13mm；4 类线不大于 25mm。

b. 剥除护套均不得刮伤绝缘层，应使用专用工具剥除。

c. 对绞线在信息插座（RJ45）相连时，必须按色标和线对顺序进行卡接。

d. 对绞电缆与 RJ45 信息插座的卡接端子连接时，应按先近后远、先下后上的顺序进行卡接。

e. 对绞电缆与接线模块（IDC，RJ45）卡接时，应按设计和厂家规定进行操作。

f. 屏蔽对绞电缆的屏蔽层与接插件终端处屏蔽罩可靠接触，缆线屏蔽层应与接插件屏蔽罩 360°圆周接触，接触长度不宜小于 100mm。

③ 光缆芯线终端应符合下列要求。

a. 采用光纤连接盒对光缆芯线接续、保护，光纤连接盒可为固定式和抽屉式两种方式。在连接盒中光纤应能得到足够的弯曲半径。

b. 光纤熔接或机械连接处应加以保护和固定，使用连接器以便于光纤的跳接。

c. 连接盒面板应有标志。

d. 跳线的活动连接器在插入适配器之前应进行清洁，所插位置符合设计要求。

④ 各类跳线应符合下列要求。

a. 各类跳线缆线和插件间接触应良好，接线无误，标志齐全。跳线选用类型应符合系统设计要求。

b. 各类跳线长度应符合设计要求，一般对绞电缆不应超过 5m，光缆不应超过 10m。

（8）综合布线系统调试

① 综合布线系统工程系统调试，包括缆线、信息插座及接线模块的测试。各项测试应有详细记录，以作为竣工资料的一部分。有关电气性能测试记录格式见表 9-13。

表 9-13　综合布线系统工程电气性能测试记录格式

序号	编　号			内　　容						
				电　缆　系　统					光缆系统	
1	地址号	缆线号	设备号	长度	接线图	衰减	近端串扰	屏蔽电缆屏蔽层连接情况	衰减	反射
2										
3										
4										
5	测试日期									
6	测试人员									
7	测试仪表型号									
8	处理情况									

② 电气性能测试仪表的精度应达到表 9-14 规定的要求。

表 9-14　测试仪精度最低性能要求

序　号	性能参数	1～100MHz	
1	随机噪声最低值	65～15lg(*f*/100)dB	
2	剩余近端串扰(NEXT)	55～15lg(*f*/100)dB	
3	平衡输出信号	37～15lg(*f*/100)dB	
4	共模抑制	37～15lg(*f*/100)dB	
5	动态精确度	±0.75dB	—
6	长度精确度	±1m±4%	—
7	回损	15dB	—

注：1. 表中第 5 项内容，从 0～10dB 的近端串扰极限值优于至 60dB 时的值。

2. 表中 *f* 表示频率，单位为 MHz。对表中计算值低于 75dB 时，第 1、2 项可以不测量；在低于 60dB 时，第 3、4、5 项可以不测量。

③ 测试仪表应能测试 3 类、4 类、5 类对绞电缆。

④ 测试仪表对于一个信息插座的电气性能测试时间宜在 20～50s 之间。

⑤ 测试仪表应有输出端口，以将所有测试数据加以存储，并随时输出至计算机和打印机进行维护管理。

⑥ 电缆、光缆测试仪表应经过计量部门校验，并取得合格证后，方可在工程中使用。

⑦ 调试程序如下。

由数据终端、语音终端开始检查信息出口、水平缆线、楼层配线架、主配线架、垂直缆线、计算机机房、电话交换机房，经过全面的调试前检查确认无误后对子系统逐一进行调试。各子系统经过调试检测符合规定允许开通时，再进行系统综合调试，经测试后传输速率等技术参数符合规定，便可交付使用。

（9）竣工检验

综合布线系统工程竣工验收项目及内容见表 9-15 所示。

表 9-15　综合布线系统工程竣工验收项目及内容

阶　段	验收项目	验　收　内　容	验收方式
一、施工前检查	(1)环境要求	①土建施工情况：地面、墙面、门、电源插座及接地装置 ②土建工艺：机房面积、预留孔洞 ③施工电源 ④活动地板敷设	施工前检查
	(2)器材检验	①外观检查 ②规格、品种、数量 ③电缆电气性能抽样测试 ④光纤特性测试	施工前检查
	(3)安全、防火要求	①消防器材 ②危险物的堆放 ③预留孔洞防火措施	施工前检查
二、设备安装	(1)设备机架	①规格、形式、外观 ②安装垂直度、水平度 ③油漆不得脱落，标志完整齐全 ④各种螺钉(栓)必须紧固 ⑤防震加固措施 ⑥接地措施	随工检验
	(2)信息插座	①规格、位置、质量 ②各种螺钉必须拧紧 ③标志齐全 ④安装符合工艺要求 ⑤屏蔽层可靠连接	随工检验
三、电、光缆布放(楼内)	(1)电缆桥架及槽道安装	①安装位置正确 ②安装符合工艺要求 ③接地	随工检验
	(2)缆线布放	①缆线规格、路由、位置 ②符合布放缆线工艺要求	随工检验
四、电、光缆布放(楼间)	(1)架空缆线	①吊线规格、架设位置、装设规格 ②吊线垂度 ③缆线规格 ④卡、挂间隔 ⑤缆线的引入符合工艺要求	随工检验
	(2)管道缆线	①使用管孔孔位 ②缆线规格 ③缆线走向 ④缆线防护设施的设置质量	隐蔽工程签证
	(3)埋式缆线	①缆线规格 ②敷设位置、深度 ③缆线防护设施的设置质量 ④回土夯实质量	隐蔽工程签证
	(4)隧道缆线	①缆线规格 ②安装位置、路由 ③土建符合工艺要求	隐蔽工程签证
	(5)其他	①通信线路与其他设施的间距 ②进线室安装、施工质量	隐蔽工程签证
五、缆线终端	(1)信息插座	符合工艺要求	随工检验
	(2)配线模块	符合工艺要求	
	(3)光纤插座	符合工艺要求	
	(4)各类跳线	符合工艺要求	

续表

阶 段	验收项目	验 收 内 容	验收方式
六、系统测试	(1)工程电气性能测试	①连接图 ②长度 ③衰减 ④近端串扰 ⑤设计中特殊规定的测试内容	竣工检验
	(2)光纤特性测试	①类型(单模或多模) ②衰减 ③反射	竣工检验
	(3)系统接地	符合设计要求	竣工检验
七、工程总验收	(1)竣工技术文件	清点、交接技术文件	
	(2)工程验收评价	考核工程质量,确认验收结果	竣工检验

注：1. 楼内缆线敷设在预埋槽道及暗管中的验收方式为隐蔽工程签证。
2. 系统测试内容的验收也可在随工中进行检验。

9.7.3 质量标准

(1) 保证项目

① 综合布线所使用的设备器件，盒、箱缆线，连接硬件等安装应符合相应产品厂家和国家有关规范规定。

② 防雷、接地电阻应符合设计要求，设备金属外壳及器件、缆线屏蔽接地线截面、色标应符合规范规定；接地端连接导体应牢固可靠。

③ 综合布线系统的发射干扰波的电场强度限值要求应符合 EN55022 和 CSPR22 标准中的相关规定。

④ 综合布线系统应能满足设计对数据系统和语音系统传输速率、传输标准等系统设计要求和规范规定。

检验方法：观察检查或使用仪器设备进行测试检验。

(2) 基本项目

① 综合布线系统设备间、交接间、缆线管线、金属线槽、各种器件、信息插座的安装应符合设计要求和规范规定，布局合理，排列整齐，缆线连接正确，压接牢固。

② 连接硬件符合设计要求，标记和色码清晰，性能标志设置正确。

③ 电气及防护、接地、抗电磁干扰、防静电、防火、防毒、环境保护应符合规范规定。

检验方法：观察检查或使用仪器设备进行测试检验。

(3) 允许偏差项目

① 布线系统信道的插入损耗（IL）值应符合表 9-16 的规定。

表 9-16 布线系统信道的插入损耗（IL）值

频率/MHz	最大插入损耗/dB					
	A 级	B 级	C 级	D 级	E 级	F 级
0.1	16.0	5.5				
1		5.8	4.2	4.0	4.0	4.0
16			14.4	9.1	8.3	8.1
100				24.0	21.7	20.8
250					35.9	33.8
600						54.6

② 布线系统信道的近端串音值应符合表 9-17 的规定。

表 9-17 布线系统信道的近端串音值

频率/MHz	最小近端串音/dB					
	A 级	B 级	C 级	D 级	E 级	F 级
0.1	27.0	40.0				
1		25.0	39.1	60.0	65.0	65.0
16			19.4	43.6	53.2	65.0
100				30.1	39.9	62.9
250					33.1	56.9
600						51.2

③ 布线系统信道的直流环路电阻应符合表 9-18 的规定。

表 9-18 布线系统信道的直流环路电阻

最大直流环路电阻/Ω					
A 级	B 级	C 级	D 级	E 级	F 级
560	170	40	25	25	25

④ 布线系统永久链路的最小回波损耗值应符合表 9-19 的规定。

表 9-19 布线系统永久链路的最小回波损耗值

频率/MHz	最小回波损耗/dB			
	C 级	D 级	E 级	F 级
1	15.0	19.0	21.0	21.0
16	15.0	19.0	20.0	20.0
100		12.0	14.0	14.0
250			10.0	10.0
600				10.0

⑤ 布线系统永久链路的最小等电平远端串音值应符合表 9-20 的规定。

表 9-20 布线系统永久链路的最小等电平远端串音值

频率/MHz	最小等电电平远端串音值/dB		
	D 级	E 级	F 级
1	58.6	64.2	65.0
16	34.5	40.1	59.3
100	18.6	24.2	46.0
250		16.2	39.2
600			32.6

⑥ 布线系统永久链路的最大直流环路电阻应符合表 9-21 的规定。

表 9-21 布线系统永久链路最大的直流环路电阻 单位：Ω

1A 级	B 级	C 级	D 级	E 级	F 级
1530	140	34	21	21	21

⑦ 多模光纤的最小模式带宽应符合表 9-22 的规定。

表 9-22 多模光纤的最小模式带宽

光纤类型	光纤直径/μm	最小模式带宽/(MHz·kin)		
		过量发射带宽		有效光发射带宽
		波长		
		850nm	1300nm	850nm
OM1	50 或 62.5	200	500	
OM2	50 或 62.5	500	500	
OM3	50	1500	500	2000

思考题

1. 建筑物防雷分哪几类？如何划分？
2. 建筑物易受雷击的部位是什么？
3. 综合布线系统的基本构成是什么？

第 10 章 电气动力设施的施工

10.1 电缆敷设

10.1.1 电缆线路

10.1.1.1 电缆敷设的一般要求

① 选择电缆路径时的要求如下。

a. 应使电缆不易受到各种损伤（机械损伤、震动、化学作用、地下电流、水锈、热影响、鼠害等）。

b. 便于维护。

c. 避开场地规划中的施工用地或建设用地。

d. 电缆路径较短。

e. 尽量避开和减少穿越道路、渠道和地下管道。

② 电缆直埋敷设，施工简单、投资省、电缆散热好，因此在电缆根数较少时应首先考虑。

③ 在确定电缆构筑物时，需结合建设规划，预留备用支架或孔眼。

④ 电缆支架间或固定点间的最大间距，不应大于表 10-1 所列数值。

表 10-1 电缆支架间或固定点间的最大间距 单位：m

敷设方式	铅包、铝包、钢带铠装电力电缆	全塑电缆、控制电缆	钢丝铠装电缆
水平敷设	1.0	0.8(0.4)	3.0
垂直敷设	1.5	1.0	6.0

注：如果不是每一支架固定电缆时，应用括号内数字。

⑤ 电缆敷设的弯曲半径与电缆外径的比值（最小值），不应小于表 10-2 所列数值。

表 10-2 电缆敷设的弯曲半径与电缆外径的比值

电缆护套类型		电力电缆		其他多芯电缆
		单 芯	多 芯	
金属护套	铅	25	15	15
	铝	30	30	30
	皱纹铝套和皱纹钢套	20	20	20
非金属护套		20	15	无铠装 10
				有铠装 15

⑥ 垂直或沿陡坡敷设的黏性油浸纸绝缘电缆，其敷设最大水平高差不应大于表 10-3 所列数值。不滴流油浸纸绝缘电缆、塑料或橡胶绝缘电缆的水平高差不受此限制。

⑦ 电缆在电缆沟或隧道内敷设时的最小净距，不宜小于表 10-4 所列数值。

表 10-3　油浸纸绝缘电缆的允许敷设最大水平高差　　单位：m

电压等级/kV	电缆结构类型	铝　包
1～3	有铠装	25
	无铠装	20
6～10	有铠装或无铠装	15
20～35		5

表 10-4　电缆在电缆沟或隧道内敷设时的最小净距　　单位：mm

敷设方式		电缆隧道净高≥1900	电缆沟	
			沟深≤600	沟深>600
通道宽度	两边有支架时，架间水平净距	1000	300	500
	一边有支架时，架与壁间水平净距	900	300	450
支架层间的垂直净距	电力电缆 35kV	250	200	200
	电力电缆≤10kV	200	150	150
	控制电缆	120	100	100
电力电缆间的水平净距（单芯电缆品字形布置时除外）		35 但不小于电缆外径		

⑧ 电缆在室内明敷，在电缆沟、电缆隧道和竖井内明敷时，不应有黄麻或其他易燃的外护层，否则应予剥去，并刷防腐漆。

⑨ 电缆在室外明敷时，尤其是有塑料或橡胶外护层的电缆，应避免日光长时间直晒。必要时应加装遮阳罩或采用耐日照电缆。

⑩ 交流回路中的单芯电缆不应采用磁性材料护套铠装的电缆，单芯电缆敷设时应注意以下几点。

a. 使并联电缆间的电流分布均匀。

b. 接触电缆外皮时应无危险。

c. 穿金属管时，同一回路的单芯电缆应穿在同一管中。

d. 防止引起附近金属部件发热。

⑪ 不应在有易燃、易爆及可燃的气体或液体管道的沟道或隧道内敷设电缆。

⑫ 不宜在热力管道的沟道或隧道内敷设电力电缆。

⑬ 敷设电缆的构架如为钢制，宜采用热镀锌或其他防腐措施。在有较严重腐蚀的环境中，还应采取相适应的防腐措施。

⑭ 电缆的敷设长度，宜在进户处、接头、电缆头处或地沟及隧道中留有一定余量。

10.1.1.2　电缆埋地敷设

① 电缆直接埋地敷设时，沿同一路径敷设的电缆数不宜超过 8 根。

② 电缆在室外直接埋地敷设的深度不应小于 0.7m，穿越农田时不应小于 1m。敷设时，应在电缆上、下面各均匀铺 100mm 厚的软土或细砂层，再盖保护板（混凝土板、石板或砖等）。保护板应超出电缆两侧各 50mm。

在寒冷地区，电缆应敷设在冻土层以下。当无法深埋时，可增加铺细砂的厚度，使其达到上下各 200mm 以上。

③ 禁止将电缆放在其他管道上面或下面平行敷设。

④ 电缆在壕沟内进行波状敷设，预留 1.5%的长度，以免电缆冷却缩短受到拉力。

⑤ 在土壤中含有对电缆有腐蚀性物质（如酸、碱、矿渣、石灰等）或有地中电流的地方，

不宜采用电缆直接埋地敷设。如必须敷设时，视腐蚀程度，采用塑料护套电缆或防腐电缆。

⑥ 电缆通过下列各地段应穿管保护，穿管内径不应小于电缆外径的 1.5 倍。

a. 电缆通过建筑物和构筑物的基础、散水坡、楼板和穿过墙体等处。

b. 电缆通过铁路、道路和可能受到机械损伤等地段。

c. 电缆引出地面 2m 至地下 200mm 处的一段和人容易接触使电缆可能受到机械损伤的地方（电气专用房间除外），除了穿保护管外，也可采用保护罩保护。

⑦ 直接埋地电缆引入隧道、人孔井或建筑物在贯穿墙壁处添加的保护管，应堵塞管口，以防水的渗透。

⑧ 电缆与建筑物平行敷设时，电缆应埋设在建筑物的散水坡外。电缆引入建筑物时，所穿保护管长度应超出建筑物散水坡 100mm。

⑨ 埋地敷设的电缆之间及与各种设施平行或交叉时的最小净距，不应小于表 10-5 所列数值。

表 10-5　埋地敷设的电缆之间及与各种设施平行或交叉时的最小净距　　单位：m

项　目	敷设条件	
	平行时	交叉时
建筑物、构筑物基础	0.5	
电杆	0.6	
乔木	1.5	
灌木丛	0.5	
10kV 以上电力电缆之间及其与 10kV 及其以下和控制电缆之间	0.25	0.5(0.25)
10kV 及以下电力电缆之间及其与控制电缆之间	0.1	0.5(0.25)
控制电缆之间	—	0.5(0.25)
通信电缆，不同使用部门的电缆	0.5(0.1)	0.5(0.25)
热力管沟	2.0	(0.5)
水管、压缩空气管	1.0(0.25)	0.5(0.25)
可燃气体及易燃液体管道	1.0	0.5(0.25)
铁路（平行时与轨道，交叉时与轨底，电气化铁路除外）	3.0	1.0
道路（平行时与路边，交叉时与路面）	1.5	1.0
排水明沟（平行时与沟边，交叉时与沟底）	1.0	0.5

注：1. 表中所列净距，应自各种设施（包括防护外层）的外缘算起。

2. 路灯电缆与道路灌木丛平行距离不限。

3. 表中括号内数字，是指局部地段穿管，加隔板保护或加隔热层保护后允许的最小净距。

10.1.1.3　电缆在沟内敷设

① 屋内电缆沟的盖板应与屋内地坪相平，在容易积水积灰处，宜用水泥砂浆或沥青将盖板缝隙抹死。

② 屋外电缆沟的沟口宜高出地面 50mm，以减少地面排水进入沟内。但当盖板高出地面影响地面排水或交通时，可采用具有覆盖层的电缆沟，盖板顶部一般低于地面 300mm。

③ 屋外电缆沟在进入建筑物（或变电所）处，应设有防火隔墙。

④ 电缆沟一般采用钢筋混凝土盖板，盖板质量不宜超过 50kg。在屋内需经常开启的电缆沟盖板，宜采用花纹钢盖板。

⑤ 电缆沟应采用防水措施。底部还应做不小于 0.5% 的纵向排水坡度，并设集水坑（井）。积水的排出，有条件时可直接排入下水道，否则可经集水井用水泵排出。电缆沟较长时应考虑分段排水，每隔 50m 左右设置一个集水井。

⑥ 电缆在多层支架上敷设时，电力电缆应放在控制电缆的上层，1kV 以下的电力电缆和控制电缆可并列敷设。当两侧均有支架时，1kV 以下的电力电缆和控制电缆，宜与 1kV 以上的电力电缆分别敷设于两侧支架上。盐雾地区或化学腐蚀地区的支架宜涂防腐漆或采用混凝土支架。

⑦ 电缆在沟内敷设时，支架的长度不宜大于 350mm。

10.1.1.4 电缆在隧道内敷设

① 电缆隧道长度大于 7m 时，两端应设出口（包括人孔井）。当两个出口间的距离超过 75m 时，应增加出口。人孔井的直径不应小于 0.7m。

② 电缆隧道内应有照明，电压不应超过 36V，否则需采取安全措施。

③ 隧道内净高不应低于 1.9m，局部或与管道交叉处净高不宜低于 1.4m。

④ 电缆隧道应有防水措施，底部还应做不小于 0.5%的纵向排水坡度，且排水边沟向集水井也应有 0.5%的坡度。

⑤ 隧道进入建筑物（或变电所）处，在变电所围墙处以及在长距离隧道中每隔 100m 处，应设置带门的防火隔墙。该门应用非燃烧材料制作，并应装锁。电缆过墙时的保护管两端应用阻燃材料堵塞。

⑥ 电缆隧道应尽量采用自然通风。当隧道内的电缆电力损失超过 150～200W/m 时，需考虑采用机械通风。

⑦ 电缆在隧道内敷设时支架的长度不应大于 500mm。

⑧ 与电缆隧道无关的管道不得通过电缆隧道。电缆隧道与其他地下管道交叉时，应尽可能避免隧道局部下降。

10.1.1.5 室内电缆敷设

① 明敷 1kV 以下电力电缆及控制电缆，与 1kV 以上的电力电缆宜分开敷设。当需并列敷设时，其净距不应小于 150mm。相同电压的电力电缆相互间的净距不应小于 35mm，并不应小于电缆外径（在梯架、托盘或线槽内敷设时不受此限制）。

② 电缆在梯架、托盘或线槽内可以无间距敷设电缆。电缆在梯架、托盘或线槽内横断面的填充率，电力电缆不应大于 40%，控制电缆不应大于 50%。

③ 电缆在室内埋地、穿墙或穿楼板时，应穿保护管。

④ 无铠装电缆在室内水平明敷时，电缆至地面的距离不应小于 2.5m；垂直敷设高度在 1.8m 以下时，应有防止机械损伤的措施（如穿保护管），但明敷在电气专用房间（如配电室、电机室、设备层等）内时不受此限制。

⑤ 明敷电缆与其他管道之间的最小净距见表 10-6。

表 10-6 明敷电缆与其他管道之间的最小净距 单位：m

敷设方式	管道及设备名称	管线	电缆	绝缘导线	裸导(母)线	滑触线	母线槽	配电设备
平行	煤气管	0.1	0.5	1.0	1.8	1.5	1.5	1.5
	乙炔管	1.0	1.0	1.0	2.0	3.0	3.0	3.0
	氧气管	0.5	0.5	0.5	1.8	1.5	1.5	1.5
	蒸汽管	1.0/0.5	1.0/0.5	1.0/0.5	1.8	1.5	1.0/0.5	0.5
	热水管	0.3/0.2	0.5	0.3/0.2	1.8	1.5	0.3/0.2	0.1
	通风管	0.1	0.5	0.1	1.8	1.5	0.1	0.1

续表

敷设方式	管道及设备名称	管线	电缆	绝缘导线	裸导(母)线	滑触线	母线槽	配电设备
平行	上下水管	0.1	0.5	0.1	1.8	1.5	0.1	0.1
	压缩空气管	0.1	0.5	0.1	1.8	1.5	0.1	0.1
	工艺设备	0.1			1.8	1.5		
交叉	煤气管	0.1	0.3	0.3	0.5	0.5	0.5	
	乙炔管	0.1	0.5	0.5	0.5	0.5	0.5	
	氧气管	0.1	0.3	0.3	0.5	0.5	0.5	
	蒸汽管	0.3	0.3	0.3	0.5	0.5	0.3	
	热水管	0.1	0.1	0.1	0.5	0.5	0.1	
	通风管	0.1	0.1	0.1	0.5	0.5	0.1	
	上下水管	0.1	0.1	0.1	0.5	0.5	0.1	
	压缩空气管	0.1	0.1	0.1	0.5	0.5	0.1	
	工艺设备	0.1			1.5	1.5		

注：1. 表中分子数字为线路在管道上面时的最小净距，分母数字为线路在管道下面时的最小净距。

2. 线路与蒸汽管不能保持表中距离时，可在蒸汽管与线路间加隔热层，平行净距可减至0.2m。交叉处只需考虑施工维修方便。

3. 线路与热水管不能保持表中距离时，可在热水管外包隔热层。

4. 裸母线与其他管道交叉不能保持表中距离时，应在交叉处的裸母线外面加装保护网或罩。

⑥ 火灾危险环境电缆穿过墙、楼板时需用防火堵料封堵。

⑦ 爆炸危险环境电缆穿过墙时，需增设相应防爆密封（如在穿墙套管内填充不燃纤维作堵料，管口加密封胶泥）。

⑧ 明敷电缆时，应按表10-7所列部位将电缆固定。

表10-7　明敷电缆时电缆固定部位

敷设方式	构架形式	
	电缆支架	电缆梯架、托盘或线槽
垂直敷设	①电缆的首端、尾端 ②电缆与每个支架的接触处	①电缆的上端 ②每隔1.5～2.0m处
水平敷设	①电缆的首端、尾端 ②电缆与每个支架的接触处	①电缆的首端、尾端 ②电缆转弯处 ③电缆其他部位每隔5～10m处

10.1.1.6　电缆穿管敷设

① 保护管的内径不小于电缆外径（包括外护层）的1.5倍。

② 保护管弯曲半径为保护管外径的10倍，且不应小于所穿电缆的最小允许弯曲半径，其与电缆外径的最小比值见表10-2。

③ 当电缆有中间接头盒时，应放在电缆井中。在接头盒的周围应有防止因发生事故而引起火灾延燃的措施。

④ 电缆穿管没有弯头时，长度不宜超过50m；有一个弯头时，不宜超过20m；有两个弯头时，应设电缆井。

⑤ 电缆穿保护管的最小内径见表10-8。

表 10-8 电缆穿保护管的最小内径

三芯电缆芯线截面/mm²			四芯电缆芯线截面/mm²	保护管最小内径/mm
1kV	6kV	10kV	≤1kV	
≤70	≤25	—	≤50	50
95～150(95～120)	35～70(16～70)	≤50	70～120	70
185(150～185)	95～150(95～120)	70～120	150～185	80
240	185～240(150～240)	150～240	240	100

注：表中括号内截面用于塑料护套电缆。

⑥ 常用电缆穿保护管管径见表 10-9～表 10-11。

表 10-9 电缆穿保护管管径（一）

VV-VLV-0.6/1kV	电缆标称截面/mm²		2.5	4	6	10	16	25	35	50	70	95	120	150	185
	焊接钢管(SC)或水煤气钢管(RC)		最小管径/mm												
	电缆穿管长度在30m及以下	直线	20		25		32	40		50			70		80
		一个弯曲时	25		32		50		70			80	100		
		两个弯曲时			40	50			80					125	

注：阻燃或耐火电缆与普通电缆等截面加大一级。

表 10-10 电缆穿保护管管径（二）

YJV-0.6/1kV	电缆标称截面/mm²		2.5	4	6	10	16	25	35	50	70	95	120	150	185
	焊接钢管(SC)或水煤气钢管(RC)		最小管径/mm												
	电缆穿管长度在30m及以下	直线	15									50			
		一个弯曲时		20		25		32			40		70		
		两个弯曲时							40	50					80

表 10-11 控制电缆穿保护管管径

KVV KXV KYV	控制电缆芯数		2	4	5	6,7	8	10	12	14	16	19	24	30	37
	焊接钢管(SC)		最小管径/mm												
0.75/1.0 mm²	电缆穿管长度在30m及以下	直线	15			20		25		32				40	
		一个弯曲时		20	25			32		40			50		
		两个弯曲时		25	32		40			50				70	
1.5/2.5 mm²		直线		20		25			32			40		50	
		一个弯曲时		25		32		40		50				70	
		两个弯曲时	25	32	40			50			70		80		100

10.1.1.7 电缆敷设的防火、防爆措施

① 在爆炸危险环境明敷电缆时应穿钢管；在火灾危险环境明敷电缆过墙时也应穿管，在使用塑料管时，应具有满足工程条件的难燃自熄性要求。

② 在火灾危险环境和爆炸危险环境采用非密闭性电缆沟时，应在沟中充砂并使电缆上、下各有 200mm 厚的黄沙。电缆穿出地面时应穿管，并对管口进行防爆隔离密封处理。

③ 在电缆贯穿于各构筑物的墙（板）孔洞处，电气柜、盘底部开孔部位，应进行防火封堵。电缆穿入保护管时，其管口应使用柔性的有机堵料封堵。

④ 电缆沟在进入建筑物处应设防火墙。在隧道或重要回路的电缆沟或隧道中适当部位，如公用主沟、主隧道的分支处、长距离沟或隧道中每相距约100～200m及通向控制室或配电装置室的入口、厂围墙处等，应设置带门的防火墙。此门应采用非燃烧材料或难燃烧材料制作，并应装锁。

⑤ 电缆在竖井中穿过楼板的部位，应进行防火封堵。

⑥ 重要公用回路（如消防、报警、事故照明、直流电源、双重继电保护、计算机监控、化学水处理等）或有保安要求的回路（如易燃、易爆环境及地下公用设施等），电缆与其他电缆一起明敷时，应使其具有耐火性（如施加防火涂料、包带覆盖在电缆上），并应使用耐火隔板使其与其他电缆进行隔离，或将该电缆敷设于耐火桥架、槽盒中，或选用矿物绝缘等耐火型电缆。

10.1.2 10kV及以下电缆施工（敷设）工艺

10.1.2.1 施工准备

(1) 设备及材料要求

① 所有材料规格型号及电压等级应符合设计要求，并有产品合格证。

② 每轴电缆上应标明电缆规格、型号、电压等级、长度及出厂日期。电缆轴应完好无损。

③ 电缆外观完好无损，铠装无锈蚀、无机械损伤，无明显折皱和扭曲现象。油浸电缆应密封良好，无漏油及渗油现象。橡套及塑料电缆外皮及绝缘无老化及裂纹。

④ 各种金属型钢不应有明显锈蚀，管内无毛刺。所有紧固螺栓，均应采用镀锌件。

⑤ 其他附属材料如电缆盖板、电缆标示桩、电缆标志牌、油漆、汽油、封铅、硬脂酸、白布带、橡胶包布、黑包布等均应符合要求。

(2) 主要机具

① 电动机具、敷设电缆用支架、电缆滚轮、转向导轮、吊链、滑轮、钢丝绳、大麻绳、千斤顶。

② 绝缘摇表、皮尺、钢锯、手锤、扳手、电焊和气焊工具、电工工具。

③ 无线电对讲机（或简易电话）、手持扩音喇叭（有条件可采用多功能扩大机进行通信联络）。

(3) 作业条件

① 土建工程应具备下列条件。

a. 预留孔洞、预埋件符合设计要求，预埋件安装牢固、强度合格。

b. 电缆沟、隧道、竖井及人孔等处的地坪及抹面工作结束，电缆沟排水畅通，无积水。

c. 电缆沿线模板等设施拆除完毕。场地清理干净、道路畅通，沟盖板齐备。

d. 放电缆用的脚手架搭设完毕，且符合安全要求，电缆沿线照明照度满足施工要求。

e. 直埋电缆沟按图挖好，电缆井砌砖抹灰完毕，底沙铺完，并清除沟内杂物。盖板及砂子运至沟旁。

② 设备安装应具备下列条件。

a. 变配电室内全部电气设备及用电设备安装完毕。

b. 电缆桥架、电缆托盘、电缆支架及电线管、保护管安装完毕，并检验合格。

10.1.2.2 操作工艺

(1) 工艺流程

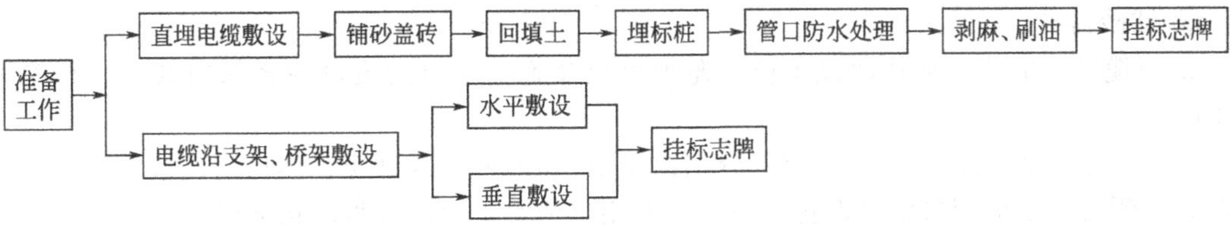

（2）准备工作

① 施工前应对电线进行详细检查，规格、型号、截面、电压等级均符合设计要求，外观无扭曲、损坏及漏油、渗油等现象。

② 电缆敷设前进行绝缘摇测或耐压试验。

a. 1kV 以下电缆，用 1kV 摇表摇测线间及对地的绝缘电阻应不低于 10MΩ。

b. 要时敷设前仍需用 2.5kV 摇表测量绝缘电阻是否合格。

c. 纸绝缘电缆，测试不合格者，应检查芯线是否受潮，如受潮，可锯掉一段再测试，直到合格为止。检查方法是：将芯线绝缘纸剥下一块，用火点着，如发出叭叭声，即电缆已受潮。

d. 用橡胶包布密封后再用黑包布包好。

③ 放电缆机具的安装：采用机械放电缆时，应将机械选好适当位置安装，并将钢丝绳和滑轮安装好；人力放电缆时将滚轮提前安装好。

④ 临时联络指挥系统的设置如下。

a. 线路较短或室外的电缆敷设，可用无线电对讲机联络，手持扩音喇叭指挥。

b. 高层建筑内电缆敷设，可用无线电对讲机作为定向联络，简易电话作为全线联络，手持扩音喇叭指挥（或采用多功能扩大机，它是指挥放电缆的专用设备）。

⑤ 在桥架或支架上多根电缆敷设时，应根据现场实际情况，事先将电缆的排列，用表或图的方式画出来，以防电缆的交叉和混乱。

⑥ 冬季电缆敷设，温度达不到规范要求时，应将电缆提前加温。

⑦ 电缆的搬运及支架架设注意事项如下。

a. 电缆短距离搬运，一般采用滚动电缆轴的方法。滚动时应按电缆轴上箭头指示方向滚动。如无箭头时，可按电缆缠绕方向滚动，切不可反缠绕方向滚动，以免电缆松弛。

b. 电缆支架的架设地点应选好，以敷设方便为准，一般应在电缆起止点附近为宜。架设时，应注意电缆轴的转动方向，电缆引出端应在电缆轴的上方。

（3）直埋电缆敷设

① 清除沟内杂物，铺完底砂或细土。

② 电缆敷设。

a. 电缆敷设可用人工牵引或机械牵引，如图 10-1 所示。

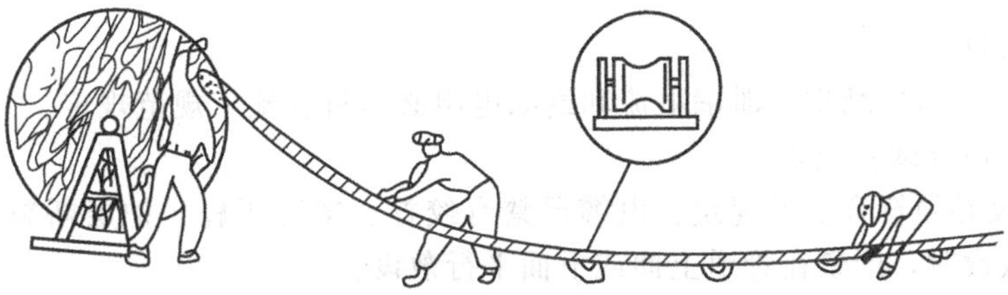

图 10-1 电缆用滚轮敷设

b. 电缆在沟内敷设应有适量的蛇形弯，电缆的两端、中间接头、电缆井内、过管处、垂直位差处均应留有适当的余量。

③ 铺砂盖砖。

a. 电缆敷设完毕，应请建设单位、监理单位及施工单位的质量检查部门共同进行隐蔽工程验收。

b. 隐蔽工程验收合格，电缆上下分别铺盖 100mm 砂子或细土，然后用砖或电缆盖板将电缆盖好，覆盖宽度应超过电缆两侧 50mm。使用电缆盖板时，盖板应指向受电方向。

④ 回填土。回填土前，再进行一次隐蔽工程检验，合格后，应及时回填土并进行夯实。

⑤埋标桩。电缆在拐弯、接头、交叉、进出建筑物等地段应设明显方位标桩。直线段应适当加设标桩。标桩露出地面以 150mm 为宜。

⑥ 直埋电缆进出建筑物，室内过管口低于室外地面者，对其过管按设计或标准图册进行防水处理。

⑦ 有麻皮保护层的电缆，进入室内部分，应将麻皮剥掉，并涂防腐漆。

(4) 电缆沿支架、桥架敷设

① 敷设方法可用人力或机械牵引。

② 电缆沿桥架或托盘敷设时，应单层敷设，排列整齐。不得有交叉，拐弯处应以最大截面电缆允许弯曲半径为准。

③ 不同等级电压的电缆应分层敷设，高压电缆应敷设在上层。

④ 同等级电压的电缆沿支架敷设时，水平净距不得小于 35mm。

⑤ 直敷设注意事项如下。

a. 垂直敷设，有条件的最好自上而下敷设。土建未拆吊车前，将电缆吊至楼层顶部。敷设时，同截面电缆应先敷设低层，后敷设高层。要特别注意，在电缆轴附近和部分楼层应采取防滑措施。

b. 自下而上敷设时，低层小截面电缆可用滑轮大绳人力牵引敷设。高层、大截面电缆宜用机械牵引敷设。

c. 沿支架敷设时，支架距离不得大于 1.5m，沿桥架或托盘敷设时，每层最少加装两道卡固支架。敷设时应放一根立即卡固一根。

d. 电缆穿过楼板时，应装套管，敷设完后应将套管用防火材料封堵严密。

(5) 挂标志牌

① 标志牌规格应一致，并有防腐性能，挂装应牢固。

② 标志牌上应注明电缆编号、规格、型号及电压等级。

③ 直埋电缆进出建筑物、电缆井及两端应挂标志牌。

④ 沿支架、桥架敷设电缆在其两端、拐弯处、交叉处应挂标志牌，直线段应适当增设标志牌。

10.1.2.3 质量标准

(1) 保证项目

① 电缆的耐压试验结果、泄漏电流和绝缘电阻必须符合施工规范规定。

检验方法：检查试验记录。

② 电缆敷设必须符合以下规定：电缆严禁有绞拧、铠装压扁、护层断裂和表面严重划伤等缺损，直埋敷设时，严禁在管道上面或下面平行敷设。

检验方法：观察检查和检查隐蔽工程记录。

(2) 基本项目

① 坐标和标高正确，排列整齐，标桩和标志牌设置准确；有防燃、隔热和防腐要求的电缆保护措施完整。

② 在支架上敷设时，固定可靠，同一侧支架上的电缆排列顺序正确，控制电缆在电力电缆下面，1kV及其以下电力电缆应放在1kV以上电力电缆下面；直埋电缆埋设深度、回填土要求、保护措施以及电缆间和电缆与地下管网间平行或交叉的最小距离均应符合施工规范规定。

③ 电缆转弯和分支处不紊乱，走向整齐清楚，电缆标桩、标志牌清晰齐全，直埋电缆的隐蔽工程记录及坐标图齐全、准确。

检验方法：观察检查和检查隐蔽工程记录及坐标图。

(3) 电缆最小弯曲半径

应符合规定。

10.1.2.4 成品保护

① 直埋电缆施工不宜过早，一般在其他室外工程基本完工后进行，防止其他地下工程施工时损伤电缆。如已提前将电缆敷设完，在其他地下工程施工时，应加强巡视。

② 直埋电缆敷设完后，应立即铺砂、盖板或砖并回填夯实，防止其他重物损伤电缆，并及时作出竣工图，标明电缆的实际走向方位坐标及敷设深度。

③ 室内沿电缆沟敷设的电缆施工完毕后应立即将沟盖板盖好。

④ 室内沿桥架或托盘敷设电缆，宜在管道及空调工程基本施工完毕后进行，防止其他专业施工时损伤电缆。

⑤ 电缆两端头处的门窗装好，并加锁，防止电缆丢失或损坏。

10.1.2.5 应注意的质量问题

① 直埋电缆铺砂、盖板或砖时应防止不清除沟内杂物、不用细砂或细土、盖板或砖不严、有遗漏部分。施工负责人应加强检查。

② 电缆进入室内电缆沟时，防止套管防水处理不好，沟内进水。应严格按规范和工艺要求施工。

③ 油浸电缆要防止两端头封铅不严密、有渗油现象。应对施工操作人员进行技术培训，提高操作水平。

④ 沿支架或桥架敷设电缆时，应防止电缆排列不整齐，交叉严重。电缆施工前需将电缆事先排列好，画出排列图表，按图表进行施工。电缆敷设时，应敷设一根整理一根，卡固一根。

⑤ 有麻皮保护层的电缆进入室内，防止不进行剥麻刷油防腐处理。

⑥ 沿桥架或托盘敷设的电缆应防止弯曲半径不够。在桥架或托盘施工时，施工人员应考虑满足该桥架或托盘上敷设的最大截面电缆的弯曲半径的要求。

⑦ 防止电线标志牌挂装不整齐或有遗漏。应由专人复查。

10.2 电动机及其附属设施安装

10.2.1 施工准备

(1) 材料要求

① 电动机应有铭牌，注明制造厂名，出厂日期，电动机的型号、容量、频率、电压、电流、接线方法、转速、温升、工作方法、绝缘等级等有关技术数据。

② 电动机的容量、规格、型号必须符合设计要求，附件、备件齐全，并有出厂合格证及

有关技术文件。

③ 电动机的控制、保护和启动附属设备，应与电动机配套，并有铭牌，注明制造厂名、出厂日期、规格、型号及出厂合格证等有关技术资料。

④ 各种规格的型钢均应符合设计要求，型钢无明显的锈蚀，并有材质证明。

⑤ 螺栓：除电动机稳装用螺栓外，均应采用镀锌螺栓，并配相应的镀锌螺母平垫圈、弹簧垫。

⑥ 其他材料：绝缘带、电焊条、防锈漆、调和漆、变压器油、润滑脂等均应有产品合格证。

(2) 主要机具

吊链、龙门架、绳扣、台钻、砂轮、手电钻、联轴器顶出器、台虎钳、油压钳、扳手、电锤、板锉、榔头、钢板尺、圆钢套丝板、电焊机、气焊工具、塞尺、水平尺、转速表、摇表、万用表、卡钳电流表、测电笔、试铃、电子点温计。

(3) 作业条件

① 施工图及技术资料齐全。

② 土建工程基本施工完毕、门窗玻璃安好。

③ 在室外安装的电动机，应有防雨措施。

④ 电动机的基础、地脚螺栓孔、沟道、电缆管位置尺寸应符合设计质量要求。

⑤ 电动机安装场地应清理干净、道路畅通。

⑥ 电动机驱动设备已安装完毕，且初检合格。

10.2.2 操作工艺

(1) 工艺流程

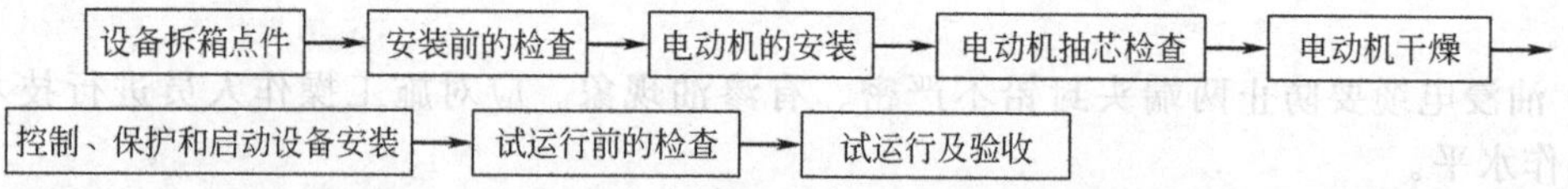

(2) 设备拆箱点件

① 设备拆箱点件检查应由安装单位、供货单位、建设单位共同进行，并做好记录。

② 按照设备供货清单、技术文件，对设备及其附件、备件的规格、型号、数量进行详细核对。

③ 电动机本体、控制和启动设备外观检查应无损伤及变形，油漆应完好。

④ 电动机及其附属设备均应符合设计要求。

(3) 安装前的检查

① 电动机安装前应进行以下检查。

a. 电动机应完好，不应有损伤现象。盘动转子应轻快，不应有卡阻及异常声响。

b. 定子和转子分箱装运的电动机，其铁芯转子和轴颈应完整无锈蚀现象。

c. 电动机的附件、备件应齐全无损伤。

② 电动机的性能应符合电动机周围工作环境的要求，电动机选择应符合表10-12的规定。

(4) 电动机的安装

① 电动机安装应由电工、钳工操作，大型电动机的安装需要搬运和吊装时应有起重工配合进行。

表 10-12 电动机的选择

序号	安装地点	采用的电动机
1	一般场所	防护式电动机
2	潮湿场所	防滴式及有耐潮绝缘电动机
3	有粉尘多纤维及有火灾危险性的场所	封闭式电动机
4	有易燃、易爆炸危险场所	防爆式电动机
5	有腐蚀性气体及有蒸汽浸浊的场所	密封式及耐酸绝缘电动机

② 应审核电动机安装的位置是否满足检修操作运输的方便。

③ 固定在基础上的电动机，一般应有不小于 1.2m 的维护通道。

④ 采用水泥基础时，如无设计要求，基础重一般不小于电动机重的 3 倍。基础各边应超出电动机底座边缘 100～150mm。

⑤ 稳固电动机的地脚螺栓应与混凝土基础牢固地结合成一体，浇灌前预留孔应清洗干净，螺栓本身不应歪斜，机械强度应满足要求。

⑥ 稳装电动机垫片一般不超过三块，垫片与基础面接触应严密，电动机底座安装完毕后进行二次灌浆。

⑦ 采用带传动的电动机轴及传动装置轴的中心线应平行，电动机及传动装置的带轮，自身垂直度全高不超过 0.5mm，两轮的相应槽应在同一直线上。

⑧ 采用齿轮传动时，圆齿轮中心线应平行，接触部分不应小于齿宽的三分之二。锥齿轮中心线应按规定角度交叉，啮合程度应一致。

⑨ 采用靠背轮传动时，轴向与径向允许误差，弹性连接的不大于 0.05mm，钢性连接的不大于 0.02mm。互相连接的靠背轮螺栓孔应一致，螺母应有防松装置。

⑩ 电刷的刷架、刷握及电刷的安装。

a. 同一组刷握应均匀排列在同一直线上。

b. 刷握的排列一般应使相邻不同极性的一对刷架彼此错开，以使换向器均匀磨损。

c. 各组电刷应调整在换向器的电气中性线上。

d. 带有倾斜角的电刷，其锐角尖应与转动方向相反。

e. 电刷与铜编带的连接及铜编带与刷架的连接应良好。

f. 定子和转子分箱装运的电动机，安装转子时，不可将吊绳绑在滑环、换向器或轴颈部分。

g. 高压同步电动机轴承座有绝缘时，应用 1000V 摇表测定绝缘电阻不应小于 1MΩ。

h. 电动机接线应牢固可靠，接线方式应与供电电压相符。

i. 电动机安装后，应进行数圈人力转动试验。

j. 电动机外壳保护接地（或接零）必须良好。

(5) 电动机抽芯检查

① 电动机有下列情况之一时，应进行抽芯检查。

a. 出厂日期超过制造厂保证期限。

b. 经外观检查，或电气试验，质量有可疑时。

c. 开启式电动机，经端部检查有可疑时。

d. 试运转时有异常情况。

e. 交流电动机容量在 40kW 及其以上者，安装前宜进行抽芯检查。

② 抽芯检查应符合下列要求。

a. 电动机内部清洁无杂物。

b. 电动机的铁芯、轴颈、滑环和换向器等应清洁，无伤痕、锈蚀现象，通风孔无阻塞。

c. 线圈绝缘层完好，绑线无松动现象。

d. 定子槽楔应无断裂、凸出及松动现象，每根槽楔的空响长度不应超过三分之一，端部槽楔必须牢固。

e. 转子的平衡块应紧固，平衡螺栓应锁牢，风扇方向正确，叶片无裂纹。

f. 磁极及铁轭固定良好，励磁线圈紧贴磁极，不应松动。

g. 笼式电动机转子导电条和端环的焊接应良好，浇铸的导电条和端环应无裂纹。

h. 电动机绕组连接正确、焊接牢固。

i. 直流电动机的磁极中心线与几何中心线应一致。

j. 电动机的滚珠轴承工作面应光滑、无裂纹、无锈蚀，滚动体与内、外圈接触良好，无松动；加入轴承内的润滑脂应填满内部空隙的三分之二。

(6) 电动机干燥

① 电动机由于运输、保存或安装后受潮，绝缘电阻或吸收比，达不到规范要求，应进行干燥处理。

② 电动机干燥工作，应由有经验的电工进行，在干燥前应根据电动机受潮情况制定烘干方法及有关技术措施。

③ 烘干温度要缓慢上升，铁芯和线圈的最高温度应控制在70～80℃。

④ 当电动机绝缘电阻值达到规范要求时，在同一温度下经5h稳定不变时，方可认为干燥完毕。

⑤ 烘干工作可根据现场情况、电动机受潮程度选择以下方法进行。

a. 采用循环热风干燥室进行烘干。

b. 灯泡干燥法。灯泡可采用红外线灯泡或一般灯泡使灯光直接照射在绕组上，温度高低的调节可用改变灯泡功率来实现。

c. 电流干燥法。采用低电压，用变阻器调节电流，其电流大小宜控制在电动机额定电流的60%以内；并应设置测温计，随时监视干燥温度。

(7) 控制、保护和启动设备安装

① 电动机的控制和保护设备安装前应检查是否与电动机容量相符。

② 控制和保护设备的安装应按设计要求进行。一般应装在电动机附近。

③ 电动机、控制设备和所拖动的设备应对应编号。

④ 引至电动机接线盒的明敷导线长度应小于0.3m，并应加强绝缘，易受机械损伤的地方应套保护管。

⑤ 高压电动机的电缆终端头应直接引进电动机的接线盒内。达不到上述要求时，应在接线盒处加装保护措施。

⑥ 直流电动机、同步电动机与调节电阻回路及励磁回路的连接，应采用铜导线。导线不应有接头。调节电阻器应接触良好，调节均匀。

⑦ 电动机应装设过流和短路保护装置，并应根据设备需要装设相序断相和低电压保护装置。

⑧ 电动机保护元件的选择。

a. 采用热元件时，热元件一般按电动机额定电流的1.1～1.25倍来选。

b. 采用熔丝（片）时，熔丝（片）一般按电动机额定电流的1.5～2.5倍来选。

(8) 试运行前的检查

① 土建工程全部结束，现场清扫整理完毕。

② 电动机本体安装检查结束。

③ 冷却、调速、润滑等附属系统安装完毕，验收合格，分部试运行情况良好。

④ 电动机的保护、控制、测量、信号、励磁等回路的调试完毕动作正常。

⑤ 电动机应进行下列试验。

a. 测定绝缘电阻：1kV 以下电动机使用 1kV 摇表摇测，绝缘电阻不低于 1MΩ；1kV 及以上电动机，使用 2.5kV 摇表摇测绝缘电阻在 75℃时，定子绕组不低于每千伏 1MΩ，转子绕组不低于每千伏 0.5MΩ，并进行吸收比试验。

b. 1kV 及以上电动机应进行交流耐压试验。

c. 1000V 以上或 1000kW 以上、中性关连线已引出至出线端子板的定子绕组应分项进行直流耐压及泄漏试验。

⑥ 电刷与换向器或滑环的接触应良好。

⑦ 盘动电动机转子应转动灵活，无碰卡现象。

⑧ 电动机引出线应相位正确，固定牢固，连接紧密。

⑨ 电动机外壳油漆完整，保护接地良好。

⑩ 照明、通信、消防装置应齐全。

(9) 试运行及验收

① 电动机试运行一般应在空载的情况下进行，空载运行时间为 2h，并做好电动机空载电流、电压记录。

② 电动机试运行接通电源后，如发现电动机不能启动和启动时转速很低或声音不正常等现象，应立即切断电源检查原因。

③ 启动多台电动机时，应按容量从大到小逐台启动，不能同时启动。

④ 电动机试运行中应进行下列检查。

a. 电动机的旋转方向符合要求，声音正常。

b. 换向器、滑环及电刷的工作情况正常。

c. 电动机的温度不应有过热现象。

d. 滑动轴承温升不应超过 80℃，滚动轴承温升不应超过 95℃。

e. 电动机的振动应符合规范要求。

⑤ 交流电动机带负荷启动次数应尽量减少，如产品无规定时按在冷态时可连续启动 2 次；在热态时，可启动 1 次。

⑥ 电动机验收时，应提交下列资料和文件。

a. 设计变更洽商。

b. 产品说明书、试验记录、合格证等技术文件。

c. 安装记录（包括电动机抽芯检查记录、电动机干燥记录等）。

d. 调整试验记录。

10.2.3 质量标准

(1) 保证项目

① 电动机的试验调整结果，必须符合施工规范规定。

检验方法：实测或检查试验调整记录。

② 电动机接线端子与导线端子必须连接紧密，不受外力，连接用紧固件的锁紧装置完整齐全。在电动机接线盒内，裸露的不同相导线间和导线对地间最小距离必须符合施工规范规定。

检验方法：观察检查和检查安装记录。

（2）基本项目

① 电动机抽芯检查结果应符合以下规定。

a. 线圈绝缘层完好、无伤痕、绑线牢靠，槽楔无断裂、不松动，引线焊接牢固；内部清洁，通风孔道无堵塞。

b. 轴承工作面光滑清洁，无裂纹或锈蚀，注油（脂）的型号、规格和数量正确；转子平衡块紧固，平衡螺栓锁紧，风扇叶片无裂纹。

c. 电动机油漆完好、均匀，抽芯检查记录齐全。

检验方法：观察检查和检查电动机抽芯记录。

② 电动机电刷安装应符合以下规定。

a. 电刷与换向器或集电环接触良好，在刷握内能上下活动，电刷的压力正常，引线与刷架连接紧密可靠。

b. 绕线电动机的电刷抬起装置动作可靠，短路刀片接触良好，动作方向与标志一致。

c. 电动机运行时，电刷无明显火花。

检验方法：观察和试运行检查。

③ 电动机外壳接地（接零）线敷设应符合以下规定。

a. 连接紧密、牢固，接地（接零）线截面选用正确，需防腐的部分涂漆均匀无遗漏。

b. 线路走向合理，色标准确，涂刷后不污染设备和建筑物。

检验方法：观察检查。

10.2.4 成品保护

① 电动机及其附属设备安装在机房内，机房门应加锁。未经安装及有关人员的允许，非安装人员不得入内。

② 电动机及其附属设备如安装在室外，根据现场情况采取必要的保护措施，控制设备的箱、柜要加锁。

③ 施工各工种之间要互相配合，保护设备不受碰撞损伤。

④ 电动机安装后，应保持机房干燥，以防设备锈蚀。

⑤ 电动机及电动机拖动设备安装完后，应保持清洁。

⑥ 高压电动机安装调试过程中应设专人值班。

10.2.5 应注意的质量问题

电动机安装调试中应注意的质量问题见表 10-13。

表 10-13 常产生的质量问题和防治措施

序号	常产生的质量问题	防治措施
1	电动机接线盒内裸露导线，线间对地距离不够	线排列整齐，如因特殊情况对地距离不够时应加强绝缘保护
2	接线不正确	严格按电源电压和电动机标注电动机接线方式接线
3	电动机外壳接地（接零）线不牢，接线位置不正确	接地线应接在接地专用的接线柱（端子）上，接地线截面必须符合规范要求，并压牢
4	电动机端盖温度过高	要按规定加润滑油
5	靠背轮间隙不一致	电动机和拖动设备应找平找正

10.3 封闭插接母线安装

10.3.1 施工准备

(1) 设备及材料要求

① 封闭插接母线应有出厂合格证、安装技术文件。技术文件应包括额定电压、额定容量、试验报告等技术数据。型号、规格、电压等级应符合设计要求。

② 各种规格的型钢应无明显锈蚀，卡件、各种螺栓、垫圈应符合设计要求，应是热镀锌制品。

③ 其他材料：防腐漆、面漆、电焊条等应有出厂合格证。

(2) 主要机具

① 安装工具：工作台、台虎钳、钢锯、榔头、油压煨弯器、电钻、电锤、电焊机、力矩扳手等。

② 测试工具：钢角尺、钢卷尺、水平尺、绝缘摇表等。

(3) 作业条件

① 施工图纸及产品技术文件齐全。

② 封闭插接母线安装部位的建筑装饰工程全部结束。暖卫通风工程安装完毕。

③ 电气设备（变压器、开关柜等）安装完毕，且检验合格。

10.3.2 施工工艺

(1) 工艺流程

设备点件检查 → 支架制作及安装 → 封闭插接母线安装 → 试运行验收

(2) 设备点件检查

① 设备开箱点件检查，应由安装单位、建设单位或供货单位共同进行，并做好记录。

② 根据装箱单检查设备及附件，其规格、数量、品种应符合设计要求。

③ 检查设备及附件，分段标志应清晰齐全，外观无损伤变形，母线绝缘电阻符合设计要求。

④ 检查发现设备及附件不符合设计和质量要求时，必须进行妥善处理，经过设计认可后再进行安装。

(3) 支架制作及安装

应按设计和产品技术文件的规定制作和安装，如设计和产品技术文件无规定时，按下列要求制作和安装。

① 支架制作

a. 根据施工现场结构类型，支架应采用角钢或槽钢制作，应采用“一”字形、L形、U形、T形四种。

b. 支架的加工制作按选好的型号，测量好的尺寸断料制作，断料严禁气焊切割，加工尺寸最大误差5mm。

c. 型钢架的煨弯宜使用台虎钳用榔头打制，也可使用油压煨弯器用模具顶制。

d. 支架上钻孔应用台钻或手电钻钻孔，不得用气焊割孔，孔径不得大于固定螺栓直径2mm。

e. 螺杆套螺纹，应用套丝机或套丝板加工，不允许断丝。

② 支架的安装

a. 封闭插接母线的拐弯处以及与箱（屏）连接处必须加支架。直段插接母线支架的距离不应大于 2m。

b. 埋注支架用水泥砂浆，灰砂比为 1∶3，32.5 级及其以上水泥，应注灰饱满、严实、不高出墙面，埋深不少于 80mm。

c. 膨胀螺栓固定支架不少于两条。一个吊架应用两根吊杆，固定牢固，螺纹外露 2～4 扣，膨胀螺栓应加平垫和弹簧垫，吊架应用双螺母夹紧。

d. 支架及支架与埋件焊接处刷防腐油漆应均匀，无漏刷，不污染建筑物。

（4）封闭插接母线安装

① 一般要求如下。

a. 封闭插接母线应按设计和产品技术文件规定进行组装，组装前应对每段进行绝缘电阻的测定，测量结果应符合设计要求，并做好记录。

b. 母线槽固定距离不得大于 2.5m。水平敷设距地高度不应小于 2.2m。

c. 母线槽的端头应装封闭罩，各段母线槽外壳的连接应是可拆的，外壳间有跨接地线，两端应可靠接地。

d. 母线紧固螺栓应由厂家配套供应，应用力矩扳手紧固。

② 母线槽沿墙水平安装，安装高度应符合设计要求，无要求时距地不应小于 2.2m，母线应可靠固定在支架上。

③ 母线槽悬挂吊装，吊杆直径应与母线槽重相适应，螺母应能调节。

④ 封闭式母线的落地安装、安装高度应按设计要求，设计无要求时应符合规范要求。立柱可采用钢管或型钢制作。

⑤ 封闭式母线垂直安装，沿墙或柱子处，应做固定支架，过楼板处应加装防震装置，并做防水台。

⑥ 封闭式母线敷设长度超过 40m 时，应设置伸缩节，跨越建筑物的伸缩缝或沉降缝处，宜采取适应的措施，设备订货时，应提出此项要求。

⑦ 封闭式母线插接箱安装应可靠固定，垂直安装时，安装高度应符合设计要求，设计无要求时，插接箱底口距地宜为 1.4m。

⑧ 封闭式母线垂直安装距地 1.8m 以下应采取保护措施（电气专用竖井、配电室、电机室、技术层等除外）。

⑨ 封闭式母线穿越防火墙、防火楼板时，应采取防火隔离措施。

（5）试运行验收

① 试运行条件：变配电室已达到送电条件，土建及装饰工程及其他工程全部完工，并清理干净。与插接式母线连接设备及连线安装完毕，绝缘良好。

② 对封闭式母线进行全面的整理，清扫干净，接头连接紧密，相序正确，外壳接地良好。绝缘摇测符合设计要求，并做好记录。

③ 送电空载运行 24h 无异常现象，办理验收手续，交建设单位使用，同时提交验收资料。

④ 验收资料包括：交工验收单、变更洽商记录、产品合格证、说明书、测试记录、运行记录等。

10.3.3 质量标准

（1）保证项目

① 封闭插接母线外壳地线连接紧密、无遗漏，母线绝缘电阻值符合设计要求。

检验方法：观察检查和检查绝缘测试记录。

② 封闭插接母线的连接必须符合规范要求和产品技术文件规定。

检验方法：观察检查和检查合格证明文件。

(2) 基本项目

① 支架安装应位置正确，横平竖直，固定牢固，成排安装，应排列整齐，间距均匀，刷油漆均匀，无漏刷。

检验方法：观察检查。

② 封闭插接母线组装和卡固位置正确，固定牢固，横平竖直，成排安装应排列整齐，间距均匀，便于检修。

检验方法：观察检查。

(3) 允许偏差项目

封闭插接母线安装允许偏差见表10-14。

表10-14 封闭插接母线安装允许偏差

项　　目	允许偏差/mm	检　验　方　法
两米段垂直	4	实测，查看记录
全长垂直(按楼层)	5	
成排间距(每段内)	5	

10.3.4 成品保护

① 封闭插接母线安装完毕，暂时不能送电运行，在现场设置明显标志牌，以防损坏。

② 封闭插接母线安装完毕，如有其他工种作业应对封闭插接母线加保护，以免损伤。

10.3.5 应注意的质量问题

封闭插接母线安装应注意的质量问题及防治措施见表10-15。

表10-15 封闭插接母线安装应注意的质量问题及防治措施

常产生的质量问题	防　治　措　施
供货方问题	开箱清查要细，将缺件、损坏件列好清单，同供货单位协商解决，加强保管
接地保护线遗漏和连接不紧密，缺防护措施	认真作业，加强自、互检及专检
刷油漆遗漏和污染其他设备支架	加强自、互检，对其他工种的成品，认真保护

10.4 硬母线安装

10.4.1 施工准备

(1) 材料要求

① 铜、铝母线应有产品合格证及材质证明，并符合表10-16的要求。

表 10-16 母线的力学性能和电阻率

母线名称	母线型号	最小抗拉强度/MPa	最小伸长率/%	20℃时最大电阻率/(Ω·mm²/m)
铜母线	TMY	255	6	0.01777
铝母线	LMY	115	3	0.0290

② 母线表面应光洁平整，不应有裂纹、折皱、夹杂物及变形和扭曲现象。

③ 绝缘子及穿墙套管的瓷件，应符合国家标准和有关电瓷产品技术条件的规定，并有产品合格证。

④ 绝缘材料的型号、规格、电压等级应符合设计要求。外观无损伤及裂纹，绝缘良好。

⑤ 金属紧固件及卡具，均应采用热镀锌件。

⑥ 其他辅料有调和漆、樟丹池、焊条、焊粉等。

(2) 主要机具

① 安装工具：母线煨弯器、电焊和气焊工具、钢锯、电锤、砂轮、台钻、手电钻、板锉、钢丝刷、木锤、力矩扳手、铜丝刷。

② 测试工具：皮尺、钢卷尺、钢板尺、水平尺、线坠、摇表、万用表、细钢丝或小线。

(3) 施工条件

① 母线安装对土建要求：屋顶不漏水，墙面喷浆完毕，场地清理干净，并有一定的加工场所，高空作业脚手架搭设完毕，安全技术部门验收合格；门窗齐全。

② 电气设备安装完毕，检验合格。

③ 预留孔洞及预埋件尺寸、强度均符合设计要求。

④ 施工图及技术资料齐全。

10.4.2 施工工艺

(1) 工艺流程

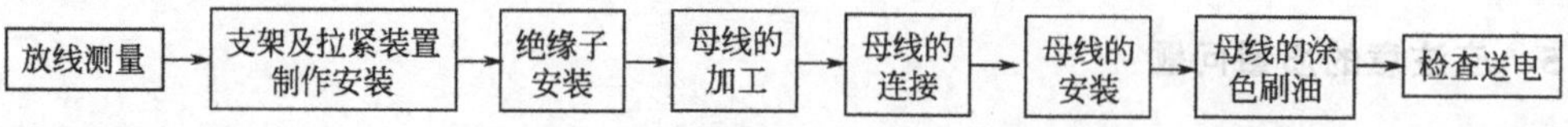

(2) 放线测量

① 进入现场后根据母线及支架敷设的不同情况，核对是否与图纸相符。

② 核对沿母线敷设全长方向有无障碍物，有无与建筑结构或设备管道、通风等安装部件交叉现象。

③ 配电柜内安装母线，测量与设备上其他部件安全距离是否符合要求。

④ 放线测量出各段母线加工尺寸、支架尺寸，并画出支架安装距离及剔洞或固定件安装位置。

(3) 支架及拉紧装置的制作安装

① 母线支架用 50mm×50mm×5mm 角钢制作，膨胀螺栓固定在墙上。

② 母线中间、终端拉紧装置按图 10-2 制作组装。

(4) 绝缘子安装

① 绝缘子安装前要摇测绝缘，绝缘电阻值大于 1MΩ 为合格。检查绝缘子外观无裂纹、缺损，绝缘子灌注的螺栓、螺母牢固后方可使用。6～10kV 支柱绝缘子安装前应进行耐压试验。

② 绝缘子上下要各垫一个石棉垫。

③ 绝缘子夹板、卡板的制作规格要与母线的规格相适应。绝缘子夹板、卡板的安装要牢固。

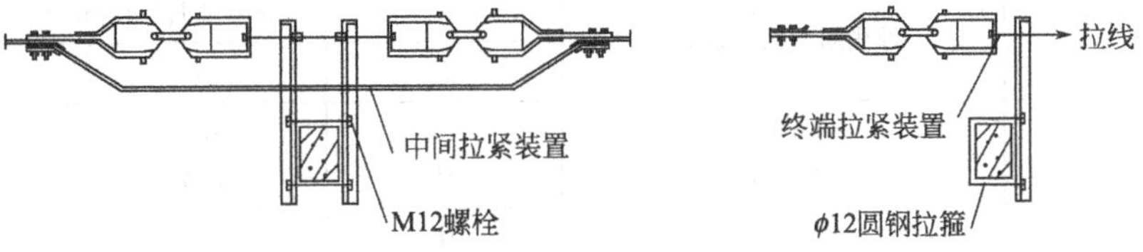

(a) 母线跨桁架中间、终端拉紧装置

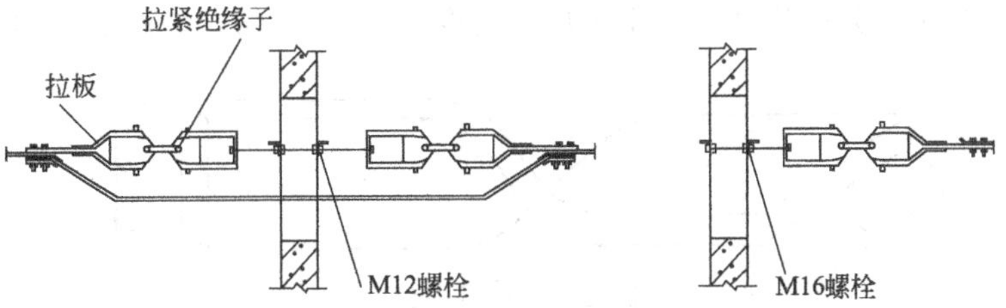

(b) 母线过屋面梁洞中间、终端拉紧装置

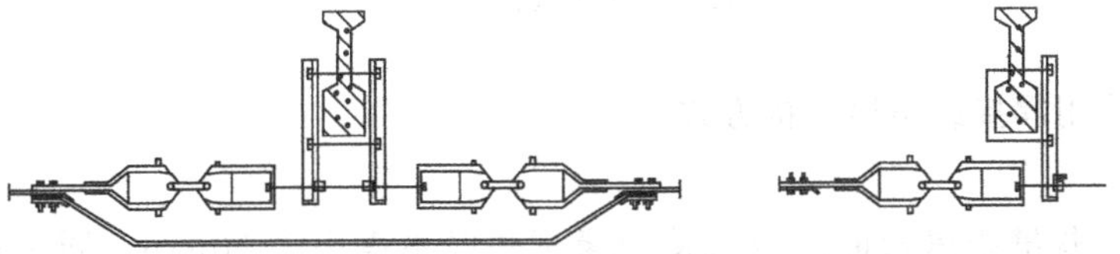

(c) 母线跨工字形屋面梁中间、终端拉紧装置

图 10-2　母线中间、终端拉紧装置

(5) 母线的加工

① 母线的调直与切断

a. 母线调直采用母带调直器进行调直，手工调直时必须用木锤，下面垫道木进行作业，不得用铁锤。

b. 母线切断可使用手锯或砂轮锯作业，不得用电弧或乙炔进行切断。

② 母线的弯曲

a. 母线的弯曲应用专用工具（母线煨弯器）冷煨，弯曲处不得有裂纹及显著的折皱。不得进行热弯。

b. 母线平弯及立弯的弯曲半径（图 10-3）不得小于表 10-17 的规定。

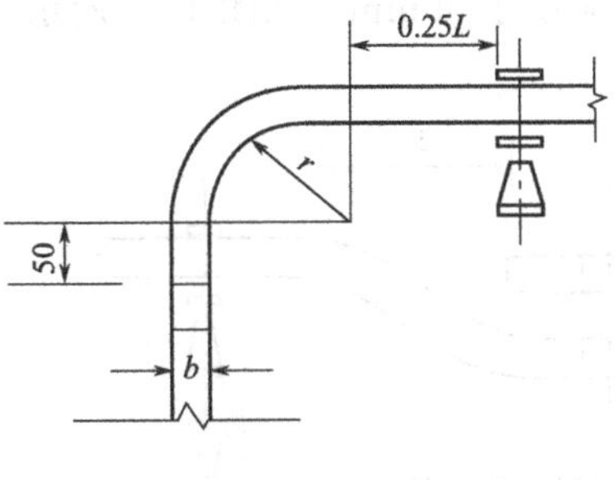

(a) 立弯母线

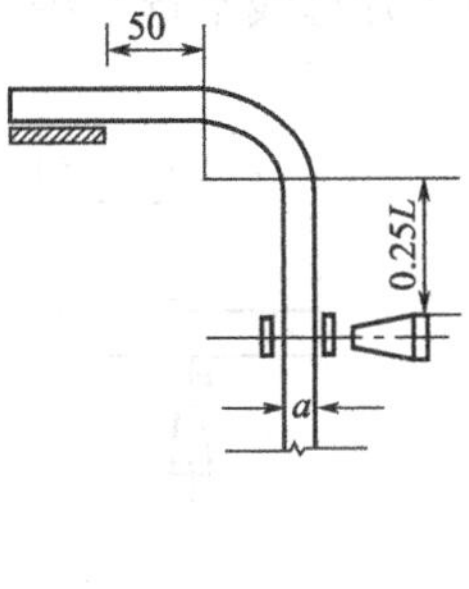

(b) 平弯母线

图 10-3　母线平弯与立弯

a—母线厚度；b—母线宽度；L—母线两支点间的距离；r—母线弯曲半径

表 10-17 矩形母线最小弯曲半径（r）值

弯曲方式	母线断面尺寸/mm	最小弯曲半径/mm		
		铜	铝	钢
平　　弯	50×5	2b	2b	2b
	125×10	2b	2.5b	2b
立　　弯	50×5	1b	1.5b	0.5b
	125×10	1.5b	2b	1b

c. 母线扭弯、扭转部分的长度不得小于母线宽度的 2.5～5 倍，如图 10-4 所示。

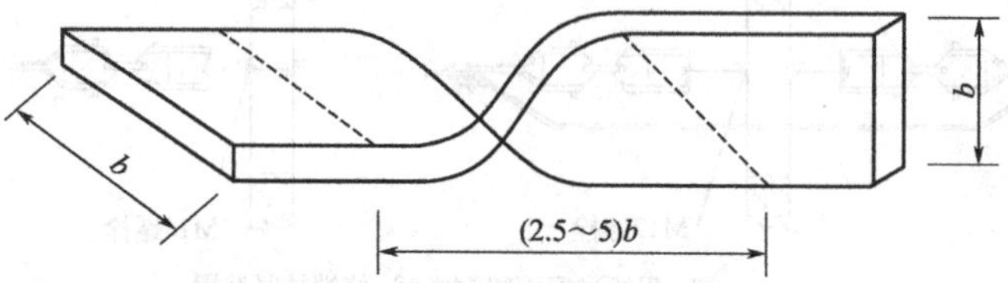

图 10-4　母线扭转 90°

（6）母线的连接

母线的连接可采用焊接或螺栓连接方式。

① 母线的焊接

a. 焊接的位置。焊缝距离弯曲点或支持绝缘子边缘不得小于 50mm，同一相如有多片母线，其焊缝应相互错开不得小于 50mm。

b. 焊接的技术要求。铝及铝合金母线的焊接应采用氩弧焊，铜母线焊接可采用 201 或 202 紫铜焊条、301 铜焊粉或硼砂，为节约材料，也可用废电线芯或废电缆芯线代替焊条，但表面应光洁无腐蚀，并需擦净油污，方可施焊。

焊接前应用铜丝刷清除母线坡口处的氧化层，将母线用耐火砖等垫平对齐，防止错口，坡口处根据母线规格留出 1～5mm 的间隙，然后由焊工施焊，焊缝对口平直，不得错口，必须双面焊接。焊缝应凸起呈弧形，上部应有 2～4mm 加强高度，角焊缝加强高度为 4mm。焊缝不得有裂纹、夹渣、未焊透及咬肉等缺陷，焊完后应趁热用足够的水清洗掉焊药。

c. 施焊焊工，应经考试合格。母线焊接后的检验应符合规范要求。

② 母线的螺栓连接

a. 母线钻孔直径和搭接长度及螺栓规格见表 10-18。

b. 矩形母线采用螺栓固定搭接时，连接处距支柱绝缘子的支持夹板边缘不应小于 50mm；上片母线端头与下片母线平弯开始处的距离不应小于 50mm，如图 10-5 所示。

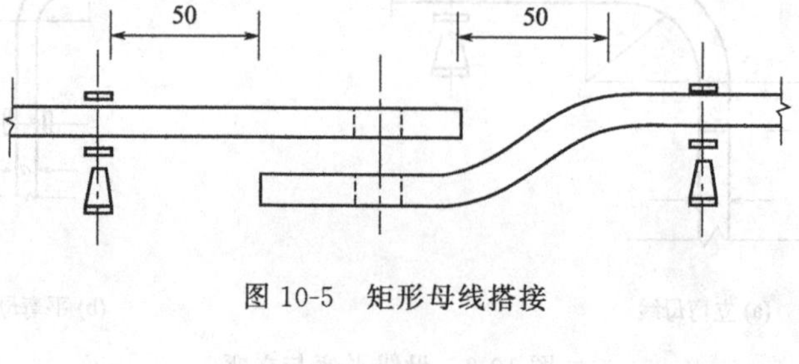

图 10-5　矩形母线搭接

c. 母线与母线、母线与分支线、母线与电器接线端子搭接时，其搭接面必须平整、清洁

表 10-18　母线钻孔直径和搭接长度及螺栓规格

搭接形式	类别	序号	连接尺寸/mm b_1	连接尺寸/mm b_2	连接尺寸/mm a	钻孔要求 ϕ/mm	钻孔要求 个数	螺栓规格
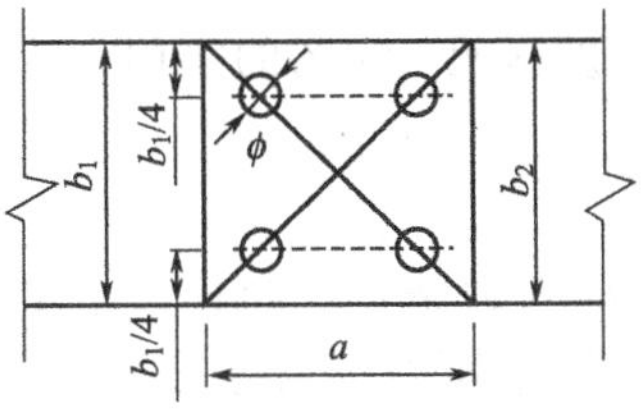	直线连接	1	125	125	b_1 或 b_2	21	4	M20
		2	100	100	b_1 或 b_2	17	4	M16
		3	80	80	b_1 或 b_2	13	4	M12
		4	63	63	b_1 或 b_2	11	4	M10
		5	50	50	b_1 或 b_2	9	4	M8
		6	45	45	b_1 或 b_2	9	4	M8
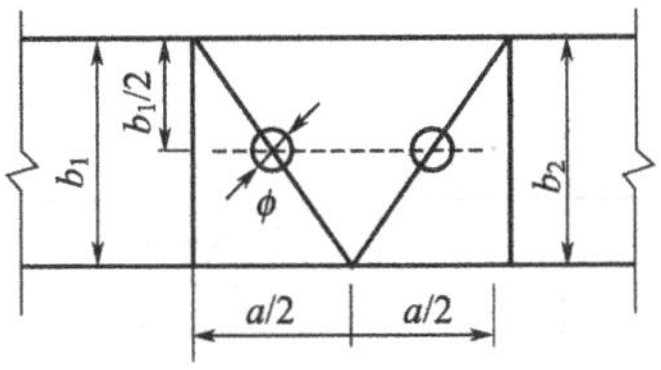	直线连接	7	40	40	80	13	2	M12
		8	31.5	31.5	63	11	2	M10
		9	25	25	50	9	2	M8
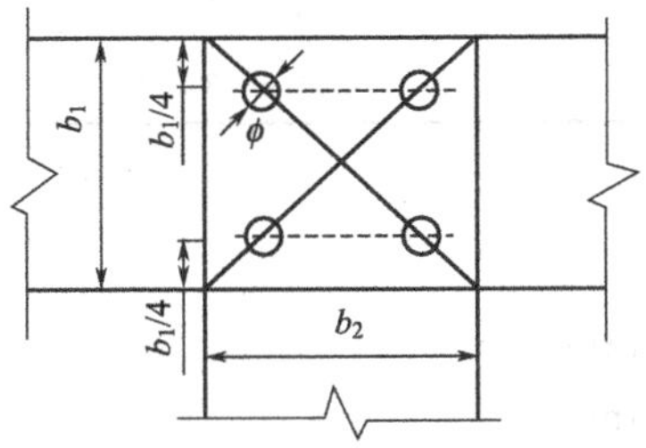	垂直连接	10	125	125	—	21	4	M20
		11	125	100	—	17	4	M16
		12	125	63	—	13	4	M12
		13	100	100～80	—	17	4	M16
		14	80	80～63	—	13	4	M12
		15	63	63～50	—	11	4	M10
		16	50	50	—	9	4	M8
		17	45	45	—	9	4	M8
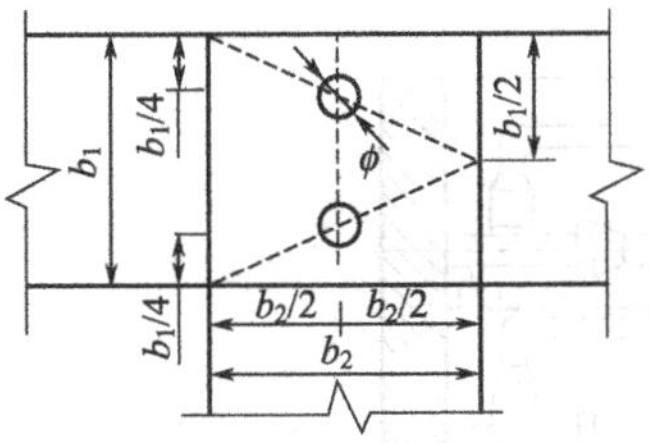	垂直连接	18	125	50～40	—	17	2	M16
		19	100	63～40	—	17	2	M16
		20	80	63～40	—	15	2	M14
		21	63	50～40	—	13	2	M12
		22	50	45～40	—	11	2	M10
		23	63	31.5～25	—	11	2	M10
		24	50	31.5～25	—	9	2	M8
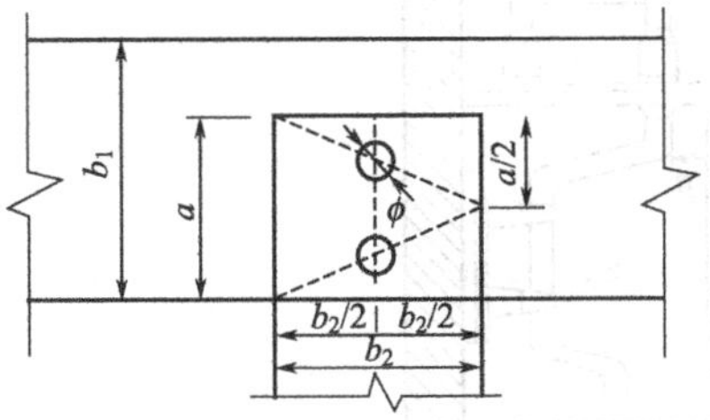	垂直连接	25	125	31.5～25	60	21	4	M20
		26	100	31.5～25	50	9	2	M8
		27	80	31.5～25	50	9	2	M8
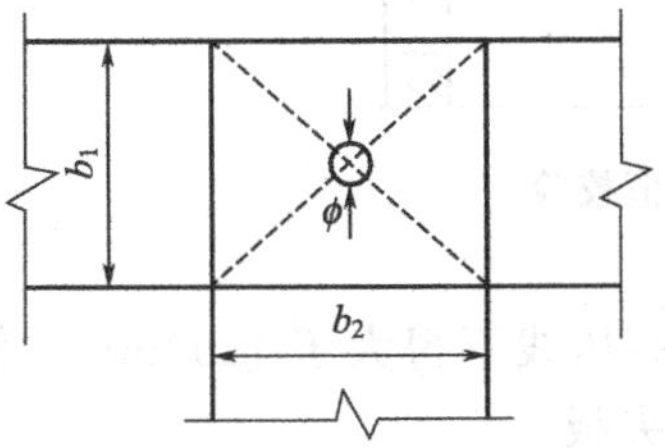	垂直连接	28	40	40～31.5	—	13	1	M12
		29	40	25	—	11	1	M10
		30	31.5	31.5～25	—	11	1	M10
		31	25	22	—	9	1	M8

并涂以电力复合脂，并符合下列规定。

ⅰ. 铜与铜：室外、高温且潮湿或对母线有腐蚀性气体的室内必须搪锡。干燥室内可直接连接。

ⅱ. 铝与铝：直接连接。

ⅲ. 铜与铝：在干燥室内，铜母线搪锡，室外或空气相对湿度接近100%的室内，应采用铜铝过渡板，铜端应搪锡。

ⅳ. 钢与铜或铝：钢搭接面必须搪锡。

d. 母线采用螺栓连接时，平垫圈应选用专用厚垫圈，必须配齐弹簧垫。螺栓、平垫圈及弹簧垫必须用镀锌件。螺栓长度应考虑当螺栓紧固后螺纹能露出螺母外5～8mm。

e. 母线的接触面应连接紧密，连接螺栓应用力矩扳手紧固，其紧固力矩应符合表10-19的规定。

表 10-19　钢制螺栓的紧固力矩

螺栓规格/mm	力矩/N·m	螺栓规格/mm	力矩/N·m
M8	8.8～10.8	M16	78.5～98.1
M10	17.7～22.6	M18	98.0～127.4
M12	31.4～39.2	M20	156.9～196.2
M14	51.0～60.8	M24	274.6～343.2

(7) 母线的安装

① 母线安装应平整美观，且母线安装符合如下要求。

水平段：两支持点高度误差不大于3mm，全长不大于10mm。

垂直段：两支持点垂直误差不大于2mm，全长不大于5mm。

间距：平行部分间距应均匀一致，误差不大于5mm。

② 母线安装的最小安全净距见图10-6、图10-7及表10-20。

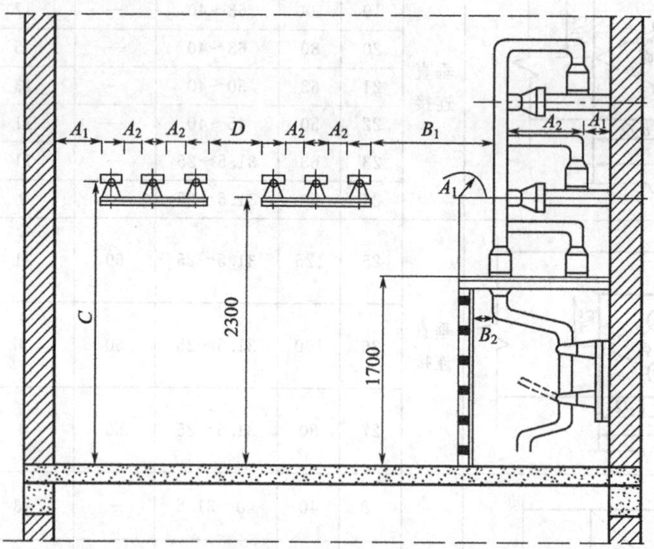

图10-6　室内A_1、A_2、B_1、B_2、C、D值校验

③ 母线支持点的间距：对低压母线不得大于900mm，对高压线不得大于1200mm。低压母线垂直安装且支持点间距无法满足要求时，应加装母线绝缘夹板。

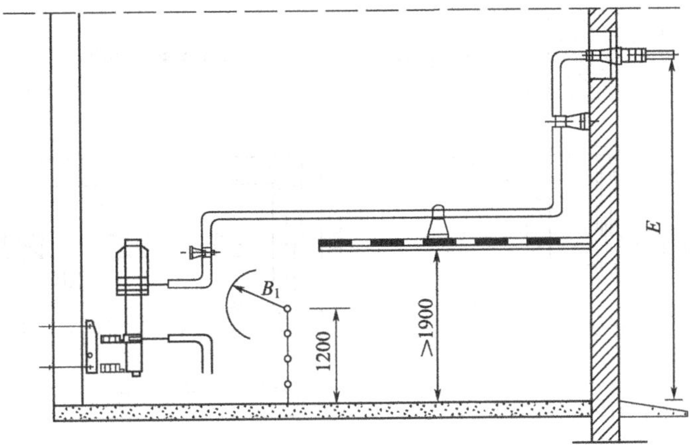

图 10-7　室内 B_1、E 值校验

④ 母线在支持点的固定：对水平安装的母线应采用开口元宝卡子，对垂直安装的母线应采用母线夹板。

表 10-20　室内裸母线最小安全净距　　单位：mm

符号	适用范围	额定电压/kV			
		0.4	1～3	6	10
A_1	①带电部分至接地部分之间 ②网状与板状遮栏向上延伸线距地 2.3m 处与遮栏上方带电部分之间	20	75	100	125
A_2	①不同相的带电部分之间 ②断路器和隔离开关的断口两侧带电部分之间	20	75	100	125
B_1	①栅状遮栏至带电部分之间 ②交叉的不同时停电检修的无遮拦带电部分之间	800	825	850	875
B_2	网状遮拦至带电部分之间	100	175	200	225
C	无遮栏裸导体至地(楼)面之间	2300	2375	2400	2425
D	平行的不同时停电检修的无遮拦裸导体之间	1875	1875	1900	1925
E	通向室外的出线套管至室外通道的路面	3650	4000	4000	4000

⑤ 母线只允许在垂直部分的中部夹紧在一对夹板上，同一垂直部分其余的夹板和母线之间应留有 1.5～2mm 的间隙。

⑥ 低压母线穿墙隔板的安装做法见图 10-8 和表 10-21。

表 10-21　低压母线穿墙隔板的安装尺寸

安装尺寸/mm		墙洞尺寸(宽×高)/mm
A	B	
200	800	800×300
250	900	900×300
350	1100	1100×300

(8) 母线的涂色刷油

① 母线的排列顺序及涂漆颜色见表 10-22 和表 10-23，刷漆应均匀、整齐，不得流坠或沾污设备。

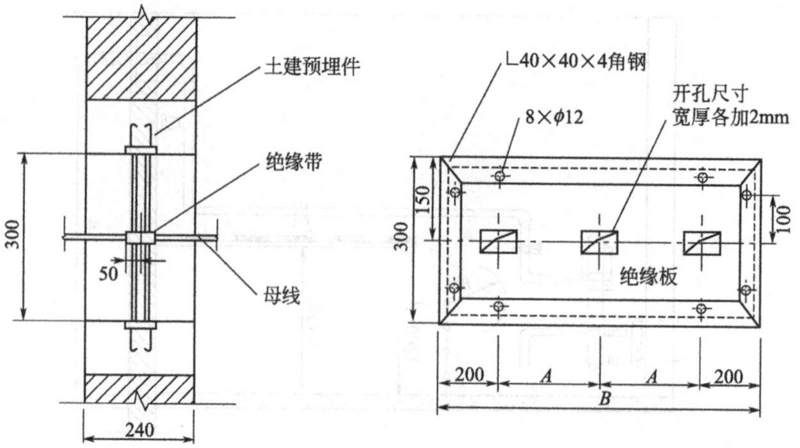

图 10-8　低压母线穿墙隔板的安装做法

② 设备接线端与母线卡子、夹板处及明设地线的接线螺钉处等两侧 10～15mm 处均不得刷漆。

表 10-22　母线的相位排列

母线的相位排列	三　线　时	四　线　时
水平(由盘后向盘面)	A—B—C	A—B—C—N
垂直(由上向下)	A—B—C	A—B—C—N
引下线(由左至右)	A—B—C	A—B—C—N

表 10-23　母线的涂色

母线相位	涂　色	母线相位	涂　色
A相	黄	中性(不接地)	紫
B相	绿	中性(接地)	紫色带黑色条纹
C相	红		

(9) 检查送电

① 母线安装完后，要全面地进行检查，清理工作现场的工具、杂物，并与有关单位人员协商好，请无关人员离开现场。

② 母线送电前应进行耐压试验，500V 以下母线可用 500V 摇表摇测，绝缘电阻不小于 0.5MΩ。

③ 送电要有专人负责，送电程序应为先高压、后低压，先干线、后支线，先隔离开关、后负荷开关。停电时与上述顺序相反。

④ 车间母线送电前应挂好有电标志牌，并通知有关单位及人员，送电后应有指示灯。

10.4.3　质量标准

(1) 保证项目

① 高压绝缘子和高压穿墙套管的耐压试验必须符合施工规范规定。

检验方法：检查耐压试验记录。

② 高压瓷件表面严禁有裂纹、缺损和瓷釉损坏等缺陷。

检验方法：观察检查。

③ 母线连接必须符合下列规定。

a. 母线的接触口连接紧密，连接螺栓紧固力矩符合要求。

b. 焊接时在焊缝处有 2～4mm 的加强高度，焊口两侧各凸出 4～7mm；焊缝无裂纹、未焊透等缺陷，残余焊药清除干净。

c. 不同金属的母线搭接，其搭接面的处理符合施工规范规定。

d. 母线的弯曲处严禁有缺口和裂纹。

检验方法：观察检查和实测或检查安装记录。

(2) 基本项目

① 母线绝缘子及支架安装应符合以下规定：位置正确，固定牢靠，固定母线用的金具正确、齐全，黑色金属支架防腐完整，安装横平竖直，成排的排列整齐，间距均匀，油漆色泽均匀，绝缘子表面清洁。

检验方法：观察检查。

② 母线安装应符合以下规定。

a. 平直整齐、相色正确；母线搭接用的螺栓和母线钻孔尺寸正确。

b. 多片矩形母线片间保持与母线厚度相等的间隙，多片母线的中间固定架不形成闭合磁路；采用拉紧装置的车间低压架空母线的拉紧装置固定牢靠，同一档距内各母线弛度相差不大于 10%。

使用的螺栓螺纹均露出螺母 2～3 扣；搭接处母线涂层光滑均匀；架空母线弛度一致；相色涂刷均匀。

c. 母线支架及其他非带电金属部件接地（接零）支线敷设应符合以下规定：连接紧密、牢固，接地（接零）线截面选用正确，需防腐的部分涂漆均匀无遗漏；线路走向合理，色标准确，涂刷后不污染设备和建筑物。

检验方法：观察检查和检查安装记录。

③ 母线安装的允许偏差、弯曲半径和检验方法应符合表 10-24 规定。

表 10-24　母线安装的允许偏差、弯曲半径和检验方法

项　　目			允许偏差或弯曲半径	检验方法
母线间距与设计尺寸间			±5mm	尺量检查
母线平弯最小弯曲半径	$B\times\delta\leqslant 50\times 5$	铜	$>2\delta$	
		铝	$>2\delta$	
	$B\times\delta\leqslant 125\times 10$	铜	$>2\delta$	
		铝	$>2.5\delta$	
母线立弯最小弯曲半径	$B\times\delta\leqslant 50\times 5$	铜	$>1B$	
		铝	$>1.5B$	
	$B\times\delta\leqslant 125\times 10$	铜	$>1.5B$	
		铝	$>2B$	

注：B 为母线宽度，δ 为母线厚度，单位均为 mm。

10.4.4　成品保护

① 绝缘瓷件应妥善保管，防止碰伤，已安装好的瓷件不应承受其他应力，以防损坏。

② 已调平直的母线半成品应妥善保管，不得乱放。安装好的母线应注意保护，不得碰撞，更不得在母线上放置重物。

③ 变电室需要二次喷浆时，应将母线用塑料布盖好。

④ 母线安装处的门窗装好，并加锁防止设备损毁。

10.4.5　应注意的质量问题

母线安装应注意的质量问题见表 10-25。

表 10-25 常产生的质量问题和防治措施

常产生的质量问题	防治措施
各种型钢等金属材料除锈不净、刷漆不均匀,有漏刷现象	加强材料管理工作,加强工作责任心;加强自、互检
各种型钢、母线及开孔处有毛刺或不规则	施工前工具准备齐全,不使用电、气焊切割;施工中加强管理,建立奖罚制度,严格检查制度
母线搭接间隙过大,不能满足要求	母线压接用垫圈应符合规定要求,对于加厚垫圈应在施工准备阶段前加工;母线搭接处(面)用板锉锉平;认真检查

思考题

1. 电动机抽芯检查有哪些规定。
2. 电缆敷设方式的选择有哪些原则。
3. 电缆用防火阻燃材料如何选用。

第 11 章　建筑水暖电工程施工实例

11.1　实例一

某电子商务中心建筑面积 74824m^2，总高度为 99.2m，结构形式为框架剪力墙结构，工程质量目标为工程合格率 100%、优良 70%以上。

11.1.1　给排水工程

本施工方案是依据设计图纸，结合建筑设备施工安装通用图集（91SB2 卫生工程、91SB3 给水工程）、建筑设备施工安装通用图集（91SB-X1）和采暖卫生工程施工及验收规范（GB 50242—2002）、建筑设备安装分项工程施工工艺规程以及安全操作规程和有关建筑施工的有关法律、法规文件等编制的。

11.1.1.1　工程概况

本工程总高度为 99.2m，由低到高成台阶式布置，分 A、B、C 三座：地下一层为内部职工餐厅、厨房、部分机房、车库并含有一层设备夹层；地下二、三层为车库；地上部分：一层为大堂、商务办公、消防控制室、休息厅；二层为商务办公，三至二十四层为出租（出售）写字间（其中包括二十层的设备层兼室外疏散平台，六、十、十四层为两层高的休息厅）。

11.1.1.2　给水系统及热水供应

以从市政引入小区的自来水为水源，从中区环状给水管网上引出两根 $DN150$ 的给水管进入建筑物，并在地下一层与消防及小区给水泵房相连，地上二、三层由管网压力供水，四层至十五层由变频供水装置供水，十六层及十六层以上由屋顶水箱供水。中区（四至十五层）变频给水泵从地下夹层水箱中吸水，泵前设紫外线消毒器，屋顶水箱生活给水管上也设紫外线消毒器，两根给水引入管在室外设总水表，每层或每出租单元均设分水表。热水系统分为高、低两个区，由三台直燃机分区供给，高区热水补水由屋顶箱补给，低区热水补水由屋顶水箱经减压后补给。A 座热水采用下行上给循环系统，B 座采用上行下给水系统。为解决直燃机贮水容积不足问题，在地下夹层为高区热水设一个 2m^3 的热水贮罐，为低区热水设两个 2m^3 的热水贮罐。

11.1.1.3　消防系统

① 室内消防栓系统。每层均设有消防栓系统，采用消防专用减压阀，分为高、低两个区，地下三层至十三层为低区，十四层至二十四层为高区。每区的消防栓管道各自连成环状，在地下一层泵房内设一座容积为 400m^3 的消防专用水池，在泵房内设两台室内消火栓泵。五层及五层以下消防栓采用减压稳压消火栓，阀后压力调为 0.2MPa。

② 自动喷水系统采用临时高压制，每层均设置闭式喷头，地下三层至地下一层采用预作

用系统，其余各层采用湿式系统。在地下一层给水泵房内设两台自动喷水泵，一备一用。在屋顶水箱间设置稳压泵两台，一备一用。另设一套气压稳压装置，两台气压罐，每台直径1600mm，每层设手提式磷酸铵盐干粉灭火器。

11.1.1.4 排水系统

生活排水系统采用污水与废水分流制，首层及首层以上污水直接排至室外，首层以下的污水先排至地下三层的集水坑内，再经潜污泵，提升后排至室外。污水经化粪池处理后排入小区污水管网。废水直接排至室外，再经管道排至小区中水处理站。地下三层餐厅的含油污水先经地上式隔油器后，排入地下三层的集水坑，再经潜污泵排至室外隔油池。A、B 座消防电梯井下各设一个集水坑，用于消防时排水。地下三层车库内分设四个集水坑，其中一个用于消防水池溢流排水及车库地面排水。其余用于车库地面冲洗排水，潜污泵由集水坑内水位控制启闭。

11.1.1.5 雨水系统

屋面雨水采用内排水方式，屋面雨水先经雨水斗汇集后，经雨水管排入小区雨水管网。

11.1.1.6 暖通、空调系统

本工程冷热源为三台直燃机，采用全空气、全新风、风机盘管加新风冬期采暖、夏季供冷风。直燃机采用水冷方式，在 B 座屋顶设三台冷却塔。消防排烟、通风排风，均各成系统，各备有风机。

11.1.1.7 管材选用及工艺

① 给排水系统。生活给水埋地管采用给水承插铸铁管，石棉水泥接口，外壁刷石油沥青两道。架空管部分：高区给水泵出管（J1）十层以下采用加厚热浸镀锌钢管，小于或等于 $DN100$ 采用螺纹连接，大于 $DN100$ 采用沟槽式连接，接口处刷樟丹两道，明露管外壁刷银粉两道。

② 循环水管采用焊接钢管，焊接连接接口处刷樟丹两道，外壁刷樟丹面漆两道。

③ 消防给水架空部分。消防泵出管，十层以下采用加厚钢管，其余部分采用焊接钢管，管外壁刷樟丹两道，明露管刷面漆两道。自动喷洒给水管报警阀前，十层以下采用加厚热浸镀锌钢管，其余采用普通热浸镀锌钢管，小于或等于 $DN100$ 采用螺纹连接，大于 $DN100$ 采用沟槽式连接，接口处刷樟丹两道，明露管外壁刷银粉两道。

④ 排水管采用机制柔性接口排水铸铁管。

⑤ 压力排水管采用焊接钢管，焊接或法兰连接刷樟丹两道，埋地管外壁刷石油沥青两道。

⑥ 泵房内的管道均采用焊接钢管，法兰连接或焊接。

⑦ 雨水管埋地部分采用给水承插铸铁管，石棉水泥接口外壁刷石油沥青两道，架空管采用热浸镀锌钢管，焊接连接，焊口处刷樟丹两道，外刷银粉两道。

11.1.1.8 施工方法

依据设计图纸，根据施工验收规范及施工工艺规程并结合建筑设备施工安装通用图集（91S B2、91SB3、91S B-X1）进行施工安装。

① 认真审图，结合土建结构留洞图标出预留洞的坐标、标高及洞口尺寸，根据孔洞尺寸制作孔洞预留模具，模具尺寸应比管道外径尺寸大 2～3 号，为便于模具的拆装应将模具的表面打磨光滑并刷冷底子油一道。根据土建分出的流水段随土建结构孔洞预留，预留过程中先标

出管道的坐标及尺寸，再安置孔洞模具。认真校对无误后加以稳固。

② 生活用水系统分区进行安装，首先进行低区引入管施工，将引入干管安装完毕后再依次安装低区给水系统主管。给水支管的安装依据给水支管的位置按规范及施工工艺安装。高区的给水立管由下向上进行预做，高位水箱就位后进行干管安装，最后进行干主管的连接。管道直径大于100mm的，现场预制管道，并进行沟槽制作。

③ 消防系统安装由室外引入管做起，先进行基础干管安装，主管安装完毕后进行消防箱的稳装，最后进行消防支管的安装，进行消防系统的水压试验并报有关人员检查验收，填写有关资料。

④ 排水系统及雨水系统由下向上按图纸要求施工。先装干管、主管，后进行支管安装，最后进行卫生洁具的安装。排水系统及雨水系统安装时，将预制好的管段按照来水方向，由出水口处向室外顺序排列，按图纸的坐标、标高，找好位置和坡度，各预留管口向高向和中心线方向将管段连接，逐步就位并封闭堵严总出水口。管道安装完毕后对管道的坐标、标高、坡度进行自检，确保无误后从预留管或首层地漏处灌水进行闭水试验，水满后观察水面不降且各接口处无渗漏现象，报经有关人员检查并填写工程验收记录，办理工程验收手续。隐蔽处应做隐蔽工程验收记录。支管安装时应核对好支管的标高，安装完毕后进行通水试验，吊顶内进行100%的灌水试验，并做好隐检记录。

11.1.1.9 生活洁具及支架安装

① 管道口标高、坐标、尺寸保证安装时无误，在防水及装修前及时校核。

② 卫生洁具的落地稳装，用白灰膏与水泥混合灰。洁具与紧固件及配件的安装必须加橡胶垫圈。

③ 给水配件要齐全，启动要灵活，表面光洁，各接口处无渗漏。

④ 洁具稳装在墙面和支架上要着实稳固，存水弯、排水管连接处使用石棉绳、油灰填实，支架与器具之间接触紧密，各类支架均做好防腐并刷好面漆。

⑤ 固定用螺栓、螺母、垫圈均应使用镀锌件。

⑥ 成排卫生器具安装，甩口应在同一平面上，器具安装成一直线。

⑦ 所有卫生器具都应进行通水试验，达不到规定水量要求时应进行100%的满水试验，试验水位要求达到溢水口高度，检查连接处均无渗漏为合格。

⑧ 器具支管的安装。

a. 连接卫生器具的支管一般先安装到器具的水阀处，待系统试压合格，卫生器具安装完毕后再与卫生器具接通，最后连接的短管可采用通水试漏的方法检查。

b. 器具支管上的半圆弯与阀门连接的活接头、短丝管等可预制的管段均应标准化，以扩大集中预制范围。

c. 支管与器具连接应遵循软结合、软加力的原则。当采用铜管连接时铜管与锁母间应绕石棉绳，与器具接触处应使用橡胶垫圈，铜管及铜制配件拧动加力时应垫布等材料。

11.1.1.10 管道的特殊处理

管道穿越伸缩缝和沉降缝时，应采用钢丝编织橡胶软管连接或做成螺纹管件连接的“Π”形管段，利用螺纹弯管微小的旋动缓解由沉降不均引起的对管道的剪切力。

11.1.1.11 主要机具

管道施工主要机具见表11-1。

表 11-1 管道施工主要机具

名 称	规 格	单 位	数 量	备 注
电焊机		台	5	主体与装修同时
套丝机	0.5～4in	台	1	装修用
无齿锯		台	2	装修用
气割机具		套	3	

注：1in＝25.4mm。

11.1.1.12 质量保证措施

① 收到图纸后认真审图，了解设计意图，把问题解决在施工之前，并将其传达至现场施工人员。

② 严格检验上岗证，加强入场教育工作。

③ 对上岗人员加强质量教育，提高质量意识，发扬爱岗敬业精神。

④ 加强技术管理，明确技术人员的岗位责任。

⑤ 严格技术交底制度，技术人员、工长在每项工序施工前做好交底工作，让每个施工人员都明白并及时检查，严格验收。

⑥ 严把材料入场关，保证不合格材料不进场，进场材料做到手续齐全，报监理工程师认可后，方可使用。

⑦ 建立自检、互检制度，分项工程完成后班组长先组织自检、互检，然后由质检员、工程师验收，隐蔽工程由监理工程师检查认可后方可继续施工。

⑧ 工序交接前，要经过质检员验收认可方可进行下道工序。

⑨卫生器具安装要确保使用功能不受影响，严格按照施工工艺规程操作，保证质量达到要求。

⑩ 保温工程在管道隐检合格后方可进行，要确保搭接错开，表面平整光滑，外表美观。

⑪ 管道试压、冲洗在每一分项工程隐蔽前进行，完全符合要求后，报建设单位监理工程师，经认可后方可进行下道工序。

⑫ 各项施工严格执行各类文件规定，做到手续齐全。

11.1.1.13 安全保证措施

① 明确施工人员的安全生产岗位责任制，使广大职工树立安全第一的思想，做到安全、组织、措施三落实。

② 施工人员要熟知本工种的安全操作规程。

③ 施工人员进入现场后，必须戴好安全帽，严禁赤脚、穿拖鞋进入现场。

④ 电、气焊操作人员必须持证上岗，严禁无证操作。

⑤ 电焊机接线由专业电工进行，一次线长度不超过 5m，二次线长度不超过 30m，焊把线、地线双线到位。

⑥ 氧气、乙炔切割、焊接时，必须开具用火证明，氧气瓶、乙炔瓶间距不少于 5m，在操作场所 10m 范围内清除易燃、易爆物品。

⑦ 电动机具使用前必须认真阅读使用说明书，了解其性能，保证机具不带“病”运转，不超负荷并设专人操作。

⑧ 施工人员应严格按照设计交底及技术交底的内容进行操作，确认施工现场安全可靠后方可进行施工。

⑨ 施工人员要做到“工完、料净、场地清”，不留任何隐患。

11.1.2 电气工程

11.1.2.1 本电气工程内容

电力配电系统、照明配电系统、防雷及接地系统、综合布线系统、有线电视系统、消防报警及联动系统、楼宇自控系统、移动通信信号放大系统、广播系统、电表及冷热水表远传计量系统、车辆出入管理系统、闭路电视保安监控系统。

(1) 电力配电系统

① 一级负荷为火灾报警、消防泵、喷淋泵、电梯机房排烟、应急照明等；二级负荷为末端自控、普通电梯、生活水泵等；其余为三级负荷。

② 两路10kV电源同时工作，同时各负担一半负荷，当一路断电后，另一路电源可负担全部负荷。

③ 电源电压10kV，配电电压220V/380V。

④ 配电系统采用放射式与树干式相结合的方式。对于空调机、电梯及重要的用电负荷采用放射式配电方式，其余则采用树干式配电方式。A、B座主体用电，采用密集母线供电方式；每层新风机组，A、B座应急照明，电热水器与配电干线采用预制分支电缆供电。

⑤ 变电所引出线，采用下进上出的方式；变电所及变电所至电气竖井的电缆线路，采用电缆桥架敷设；在电缆夹层及电气竖井内采用电缆托盘敷设；其余地方采用金属封闭电缆线槽敷设。

⑥ 对于一级用电负荷，均用双电源供电，并在末级配电箱处设备用电源自控。

(2) 照明配电系统

① 本工程主要场所照度为500lx，车库照度为50lx，走廊、电梯厅照度为100～200lx，商务办公照度为500lx，设备间照度为100lx。

② 办公室等处以荧光灯为主，设备间等以白炽灯为主。

③ 煤气间直燃机房，采用防爆灯。

④ 预留泛光照明、庭院照明、航空障碍照明配电箱。

⑤ 在地下三层、地下二层、地下一层等均安装应急照明灯；在楼梯口安装安全出口指示灯；公共走道安装安全疏散灯。

(3) 防雷及接地系统

① 本建筑为二类防雷建筑。

② 为防雷击，从标高45m以上各层做均压环。

③ 所有伸出屋面的金属设备外壳、金属管道、天线机座、风机等均用25mm×4mm镀锌扁钢与避雷带相连接。

④ 接闪器采用屋顶女儿墙上ϕ10mm镀锌圆钢、避雷带及金属桅杆、金属屋面板、引下线；接地极利用结构柱及基础主钢筋。

⑤ 接地电阻小于或等于1Ω。

(4) 综合布线系统

综合布线系统是为了满足大厦内系统通信的要求，该系统支持电话和多种计算机数据通信系统。可进行传输语音数据、图文和图像等多媒体业务的服务，能与外部通信网络相连接，利用各种网络通信服务。布线形式采用光纤和非屏蔽铜缆混合组网。

综合布线系统包括以下几个子系统：工作区子系统、配线子系统、管理子系统、干线子系统、设备间子系统。

(5) 有线电视系统

① 有线电视网线路由本建筑南侧引入，前端设备设在A座屋顶天线室，可向用户提供当地有线电视节目及自制电视节目。

② 系统分配为分配分支方式，采用750MHz邻频传输，用户终端要求（64±4)dB，图像清晰度不低于4级。

③ 系统干线采用SYKV-75-7同轴电缆，用户分支线采用SYKV-75-5同轴电缆，分支器箱在弱电竖井内明装，底边距地1.4m，电视插座一般距地0.3m，线路沿金属线槽或穿焊接钢管在竖井、吊顶、楼板及墙内敷设。

(6) 消防报警及联动系统

① 本建筑属一级保护对象，采用总体保护方式，故设置一套火灾自动报警及消防联动系统，采用集中报警控制方式，消防控制室设在首层，面积约40m²，内设1台火灾报警控制器、1套联动控制柜、1套广播机柜及一台80门消防专用电话交换机，设专人值班管理。

② 消防控制室可以接收各种火灾报警信号（包括感烟探测器、感温探测器、压力开关、水流指示器、手动报警按钮、消火栓按钮、防火阀等)，并显示报警部位及发出声光报警，系统收到报警信号后可自动或手动启动控制各种相应的消防设备。

③ 消火栓按钮可向消防控制室发出信号，消防控制室能自动、手动控制消火栓的启停并显示消火栓泵的工作、故障状态，显示水流指示器、报警阀、安全信号阀的工作状态。

④ 直燃机房内感温探测器报警后，消防控制室开启雨淋阀，可自动、手动启停水雾泵，并显示水雾泵的工作、故障状态。

⑤ 消防水池的溢流报警水位、消防保护水位、停泵水位报警信号，屋顶水箱的溢流报警水位、消防保护水位报警信号均送至消防控制室。

⑥ 在疏散通道上的防火卷帘门两侧设有感温和感烟探测器，感烟探测器启动后，卷帘下降至距地面1.8m，感温探测器启动后，卷帘下降到底，探测器报警信号及防火卷帘关闭信号应送至消防控制室。

⑦ 在煤气表间及直燃机房内设置可燃气体探测器，可燃气体探测器报警后，可自动关闭液化气快速切断阀，并启动防爆风机。

⑧ 在消防控制室设有电梯运行状态模拟盘即操作盘，可监控电梯的运行状态并可遥控电梯。

(7) 楼宇自控系统

楼宇自控系统对大厦的空调及暖通系统、给排水系统、照明系统、变配电系统及电梯系统等相关设备的运行进行实时监控和管理，实时控制、数据采集及管理的功能由楼宇系统中的DDC现场控制器完成。

楼宇自控系统包括以下几个子系统：冷（热）源子系统、空调子系统、新风子系统、通风机监控子系统、给排水子系统、照明子系统、变配电监控子系统、电梯监控子系统。

(8) 移动通信信号放大系统

① 为了解决在地下层及电梯内由于屏蔽效应出现的移动通信盲区问题，设置移动通信中继收发通信系统，供楼内各层移动通信用户与外界进行通信。

② 本系统采用射频直放分布组网方式，将基站信号科学地分配至地下层及电梯井道内，在A座屋顶设置室外天线，室内天线壁挂安装在电梯井道及地下各层，线路穿焊接钢管或沿金属线槽敷设。

(9) 广播系统

① 本工程设置一套广播系统，广播机柜设在首层消防控制室。系统采用总线制，在地下车库、走道、公共活动区等处均设有扬声器，无吊顶处扬声器采用壁挂式，有吊顶处扬声器吸顶安装，地下车库扬声器额定功率为5W；其余地方扬声器额定功率为3W。

② 本系统为日常广播与消防广播兼用，平时播放通知、背景音乐，当发生火灾时，消防联动主机可强制切断背景音乐，启动火灾事故广播并能控制广播的区域。切换的顺序为：二层及以上的楼层发生火灾，应先接通着火层及其相邻的上、下层；地下层发生火灾，应先接通地下各层及首层；首层发生火灾，应先接通首层、二层及地下各层。

③ 采用定压 120V 音频传输；线路采用 RVB-2×1.0 导线沿金属线槽或穿焊接钢管在楼板、墙内、竖井或吊顶内敷设，在竖井及吊顶内敷设时应采取防火措施，在楼板内暗敷时保护层厚度不小于 30mm。

(10) 电表、冷热水表远传计量系统

为了达到抄表不进户，实现物业管理的集中化、智能化，本工程对电表、冷水表、热水表采用户外集中计量管理，计算机设在地下一层物业管理用房中，本系统可随时对各表的使用进行监测、计量和计费，通过与银行计算机系统的联网，还可实现收费自动化，系统采集器设在每层弱电竖井内，将数据采集后通过总线传给管理计算机。线路沿金属线槽或穿焊接钢管在竖井及吊顶内敷设。

(11) 车辆出入管理系统

为了提高车辆的安全性，实现全面、高效的管理手段，本工程地下车库内设置停车收费管理系统，本系统采用微机自动控制系统，可实现车辆凭感应卡进出车场，如加上图像识别功能，还可提供进出车辆的卡号、车号、进出车场的时间、日期等信息。

(12) 闭路电视保安监控系统

本工程设有闭路电视保安监控系统，在主要出入口、车库、电梯厅、电梯轿厢等处由摄像机进行监控，监控器及主机设在首层消防控制室。摄像机全部采用集中供电，实行 24h 监控，该系统应能自动控制时序切换监控图像，也可定点监控某些图像并有长时录像备查。视频线采用 SYV-75-5 同轴电缆，电源线采用 RVVP-2×1.5 屏蔽电缆，沿金属线槽或穿焊接钢管在竖井、吊顶、楼板及墙内敷设。

(13) 等电位连接

① 本工程采用 TN-S 接地系统，电气与防雷共用综合接地，所有金属管道、金属件、电梯轨道、金属门窗、金属设施、金属框架等就近连接到等电位连接线上，卫生间、洗衣间进行局部等电位连接。

② A、B 座主体用电采用密集母线供电方式，从变电室引出，分别到 A、B 座电气竖井内安装。A 座选用 1600A、B 座选用 1000A 封闭母线，其安装水平高度距地面 2.2m，垂直距地 1.8m，超过 40m 加伸缩节。

(14) 电缆、导线的选型及敷设

① 室外线路采用 YJV22-8.7/10 型电力电缆直埋引入，入户时穿钢管保护。

② 低压出线电缆选用 NH-YJV-0.6/1 型和 ZR-YJV-0.6/1 型，电缆明敷在桥架上，若不敷设在桥架上应穿镀锌钢管敷设。

③ 除注明者外所有线路均穿焊接钢管暗敷在墙、垫层及吊顶内。照明支线为 BV-2.5mm^2 穿薄壁钢管敷设。

④ 所有消防用电设备供电线路暗敷时，应敷设在不燃体结构内；明敷设时应刷防火涂料。

⑤ 当有不同种类导线在同线槽内敷设时应进行金属分隔。

⑥ 电缆桥架跨过防火区、防烟分区、楼层时应在安装完毕后用防火材料填充填死。

⑦ 所有电缆桥架线槽的安装路径及高度原则上按图纸施工，但需要在现场综合后进一步确认，施工现场可根据实际情况调整。

⑧ 所有穿进建筑物伸缩缝、沉降缝的管线均应按有关规定做法施工。

(15) 设备安装

① 低压开关柜均为落地安装。进线采用下进或上出的方式。

② 明装配电箱底距地1.4m，暗装配电箱底距地1.4m。

③ 照明开关暗装时距地1.4m，距门口0.25m。

④ 插座暗装时一般距地0.3m，采用安全型；写字间和单元式办公室内的距地0.3m，厨房、卫生间内的距地1.5m。

⑤ 出口指示灯安装于门口上方100mm处明装，疏散指示灯顶距地1.0m，壁灯底边距地2.5m。

⑥ 电缆桥架采用GQT系列，托盘开孔桥架施工时注意与其他专业密切配合。

⑦ 水泵、风机设备出线口位置应以图纸为准。

⑧ 配套设备、控制箱、配电柜，订货前应与设计人员配合。

11.1.2.2 电气施工

电气工程施工分三个阶段：主体配合、安装及调试。

(1) 主体配合阶段

① 管的预制及敷设 工艺流程如下。

材料检查 → 预制加工 → 钢管敷设 → 管路连接 → 箱盒固定、关键部位处理

② 材料检查 所用钢管必须具备产品出厂合格证，并应注有出厂日期和生产厂名；钢管壁厚要均匀，焊缝一致，无劈裂、砂眼、棱刺和凹扁缺陷。

③ 预制加工

a. 煨管：采用手扳煨弯器和液压煨弯器煨弯。使用手扳煨弯器时，移动要适度，用力不要过猛；使用液压煨弯器时，模具要配套。管子煨弯，凹扁度应不大于管外径的十分之一，弯曲度应不小于90°，且弯曲半径应不小于管外径的10倍。

b. 管子切断：将需要切断的管子长度量准确，断口处平齐不歪斜、无毛刺，管内铁屑除净。

c. 管子套螺纹：使用套丝机对管子外径进行套螺纹加工，选择好相应板牙，首先将被加工件与机器找平、拧牢，入扣要正、均匀、用力不得过猛，边套螺纹边浇冷却液。

④ 管路敷设、连接

a. 管路连接采用套管连接，套管长度大于管径的2.2倍，焊接牢固、严密。

b. 管路超过下列长度，应加装接线盒：无弯时30m；有一个弯时20m；有两个弯时15m；有三个弯时8m。

c. 管路应避免与煤气、热力管相遇，相遇时其最小距离应符合相应标准规范要求，如满足不了，必须进行防爆隔热处理。

d. 支架、吊架及直敷墙上管卡应牢固、平整。其固定点与盒、箱边缘的距离应为100～150mm，管路中间固定点最大距离见相关章节。

⑤ 盒、箱固定

a. 测定盒、箱位置：根据设计图纸要求确定盒、箱轴线位置，以土建弹出的水平线为基准，标出盒、箱实际尺寸位置。

b. 稳住盒、箱：要求灰浆饱满，平整牢固，标高正确。

⑥ 管进盒、箱要求

a. 盒、箱开孔应整齐并与管径相吻合，要求一管一孔，不得开长孔。

b. 管口入盒、箱：管口露出盒、箱应小于5mm，有根母者，与根母平，管口要光滑、平齐，两根以上的管子入盒、箱要长短一致，间距均匀，排列整齐。

⑦ 关键部位的处理

a. 遇有伸缩缝、沉降缝，必须进行伸缩、沉降处理。变形缝两侧各预埋一个接线盒，先把管子的一端固定在接线盒上，另一端在接线盒底部的垂直方向开长孔，其孔径长度、宽度不小于被接入管直径的 2 倍。接线盒底口距离地面应不小于 300mm。

b. 穿越外墙的钢管必须焊接止水片，埋入土层的钢管用沥青油进行防腐处理。

c. 暗埋在混凝土墙内的钢管不进行防腐处理，暗埋于砖墙或其他墙内的钢管应用防锈漆处理。

⑧ 接地钢板预埋　见表 11-2。

表 11-2　接地钢板预埋

名　称	位　置	厚 5mm 钢板	焊接钢管	焊接钢管数量
电源引入	地下夹层	600mm×1400mm	SC200	4
通信线缆引入	弱电室		SC100	6
电视引入	弱电室		SC25	1

⑨ 防雷与接地

a. 工艺流程如下。

接地干线→引下线暗敷→等电位连接→均压环→避雷带

b. 接地扁钢敷设时应至少三面施焊，搭接倍数大于 2.5 倍，焊接完后焊接处应进行防腐处理。

c. 接地体（线）的连接应采用焊接。焊接处焊缝应饱满，不得有夹渣、咬肉、裂纹、虚焊、气孔等缺陷，焊接处刷沥青进行防腐处理。

d. 接地体焊接时，镀锌扁钢焊接长度不小于其宽度的 2 倍，且至少有 3 个棱边焊接。煨弯不得过死，并应立放。

e. 镀锌圆钢焊接长度为其直径的 6 倍，并应双面焊接。

f. 镀锌圆钢与镀锌扁钢连接时，为圆钢直径的 6 倍。

g. 镀锌扁钢与镀锌钢管（或角钢）焊接时，除应在其接触部位两侧进行焊接外，还应直接将扁钢本身弯成弧形焊接。

(2) 安装阶段

① 管路明敷

a. 工艺流程如下。

明配管敷设→预制加工管弯、支架、吊架→测定盒、箱及固定点位置→支架、吊架固定→盒、箱固定→管线敷设与连接→变形缝处理→地线焊接

b. 明管弯曲半径一般不小于管外径的 6 倍。如有一个弯时，可不小于管外径的 4 倍。加工方法采用冷煨法，支架应按设计图要求进行加工。

c. 明管敷设时应检查管路是否畅通，内侧有无毛刺，镀锌层是否完整无损，管子不顺直者应调直。

d. 明配管敷设时，管路连接应紧密，管口光滑，护口齐全，其支架应平直牢固、排列整齐，管子弯曲处无明显折皱。

e. 采用标准定型加工产品固定支架。

② 桥架安装

a. 工艺流程：弹线定位→螺栓固定支架与吊架→桥架安装→保护地线安装→槽内配线→

线路检查及绝缘摇测。

b. 电缆桥架吊杆间距：桥架支撑点不应在桥架接头处，距接头处 0.5m 为宜，在桥架拐弯和分支处，距分支点 0.5m 应加支撑点，距转角处 0.5m 为起点，吊架均分，水平距离为 2m，垂直方向为 1.5m。

c. 敷设电缆的桥架必须保证其弯曲半径为敷设外径最大电缆的 10 倍，如订货的弯头达不到要求，应予调换或自制符合要求的弯头。

d. 桥架的金属外壳应牢固地连接为一整体，并可靠接地，以保证其全长为良好的电气通路。

e. 电缆桥架过防火分区，加装防火枕。

③ 电缆敷设

a. 敷设电缆前需进行摇测。

b. 防止电缆排列不整齐，交叉严重。电缆施工前需将电缆事先编号排列好，画出排列图表，按图表进行施工。桥架内电缆的首末端处及直线间每隔 50m 做标记，注明电缆编号、型号规格、起始点。

c. 电缆敷设时，应敷设一根，整理一根，卡固一根。

d. 采用自下而上的敷设方法。

e. 沿桥架、托盘敷设的电缆宜在管道及空调工程基本施工完毕后进行，防止其他专业施工时损伤电缆。

④ 管内穿线（缆）工程

a. 工艺流程如下。

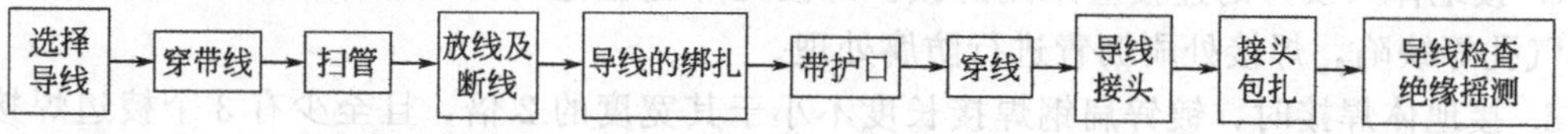

b. 穿线前应首先穿带线检查管路是否畅通，管路的走向及盒、箱的位置是否符合设计及施工图的要求。

c. 穿线前应清扫管路，其目的是清除管路中的灰尘、泥水等杂物，清扫时，将布条的两端牢固地绑扎在带线上，两人来回拉动带线，将管内杂物清净。

d. 放线前应根据施工图对导线的规格、型号进行认真核对。

e. 剪断导线时，进入灯头盒内导线的预留长度应为 150mm，进入配电箱内的导线预留长度应为配电箱箱体周长的二分之一。

f. 穿线完毕后，用摇表测线路，照明回路采用 500V 摇表，绝缘电阻值不小于 0.5MΩ，动力线路采用 1000V 摇表，其绝缘电阻值不小于 1MΩ，并做好记录。

⑤ 配电箱（盘）安装

a. 暗装配电箱的固定应根据预留孔洞尺寸先将箱体找好标高及水平尺寸，并将箱体固定好，然后用水泥砂浆填实周边并抹平齐，待水泥砂浆凝固后再安装盘面。

b. 配电箱、户表箱安装应固定牢固，紧贴箱体，固定表板的螺栓应在四周均匀对称，螺母应与板面平齐。

c. 配电箱、户表箱应避开暖卫管道，距离窗顶柜门保持一定安全距离。

d. 配电箱、户表箱配线正确，尾线不能交叉，箱内导线绑扎成束，各部位螺栓紧固牢固。

e. 配电箱、户表箱安装平整，在同一建筑物内同类箱安装高度应一致，允许偏差为 10mm。

f. 配电箱（盘）全部电器安装完毕后，用 500V 兆欧表对线路进行绝缘摇测。摇测项目包括相线与相线之间、相线与零线之间、相线与地线之间、零线与地线之间。

⑥ 成套配电柜安装

a. 工艺流程如下。

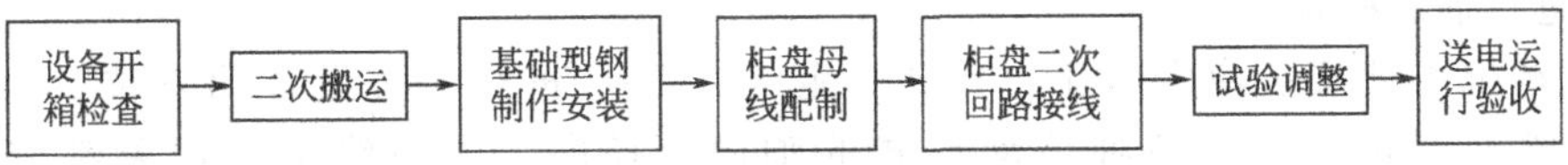

b. 成套定型配电柜应根据设计要求的型号规格选用合格产品，并有产品合格证。

c. 根据设计要求找出配电柜基础尺寸，并测量出型钢框架尺寸，先进行型钢的调直、找正后再焊接成框架，根据配电柜固定螺栓的间距，钻出固定孔，柜架加工完毕后，配合土建安装于沟边两侧，安装时用水平尺、小线找平直，再固定牢固。

d. 基础型钢应将地线焊接好，保证接地线可靠，基础型钢柜架安装前应除锈并刷防锈漆。型钢顶部应高出地面 100mm。

e. 配电柜安装：安装配电柜时用滚杠、撬棍缓慢就位，柜与柜间用螺栓连接牢固，各柜连接紧密，无明显缝隙，垂直误差每米不大于 1.5mm，水平误差每米不大于 1mm，总误差不大于 5mm，柜与柜之间缝隙小于 2mm。

f. 柜内接地：配电柜就位后，采用接地母线分别与配电柜连接，再与接地极预埋铁连接，形成可靠接地保护。

g. 柜内二次连接：接线正确，柜内配线无接头；导线绝缘耐压应在 500V 以上，并采用截面不小于 $1.5mm^2$ 的铜芯导线；柜内配线排列整齐，绑扎成束；配线应有编号且字迹清晰，全部配线压头紧密、压接牢固，不允许损伤线芯；多股导线压头应使用压线端子，多股软铜芯线压接时应涮锡。

h. 绝缘摇测：配电柜安装完毕后再进行一次通电前的检查，先进行绝缘摇测，并做好绝缘摇测记录，确认无误后按试运行程序逐一送电至用电设备，运行无误后，办理竣工验收后，交使用单位。

⑦ 器具安装　主要指灯具、开关、插座等的安装，灯具、开关、插座的具体安装方式和接线方法都应严格按产品说明以及规程规范进行，这里强调以下几点质量要求。

a. 灯具、开关、插座安装必须牢固端正，位置正确。

b. 有吊灯的或质量超过 3kg 的灯具，必须在顶板上加独立的吊杆或预埋件，承担灯具重，不应使吊顶龙骨承受灯具负载。

c. 安装开关、插座时必须将预埋盒内的填充物清理干净，再用湿布擦净。

d. 凡安装距地高度低于或等于 2.4m 的灯具，其金属外壳必须连接保护地线。

e. 出口指示灯于门口上方 100mm 处明装，疏散指示灯顶距地 1.0mm，壁灯底边距地 2.5m。

f. 照明开关安装高度为 1.4m、距门边为 0.2m，开关不得置于单扇门后。开关面板应端正、严密并与墙面平。

g. 开关位置应与灯位相对应，同一单元内开关方向应一致。成排安装的开关高度应一致、高低差不大于 2mm。

h. 插座均为安全型，除注明外，卫生间插座底边距地 1.4m，一般插座底边距地 0.3m，卫生间内开关、插座均选用防潮防溅型面板。同一室内安装的插座高低差不应大于 5mm。成排安装的插座高低差不应大于 2mm。

i. 暗装开关、插座用专用盒，盖板端正严密并与墙面平，在特别潮湿的场所应设专用插座。

j. 暗装开关、插座盒，盒口距墙面不大于 25mm，如果大于 25mm 时应加装套盒。

⑧ 电动机及其附属设备安装

a. 安装前的检查：电动机应完好，转子应轻快无卡阻及异常声响，电动机的引出线鼻子焊接或压接良好，且编号齐全，附件、备件齐全，润滑脂情况正常，无异常或不超出厂保质期，无需进行抽芯检查。

b. 电动机本体安装应由电工、钳工、起重工配合进行，按设计图就位。稳装时电动机垫片一般不超过三块，各种传动形式的轴向、径向、中心线平行误差都应在允许范围内。

⑨ 电话插座及组线箱安装

a. 电话插座安装高度和位置应相应符合图纸要求。

b. 电话插座上方位置有暖气时，其间距应大于200mm，下方有暖气时其间距应大于300mm。

c. 同一室内的插座安装高度相差不大于5mm，相邻成排的安装高度相差不大于2mm。

⑩ 电视天线系统安装

a. 工艺流程：天线安装→前端设备和机房设备安装→传输分配设备安装及用户终端安装→电缆的明、暗线敷设及系统内的接地系统调试。

b. 电视共用天线前端设备和机房设备，其传输分配部分用户终端安装必须符合设计要求。

c. 终端分配器、放大器、用户终端，配合土建结构预埋管盒。

d. 在穿同轴电缆之前，先将盒清扫干净。

(3) 调试阶段

① 电动机试运行前的检查

a. 空载运行时间为2h。开始运行及每隔1h，要测量并记录其电源电压和空载电流、温升、转速等。

b. 电动机在运行时进行电动机的转向、换向器、滑环电刷工作情况及电动机温升等的检查。

c. 交流电动机的带负荷连续启动次数，如厂家无规则时，可按下列规定。

ⅰ. 在冷态时，可连续启动两次。

ⅱ. 在热态时，可连续启动一次。

② 照明器具试运行

a. 电气照明器具应以系统进行通电试运行，系统内的全部照明灯具均需开启，同时投入运行，运行时间为24h。

b. 全部照明灯具通电运行后要及时测量系统的电源电压、负荷电流并做好记录。试运行每隔8h还需测量记录一次，直到24h运行完为止。上述各项测量的数值要填入试运行记录表内。

③ 机电安装工程协调措施　由于工程中工艺、结构、给排水、电气等专业交叉施工，故合理安排专业施工程序，协调各专业和专业工种在时间上搭接施工，对缩短工期、提高质量、保证安全生产非常重要。电气专业施工程序在整个大程序的安排下，原则上是先配合土建预埋，然后进行设备安装和预埋配线。

④ 管道交叉安装配合顺序及原则　配合顺序如下。

a. 进行通风的安装。

b. 进行卫生、消防、空调等干线管道的安装。

c. 应先进行电气管的安装，同时初安装电气设备。

d. 进行电气槽板的安装，敷设电缆，装设照明灯具，压线、校线。

e. 进行主线管道的验收，交付土建封顶装修。

配合原则如下。

a. 给水管让排水管，让风管，其他给水、热水、回水及消防管道交叉时，管径小让管径大的，非压力管道让压力管道。

b. 各工种基本上要本着小管道让大管道的原则，合理布置、确定和调整本工程管道走向及支架位置。

c. 设备安装与土建配合：设备订货时应及时核实混凝土基础，到货后及时就位，为管道配管与电气接线创造条件。

11.1.2.3　施工管理措施

（1）技术管理措施

① 施工前认真做好工程的施工组织设计，并报有关部门审批。

② 深入了解设计意图，提前发现和纠正设计图中存在的问题，让技术走在施工生产前面。

③ 重点审查专业图纸交叉作业，预留孔洞的核验，发现问题及时纠正。

④ 根据施工队伍的技术素质状况，进行及时有针对性的技术交底工作。施工技术人员以书面形式并辅以口头讲解。交底要交清楚。交清施工工艺、操作方法、规范要求、安全措施及质量标准，并履行交接签字手续。

⑤ 经常深入现场，复核技术交底情况，检查工作质量，及时发现实际与图纸不符之处。

⑥ 对审查中存在的问题与设计、监理及时沟通，办理洽商。变更洽商必须由建设单位、设计单位、监理单位、施工单位四方认可签字后方可生效。收集、整理施工技术文件要及时，数据真实，且系统、科学、完整。

⑦ 资料管理：在施工过程中由现场技术员负责保管，竣工时由分公司资料员收集、整理，直到最后移交、归档。

⑧ 资料来源真实可靠，编制、填写按施工技术管理规定落实到人，各种签字齐全。

⑨ 对所办理的工程洽商及时返回公司资料员入台账，并向有关人员发放，持有洽商人员必须在台账上签名。

⑩ 根据施工作业部位，注意与各相关专业密切协调配合。

（2）质量管理措施

① 施工队坚持质量自、互检制。自检工作由班组长和质检员组织，按质量评定标准的要求，进行班组自检评定和验收。互检工作质量制度，小至班组之间，不同施工栋号电工班组之间，进行互相检查，经过互检把发现的质量问题，按质量要求整改，防止类似问题的再次出现，经复检合格后，据实填写自、互检记录表格，作为工程技术资料的依据。

② 质量隐患通知制度。专职质检员经常深入现场，对不正确的施工方法和出现的质量问题，提出整改措施及要求，施工队认真对待施工存在的问题，按照质检人员要求及时修改或返工，然后再次复验，合格后才能进行下道工序的施工。

③ 经常对施工队伍人员进行考核及复查，不合格者不录用，特殊工种必须持证上岗。

④ 要求施工人员认真熟悉图纸，班组长对直接操作工人进行最后一道技术交底，使工人心明眼亮，有目标可寻。

⑤ 严格控制施工中的位置标高，主动向土建技术部门了解测量放线的标高及结构与装饰标高的区别。

⑥ 材料选样送审通过后方可确定厂家。进场检查时必须有工长、技术人员、质检人员、监理人员共同参加，并在进场检查记录申报监理认可签字后方能使用。

⑦ 在施工过程中坚持“谁施工谁负责”的原则，实行全面质量管理责任制。依据工程进度和检验结果，施工现场定期组织相关人员对工程质量进行动态分析，严格控制质量通病的发生。

⑧ 奖励与处罚是相辅相成的，目的是奖优罚劣，达到促进生产保证工作质量的目的。施工过程中对质量控制好的管理人员、施工队伍进行奖励，对屡次出现同样的不合格项进行处

罚，使受罚者心服口服，接受教训。这样不但起到了教育作用，同时促进受罚者及时纠正错误的施工方法，从而保证工程质量。

（3）安全管理措施

① 施工队进场前应进行全面的安全教育，并进行考核，合格后方可入场，并坚持每周一次安全教育，施工队中指定一名专职安全员经常进行岗前岗后的安全检查。工地主管、分公司安全员、现场管理人员应经常巡视检查，及时纠正违章做法，排除事故隐患。

② 施工现场供电线路、电气设备的安装、维修保养及拆除工作，必须有专业人员进行。配电房间内安全工具及防护措施，必须齐全。对易燃易爆危险品存放场所的设备，要加强监控、检查工作，发现问题立即整改，对移动电动工具及照明用电，实行二级漏电保护。

③ 机具的操作人员必须持证上岗，各种机具使用前应进行检查，确认安全可靠方可使用，平时做好检查机械运行情况的工作，应按规定搭设机械防护棚。设备必须接地或接零。机械设备防护装置必须齐全有效，严禁带病运转。

④ 建立安全领导小组。设组长、组员，组员由安全员、消防保卫等人员组成。每周不少于一次对施工现场巡视检查。按照防火制度对重点部位进行检查。施工现场必须配备足够的消防器材并保证完好。严格执行用火审批制度，节假日动火作业要升级审批。明火作业，监护人及灭火器材到位。

⑤ 任何人不得违章指挥操作，安全员是安全生产的执法人员，有权制止违章作业，任何人不得干涉。当生产、施工与安全发生冲突时，必须服从安全需要。做好全员发动，使施工过程中存在的事故隐患能被及时发现、及时处理，确保不合格设施不使用，不合格过程不通过，不安全行为不放过。对已发现的事故隐患及时进行整改以达到规定要求，并组织复查验收，对有不安全行为的人员进行教育或处罚。

⑥ 纠正和预防措施如下。

纠正措施：由项目安全员在查明原因、有调查结论的前提下提出纠正、防范措施的建议，根据建议，有关部门制定纠正措施，并进行审检批准，安全部门监控纠正措施的落实、记录，纠正措施的实施过程。

预防措施：安全生产体系的健全和运行是预防的根本，推行全面、全过程、全员的标准化管理，教育工人增强自我保护意识，执行各项安全规范和日常的监督、检查、指导，针对性的安全交底和教育是预防事故的必要手段。

⑦ 做好进场工人的安全教育并贯穿始终，全程覆盖地进行安全教育培训，教育培训的重点是操作者的保护意识。在事故多发期及上级部门下达指令时，进行针对性教育。采取多样化的培训教育形式，如黑板报、宣传标语、大会、录像等。实施施工队伍职工的安全进场教育及平时的安全教育培训，新工人必须经过三级安全教育。

（4）降低成本及节约管理措施

① 材料设备进场后及时组织有关人员进行检查与验收，及时入库保管。

② 根据生产进度及时准确地安排材料、设备计划。材料、设备根据生产进度计划及工程量进行发放，建立材料、设备发放台账。

③ 贵重机具和较少使用的施工机具，实行个人领用并保管制，工程结束时交回，非工程损坏者按价赔偿。对重复使用的工机具，采用以旧换新，以废品换领新品。

④ 施工班组设兼职材料员，负责领料、管理废料的回收。在施工过程中，严格控制工程消耗品（如焊条、焊锡条、锯条等）的发放量，减少浪费。

⑤ 认真阅读图纸，把握设计的意图，在不改变设计意图、不降低施工标准的前提下，把能够就近走管，能节约材料的地方与设计协商以达到材料的节约。

⑥ 及时做好分项工程的技术交底，在施工中多进行检查，尽量避免工程错误的出现，减

少工程的返工量，使之达到一次成活。

⑦ 现场库房内材料码放符合要求，减少损坏。

(5) 计量管理措施

① 计量器具使用人员必须熟悉器具的性能，并严格按照操作规程，对失准的器具报告计量员，送有关部门检定，不得擅自拆卸修理。

② 所使用的电气计量仪表，必须是用国家认可并有 CMC 合格标志的计量器具。

③ 计量器具的存放地点应满足防潮、防震、防磁、防晒及雨淋。

④ 兆姆表、接地摇表、钳形电流表在使用前要认真核查仪表型号、规格是否满足被测量电气器具、电缆的要求。

⑤ 禁止使用下列计量器具。

a. 未按规定进行周期检定或检定不合格的计量器具。

b. 有检定合格证但经过现场检验发现损坏失准的仪表。

c. 未采用法定计量单位的计量器具。

11.1.2.4 成品保护措施

① 剔槽打洞必须征得土建部门同意，不得破坏土建结构，预留孔洞需断筋位置，应与土建部门技术协调处理。混凝土楼板、墙的钢筋不得私自断。

② 土建浇注混凝土时，电工人员留人看守，以免振捣时损坏配管及盒子移位。

③ 穿线时不得污染设备和建筑物墙面，应保持周围环境。

④ 其他专业在施工中，不得碰坏电气管线，严禁私自改动电线管或移动位置。

⑤ 穿线不得遗漏带护线套及护口。

⑥ 导线连接、包扎全部完成后，应将导线盘入箱、盒，以防污染。

⑦ 使用高凳安装灯具、插座时不得碰坏建筑物的地面、门窗、墙面。

⑧ 灯具、开关、插座、配电柜安装完毕后不得进行再次喷浆，若必须修补，应将电气器具及设备遮盖好。

⑨ 配电箱、配电柜安装后，应采取保护措施，箱门锁好，以防设备损坏及丢失。

⑩ 安装避雷网时不得损坏外檐装修，避雷网敷设后，应避免磕碰。

11.1.2.5 文明施工及环保要求

(1) 文明施工管理措施

① 本工程按文明施工标准组织施工和管理，认真执行有关文明施工管理条例。

② 经常对全员进行防火、治安、安全教育，杜绝赌博、酗酒、打架、盗窃、观看淫秽录像等违法违纪行为。

③ 办公及民工生活区清洁卫生。

④ 施工现场严禁随地大小便，严禁吸烟，进入工地不允许穿短裤、无袖背心及拖鞋。

⑤ 施工现场按施工平面布置图码放材料，责任明确，有责任区、责任人，设明显标牌。

⑥ 材料场地平整，各种材料按规格、性能分开码放整齐，码放不超高，一条线，一头齐，周围设排水沟。

⑦ 施工现场无使用后的剩余废料，施工场所无跸脚材料。

⑧ 具体做法可参见现场文明安全管理规定。

(2) 环保管理措施

为加强施工现场的环境保护工作，使其更加规范、标准、科学化，达到综合治理环境，改善环境质量的目的，特制定以下措施。

① 贯彻执行国家、市政府关于环境保护的方针、政策，监督检查环境保护法令、法规的执行情况。

② 加强对施工现场的油料、油漆进行的有效控制，防止渗漏、遗洒、燃烧、爆炸，并定期检查。

③ 加强对火源、电源的管理，特别是对生产、生活使用乙炔、氧气、煤气的场所，严格管理，防止起火燃烧污染环境。民工做饭一律使用清洁燃料。

④ 施工现场防止大气、水源污染和噪声扰民现象。

⑤ 办公室内清洁整齐，窗明几净。施工现场施工废料与生活垃圾分开，不准倒泼废水、粪便以免污染环境。

⑥ 搞好食堂的卫生管理，防止食物中毒，保证饮水卫生，宿舍内物品摆放整齐，内务整洁，窗明几净。

11.1.2.6 资料目标设计

资料目标表见表 11-3。

表 11-3 资料目标表

序号	资料目录	编号	资料明细	提交人
1	施工方案	1-1	施工组织设计	
2	技术交底	2-1	配管技术交底	
		2-2	穿线技术交底	
		2-3	避雷技术交底	
		2-4	配电箱盘技术交底	
		2-5	开关插座安装技术交底	
		2-6	灯具安装技术交底	
		2-7	安全技术交底	
		2-8	通电试运行方案	
3	工程洽商	3-1	图纸记录	
		3-2	工程洽商	
4	工程隐检	4-1	接地极	
		4-2	引下线	
		4-3	各种暗配管	
5	工程预检	5-1	预埋盒	
		5-2	全楼配箱安装	
		5-3	全楼开关插座安装	
		5-4	避雷带安装	
		5-5	灯具安装	
6	实验记录	6-1	接地电阻测试记录	
		6-2	绝缘遥测	
		6-3	通电试运行记录	
		6-4	通电安全检查	
7	质量评定	7-1	接地极、避雷带	
		7-2	配管、穿线	
		7-3	配电箱盘安装	
		7-4	灯具安装	
		7-5	开关插座安装	
8	合格证及抽检单	8-1	钢管合格证及材质证明	
		8-2	配电箱合格证及抽检单	
		8-3	开关、插座合格证及抽检单	
		8-4	灯具、电线合格证及抽检单	
		8-5	电缆合格证及抽检单	

11.1.2.7 质量目标设计

(1) 质量管理方针及目标

质量管理方针是靠质量取胜，靠信誉求生。对于本工程来讲，力保验收一次通过并达到优良，分部工程优良率要达到80%以上，严禁质量不合格的原材料及产品进入现场，对质量问题层层把关，质检人员要秉公办事，对不合格的分项要坚决返工，一年内要对工程进行保驾护航，做好回访工作，及时收集用户对意见和建议，做到有问题及时处理，问题不超过24h。

(2) 质量管理分工及质量保证措施

质量管理分工及质量保证措施见表11-4。

表11-4 质量管理分工及质量保证措施

责任人	分工及质量保证措施	执行人
技术人员	制定施工工艺，并在施工中贯彻执行，发现问题及时解决，审好图纸办好洽商，编写书面技术交底，进料把关	
工长	监督施工，合理安排人力，及时进行工程隐预检及试验，填好试验报告，安排工程进度，进料把关，科学指导施工，进行成品保护	
质检人员	熟悉施工方案，质量技术交底，监督工程质量	

(3) 质量管理责任制

责任制是工程质量的基本保证。

① 技术员：主要负责审图工作，对设计失误或功能过剩的材料设计提出修改意见（向建设单位和监理），及时办理工程洽商，进行分项工程技术交底及安全交底，在施工过程中组织检查工作，推广新工艺，降低工程成本，收集整理资料，编制竣工图及编写竣工小结，凡未完成上述工作，给工程带来损失者，均要按分公司奖罚条例执行。

② 材料员：应及时订货，尽量合理地利用资金，降低库存和无形损耗，根据施工进度供料，对进场材料的规格数量进行严格把关，做到进料有凭证，发料有依据，否则应按损失大小给予处罚。

③ 工长：抓好施工前的准备工作及工种之间的配合，参与施工组织和方案的讨论，熟悉图纸、技术规范及工艺标准，负责填写各种实验报告、施工日志，抓好施工进度及质量，否则应根据情节轻重进行处罚。

④ 质检员：监督工程质量，参与施工组织及方案交底，对不合格项目要坚决返工，如未及时发现工程质量问题而对工程造成损失和不可弥补缺陷的要对质检员进行考核，对工程要及时填写质量监察通知单。

(4) 质量标准及注意事项

质量标准及注意事项见表11-5。

表11-5 质量标准及注意事项

分项名称	质量标准	应注意的质量问题
配管	①材料质量必须符合设计及规范要求 ②管路连接紧密，管平齐光滑口 ③暗配管保护大于20mm ④箱盒位置正确，牢固可靠 ⑤管路接地线焊接牢固，截面选择正确 ⑥防腐完整无遗漏 ⑦管路超过下列长度时应加接线盒：三个弯8m，两个弯15m，一个弯20m，无弯时30m	①盒子出现歪斜及砂浆不饱满现象 ②并列安装盒子高差超大 ③管口封堵不及时使管路堵塞 ④管口不平齐不光滑 ⑤管子煨弯及弯扁度不符合规范要求 ⑥跨接地线焊接地线倍数、面数不够，漏焊 ⑦保护层厚度不够(地面/墙面) ⑧竖直管子中间应加接线盒(超过30m) ⑨钢管内防腐未做

续表

分项名称	质量标准	应注意的质量问题
管内穿线	①导线规格型号符合设计要求，额定电压不低于500V ②管内导线应无接头、背口、拧花，箱盒清洁，护口齐全 ③导线连接应正确，牢固包扎严密，绝缘良好不伤线芯 ④管内穿线绝缘良好，绝缘电阻不低于2MΩ ⑤L_1黄、L_2绿、L_3红、PE黄绿双色、N浅蓝，分色正确	①导线检验不细，不符合标准 ②箱盒不清洁，护口欠缺，防腐脱落 ③管内导线有接头、拧花、背口 ④接头包扎不严密 ⑤管内潮湿导致绝缘电阻不达标 ⑥分线色混乱
配电箱盘	①箱盘规格型号质量符合设计及规范要求 ②安装位置正确，开孔正确，固定牢固平整，接地可靠，标志齐全，箱体漆层完好，门紧贴墙面 ③同类箱盘高应一致，允许偏差10mm，成排柜允许偏差3mm，连接缝允许偏差2mm，垂直度1.5/1000，箱盘垂直度3mm ④盘内导线绑扎成束，连接牢固紧密，不伤线芯 ⑤不允许出现负向高差	①成品箱质量不过关、加工粗糙，不符合标准 ②允许偏差超差 ③出现负向高差 ④箱盘在门后，影响使用 ⑤箱面与墙面有缝 ⑥有电、气焊开孔 ⑦配线排列不整齐、美观，欠固定点 ⑧导线压接不牢，涮锡不饱满
开关插座	①不得在门后，影响使用功能 ②开关控制相线，插座左零右火上为地 ③不允许出现负向高差 ④相邻开关插座允许偏差2mm，垂直偏差0.5mm，并列安装偏差1mm	①开关插座不紧贴墙面，开关插座有污染 ②出现负向高差 ③允许偏差超差 ④开关通断方向不一致 ⑤安装不牢固
灯具	①灯具型号规格质量符合设计要求 ②安装位置正确，固定牢固平整，标志齐全 ③吸顶固定牢固	①灯位不合理，影响美观及使用 ②安装欠牢固平整 ③不紧贴建筑物表面，压线不牢
接地体	①位置正确 ②截面积扁钢三面焊，焊接倍数大于2D，无夹渣咬肉现象(圆钢6D)	①焊面不够 ②防腐处理不好
引下线	①引下线用钢筋不少于2根 ②截面积(钢筋)不小于$90mm^2$ ③焊接倍数大于6D，双面焊无夹渣咬肉现象，敲掉焊渣，并进行防腐处理 ④焊接质量符合规范要求	①焊面不够 ②防腐处理不好 ③引下线与接地体连接不好 ④各种镀锌元件材料质量差
避雷网	①材料必须是合格产品 ②避雷网应平直牢固，高度距女儿墙上方100mm ③拐弯处弯曲半径大于10D ④双面焊，焊接倍数大于6D，无夹渣咬肉现象	①焊接面单面焊 ②焊接质量不合格 ③避雷网不直 ④防腐处理不好 ⑤卡子安装不牢固 ⑥拐弯处煨死弯

11.2 实例二

某学生公寓工程，共6层，层高3.6m，建筑总高度为23.4m，建筑面积7000m²。该工程造型新颖，色彩亮丽。

11.2.1 工程概况、特点

11.2.1.1 工程概况

学生公寓工程为砖混6层，安装工程包括电气部分与设施部分，电气部分包括照明配电系统、防触电安全保护系统、综合布线系统、电视系统、广播系统、防雷和接地系统；设施部分包括给水系统、排水系统、消防系统和采暖系统。

（1）照明配电系统

本工程电源由学院内配电室引来（三相四线制 380V/220V），采用电缆穿钢管埋地进户，电源入户处零线进行总等电位连接，接地电阻不大于 1Ω。电源经低压配电柜后，通过桥架引至分配电箱。楼内导线均采用 BV 线穿钢管暗敷，户内照明回路与插座回路分开敷设。光源视情况采用白炽灯、荧光灯、门口疏散指示灯及应急照明灯，开关及插座均为白色面板。

（2）防触电安全保护系统

本工程低压配电系统的接地形式采用 TN-C-S 系统。零线在进户处重复接地后，PE 线与 N 线严格分开，凡正常情况下不带电而当绝缘破坏后呈现电压的所有电气设备、金属外壳及单相三极插座的接地均要求与 PE 线可靠连接。照明回路与插座回路分开敷设，插座回路均设漏电保护电流为 30mA 的漏电保护器。本工程所有进出建筑物的金属管道、强弱电进线管等在 MEB 箱进行总等电位连接。

（3）综合布线系统

本工程采用结构化综合布线，支持语音和数据系统。光纤引自校内计算机房，干线子系统为五类大对数电缆，通过桥架敷设，水平子系统采用高品质五类非屏蔽双绞线通过穿钢管供给信息插座。信息插座为暗装，安装高度底边距地为 1.6m。

（4）电视系统

本工程电视信号源由有线电视网引来，采用 SYKV-75-9 型电缆穿钢管埋地引至电视前端箱，电视干线采用 SYKV-75-7 型，通过桥架敷设，分支线采用 SYKV-75-5 型，通过穿钢管沿墙、板缝或地面内暗敷设。插座为暗装，安装高度底边距地为 1.6m。

（5）广播系统

本工程由校内广播中心引来，进线采用 BV-2×2.5 穿钢管埋地进户，分支线采用 BV-2×1.5 穿 PVC 管沿墙及楼板敷设。

（6）防雷与接地系统

本工程为三类防雷建筑，采用联合接地装置。引下线采用结构柱内两根对角钢筋焊接，接地体利用基础内主筋作为自然接地体，接地电阻不大于 1Ω。屋面采用 ϕ8mm 镀锌圆钢为避雷带，屋顶避雷带网格不大于 20m×20m，屋面所有金属构件均与避雷带连接。距室外地坪 500mm 高处预留测试点。

接地保护系统在一层设总等电位箱，箱内的接地采用 40mm×4mm 镀锌扁钢与基础钢筋可靠焊接，将进出建筑物的各种金属管道金属构件与该箱牢固连接，构成总等电位连接。

（7）给水系统

本工程供水引自校内供水管网。管材采用钢塑复合管，连接采用螺纹连接。卫生器具采用节水型的。

（8）排水系统

1～6 层卫生间的污水经管道直接流入化粪池，经简单处理后，排入校内污水管网。盥洗间污水单独排入院内水处理厂。室内排水管采用机制铸铁管，承插连接水泥接口。

（9）消防系统

本工程消防系统设消火栓系统，并在各层均配置小型手提式灭火器。消火栓采用 LS02-9 型消防管材采用镀锌钢管，螺纹连接。

（10）采暖系统

本工程采暖系统热介质采用 95℃/75℃热水，由院内锅炉房集中供应，在公寓楼入口处设置采暖系统入口装置。公寓楼供暖系统设计为上供下回同程式系统。供水干管设置在顶层，回水干管设置于地沟内，各组采暖立管上下端均安装耐压为2.0MPa的铜球阀。散热器采用灰铸铁辐射对流散热器，挂式安装。各组散热器供回水支管均设同管径的铜球阀，散热器设手动排气阀。

采暖管材采用焊接钢管，管径大于或等于40mm的采用焊接，管径小于或等于32mm的采用螺纹连接，供回水干管安装均采用煨制弯。非采暖处管道刷红丹两道，用40mm厚的离心玻璃棉保温，明设不保温管道及散热器刷红丹一道、银粉两道。

11.2.1.2　工程特点

① 施工技术、质量要求高。工程内部技术先进，要求安装质量非常高，必须重视安装质量，搞好安装与土建方面的密切配合，统筹安排，协调一致，优质高效地完成安装工作。

② 工程专业技术性强，工艺复杂。工程对安装队伍的专业性要求极高，需要专业性很强的专业队伍施工。

③ 工程中采用了新技术、新材料、新工艺。钢塑复合管材是近几年才被应用到工程中的新材料并采用新的施工工艺。

④ 工程周期短，配合面广、量大。该工程需要多种队伍交叉作业，全面施工，工程量大，任务重。

11.2.2　施工部署

(1) 施工部署原则

① 集中重点力量保工期，在人力、物力上给施工充分保证。其他各项管理工作应与本工程协调一致，搞好各方面的配合。

② 组织施工时穿插作业，重点部分抢工。该工程施工配合量大、面广，暗设在楼地面、墙内的管道、箱盒必须配合好土建主体施工，在浇筑混凝土楼板之前，组织好暗配管的埋设及预留孔工作。组织好内部各工种的作业，以使安装与土建及安装内部各工种之间互创施工条件，确保工程总体进度。

③ 推行先进的施工方法，采用高性能的施工工具，提高机械化施工水平。安装施工作业中，应大量采用电动小型工具，以提高机械作业水平及工作效率。

(2) 施工组织

组建安装工程项目部，负责安装工程施工的组织和管理工作，其组成人员为项目经理、技术负责人、质检员、安全员、材料员、预算员、资料员等。

11.2.3　施工准备及工作计划

① 劳动力需用计划。

② 施工机具计划。该工程安装工作量大、工期紧，为确保按期施工，将以提高机械化作业水平来保证。根据工程进度情况，提前把施工机具运进现场，以确保工期与工程质量。

③ 主要材料进场计划。

11.2.4　主要施工工序

① 安装施工进度计划应在土建施工组织总设计指导下，结合安装的具体情况综合制定，其计划实施应抓好以下工作。

a. 安装项目部应在土建总体进度计划的指导下，由项目经理编制月、周施工作业计划；由技术负责人向施工班组长做好月、周计划交底，使班组人员明确工作目标。

b. 项目经理、技术负责人应及时参加工程指挥部的会议，及时检查工程进度中及工程搭接中的有关问题，组织好力量抢工，搞好安装与土建配合施工，实现安装与土建同步进行以保证总体计划的实施。

② 依工序交接见缝插针地去组织施工，严格工艺流程。按照先暗后明的顺序，紧密配合土建，做好预埋、预留，是保证工程顺利进行的重要工序。预埋、预留工程的质量是整个安装工程质量的组成部分，是整个安装工程质量好坏的重要保证。预埋、预留重点做好以下工作。

a. 按设计图纸及会审确定的意见，由各专业绘制施工草图，标注好预留孔洞、预埋管、预埋件的详细坐标及标高。

b. 保证预埋的管材、套管、预埋件等材料符合设计要求及规范要求。选材不允许以小代大，以次充好，特别是有防震、防渗、防火等要求的部分，更要严格要求，除有合格证外，还要经监理工程师同意方可使用。

c. 提前做好预埋、预留管件的加工制作，保证制作质量并及时运到现场，保证工程顺利进行。

d. 现场安装的预埋、预留管件，必须经监理工程师检查无误后方可浇筑。浇筑时，安排专人看护，在土建拆模后立即进行复查，及时纠正不足。

11.2.5 施工配合

① 安装管理人员与监理工程师的配合。

② 安装管理人员与设计工程师的配合。

③ 安装内部各工种之间的配合。

④ 安装施工人员与土建施工人员配合。

11.2.6 主要分部分项施工方法

11.2.6.1 电气部分

(1) 预埋管线及接线盒

① 工艺流程

电线钢管防腐处理 → 测定接线盒位置 → 稳固接线盒与暗盒 → 用锯末填实接线盒 → 暗管敷设 → 成品保护

② 材料要求

a. 钢管壁厚均匀，厚度符合标准要求，并有产品合格证，接线盒外形尺寸符合要求，并有产品合格证。

b. 连接用的套管内径要与线管的外径相吻合，套管长度为连接管外径的1.5～3倍。

③ 测定接线盒位置　室内暗开关面板下沿距地面高度为1.3m，暗插座面板下沿距地面高度为1.6m，门口疏散指示灯门上0.2m，应急照明灯距地为3.0m。接线盒安装时按土建控制线为基准，挂线找平，配合内装饰面层厚度，标出接线盒实际尺寸位置。

④ 钢管暗敷

a. 钢管的内、外壁均进行防腐处理，当埋设于混凝土内时，钢管外壁可不进行防腐处理，直埋于垫层内的钢管外壁应涂两道沥青。

b. 断管要用钢锯、砂轮锯进行，断口处要平整、光滑、无毛刺，管内铁屑除净，严禁管子对口焊接，焊接时要求牢固严密。

c. 钢管进接线盒长度不大于5mm，其螺纹宜外露2～3扣。钢管与接线盒处跨接线采用ϕ6mm钢筋焊接，与钢管的搭接倍数不小于$6D$，与接线盒处采用多处点焊，焊接牢固。

d. 接线盒开孔与管径相吻合，要一管一孔，不得开长孔。铁制接线盒严禁用电、气焊开孔并刷防锈漆，管口入接线盒采用锁母连接。连接完后，用锯末将接线盒填实封严。

⑤ 暗管敷设

a. 暗配的电气管路要沿最近的线路敷设并应减少弯曲。当有弯曲时，弯曲半径不应小于管径的6倍；当埋于地下或混凝土时，弯曲半径不应小于管径的10倍；埋入墙或混凝土内的管子，离表面的净距应不小于15mm。

b. 预埋接线盒凹进墙面过深的，预留管口的位置不准确的，应按要求进行修复。

c. 暗敷管路堵塞应及时疏通修复，并将管口用管堵堵严。

⑥ 成品保护

a. 现浇混凝土时，安排电工跟随值班，以免振捣时造成配管及接线盒位移，遇有管路损坏时，应及时修复。

b. 暗敷管路堵塞疏通时，剔凿不得过大、过深或过宽，应对钢筋结构保护好，不得损坏。

(2) 管内穿线

① 工艺流程如下。

选择导线 → 穿钢丝 → 扫管 → 穿绝缘导线 → 导线连接 → 导线检查及绝缘摇测

② 选择导线　按图纸要求选择导线，相线、零线、保护线颜色应加以区分且额定电压不低于500V。

③ 穿钢丝　采用1.2～2.0mm钢丝穿入电线管，且两端留有100～150mm的余量。

④ 扫管　将布条的两端固定在钢丝中来回拉动，将管内杂物清除干净；对穿不过钢丝的管子进行剔凿处理。

⑤ 穿绝缘导线　把导线的一端与钢丝绑扎在一起穿线，穿出线后，线预留长度为箱盒周长的一半；不同回路、不同电压的导线，不能穿入同一根管内。

⑥ 导线连接　开关插座盒内的导线采用压线帽压接，配电箱的连接，采用接线端子压接与螺栓压接两种方法。

⑦ 导线检查及绝缘摇测　线路接、焊、包过程完成后，要进行自检，检查无误后，进行绝缘检测，绝缘电阻应不小于0.5MΩ。

(3) 开关、插座

① 工艺流程如下。

接线盒清理 → 导线连接 → 安装面板 → 成品保护

② 接线盒清理　用钢丝刷子、包装布等将接线盒内残留的水泥污物清理干净。

③ 导线连接　单相两孔插座，面对插座的右极接相线，左极接零线，单相三孔接地线在上方，开关要控制相线。

④ 安装面板　开关、插座高度按设计要求施工，同一场所安装的开关、插座高度应一致，开关距门口150～200mm，同一房间内高度差小于5mm。安装完毕后，检查开关插座应不松动、盖板端正、紧贴墙面、操作灵活。

⑤ 成品保护　开关、插座安装后应采取保护措施，避免碰坏或丢失；安装开关、插座时，应注意保护墙面整洁。

(4) 灯具安装

① 工艺流程如下。

灯具检查 → 灯具组装 → 灯具安装 → 通电试运行 → 成品保护

② 灯具检查　各种灯具的型号、规格必须符合设计要求和国家标准的规定，灯内配线严禁外露，灯具配件齐全，无机械损坏、变形、灯罩破裂、灯箱歪斜等现象，所有灯具应有产品合格证。

③ 灯具组装　在安装前先根据说明书上的参数进行检查及试验。灯的外壳不应变形，油

漆无脱落现象，灯芯元件齐全（正常）。按照灯具说明书，把所有灯具配件组装在一起。

④ 灯具安装　螺口灯头的接线相线应接在中心触芯的端子上，零线接在螺纹的端子上，灯头外壳不应有破损和漏电现象；灯具固定应牢固可靠，每个灯具固定用螺钉或螺栓不应少于2个。

⑤ 通电试运行　安装完毕后，通电运行检查灯具是否完好，能否使用。

⑥ 成品保护　灯具进入现场妥善保管并要注意防潮，搬动时应轻拿轻放，以免碰坏表面的油漆及玻璃罩。安装灯具时，不要碰坏建筑物的门窗及墙、地面。

(5) 配电箱（柜）安装

① 工艺流程如下。

电箱体安装 → 室内装饰完后穿线 → 配电箱盘安装 → 绝缘摇测 → 成品保护

② 材料要求　箱体必须有一定的机械强度，周边平整无损坏变形，油漆无脱落，箱内所装开关设备通断正常、操作灵活，导线应压接牢固、排列整齐，压线螺钉无滑扣现象并有产品合格证。

③ 操作工艺　配电箱安装分两步进行：先将成品配电箱解体，分成箱体和箱盘两部分，统一编号（以备配套安装），第一步安装箱体，第二步待穿完线后将箱盘安装完，并接好线。

a. 配电箱体安装

ⅰ. 按预留洞尺寸先将箱体高及水平尺寸找好，并根据图纸将配电箱型号核实无误后，再将预留的实际情况进行整理，使预埋管垂直进入箱内，管口入箱内不大于5mm，且管口平齐光滑，多根线管入箱时，间距要均匀，并用ϕ6mm的钢筋与箱体相连，管口加装护线帽。

ⅱ. 若配电箱上的敲落孔不合适时，需开孔时要与入箱线管外径相吻合，严禁用电、气焊开孔或开长孔。

ⅲ. 安装配电箱体时要平整，箱口与墙面平齐，配电箱周围用水泥砂浆填实找平，使配电箱固定牢固。

ⅳ. 配电箱的箱体高在500mm以下时，垂直允许偏差要小于1.5mm，箱体高在500mm以上时，垂直允许偏差要小于3mm。

b. 配电箱盘安装

ⅰ. 配电箱盘上配线排列整齐并绑扎成束，盘面引出及引进的导线应留有适当余量以便于检修。

ⅱ. 配电箱体及铁制盘应有明显可靠的PE线接地。

ⅲ. 导线剥落处线芯不应过长，导线压头应牢固可靠，多股导线不应盘圈压接，应加装压线端子；压线孔用螺栓压接时，多股线应刷锡后再压接，不得减少导线股数。

ⅳ. 配电箱盘上的进线应标明黄（A相）、绿（B相）、红（C相）、浅蓝（N零线）等颜色，黄绿色线为保护线。

ⅴ. 将配电箱安装完后清理干净，安装箱门（面罩）并调试开关，调试完好后将门锁好。

c. 质量标准

ⅰ. 配电箱安装应位置正确、部件齐全，箱体开孔合适、切口整齐，配电箱箱门紧贴墙面，零线经端子排连接，无铰接现象。配电箱油漆完整，盘内外清洁，箱门开关灵活，回路编号齐全、清楚、准确，接线整齐，PE线安装牢固。

ⅱ. 导线与器具连接要牢固紧密、不伤线芯；压板连接时，压紧无松动；螺栓连接时，在同一端子上导线不超过两根；防松垫圈等配件齐全。

④ 绝缘摇测　电气器具全部安装完后，在送电试运行前先进行摇测。用500V量程500MΩ的兆欧表进行摇测，摇测项目包括相线与相线间、相线与零线间、相线与地线间、零

线与地线间，两人进行摇测，绝缘电阻不小于0.5MΩ，同时做好记录，作为技术资料存档。

⑤ 成品保护　配电箱安装后应采取保护措施，避免碰坏或丢失箱内配件；安装配电箱时，应注意保护墙面整洁。

（6）桥架安装

① 工艺流程如下。

固定支架 → 安装桥架 → 连接跨接线 → 放线、盖板

② 电缆桥架垂直安装　示意图如图11-1所示。

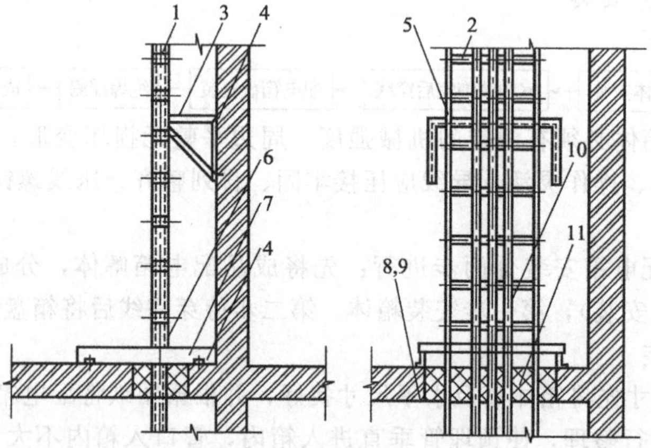

图11-1　竖井内电缆桥架垂直安装

1—电缆桥架；2—角钢支架；3—三角形钢支架；4—M10×80膨胀螺栓；5—M8×35固定螺栓；6—M8×40螺栓；7—槽钢支架；8，9—防火隔板、∟40×40×40固定角钢；10—电缆；11—防火堵料

③ 操作工艺

a. 固定支架。根据图纸确定好安装位置，然后放线，根据放线确定支、吊架的位置，使支、吊架间距不大于2m。

b. 安装桥架。根据图纸需要的规格、型号放置桥架，使桥架横平竖直并用专用跨接片跨接，螺母向外。电缆桥架在穿过防火墙、电气竖井的墙及楼板时，应用防火隔板、防火堵料等材料做好密封隔离，如图11-2所示。

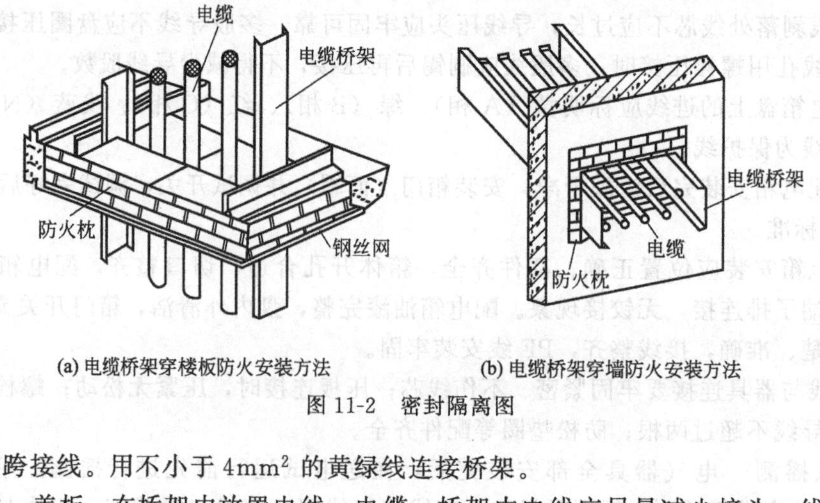

(a) 电缆桥架穿楼板防火安装方法　　(b) 电缆桥架穿墙防火安装方法

图11-2　密封隔离图

c. 连接跨接线。用不小于4mm²的黄绿线连接桥架。

d. 放线、盖板。在桥架内放置电线、电缆，桥架中电线应尽量减少接头，线两端应有标

注，盖板用专用卡子卡牢。

（7）TN-C-S接地保护系统

① 在电源进户处设总等电位箱，配电箱内PE接地端子与进户零线连接后，出配电箱后PE线与N线严格分开。

② 进出建筑物内所有正常情况下的不带电的金属外壳均需用40mm×4mm镀锌扁钢与总等电位可靠连接。

③ 电气线路中的工作零线不得进行保护接地线用。照明回路与插座回路分开敷设，插座回路均设漏电保护电流为30mA的漏电保护器。本工程所有进出建筑物的金属管道、强弱电进线管等在MEB箱进行总等电位连接。

（8）防雷及接地系统

本工程为三类防雷建筑物。

① 工程接地采用联合接地，保护接地、PE线重复接地、防雷接地均接在一起。利用基础主筋连接形成一个闭合接地回路作为接地体，接地电阻不大于1Ω。

② 利用结构柱内主筋作为防雷引下线，引下线上部与屋顶避雷网可靠焊接，下部与基础梁内钢筋可靠焊接。

③ 设MEB箱，将进出建筑物的各种金属管道、金属构件与该箱牢固连接，构成总等电位连接。

④ 屋面避雷网采用ϕ8mm镀锌圆钢明设。屋面避雷网的支持卡子间距不应大于1.0m，拐角处支持卡子间距不应大于0.3m，混凝土支座间距不大于2.0m。避雷带尽量少弯曲，并应避免直角和锐角。

⑤ 测试点做法：采用40mm×4mm镀锌扁钢连接，每组引下线在室外0.5m设避雷测试点，出墙面20mm，下弯40mm，并做出接地标志。

⑥ 安装完毕后，测试电阻值应符合设计要求。

（9）综合布线、电视系统及广播系统

① 施工前对施工器材进行检查，看材料的规格型号是否符合设计要求，质量是否合格，不合格的材料一律不用。

② 在配管后安装电缆交接箱及插座，再安装各层的分线箱然后进行穿电缆、电线。暗管长度超过30m时，电缆中间加过路盒或过路箱。

③ 分线箱至用户暗配管不宜穿越非本户的其他房间，如必须穿越时，暗管不得在其房间开口。

④ 安装完毕后，应检查线路的电气性能进行系统调试，并做好记录。

11.2.6.2 设施部分

（1）给水系统安装

① 工艺流程如下。

施工准备 → 管道定位预留洞 → 管道安装 → 水压试验 → 管道冲洗 → 成品保护

② 施工准备

a. 熟悉图纸，深刻理解设计意图。

b. 绘制施工用草图，认真做好施工技术交底。

c. 学习规范和规定，掌握具体条款，严格控制具体部位尺寸。

d. 根据设计特点确定消除质量通病的措施。

③ 管道定位预留洞　根据设计要求，对照交底平面图，确定立支管的准确坐标、标高，搞好预留洞工作及穿越基础墙壁时预埋套管工作。

④ 管道安装

a. 管材进场后首先检查是否有出厂合格证，无合格证的材料不能使用到工程中。

b. 干管安装前，应根据设计标高和坡度预先在管道安装的墙上弹出水平线来，根据水平线找出管道的坡度，给水引入管应有不小于 0.03 的坡度坡向室外给水管网或阀门井。

c. 设备管道支架应采用生产厂家提供的配套支架。支架安装时，管道支架埋设应平整牢固，管道固定支架的间距应符合规范要求。

d. 管道的切断应用专用的工具，切断后的管道清除毛刺。连接时，管材和管件连接面必须清洁、干燥、无油。安装暂停时，敞开的管口应临时封堵。连接后，熔接的结合面有一均匀熔接圈，端面应垂直于管子的轴线。管道穿过楼板时，套管管顶高出地面 50mm；管道穿过侧墙时，套管与墙壁面相平。

e. 阀件安装前，每种规格要按总数 10%抽样，主管段上的阀门 100%进行水压试验，合格后方可安装。安装时，应清除水纹线及阀体内污物，安装应平整牢固，便于操作。

⑤ 水压试验　施工完毕，整个系统进行静水压力试验，试验压力为工作压力的 1.5 倍，以 10min 内压降不大于 0.02MPa 至工作压力后检查各连接处，不渗不漏为合格。

⑥ 管道冲洗　先用自来水冲洗，再用 25mg/L 游离氯消毒 24h，最后用自来水冲洗并经有关部门取样检验，符合生活饮用水标准方可饮用。

⑦ 成品保护　竣工及交付使用前，表面存有污染的管道，应及时进行清理。

(2) 排水系统安装

① 工艺流程如下。

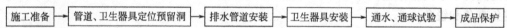

施工准备 → 管道、卫生器具定位预留洞 → 排水管道安装 → 卫生器具安装 → 通水、通球试验 → 成品保护

② 施工准备

a. 熟悉图纸，深刻理解设计意图。

b. 绘制施工用草图，认真做好施工技术交底。

c. 学习规范和规定，掌握具体条款，严格控制具体部位尺寸。

d. 根据设计特点确定消除工程质量通病的措施。

③ 管道、卫生器具定位预留洞　根据设计要求，对照交底平面图，确定立支管的准确坐标，做好预留洞工作。

④ 铸铁排水管安装

a. 管材进现场后，首先检查是否有出厂合格证，对有合格证的管材，也要进行表面检查，对表面粗糙的铸铁管不允许使用。

b. 铸铁管安装前做好清砂、除锈工作，符合要求后，对所用管子及管配件进行防腐处理。

c. 埋地管道敷设前，管沟必须进行夯实处理并按要求做好管支墩，立管根部采用 2 个 45°弯头组合。管道安装完毕后必须进行闭水试验，合格后方可进行隐蔽并做好隐蔽验收记录。

d. 卫生器具安装。各墙面、地面已经施工结束，即可进行卫生器具的安装，首先复查预留的上下水口是否正确，按照标准装好各种卫生设备，再相接各种洁具和给水管道；要求做到平稳、牢固、不渗、不漏、美观整洁。

⑤ 管道通水、通球实验　排水系统安装完毕后，要对器具逐一进行通水试验，同时对排水立管及地下管进行通球试验，确保每个排水系统排水流畅并做好试验记录。

⑥ 成品保护　卫生器具安装完毕后，要加强成品保护，严防丢失及损坏，设专人负责看护，交付使用前要保持洁净。

(3) 消防系统安装

① 工艺流程如下。

施工准备 → 管道定位预留洞 → 管道安装 → 水压试验 → 管道冲洗 → 成品保护

② 施工准备

a. 熟悉图纸，深刻理解设计意图。

b. 绘制施工用草图，认真做好施工技术交底。

c. 学习规范和规定，掌握具体条款，严格控制具体部位尺寸。

d. 根据设计特点确定消除工程质量通病的措施。

③ 管道定位预留洞　根据设计要求，对照交底平面图，确定立支管的准确坐标，做好预留洞工作及穿越墙壁时预埋套管工作。

④ 管道安装

a. 管材进场后，要检验合格证及管材材质，阀门按总数的10%抽样。

b. 管道的螺纹连接，管螺纹的加工采用套丝机。螺纹套完后，应清理管口，使管口保持光滑，螺纹断丝、缺丝不得超过螺纹总数的10%；连接应牢固，根部无外露油麻现象；根部外露螺纹不宜多于2～3扣，螺纹外露部分防腐良好。管道的挤压卡箍连接，应清理管口，使管口保持光滑平整，连接应牢固，防腐已被破坏的镀锌钢管要重新进行防腐处理。

c. 设备管道支架采用机具开孔，严禁使用电、气焊开孔，支架安装前进行防腐。管道最大间距见表11-6。

表11-6　管道最大间距

公称直径 *DN*/mm		20	25	32	40	50	70	80	100	125
最大间距	保温管道/m	2.5	2.5	2.5	3.0	3.0	4.0	4.0	4.5	6.0
	不保温管道/m	3.0	3.5	4.0	4.5	5.0	6.0	6.0	6.5	7.0

d. 主管上的阀门进行水压试验，合格后方可安装，安装时清除内墙内污物，安装应平整、牢固，便于操作。

⑤ 水压试验　施工完毕，整个系统进行静水压力试验。试验压力为工作压力的1.5倍，10min内压降不大于0.02MPa；然后在工作压力下检查各连接处不渗不漏为合格。

⑥ 管道冲洗　在试压合格后，做好隐蔽验收记录后，对管道进行认真冲洗。

⑦ 成品保护　消防管道安装完毕后，要加强成品保护，严防损坏，设专人负责看护，交付使用前要保持洁净。

（4）采暖系统安装

① 工艺流程如下。

施工准备 → 管道预留洞定位 → 管道安装 → 散热器安装 → 水压试验 → 管道冲洗 → 系统调试 → 管道刷油、保温 → 成品保护

② 施工准备

a. 熟悉图纸，深刻理解设计意图。

b. 绘制施工平面布置图，并做好技术交底。

c. 学习规范规程及现行法规，掌握具体的标准要求。

d. 根据设计特点，确定消除质量通病的具体措施。

③ 管道预留洞定位　根据设计要求，对照交底平面图，确定立管的准确坐标，做好预留洞工作。

④ 管道安装

a. 管材进厂后首先检查是否有出厂合格证，无合格证的材料不能使用到工程中。

b. 干管安装前，应根据设计标高和坡度预先在管道安装的墙上弹出水平线来，根据水平线找出管道的坡度后进行支架的安装。

c. 管道的螺纹连接，管螺纹的加工采用套丝机。螺纹套完后，应清理管口，使管口保持光滑，螺纹断丝、缺丝不得超过螺纹总数的10%；连接应牢固，根部无外露油麻现象；根部用工具切断后，应清理管口。

d. 管道的焊接连接，管道用专用工具切断后，应清理管口并制坡口，焊接时按规范操作，焊好后焊缝饱满无夹渣。

e. 设备管道下料应采用机具，开卡孔应采用台钻，严禁使用电、气焊开孔；支架安装前进行刷油、防腐；支架安装时，管道立支管卡，埋设应平整、牢固，双立管安装双管间距应一致，其管道坡度应符合设计要求。管道支架最大间距见表11-7。

表11-7 管道支架最大间距

公称直径 *DN*/mm		15	20	25	32	40	50	70	80	100
最大间距	保温管道/m	1.5	2.0	2.0	2.5	3.0	3.0	3.5	4.0	4.5
	不保温管道/m	2.0	2.5	3.0	3.5	4.0	4.5	5.0	5.5	6.0

f. 阀件安装前，每种规格要按10%抽样，主管段上的阀门100%进行水压试验，合格后方可安装。安装时，应清除水纹线及阀体内污物，安装应平整、牢固，便于操作。

g. 采暖立管处必须加设备套管，套管直径应比主管直径大2号，室内穿楼板处套管高度为20mm，穿墙处套管与墙壁相平。

⑤ 散热器安装

a. 散热器必须有出厂合格证，无合格证的材料不能使用到工程中。

b. 散热器组装允许偏差必须符合规范要求，安装前必须进行水压试验，防止不合格产品安装上墙，散热器安装托钩应按规范设置，不得漏放。

c. 对于散热器安装高度，室内底部距地面150mm，散热器安装应平衡、平整，垂直度误差不应大于3mm。

d. 散热器手动跑风安装放气阀朝下。

⑥ 水压试验

a. 入口装置的管道安装完毕后，必须进行水压试验，试验压力为工作压力的1.5倍，10min压力降不大于0.02MPa，然后在工作压力下检查各连接处不渗不漏为合格，方可进行隐蔽，保温做法按规范执行，并办理好水压试验和隐蔽验收手续。

b. 整个系统安装完毕后，应及时对系统进行试验，试验压力应符合设计要求。

⑦ 管道冲洗　采暖管道试压合格后对系统进行冲洗，先将自来水水管装进供水水平管的末端，而将供水总立管进户处接往下水道，打开排水口的控制阀再开启自来水进口控制阀，进行反复冲洗，依此顺序对系统的各分支路分别进行冲洗。当排入下水道的冲洗水为洁净水时，可认为合格。

⑧ 系统调试　系统经试压和冲洗合格后，即可进行试运行和调试，调试的目的是使各环路的流量分配符合设计要求；各房间的室内温度与设计温度相一致或保持一定的差值为合格。

⑨ 管道刷油、保温

a. 各种试验结束后，首先对管道的表面进行认真清理，洁净后进行第二道银粉漆罩面，刷漆要严密，不漏刷、不流坠、不掉色，表面光亮。

b. 保温材料应紧贴管道外壁，严禁保温材料以大代小或以小代大；保温层表面应平整、圆弧均匀、无环形及纵向断裂；接口处应用胶带粘接严密，做不间断保温，法兰、阀件处做特殊保温。

⑩ 成品保护　采暖管道系统安装完毕后，要加强成品保护，严防手动放气阀及其他阀门丢失，保持管道及散热器表面不受污染。设专人负责看护，交付使用前，器具要完整，表面要干净。

11.2.7 技术组织措施

(1) 施工技术标准

①《建筑工程施工质量验收统一标准》(GB 50300—2013)。

②《建筑电气工程施工质量验收规范》(GB 50303—2011)。

③《建筑给水排水及采暖工程施工质量验收规范》(GB 50242—2013)。

④《建筑防雷与接地及安全装置安装》(DBJT14—5)。

(2) 技术保证措施

① 认真熟悉图纸,弄清设计意图,认真组织图纸会审,做到有问题早发现、早处理。

② 熟悉现场,了解安装工程的特点,掌握各专业之间的协作,搞好各专业工序之间穿插配合和工序过程中的技术监督管理。

③ 做好技术交底工作。施工前以书面形式进行总技术交底,在每一分项工程施工前,都要以工艺卡的形式进行详细的技术交底,做到技术交底全面、正确、详细并确保实施,杜绝因交底不全面而发生的质量事故。

④ 对工程所采用的新设备、新技术、新材料、新工艺,依据资料找出它们的特点、实施方法及措施,确保工程保质、快速进行。

(3) 安全保证措施

① 建立项目安全领导小组,设有持证的专职安全员。

② 贯彻"质量第一、预防为主、防治结合"的方针,搞好安全教育,坚持班前安全交底工作。

③ 严格执行安全生产制度,对安全关键部位进行经常性的检查,及时排除不安全隐患。

④ 强化安全操作规程,严格按安全操作规程办事,在编制施工组织方案时,根据工程特点有针对性地制定出安全技术措施,明确安全工作中重点落实的部位及场所。

⑤ 进入施工现场的施工人员,必须戴安全帽,对特殊工种人员,如电焊工等配齐用好劳动保护用品。

⑥ 各种施工用电器具的开关箱应安装漏电保护装置,并经常检查完好性,带电机具要有防触电保护措施。

⑦ 加强防火工作,氧气瓶与乙炔瓶相距不小于8m。

⑧ 施工机具禁止带病工作,电焊机一次线长度不大于5m,二次线长度不大于30m。

⑨ 对违反安全操作的现象实行经济处罚或采取责令停工的处罚方式。

(4) 现场文明施工管理措施

① 施工现场文明施工管理,必须执行上级颁布的场容管理有关规定,项目部要有专人负责文明施工,施工员分区负责。

② 项目部对现场文明施工管理要统一布置、统一安排,要有平面分区责任布置图贴在现场办公室。每个班组要有岗位负责制,贴在小组工具房。

③ 工长交底必须对文明施工提出具体要求,重要部位要有切实可行的具体措施书面交底。

④ 对于暂时用房内的物品堆放不得有歪斜、破烂现象,要严格按要求堆放,做到规矩整齐。

⑤ 操作地点周围要整洁,干活脚下清,活完料尽,剔凿、保温后要随时清理干净,将废料倒在指定地点。

⑥ 上道工序必须为下道工序积极创造条件,及时做好预留、预埋的暗配管工作。

⑦ 施工现场堆放的成品、材料要整平,以免影响施工现场容貌。

(5) 主要工序的成品保护

施工人员要认真遵守现场成品及设备的保护制度,注意爱护建筑物内的装修、成品、设备以及设施。

①避雷带(网)及接地装置安装工程

a. 明装避雷带安装完成后应注意不要被其他工种碰撞弯曲变形。

b. 防雷及接地装置工程,应配合土建施工同时进行,互相配合,做好成品保护工作。其隐蔽工作应在覆盖前及时会同有关单位做好中间检查验收。

② 配管及管内穿线

a. 线盒暗敷

ⅰ. 管配好后，凡向上的管口和浇到混凝土内的接线盒和开关盒必须堵塞严密，以防施工时渣物进入管内。

ⅱ. 出墙立管在砌筑中或楼板中，其他工种应予以保护，不能导致破坏。

ⅲ. 现浇在混凝土中的管（盒），混凝土工应加强保护，防止振捣时位移或损坏。

b. 钢管敷设

ⅰ. 暗敷在建筑内的管路、灯位盒、接线盒、开关盒，应在土建施工过程中预埋，不能留槽剔槽、留洞或凿洞，敷设在混凝土内的管线不能破坏其结构强度。

ⅱ. 配好管子后向上的立管和现浇混凝土内的管（盒），其他工种应注意不应损坏，在浇混凝土时，不能使管、盒位移。

③ 电缆敷设　敷设电缆时，如需从中间倒电缆，必须按“8”字形或“S”形进行，不得倒成“O”形，以免电缆受损。

④ 照明器具及配电箱（盘）安装

a. 灯具、开关、插座安装

ⅰ. 照明器具安装后，油漆工需要补刷顶棚和墙壁时，应注意不能污染灯具、开关、插座面板。

ⅱ. 照明灯器在运输和保管中，要防止变形和损坏。

b. 配电箱安装

ⅰ. 配电箱应防止受潮或挤压变形。

ⅱ. 配电箱安装后为防止箱内元件受损，箱门应加锁。

11.2.8 质量保证措施

11.2.8.1 电气工程

(1) 避雷带（网）及接地装置

① 避雷带在屋面敷设时，弯角部位为直角，且有支持卡子。避雷带在转角部位应弯成弧形，弯曲半径不小于圆钢半径10倍，支持卡子距避雷带弯曲中点0.5m。

② 女儿墙上避雷带支持卡子固定不牢。女儿墙上设支持卡子应预留洞，埋设支持卡子用混凝土筑固，不能用锤子将圆钢打进。

③ 平顶避雷带支持卡子固定不牢。混凝土预制块底部应平整，使其与屋面接触面积加大，并应在混凝土底部与屋面接触部位浇沥青粘固。

④ 支持卡子距离不均匀。支持卡子位置确定，应首先确定转角位置，然后再确定中间位置，需平均分配。

⑤ 接地体间距小。打接地极时不应随意找位置，预先确定好距离。

⑥ 接地连接线在接地极顶部焊接。应放在距顶部大于50mm处焊接。

⑦ 避雷带、引下线圆钢搭接时，单面焊接。搭接处应与建筑物垂直设置，两面焊接，较容易掌握。

(2) 配管及管内穿线

① 塑料管敷设　线盒预埋过深或浅，应在线盒预埋位置预埋比线盒略大的木盒或塑料泡沫，在抹灰后安装线盒。

② 钢管敷设

a. 钢管管口不齐，出现马蹄口。锯管时人要站直，持锯的手臂和身体成直角，与钢管垂直，手腕不能颤动。

b. 套螺纹乱扣。检查板牙有无掉牙，套螺纹时要边套边加润滑油。

c. 管子弯曲半径小，弯曲处出现弯扁，凹穴、裂缝现象。在用手动弯管器弯管时，要正确放置好管的位置，弯曲时逐渐向后移动弯管器，不能操之过急。

d. 管子入盒时，不进行固定，不带护线帽。管与器具连接时，必须用锁紧螺母和护圈帽固定住。

e. 管与管、管与盒（箱）连接处无接地跨接线。应在接头处用接地夹作一道跨接地线。

f. 管子（成排）在转弯处交叉错乱。应弯成同心圆。

③ 管内穿线

a. 钢管先穿线后戴护口，使导线损伤。应先戴好护口。

b. 管内导线出现打结时，工作者应及时换线。

c. 损坏线芯。剥线钳应使用得当，选用比剥线钳大一级的刀口处理。

(3) 电缆敷设

① 电缆的排列顺序混乱。应根据电缆敷设图合理安排电缆的放置顺序，避免混乱交叉。

② 电缆头制作时受潮。从开始到制作完毕，需连续进行，以免受潮。

(4) 照明器具及配电箱（盘）安装

① 灯具、开关、插座安装

a. 房顶灯位不在分格中心或不对称。要配合装修吊顶施工，核实图纸具体尺寸和中心、定好灯位。

b. 成排器具安装偏差过大。安装灯具前先放线定灯位，安装后偏差不大于5mm。

c. 灯具、开关、插座粉刷时被污染。多由土建施工造成，应在粉刷完成后安装器具。

d. 灯具、开关、插座周围抹灰质量不良。与土建人员多加联系，一次性抹好，开关、插座合口处抹灰应阳角方正，灯位盒应安装缩口盖。

② 配电箱安装

a. 配电箱箱体不正。施工购买者应严格检查，运输与保管时应妥善。

b. 管插入箱内长短不一。钢管入箱时先拧好根母再插入箱内使其长度一致，进行焊接时长度不应超过5mm。

c. 配电箱凸出或缩进抹灰墙内，箱门不能开启180°。自制木箱预埋时应先装箱体，凸出部位应磨去。铁质配电箱要选择活面板的产品，待抹灰完成后再安装。箱门安装方法应合理，使之能开启180°。图纸会审应加强，在不合理的位置上，不能安装配电箱。

d. 保护接零线。配电箱内空间不大，保护接零线需连接牢固，不能压在盘面的固定螺栓上，防止拆盘断开。

11.2.8.2 暖卫工程

严把管道、阀门、器具、材质、设备关，不合格的不允许用于工程。严把施工操作中的管道连接关，螺纹连接防止断丝、乱扣和螺纹过长或过短。法兰连接防止紧偏和双垫。承插连接防止填料不实不匀。焊接防止无证焊工上岗。塑料管粘接防止使用不合格的粘接材料。

严把工序验收关：每道工序开始前先对上一道工序检查并进行验收，否则不得施工；管根必须逐个进行围水试验，参加人员签证验收。

突出抓好用材和渗漏问题，质监部门在检验工程抽查中发现一处不符规定或渗漏的严格实行“一票”否决制。

参考文献

[1] 中华人民共和国国家质量监督检验检疫总局，中华人民共和国建设部联合发布．建筑给水排水设计规范 GB 50015—2003（2009年版）.
[2] 辽宁省建设厅主编．建筑给水排水及采暖工程施工质量验收规范 GB 50242—2002.
[3] 中国建筑金属结构协会给水排水设备分会等．CJJ/T 155—2011 建筑给水复合管道工程技术规程．
[4] 中国建筑金属结构协会等．CJJ/T 165—2011 建筑排水复合管道工程技术规程．
[5] 田会杰．建筑给水排水采暖安装工程实用手册．北京：金盾出版社，2006.
[6] 曹兴，邵宗义，邹声华．建筑设备施工安装技术．北京：机械工业出版社，2005.
[7] 王占良，刘文君．建筑给水排水及采暖工程施工操作手册．北京：经济科学出版社，2005.
[8] 中国人民解放军总后勤部基建营房部．建筑中水设计规范 GB 50336—2002.
[9] 刘庆山，刘屹立，刘翌杰．暖通空调安装工程．北京：中国建筑工业出版社，2003.
[10] 河北省工程建设标准化管理办公室．12系列建筑标准设计图集．
[11] 中华人民共和国建设部批准．地面辐射供暖技术规程 JGJ 142—2004.
[12] 中国建筑科学院．辐射供暖供冷技术规程 JGJ 142—2012.
[13] 哈尔滨工业大学．JGJ 319—2013 低温辐射电热膜供暖系统应用技术规程．
[14] 中华人民共和国国家质量监督检验检疫总局，中华人民共和国建设部联合发布．通风空调工程施工质量验收规范 GB 50243—2002.
[15] 中国建筑第八工程局．建筑给水排水及采暖工程施工质量标准．
[16] 胡茄，张志贤．通风与空调设备施工技术手册．北京：中国建筑工业出版社，2012.
[17] 中国航空工业规划设计研究院等编．工业与民用配电设计手册（第三版）．北京：中国电力出版社，2005.
[18] GB 50311—2007 综合布线系统工程设计规范．
[19] GB 50310—2002 电梯工程施工质量验收规范．
[20] GB 50303—2011 建筑电气工程施工质量验收规范．
[21] GB 50116—2013 火灾自动报警系统设计规范．
[22] GB 50045—95 高层民用建筑设计防火设计规范（2005年版）.
[23] GB 50168—2006 电气装置安装工程电缆线路施工及验收规范．
[24] GB 50057—2010 建筑物防雷设计规范．
[25] GB 50016—2014 建筑设计防火规范．
[26] GB 50052—2009 供配电系统设计规范．
[27] GB 50053—2013 20kV及以下变电所设计规范．